朱涛　张华　编

变电站设备运行实用技术

内 容 提 要

本书主要围绕变电站一次设备及相关二次部分，讲述设备的理论知识、操作技术、事故处理、设备验收等内容。全书共分15章，分别为变电站运行基础、电力变压器、电流互感器、电压互感器、高压断路器、高压隔离开关、SF_6全封闭组合电器、高压开关柜、变电站无功补偿设备、变电站中性点设备、变电站防雷与接地装置、220kV出线间隔二次回路综述、变电站直流系统、变电站交流系统、变电站设备巡视及验收。

本书内容结合实际、实践性强，对现场工作具有一定的指导性，可供从事变电站运行、维护、检修、管理及电气设计的人员学习参考，同时可作为相关工作人员的培训教材和工作手册。

图书在版编目(CIP)数据

变电站设备运行实用技术/朱涛，张华编. —北京：中国电力出版社，2012.2（2023.2重印）

ISBN 978-7-5123-2292-9

Ⅰ.①变… Ⅱ.①朱… ②张… Ⅲ.①变电所-电气设备-运行 Ⅳ.①TM63

中国版本图书馆CIP数据核字(2011)第223097号

中国电力出版社出版、发行

（北京市东城区北京站西街19号 100005 http://www.cepp.sgcc.com.cn）

三河市百盛印装有限公司印刷

各地新华书店经售

*

2012年2月第一版 2023年2月北京第六次印刷

787毫米×1092毫米 16开本 18印张 427千字

印数7501—8500册 定价**48.00**元

前　言

为提高变电运行人员的技术素质和业务素质，更好地保证电网设备的安全、可靠运行，特编写《变电站设备运行实用技术》一书，以便为一线职工，尤其是新入职员工提高业务技能提供更好的帮助。

本书共分15章，主要围绕变电站一次设备及相关二次部分，讲述设备的理论知识、操作技术、事故处理、设备验收等内容。本书实用性强，侧重讲解变电站现场工作的实际技能，力求解决变电站生产中的实际问题。本书主要面向从事变电站运行、维护、检修、管理及电气设计等工作的一线工作人员。全书内容涵盖了变电站设备的相关运行技术，可作为变电运行人员及其他相关技术人员提高技能的基础培训教材。

本书由北京市电力公司变电公司朱涛、张华共同编写，其中第一、二、六、九、十、十一、十五章由张华编写，第三～五、七、八章及第十二～十四章由朱涛编写。在本书编写过程中，得到了北京市电力公司变电公司众多一线技术工作人员的大力支持和帮助，采纳了许多宝贵意见，在此一并向他们表示深切的谢意。

由于新技术的不断发展，加之编者水平有限，书中不妥之处在所难免，恳请专家和读者批评指正。

编　者

2011年12月

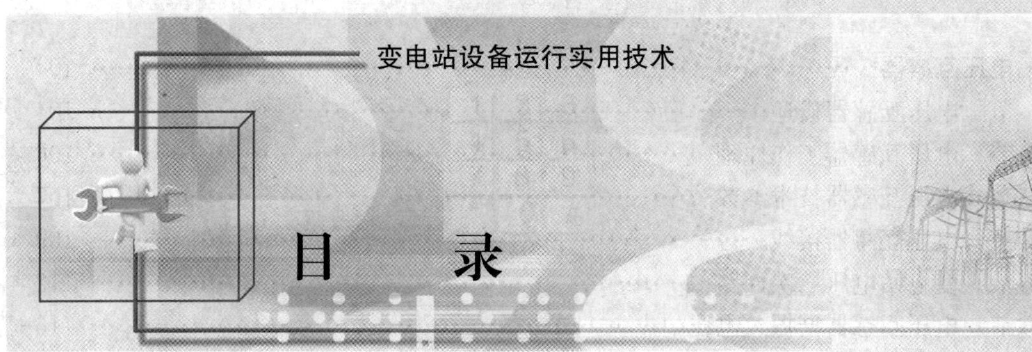

目　　录

第一节 电力系统概述

一、电力系统概念

电力系统指由发电、输电、变电、配电、用电设备、用户及相应的辅助系统组成的电能生产、输送、分配、使用的统一整体。其中电力网是电力系统的一部分，指由变压器、电力线路等变换、输送、分配电能的设备所组成的部分。在电力系统的基础上将发电厂的动力部分包含在内的系统，称为动力系统。动力系统是一个比较大范围的系统概念。电力网、电力系统和动力系统的关系如图1-1所示。

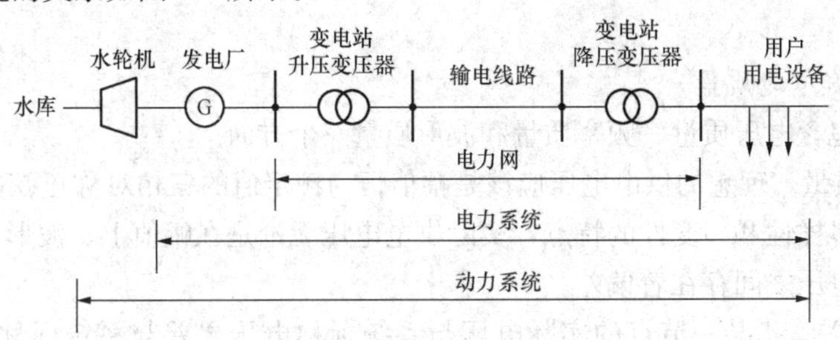

图1-1 电力网、电力系统和动力系统的关系

二、电力系统基本参量

电力系统基本参量主要有总装机容量、年发电量、最大负荷、额定频率和最高电压等级、接线图（地理GIS接线图和电气接线图）、潮流分布等。

(1) 总装机容量。指该系统中实际安装的发电机组额定有功功率的总和，以千瓦(kW)、兆瓦（MW)、吉瓦（GW）计。

(2) 年发电量。指电力系统中所有发电机组全年实际发出电能的总和，以兆瓦·时（MWh)、吉瓦·时（GWh)、太瓦·时（TWh）计。

(3) 最大负荷。一般指规定时间，如一天、一月或一年内，电力系统总有功功率负荷的最大值，以千瓦（kW)、兆瓦（MW)、吉瓦（GW）计。

(4) 额定频率。我国标准规定，我国所有交流电力系统的额定频率均为50Hz，国外则有额定频率为60Hz或25Hz的电力系统。

(5) 最高电压等级。指电力系统中的最高电压等级电力线路的额定电压，以千伏(kV）计。

(6) 地理GIS接线图。主要显示系统中发电厂、变电站等厂站的地理位置、电力线路的路径，及其相互间的连接。

(7) 电气接线图。即电气主接线图，主要显示该系统中发电机、变压器、母线、断路器、隔离开关、电力线路等主要电气设备的电气接线。

(8) 潮流分布。指电力系统中功率、电压、电流电气量的分布。

三、电力系统运行基本要求

电力系统运行的基本要求主要涵盖以下三个方面：

1. 保证可靠持续供电

电力系统电网的可靠性，要求其具有足够的裕度和运行灵活性而不至于发生不允许的运行情况，如失去稳定、过负荷、电压不合格、故障或用户断电。电力系统电网的可靠性要求主要包含以下三个方面：

(1) 保证电网的连续、稳定、正常运行，并有一定裕度。母线的短路容量及系统的短路电流水平应满足设备的状况和系统运行要求。设备的最小载流元件（设备间隔中承受电流量最小的设备元件）、设备耐压值应符合电网运行需求。

(2) 电网的某些元件设备检修时，仍有必要的灵活性以保证电网的安全运行，倒闸操作保证运行方式合理化的同时，将设备停电范围控制在最小。

(3) 电网发生故障或不正常情况时，不致造成故障扩大化、大面积停电或系统失去同步。

2. 保证良好电能质量

电能质量包含电压质量、频率质量和波形质量三个方面。

(1) 电压质量。理想的供电电压应该是幅值恒为额定值的三相对称正弦电压。由于供电系统用电负荷多样性和多变性的特点，实际供电电压无论是在幅值上、波形上还是三相对称性上都与理想电压之间存在着偏差。

1) 电压偏差。指某一节点的实际电压与系统标称电压之差与系统标称电压的百分比，又称电压偏移。一般规定35kV及以上供电电压正、负偏差的绝对值之和不得超过系统标称电压的10%；10kV及以下三相供电电压允许偏差为系统标称电压的±7%。

2) 电压波动和闪变。电网电压的均方根值随时间的变化称为电压波动，由电压波动引起的灯光闪烁对人眼视觉的刺激效应称为电压闪变。当电弧炉等大容量冲击性负荷运行时，剧烈变化的负荷电流将引起线路压降的变化，从而导致电网发生电压波动。

3) 三相不对称。三相电压不对称指三个相电压在幅值和相位关系上存在偏差。三相不对称主要由系统运行参数不对称、三相用电负荷不对称等因素引起。供电系统的不对称运行对用电设备及供配电系统都有危害，低压系统的不对称运行还会导致中性点偏移，从而危及人身和设备安全。

(2) 频率质量。频率指每秒内电流方向变化的次数。我国规定的电力系统标称频率（俗称工频）为50Hz。电力系统正常频率偏差允许值为±0.2Hz，当系统容量较小时，偏差值可以放到±0.5Hz。

由电力系统供电的交流电气设备的工作频率应与电力系统频率相一致。当电能供需不平衡时，系统频率会偏离其标称值。频率偏差不仅影响用电设备的工作状态和产品的产量，更

重要的是会影响到电力系统的稳定运行。

交流电频率高或低，各有利弊。频率高可使电机及变压器的用铜及用铁量减少，使其质量轻、成本低，电灯因电流交变而产生的闪烁也不易为人的肉眼所感觉。然而，频率高会使输电线路和电气设备的电抗压降、能量损耗增大，造成电压调整率及效率变低。频率过低会使电机及变压器质量增加，消耗有色金属增多，成本增加，也会使电灯闪烁明显，影响工作效率和人眼健康。

(3) 波形质量。波形质量以畸变率是否超过整定值来衡量。所谓畸变率，是指各次谐波有效值平方和的方根值与基波有效值的百分比。保证波形质量，就是限制系统中电流、电压的谐波，而关键在于限制各种换流装置、电热电炉等非线性负荷向系统注入的谐波电流，也可增设谐波过滤设备及装置保证系统的波形质量。

3. 保证系统运行经济性

电力生产的规模很大，消耗的一次能源在国民经济一次能源总损耗中约占 1/3，而且电能在变换、输送、分配时的损耗绝对值也相当可观，因此降低每生产 1kWh 电所消耗的能源和降低变换、输送、分配时的损耗，有极其重要的意义。

考核电力系统运行经济性的重要指标是煤耗率和线（网）损率。所谓煤耗率，是指每生产 1kWh 电能所消耗的标准煤重，以 g/kWh 为单位。所谓线损率或网损率，是指电力网中损耗的电能与向电力网供应的电能的百分比。

第二节　电力系统电压等级与中性点运行方式

一、电力系统电压等级

电力系统电压等级之所以不同，是因三相功率 S 和线电压 U、线电流 I 之间的关系为 $S=\sqrt{3}UI$。当输送功率一定时，输电电压越高，电流越小，导线等载流部分的截面积越小，投资越小；但电压越高，对设备的绝缘要求越高，所需绝缘投资越大。综合考虑这些因素，对应于一定的输送功率和输送距离应有一合理的线路电压。但从设备的制造角度考虑，为保证生产的系列性，又不应任意确定线路电压，为此我国对电力系统额定电压进行了标准化统一，并以线电压作为标准。选择电力线路电压时，只能选用国家规定的电压等级，见表1-1。

表 1-1　　电力系统额定电压等级　　kV

用电设备额定线电压	变压器线电压		用电设备额定线电压	变压器线电压	
	一次绕组	二次绕组（归算到一次侧）		一次绕组	二次绕组（归算到一次侧）
10	10	10.5 及 11	220	220	242
35	35	38.5	330	330	345 及 363
60	60	66	500	500	525 及 550
110	110	121			

从表 1-1 可以看出，用电设备及变压器的额定线电压存在不一致性，下面将分析其不一

致性及其与线路额定电压之间的关系。

经线路输送功率时，沿线路的电压分布往往是始端高于末端。例如，图 1-2 中沿线路 ab 段的电压分布可能如直线 $U_a - U_b$ 所示，则图中用电设备 1～设备 7 的端电压将各不相同。所谓线路的额定电压 U_N，实际上是线路的平均电压 $(U_a + U_b)/2$，而各用电设备的额定电压则取与线路额定电压相等，使所有用电设备能在接近其额定电压下运行。

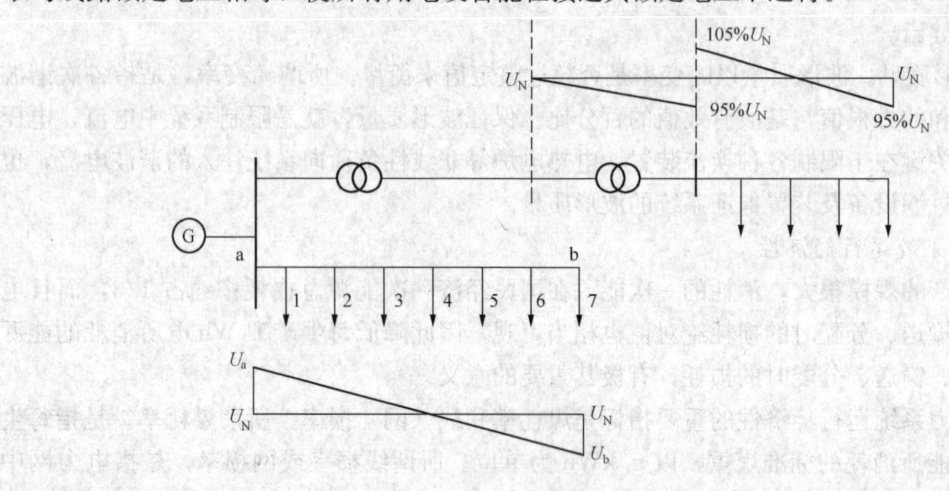

图 1-2 电力网络中的电压分布

由于用电设备的容许电压偏移为±5%，而沿线路的电压降落一般为 10%，这就要求线路始端电压为额定值的 105%，以使其末端电压不低于额定值的 95%。发电机往往接于线路的始端，因此发电机的额定电压为线路额定电压的 105%。

变压器一次侧接电源，相当于用电设备，二次侧向负荷供电，又相当于发电机。因此变压器一次侧额定电压应等于用电设备额定电压（直接和发电机相连的变压器一次侧额定电压应等于发电机额定电压），二次侧电压应较线路额定电压高 5%。为使正常运行时变压器二次侧电压较线路额定电压高 5%，变压器二次侧额定电压应较线路额定电压高 10%。只有漏抗很小、二次侧直接与用电设备相连且电压特别高的变压器，其二次侧额定电压才可能较线路额定电压仅高 5%。

根据经验，110kV 以下的电压等级差应超过三倍，如 110、35、10kV；110kV 以上的电压等级差则以两倍左右为宜，如 110、220、500kV。因此一般 500、330、220kV 大多用于电力系统的主干线；110kV 既用于中小电力系统的主干线，也用于大电力系统的二次网络；35kV 既用于大城市或大工业企业内部网络，也广泛用于农村网络；10kV 则是更低一级的配电电压。这种划分不是绝对的，也不是一成不变的，随着电网向超特高压电网方向发展，500kV 也可能退为二次网络。

二、电力系统中性点运行方式

电力系统中性点的运行方式指电力变压器或发电机的中性点接地方式。

电力系统中性点接地方式是一个综合性问题，它与电压等级、单相接地短路电流、过电压水平、保护配置等有关，直接影响电网的绝缘水平、系统供电的可靠性和连续性、主变压器的安全运行等。

单相接地短路电流主要考虑电网的电容电流。电容电流应包括电气连接的所有架空线路、电缆线路的电容电流，并计及厂、站母线和设备的影响，该电容电流取最大方式下的电流。

综合考虑上述因素，中性点接地方式分为中性点直接接地与中性点非直接接地两大类。中性点非直接接地又可分为4种形式。

1. 中性点直接接地

中性点直接接地方式的单相短路电流很大，线路或设备须立即切除，增加了断路器负担，降低了供电连续性。但由于过电压较低，绝缘水平可下降，减少了设备造价，特别是对于高压和超高压电网，经济效益显著，故适用于110kV及以上电网中。

2. 中性点非直接接地

(1) 中性点不接地。中性点不接地方式最简单，单相接地时允许带故障运行2h，供电连续性好，接地电流仅为线路及设备的电容电流。但由于过电压水平较高，要求有较高的绝缘水平，不宜用于110kV及以上电网。在6～66kV电网中，宜采用中性点不接地方式，但电容电流不能超过允许值，否则接地电弧不易自熄，易产生较高弧光间歇接地过电压，波及整个电网。

(2) 中性点经消弧线圈接地。当接地电容电流超过允许值时，要采用消弧线圈补偿电容电流，保证接地电弧瞬间熄灭，以消除弧光间歇接地过电压。

(3) 中性点经高电阻接地。当接地电容电流小于规定值时，可以采用中性点经高电阻接地方式。此接地方式和经消弧线圈接地方式相比，改变了接地电流相位，加速泄放回路中的残余负荷，促使接地电弧自熄，从而降低弧光间隙对地过电压，同时可提供足够的电阻电流和零序电压，使接地保护可靠动作，一般用于大型发电机中性点。

(4) 中性点经低电阻接地。当接地电容电流大于规定值时，可以采用低电阻接地方式。

在电压等级较高的系统中，绝缘费用在设备总价中占相当大比重，降低绝缘水平带来的经济效益很显著，所以一般采用中性点接地方式，而以其他措施提高供电可靠性。反之，在电压等级较低的系统中，一般采用中性点不接地方式以提高供电可靠性。在我国，一般110kV及以上的系统中性点直接接地，66kV及以下的系统中性点不接地或经消弧线圈接地，但随着线路多采用电缆线路，流经中性点的电容电流不断增大，随之出现了经低电阻接地方式。

中性点直接接地系统发生单相接地故障时，接地短路电流很大，所以这种系统称为大电流接地系统，它包括中性点直接接地或经低电阻接地的系统。采用中性点不接地、经过消弧线圈或高电阻接地的系统，当某一相发生接地故障时，由于不能构成短路回路，接地故障电流往往比负荷电流小得多，所以这种系统称为小电流接地系统。

大电流接地系统与小电流接地系统的划分标准是依据系统的零序电流电抗 X_0 与正序电抗 X_1 的比值 X_0/X_1。我国规定，凡是 $X_0/X_1 \leqslant 4\sim5$ 的系统属于大电流接地系统，$X_0/X_1 \geqslant 4\sim5$ 的系统属于小电流接地系统。

第三节　电力系统三相交流系统

目前，世界各国的电力系统中电能的产生、传输和供电方式绝大多数都采用三相交流制。三相交流系统是由三相电源、三相输电线路和三相负载三部分组成的。

对称三相电源是由三个等幅值、同频率、初相角依次相差120°的正弦电压源连接成星形（Y）或三角形（△）组成的，如图1-3所示。这三个电源依次称为A相、B相、C相，它们的电压分别为

$$u_A = \sqrt{2}U\cos\omega t$$

$$u_B = \sqrt{2}U\cos(\omega t - 120°)$$

$$u_C = \sqrt{2}U\cos(\omega t - 240°)$$

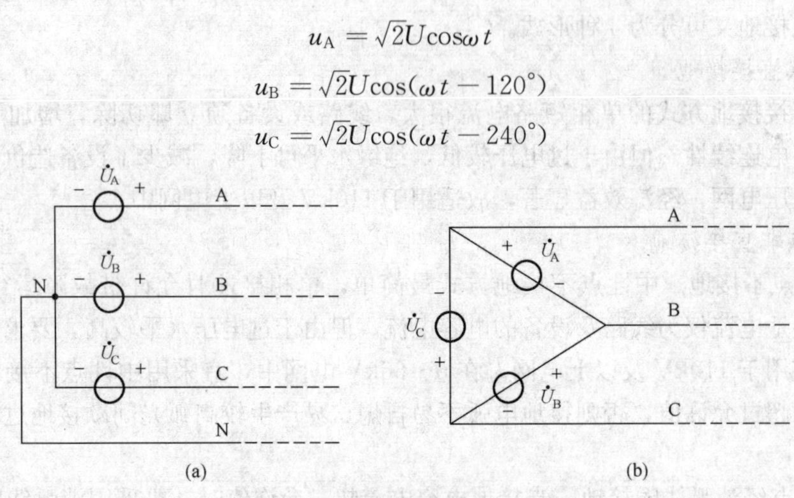

图1-3 星形、三角形接线电源图

(a) 星形接线；(b) 三角形接线

可以看出，若以A相电压 u_A 为参考正弦量，则它们的对应相位关系为B相落后A相120°，C相落后A相240°。上述三相电压的相序A、B、C称为正序。与此相反，如果B相超前A相120°，C相超前A相240°，这种相序称为反序。电力系统三相交流系统一般采用正序。

对称三相交流电压各相的波形和相量图如图1-4所示，对称三相电压满足

$$\dot{U}_A + \dot{U}_B + \dot{U}_C = 0$$

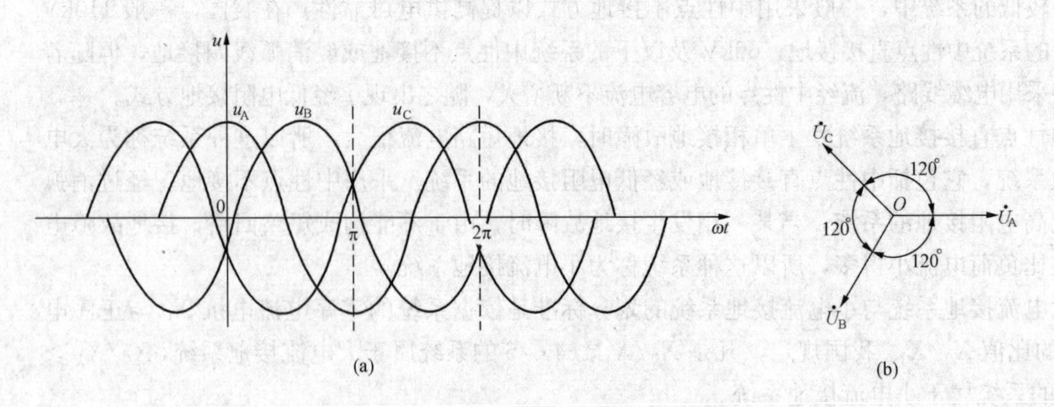

图1-4 对称三相交流电压及其波形和相量图

(a) 三相电压波形；(b) 三相电压相量图

图1-3（a）所示为三相电压源的星形连接方式，简称星形或Y形电源。从三个电压源正极性端子A、B、C向外引出的导线称为相线，从中性点N引出的导线称为中性线。相线A、B、C之间的电压称为线电压，电源每一相的电压称为相电压。相线中的电流称为线电

流，各相电压源中的电流称为相电流。把三相电压源依次连接成一个回路，再从端子 A、B、C 引出相线，如图 1-3（b）所示，就成为三相电源的三角形连接，简称三角形（△）电源。三角形电源的线电压、相电压、线电流和相电流的概念与星形电源相同。三角形电源不能引出中性线。

在实际三相交流系统中，三相电源是对称的，而负载不一定是对称的。三个阻抗连接成星形（Y）或三角形（△）负载。三相负载的相电压和相电流是指各阻抗的电压和电流。三相负载的三个端子向外引出的导线中的电流称为负载的线电流，任意两个端子之间的电压则称为负载的线电压。

从对称三相电源的三个端子引出三条相线，把星形（Y）或三角形（△）负载连接在端线上就形成了三相交流电路系统。

三相交流电路系统线电压（电流）与相电压（电流）之间的关系都与连接方式有关，对于三相负载也是如此。

对于三相星形电源（负载），其三相线电压是相电压的 $\sqrt{3}$ 倍，即 $U_l = \sqrt{3}U_{ph}$，线电流等于相电流，即 $I_l = I_{ph}$；对于三相三角形电源（负载），其三相线电压等于相电压，即 $U_l = U_{ph}$，线电流是相电流的 $\sqrt{3}$ 倍，即 $I_l = \sqrt{3}I_{ph}$。

低压电网中普遍采用三相四线制，因为用星形连接的三相四线制可以同时提供两种电压值，即相电压 220V 和线电压 380V，既可供单相照明使用，又可供三相动力负载使用。

在三相交流系统中，三相负载设备吸收的功率等于各相视在功率之和，根据上述连接方式的线相关系，其计算功率的公式为 $S = 3U_{ph}I_{ph}$ 或 $S = \sqrt{3}U_lI_l$。

第四节　电力系统故障及继电保护

一、电力系统故障概述

在电力系统的运行过程中，时常会发生故障，其中大多数是短路故障（简称短路），还可能存在断相故障。

1. 短路故障

所谓短路，是指电力系统正常运行情况以外的相与相之间或相与地（或中性线）之间的连接。在正常运行时，除中性点外，相与相或相与地之间是绝缘的，而产生短路的原因主要是电气设备载流部分的相间绝缘或相对地绝缘被破坏。三相交流系统中主要的短路类型有三相短路、两相短路（相间短路）、单相短路接地和两相短路接地，见表 1-2。

表 1-2　电力系统短路类型

短路类型	示意图	符号
三相短路		$k^{(3)}$

续表

短路类型	示意图	符号
两相短路		$k^{(2)}$
单相短路接地		$k^{(1)}$
两相短路接地		$k^{(1,1)}$

在中性点直接接地的电网中，绝大多数的故障是一相对地短路，一般占全部短路故障的70%～90%，其次是两相对地短路、两相短路和三相短路。在中性点非直接接地的电网中，短路故障主要是各种相间短路，包括不同相两点接地短路。在中性点非直接接地的电网中，一相接地不会造成短路，仅有不大的电容电流流过故障点，使电网的中性点产生位移，而线电压保持不变。

短路故障可分为对称短路故障和非对称短路故障。三相短路时，三相回路依旧是对称的（不考虑暂态起始瞬间），故称为对称短路故障。对称短路故障不存在负序分量，如负序电流、负序电压等。其他几种短路均使三相回路不对称，故称为不对称短路故障。

短路故障又可分为接地短路故障和不接地短路故障。不接地短路故障不存在零序分量，如零序电流、零序电压等。

另外需要说明的是短路与系统振荡的区别，因为系统振荡并不属于故障，在对继电保护进行设置时都应该考虑系统振荡不造成误动作（当振荡使系统失去稳定时通过解列装置解列电网），而故障时应可靠动作，可从电气量上加以区分，方法如下：

（1）振荡或失步过程中，电气量由并列运行的发电机之间相位差的变化决定，各点电压和电流均做往复性摆动，一般变化较为平滑，而短路时电气量是突然变化的。

（2）振荡或失步过程中，电力网上不同地点的电流与电压之间的相位角可以有不同的数值，而短路状态下则是相同的。

（3）振荡和失步不破坏三相系统的对称性，所有电气量都是对称的，而短路则伴随出现三相不对称，即使三相短路，在暂态起始瞬间也是不对称的。

电力系统振荡不破坏三相系统的对称性，所有电气量都是对称的，感受振荡线路两侧的电流量是相等的，所以从原理上说，反应负序、零序分量的保护及纵联电流差动保护在振荡时不会误动作，而相间电流保护及某些距离保护有可能误动作，此时应采取防止误动作的措施。

电力系统的短路故障有时也称为横向故障，因为它是相对相（或相对地）的故障。还有

一种称为纵向故障，即断相故障。

2. 断相故障

断相故障指一相或两相断线使系统发生非全相运行的情况。这种情况往往发生在当一相上出现短路后，该相的断路器断开，因而形成一相断线。这种一相断线或两相断线故障也属于不对称故障。这里应该注意的是当断路器投运合闸时造成的非全相合闸问题，这样会导致系统缺相运行。为了避免断路器非全相合闸，断路器可装设非全相保护。

二、电力系统继电保护概述

电力系统在运行中，可能发生各种故障和不正常运行状态，最常见同时也是最危险的故障是发生各种类型的短路。在发生短路时可能产生以下后果：

(1) 通过故障点的很大的短路电流和所燃起的电弧使故障元件损坏。

(2) 短路电流通过非故障元件，由于发热和电动力的作用，引起它们的损坏或缩短其寿命。

(3) 电力系统中部分地区的电压大大降低，特别是靠近短路点处的电压下降得最多，破坏用户工作的稳定性或影响工厂产品的质量。

(4) 破坏电力系统并列运行的稳定性，引起系统振荡，甚至使整个电网瓦解。

在电力系统中，除应采取各项积极措施消除或减少发生故障的可能性外，故障一旦发生，必须迅速而有选择地切除故障元件，这是保证电力系统安全运行的最有效方法之一，而继电保护装置就是能反映电力系统中电气元件发生故障或不正常运行的状态，并动作于断路器跳闸或发出信号的一种自动装置。

1. 继电保护装置的基本任务

继电保护装置的基本任务如下：

(1) 自动、迅速、有选择性地将故障元件从电力系统中切除，使故障元件免于继续遭到破坏，保证其他无故障部分迅速恢复正常运行。

(2) 反映电器元件的不正常运行状态，并根据运行维护的条件动作于发出信号、减负荷或跳闸。此时一般不要求保护迅速动作，而是根据对系统及其元件的危害程度规定一定的延时，以避免不必要的动作和由于干扰而引起的误动作。

继电保护主要是依据设备正常运行与设备故障或不正常运行状态的电气量或非电量等信息量之间的差别实现保护。继电保护装置是由测量部分、逻辑部分和执行部分组成的，其原理图如图 1-5 所示。

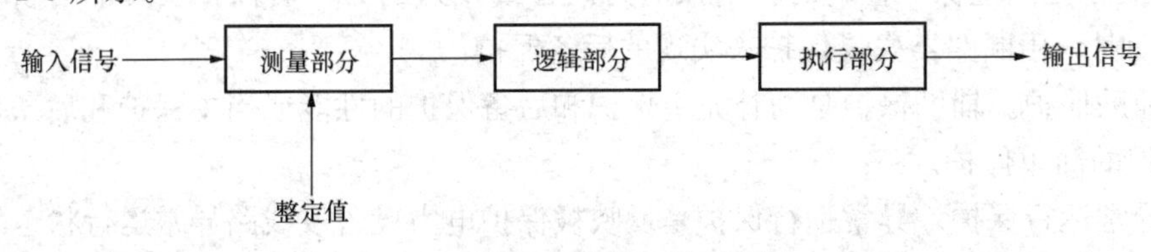

图 1-5　继电保护装置的原理图

(1) 测量部分。测量部分是测量从被保护对象输入的有关电气量，并与给定的整定值进行比较，根据比较的结果判断保护是否应该动作。

(2) 逻辑部分。逻辑部分是根据测量各部分输出量的大小、性质、输出的逻辑状态、出现的顺序或它们的组合，使保护装置按一定的逻辑关系工作，最后确定是否应该发出信号或动作于跳闸，并将命令传给执行部分。

(3) 执行部分。执行部分是根据逻辑部分输出的信号，最后完成保护装置所担负的任务，如故障时动作于跳闸，不正常运行时发出信号，正常运行时不动作等。

2. 对继电保护的性能要求

动作于跳闸的继电保护，在技术上一般应满足以下4个基本要求：

(1) 选择性。继电保护的选择性是指继电保护动作时，仅将故障元件从电力系统中切除，使停电范围缩小，以保证系统中无故障部分仍能继续安全运行。在要求继电保护动作有选择性的同时，还需考虑继电保护或断路器有拒绝动作的可能，因而需要考虑后备保护的问题。

(2) 速动性。快速地切除故障可以提高电力系统并联运行的稳定性，减少用户在电压降低的情况下工作的时间，以及缩小故障元件的损坏程度，因此，在发生故障时，应力求保护装置迅速动作切除故障。故障切除的总时间等于保护装置和断路器动作时间之和。一般快速保护的动作时间为0.04～0.08s，最快可达0.01～0.04s；一般断路器的动作时间为0.06～0.15s，最快的可达0.02～0.06s。

(3) 灵敏性。继电保护的灵敏性是指对于其保护范围内发生的故障或不正常运行状态的反应能力。满足灵敏性要求的保护装置应该是在事先规定的保护范围内部故障时，无论短路点的位置、短路的类型如何以及短路点是否有过渡电阻，都能敏锐察觉，正确反应。保护装置灵敏性通常用灵敏系数来衡量，它主要取决于被保护元件和电力系统的参数和运行方式。

(4) 可靠性。保护装置的可靠性是指其保护范围内发生了它应该动作的故障时，它不应该拒绝动作，而在任何其他保护不应该动作的情况下，则不应该动作。

3. 继电保护的分类

电力系统中的电力设备和线路，应装设短路故障和异常运行的保护装置。电力设备和线路短路故障的保护应有主保护和后备保护，必要时可增设辅助保护。

(1) 主保护。主保护是满足系统稳定和设备安全要求，能以最快速度有选择地切除被保护设备和线路故障的保护。

(2) 后备保护。后备保护是主保护或断路器拒动时，用以切除故障的保护。后备保护可分为远后备和近后备两种方式。

1) 远后备是当主保护或断路器拒绝时，由相邻电力设备或线路的保护实现后备。

2) 近后备是当主保护拒动时，由该电力设备或线路的另一套保护实现的后备保护；当断路器拒动时，由断路器失灵保护来实现的后备保护。

(3) 辅助保护。辅助保护是为补充主保护和后备保护的性能或当主保护和后备保护退出运行时增设的简单保护。

(4) 异常运行保护。异常运行保护是反映被保护电力设备或线路异常运行状态的保护。

变电站继电保护装置主要涉及电力设备和线路保护两种，以下主要讲述变电站线路保护的常见类型，关于变电站设备保护部分将在各设备章节中讲述。

三、高压输电线路保护概述

(一) 电流保护

电流保护是以通过保护安装处的电流为动作量的继电保护。当通过的电流大于某一预

定值（整定值）时动作的电流保护称为过电流保护。过电流保护通常由电流、时间、中间、信号等继电器按一定的逻辑综合组成，用以实现对输电线路和变压器等电力设备的保护。它可以依相电流或相序（负序或零序）电流工作。除直接作用的过电流保护外，还有经故障方向判别元件和经低电压或复合电压元件控制的过电流保护，主要有无时限（瞬时）过电流保护和带时限过电流保护两种。对于线路，则有线路相间过电流保护和线路零序过电流保护。

1. 线路相间过电流保护

线路相间过电流保护用于各种电压等级电力网的输电线路相间故障的过电流保护。

(1) 无时限（瞬时）线路过电流保护。瞬时动作的线路过电流保护，分为有选择性和无选择性两种。

1) 有选择性无时限（瞬时）过电流保护。保护范围不超过本线路的相间短路故障瞬时过电流保护，在各级电压电力网中得到广泛应用。电流继电器动作电流必须大于被保护线路两端母线相间短路时通过本线路的最大可能短路电流，因而只能在本线路一定范围内故障时才能动作。它对被保护线路内部故障的反应能力（灵敏度）可用被保护线路全长百分数表示，该值恒小于1。电源阻抗比（电源阻抗对线路阻抗之比）越小，它可以保护的范围越长。该保护仅以电流继电器或者和出口中间继电器本身固有时间动作，通常为10～40ms。在超高压电力网中，由于它能快速切除线路近端短路故障，对保护电力系统稳定运行往往发挥极为关键的特殊作用。

2) 无选择性无时限（瞬时）线路过电流保护。该保护能保护线路全长的瞬时过电流保护。当相邻线路或相邻电力设备（如变压器）发生相间短路故障时，有可能发生无选择性动作跳闸，用于实现全线路故障的快速切除。该保护方式常常用于线路变压器组及低压电力网的线路保护。对后一种情况，无选择性跳闸通常借助线路自动重合闸纠正。

(2) 带时限（延时）线路过电流保护。该保护是延时动作的线路过电流保护，分为定时限线路过电流保护和反时限线路过电流保护两种。

1) 定时限线路过电流保护。该保护是动作时限与通过的电流水平（大于过电流元件的启动值）无关的能保护线路全长的延时过电流保护。实际应用中常常由几个定时限（包括无时限）过电流保护段组成带阶段时限特性的多段式线路过电流保护。各保护段的启动电流、动作时限及灵敏系数均不相同。它们中有的快速动作，有的能保护线路全长，有的还能保护到相邻电力设备的全部，是中、低压电力网中的一种主要线路保护方式。对于两侧电源的情况，有的保护段需经故障功率方向判别元件控制。特别情况下，为了满足电力系统运行方式变化较大的需求，有的保护段需依靠电流元件与电压元件协同动作，统称为电流电压保护，以取得较稳定的保护范围。

2) 反时限线路过电流保护。利用反时限电流继电器构成的线路延时过电流保护。故障点离保护装置安装处越近，通过的电流越大，其动作时间也越短。恰当地选择所需要的动作反时限特性，可以获得本线路短路故障时较短的动作时间，而当相邻电力设备故障时，又可以与后者的保护选择配合。有的还设有速动过电流部件，可根据需要实现无时限过电流保护功能。它是辐射形简单电力网中常见的一种线路保护方式。

2. 线路零序过电流保护

线路零序过电流保护用于各种电压等级的有效接地系统中输电线路接地短路故障的过电流保护。保护的类别和功能与保护相间短路故障的线路过电流保护基本相同，但具有如下特点：

(1) 只能用以保护有效接地系统中发生的单相及两相接地短路故障，因为只有这两种短路故障（不考虑断线故障）时电力网中才会出现零序电流。

(2) 由于线路的零序阻抗是正序阻抗的3倍以上，而电源侧的零序阻抗均较正序阻抗小，因而在线路首、末端发生接地短路故障时通过的零序电流幅值变化很大，远远大于相间短路时相应相电流的变化，因此，利用零序电流保护比较容易获得动作时间快、保护范围相对稳定且易实现相邻保护间的选择配合等优点。

(3) 因为正常运行时线路中不通过零序电流，因而零序电流保护（或者它的一段）可以有较低的启动电流值，从而实现对线路发生高电阻接地故障（例如对树放电等，对于500kV线路可高达300Ω）时的保护，这是任何其他保护方式都无法实现的。

采用三相重合闸或综合重合闸的线路，为防止在三相重合闸过程中三相触头不同期或单相重合闸过程中的非全相运行状态中产生振荡时零序电流保护误动作，常采用两个第一段组成的四段式保护。

灵敏一段是按躲过被保护线路末端单相或两相接地短路时出现的最大零序电流整定的，其动作电流小，保护范围大，但在单相故障切除后的非全相运行状态被闭锁。这时，如其他相再发生故障，则必须等重合闸重合以后，靠重合闸后加速跳闸，使跳闸时间增长，可能引起系统相邻线路由于保护不配合而越级跳闸，故增设一套不灵敏一段保护。

不灵敏一段是按躲过非全相运行又产生振荡时出现的最大零序电流整定的，其动作电流大，能躲开上述非全相情况下的零序电流，两者都是瞬时动作的。

(二) 距离保护

距离保护以距离测量元件为基础构成保护装置，其动作和选择性取决于本地测量参数（阻抗、电抗、方向）与设定的被保护区段参数的比较结果，而阻抗、电抗又与输电线的长度成正比。距离保护主要用于输电线的保护，一般是三段式或四段式。第一、二段带方向性，作本段的主保护。其中，第一段保护线路的80%～90%，第二段保护余下的10%～20%并作相邻母线的后备保护。第三段带方向或不带方向，有的还设有不带方向的第四段，作本线及相邻线路的后备保护。

(三) 线路纵联保护

线路纵联保护是当线路发生故障时使两侧或多侧（分支线）断路器同时快速跳闸的一种保护装置。它以线路各侧某种电气量间的特定关系作为动作判据，即各侧均将判别量借助通道传送到对侧，然后每一侧分别按照对侧与本侧判别量之间的关系来判别区内或区外故障，因此判别量和通道是纵联保护装置的主要组成部分。由于所选取的判别量不同以及判别量的传送方式和采用的通道不同，就形成了各种型式的纵联保护装置。

根据选择的判别量及工作原理不同，纵联保护通常可分为电流差动式与方向比较式两大类。

(1) 电流差动式。它是以同一时刻的本线路各端规定的同一电流量相互直接比较为动作

判据的线路纵联差动保护。在这一类保护中，以各端规定的同一电流量的工频相位为特征量进行相互比较的称为电流相位比较式纵联差动保护（又称电流相位差动）；另一种以本线路各端规定的同一电流量的瞬时值进行相互比较的称为电流差动式纵联保护。若有综合式电流差动和分相式电流差动，则具有更好的保护性能，但要求采用具有较高传输速度的通道。

(2) 方向比较式。线路各端以规定的电压及电流量构成方向元件实现本端的故障方向判别并向其他各端送出相应信息，通过本端与其他各端故障信息的综合比较作为动作判据的线路纵联保护。方向比较式由于只传输故障方向信息，因此对通道传送速度的要求低于电流差动式纵联差动保护。方向比较式纵联保护又分为超范围式和欠范围式两种。

1) 超范围式纵联保护。当本线路内部故障时，各端的超范围方向元件均判定为正方向故障，各端保护同时动作；外部故障时，靠近故障点一端的超范围方向元件判定为反方向故障，各端保护均不能动作。超范围式纵联保护的动作判据为各端保护均指示为正方向故障，为“与”输出方式。超范围式纵联保护只在本线路两端的超范围方向元件同时动作时方能发出断路器跳闸指令。对于超范围式纵联保护，当本线路内部故障时各端超范围方向元件动作快速并具有良好的保护电阻性故障的能力，动作可靠性高，但是也增加了外部故障时不必要动作的概率，故安全性较差。

2) 欠范围式纵联保护。各端方向判别元件的动作区均不及对端母线，故本线路外部故障时各端欠范围方向元件均不动作；当任一端的欠范围方向元件动作时即可判定为内部故障，令各端保护同时动作。欠范围式纵联保护的各端除有欠范围方向元件外，还增设了灵敏的故障判别元件，监控对端欠范围方向元件发来的动作命令，以提高纵联保护工作的安全性。在欠范围式纵联保护中，不要求各端增设的故障判别元件判定故障的方向或区间，而要求本线路任一段保护带方向的欠范围元件动作为判据的“或”输出方式。欠范围式纵联保护在本线路外部故障时，各端的欠范围方向元件不动作，并且与增设的故障判别元件无需协调工作，故装置结构简单、安全性较高。但当线路末端附近故障时，必须在收到确证为对侧送来的内部故障信息后才能发出故障跳闸命令，因而延迟了切除故障的动作时间。对于内部故障，要求判别元件保护范围的稳定性高，因其保护范围小，故相应的保护电阻性故障的能力也较差。欠范围式纵联保护各端的判定本线路故障元件的保护范围，必须大于线路全长的50%而小于100%。

纵联保护的信号有闭锁信号、允许信号、跳闸信号三种。

(1) 闭锁信号。它是阻止保护动作于跳闸的信号。换言之，无闭锁信号是保护作用于跳闸的必要条件。只有同时满足本端保护元件动作和无闭锁信号两个条件时，保护才作用于跳闸。

(2) 允许信号。它是允许保护动作于跳闸的信号。换言之，有允许信号是保护动作于跳闸的必要条件。只有同时满足本端保护元件动作和有允许信号两个条件时，保护才动作于跳闸。

(3) 跳闸信号。它是直接引起跳闸的信号。此时与保护元件是否动作无关，只要收到跳闸信号，保护就动作于跳闸。远方跳闸式保护就是利用跳闸信号，跳闸信号可看作允许信号的特例。

方向比较式纵联保护从构成上划分主要有欠范围闭锁式、欠范围允许式、超范围允许式和超范围闭锁式4种。

对比各种保护方式的基本性能与要求，对其使用范围简单归纳如下：

(1) 对于长线路，由于线路两侧的第一段保护范围不但可以相互搭接，而且允许短路点有较大的过渡电阻，同时由于其整定值对防止过负荷、电容电流、反向故障及电流倒向误动有利，故宜采用欠范围保护方式。

(2) 对于一般线路，为了保证区内故障时动作的可靠性，宜采用超范围保护方式。

(3) 对于电力线载波通道宜采用闭锁式，因为可不考虑区内故障时传输损耗增大问题。

(4) 对于专用线（音频）或无线电通道（特高频或微波），为了提高保护在区外故障时的动作安全性，宜采用允许式。

(5) 对于特殊情况，如线路采用变压器组接线方式，因为在变压器内部故障时，送电侧无法引入有足够灵敏度的判别量，只能采取由远方信号直接跳闸的方式。

（四）电流差动式纵联保护

电流差动式纵联保护是利用被保护线路各端电流量实现电流差动原理的一种线路纵联保护。实现原理：在不考虑本线路导纳的条件下，正常运行与外部故障时各端流入（由母线流入本线路）电流的代数和为零；内部故障时上述和电流为流入故障分支的总故障电流。据此判别故障是发生在被保护线路内部或外部。

电流差动式纵联保护主要特点如下：

(1) 以和电流为动作判据，可靠、灵敏，能确切地判定故障区间。

(2) 利用制动特性，使电流差动元件的动作值大于本线路外部故障时因两端电流互感器误差而产生的最大不平衡电流值，以可靠地防止外部故障时的误动作。制动特性有最大电流制动与各端电流绝对值之和制动两种方式。无制动时的最小动作值应大于本线路电容电流值。

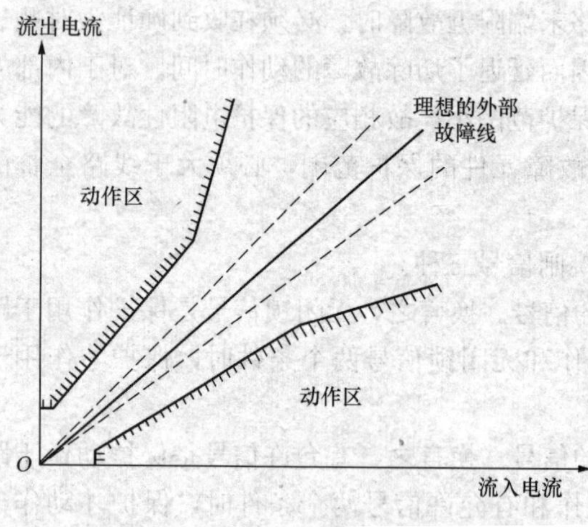

图1-6　电流差动元件制动特性示意图

制动特性可以用本线路各端流入与流出电流的坐标系表示，如图1-6所示。本线路正常运行与外部故障时流入电流与流出电流相等，其轨迹为一条与横坐标夹角为45°的直线。位于理想的外部故障线两侧的虚线，是考虑各端电流互感器误差后，外部故障时流入电流与流出电流的实际可能极限位置。为保证外部故障时不动作，电流差动元件的动作区应在两虚线的外侧实线区域内。

电流差动式纵联保护一般设有反映电力网发生故障的启动元件，用以增加整套保护的安全性。这种保护适用于各种电压等级的线路。

电流差动式保护的主要类型有以下两种：

(1) 综合电流差动方式。将各端输入的三相电流变成单一的综合电流的差动方式，用于短线路的导引线保护。

(2) 分相的电流差动方式。因占用较多的频道，故需与频分制微波通信设备复用，或者以光纤通道传输。

(五) 电流相位比较式纵联保护

电流相位比较式纵联保护也称相差动高频保护，是以比较本线路两端规定的工频电流的相位差为动作判据的一种线路纵联保护，该保护的最大优点主要是利用电流量、结构简单、工作可靠性高，在系统发生振荡时不会误动作。它是超高压电力网、短距离输电线路中常用的一种全线快速动作的主保护。

电流相位比较式纵联保护的优点：保护可以在电力系统振荡和非全相运行时继续运行，不会误动作；线路的串联补偿电容对保护工作无影响；保护在电压二次回路断线时不会误动作。其缺点如下：

(1) 当被保护线路一相断线接地或非全相运行发生保护区内故障时，保护的灵敏度会变差，甚至可能拒动。线路的分布电容影响线路两端电流相位，长线影响更严重，因而保护不能用在太长的线路上。重负荷线路的负荷电流也会改变线路两端电流的相位，不利于线路内部故障时保护动作。

(2) 对收发信机及通道要求较高，在运行中两侧保护需要联调。

电流相位比较式纵联保护是220kV高压输电线路常用主保护之一，为了保证高值启动元件和操作的灵敏度，“四统一”(统一标术标准，统一原理接线；统一符号；统一端子排布置) 设计的高频相差保护要求线路末端三相短路电流一次值不小于360A，220kV线路长度不大于250km。

(六) 高频闭锁方向保护

高频闭锁方向保护的基本原理是基于比较被保护线路两侧的功率方向。当两侧的短路功率方向都是由母线流向线路时，保护就动作跳闸。由于它是以高频通道经常无电流，而当外部故障时由功率方向为负的一侧发送高频闭锁信号去闭锁两侧保护，因此成为高频闭锁方向保护。

目前，广泛应用负序功率方向元件来判别故障方向，高频闭锁负序方向保护的原理比较简单。该保护在全相运行条件下能够正确反应各种不对称短路。在三相短路时，只要不对称时间大于5～7ms，保护就可以动作。在两相运行条件下 (包括单相重合闸过程中) 发生故障，保护可能拒动。在电压互感器二次回路断线时，保护应退出。

高频闭锁方向保护的主要优点是利用非故障线路发送高频闭锁信号，这样当线路内部故障并伴随着通道的损坏时 (例如通道所在相接地或断线)，不会影响高频闭锁信号的传输，因而保护仍能正确动作，切除故障。

第五节　电力系统过电压

电力系统正常运行时，电气设备的绝缘处于电网的额定电压下，但是由于雷击、操作、故障或参数配合不当等原因，电气设备某些部分的电压可能升高，有时会大大超过正常状态下的数值，此种电压升高称为过电压。

设备上的过电压，按产生原因分类如下：

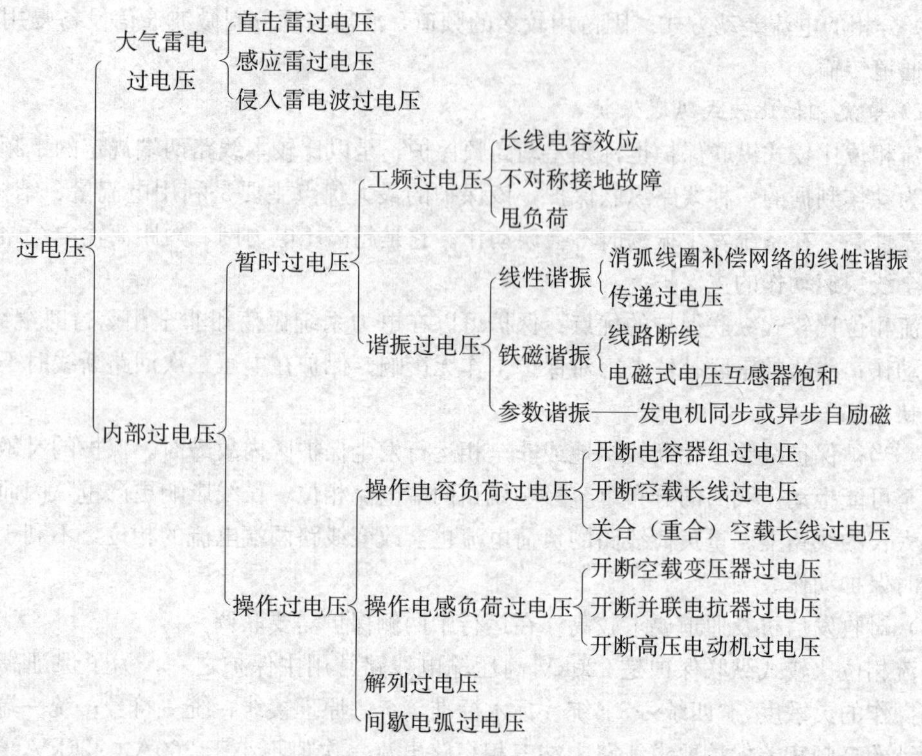

大气过电压是由于雷雨季节空中出现雷云时，雷云带有的电荷使大地及地面上的一些导电物体都产生静电感应，使地面和附近输电线路都感应出异种电荷，并由雷云电荷束缚着被感应的异种电荷。大气过电压可分为直击雷过电压、感应雷过电压和侵入雷电波过电压。

内部过电压是由于操作（合闸、分闸）、事故（接地、断线等）或其他原因，引起电力系统的状态发生突然变化，出现从一种稳态转变为另一种稳态的过程，在这个过程中可能产生对系统有威胁的过电压。这些过电压是系统内部电磁能的振荡和积聚所引起的，所以称为内部过电压。内部过电压分为暂时过电压（工频过电压、谐振过电压）与操作过电压。

1. 暂时过电压

暂时过电压包含工频过电压和谐振过电压。

（1）工频过电压。指系统中在操作或接地故障时发生的频率等于工频或接近工频的高于系统最高工作电压的过电压，一般由线路的空载、接地故障和甩负荷等引起。

（2）谐振过电压。由于操作或故障形成的线性谐振和由于非线性设备的饱和、参数周期性变化等引起的非线性谐振所产生的过电压。谐振过电压分为线性谐振过电压、铁磁谐振过电压和参数谐振过电压三类。

1）线性谐振过电压。谐振回路由不带铁芯的电感元件（如输电线路的电感、变压器的漏感）或励磁特性接近线性的带铁芯的电感元件（如消弧线圈）和系统中电容元件所组成。

2）铁磁谐振过电压。谐振回路由带铁芯的电感元件（如空载变压器、电压互感器）和系统的电容元件组成，因铁芯电感元件的饱和现象使回路的电感参数是非线性的，这种含有非线性电感元件的回路在满足一定的谐振条件时，会产生铁磁谐振。

3）参数谐振过电压。由电感参数作周期性变化的电感元件和系统电容元件组成谐振回路，当参数配合时，通过电感的周期性变化，不断向谐振系统输送能量，造成谐振过电压。

2. 操作过电压

操作过电压指由于操作、故障或其他原因，使系统参数突然变化，系统由一种状态转换为另一种状态，在此过渡过程中系统本身的电磁能振荡而产生的过电压。各种操作过电压产生的原因如下：

（1）切除空载线路时过电压的根源是电弧重燃，重燃这一矛盾的两个方面是断路器的灭弧能力和触头间恢复电压。另一个影响过电压的重要因素是线路上的残余电压。

（2）空载线路的合闸过电压是由于在合闸瞬间的暂态过程中，回路发生高频振荡造成的。

（3）在中性点绝缘的电网中，发生单相金属接地将引起健全相的电压升高到线路电压。如果单相通过不稳定的电弧接地，即接地的电弧间歇性地熄灭和重燃，则在电网健全相和故障相上都会产生过电压，一般把这种过电压称为电弧接地过电压，它的产生实质上是一个高频振荡的过程。

（4）切除空载变压器引起的过电压，其原因是当变压器空载电流（电感电流）突变"切断"时，变压器绕组的磁场能量就将全部转化为电场能量，即对变压器等值电容充电，可能达到很高数值。同样，切除电感负荷如电机、电抗器等时，可能在被切除的电容器和断路器上出现过电压。

（5）电网解环引起的操作过电压。

第六节　变电站及电气设备概述

变电站是联系发电厂和用户的中间环节，是电网中线路的连接点，起着变换电压、交换功率和汇集分配电能、控制电流流向、调整电压的作用。变电站根据电压等级分为升压变电站或降压变电站；根据规模大小主要分为枢纽变电站、联络变电站与终端变电站。

（1）枢纽变电站位于电力系统的枢纽点，连接电力系统不同电压等级，汇集多个电源及联络线路。枢纽变电站全站停电时，将引起系统解列，甚至瘫痪。

（2）联络变电站又称中间变电站，主要位于系统的主要环路线路中或主要干线的接口处。联络变电站全站停电时，将影响区域电网解列。

（3）终端变电站位于输电线路终端，作为负荷变电站经降压后向用户供电。终端变电站全站停电时，仅造成由该站供给的用户用电中断。

为了确保供电的安全、可靠和经济，按照严格设计要求，变电站中安装有不同电压等级的各种电气设备。把直接生产、交换、输配和使用电能的设备称作一次设备，主要包括生产和变换电能的设备、接通和断开电路的开关电器、限制过电流和过电压的设备、接地装置、载流导体以及用于测量监视的互感器等。

把对一次设备进行监察、测量、控制、调节及保护的设备称为二次设备，主要包括互感器二次绕组、测量仪表、继电保护及自动装置、信号设备、控制设备与控制电缆和直流设备等。

为确保变电站正常、稳定运行，为每个一次设备都对应设置了相应的二次设备，如继电保护及保护屏、测控装置及测控屏、录波装置及录波屏、监控系统及中央信号屏等。

一、高压一次设备简介

一般变电站常见一次设备如下：

1. 转换电压、电能的设备

变电站转换电能的设备主要指电力变压器。变压器在电力系统中的作用是变换电压，以利于功率的传输。电压经升压变压器升压后，可以减少线路损耗，提高送电的经济性，达到远距离送电的目的；而降压变压器则能把高压变为用户所需要的各级使用电压，满足用户使用需要。

2. 隔断系统连接设备

隔断系统连接设备在系统中的作用是接通或断开电路。隔断系统连接设备主要有以下几种：

(1) 高压断路器（俗称开关）。高压断路器具有灭弧装置，不仅可以切断和接通正常情况下高压电路中的空载电流和负荷电流，还可以在系统发生故障时与保护装置及自动装置相配合，迅速切断故障电源，防止事故扩大，保证系统的安全运行，是电力系统中最重要的控制和保护设备。

(2) 高压隔离开关（俗称刀闸）。高压隔离开关没有灭弧装置，用来在检修设备时隔离电源，形成明显断开点，以及进行系统的倒闸操作及接通或断开充电电流或小电流。

(3) 负荷开关。负荷开关具有简易的灭弧装置，可以用来接通或断开系统的正常工作电流和过负荷电流，还可用来在检修设备时隔离电源，但不能用来接通或断开短路电流。

3. 限流设备

限流设备主要指串联在系统中的电抗器。母线串联电抗器可以限制短路电流，维持母线有较高的残压；电容器组串联电抗器可以限制高次谐波，降低电抗。

串联电抗器的使用使系统内设备选型更轻型，导体的截面积更小。

4. 载流设备

载流设备包括母线、架空线及电缆线路等。母线用来汇集和分配电能或将变压器与配电装置连接；架空线和电缆线路用于传输电能。

5. 补偿设备

电力系统中常见的补偿设备如下：

(1) 电力电容器。电力电容器补偿分为并联补偿和串联补偿。并联补偿是将电容器与用电设备并联，电容器发出无功功率供给本地区需要，避免长距离输送无功，减少线路电能损耗和电压降落，提高系统供电能力；串联补偿是将电力电容器与线路串联，抵消系统的部分感抗，提高系统的电压水平，也相应减少系统的功率损失。

(2) 并联电抗器。并联电抗器主要是吸收过剩的无功功率，改善系统及线路的电压分布和无功分布，降低有功损耗和电压过度升高，提高输电效率。

(3) 消弧线圈。消弧线圈用来补偿小电流接地系统的单相接地电容电流，防止电容电流过大，避免短路接地点不易熄灭电弧。

6. 互感器设备

电力系统互感器设备主要有以下两种：

(1) 电压互感器。电压互感器的作用是将交流高电压变成低电压（100V 或 $100/\sqrt{3}$V），供电给测量仪表及继电保护装置的电压线圈。

(2) 电流互感器。电压互感器的作用是将交流大电流变成小电流（5A 或 1A），供电给测量仪表及继电保护装置的电流线圈。

互感器使测量仪表及保护装置标准化和小型化，使测量仪表和保护装置等二次设备与高压部分隔离，且互感器二次侧均接地，从而保证了设备和人身安全。

7. 防雷及防过电压设备

电力系统防雷及防过电压设备主要指避雷器、避雷针、避雷线等设备。

二、低压二次设备简介

一般变电站常见二次设备如下：

1. 监视装置

变电站的监视设备主要是实时在线监视设备的安全运行情况，及时发现设备的异常运行及故障情况，一般指实时模拟图版、一次系统运行监控机、故障录波器等设备。

2. 测量装置

变电站测量设备主要用来监视、测量系统的电流、电压、功率、电能、频率、温度等影响设备运行的数据，一般指测控装置、电能表等设备。

3. 继电保护及自动控制装置

变电站继电保护及自动控制装置的作用是当系统或设备发生故障时，作用于断路器跳闸，自动切除故障元件；当系统出现异常情况时发出信号。

变电站自动控制装置主要指自动投入装置及低频减载装置、自动重合闸装置等，能在异常或事故时自动完成必要的控制措施。

4. 直流电源装置

变电站直流电源装置构建了变电站的直流系统，在变电站中为控制、信号、继电保护、自动装置及事故照明灯提供可靠的直流电源，还为操作提供可靠的操作电源。直流系统的可靠与否，对变电站的安全运行起着至关重要的作用，是变电站安全运行的保证。

三、电气设备符号

电气设备符号一般用于模拟图版或主接线图中设备的标识。常用一次电气设备图形符号及文字符号见表 1-3。

表 1-3　　常用一次电气设备图形符号及文字符号

名　称	图形符号	文字符号	名　称	图形符号	文字符号
双绕组变压器		T	隔离开关		QS
三绕组变压器		T	熔断器		FU

续表

名称	图形符号	文字符号	名称	图形符号	文字符号
电抗器		L	消弧线圈		L
负荷开关		QL	避雷器		F
断路器		QF	放电间隙		F
电缆终端头		—	电容器		C
电流互感器		TA	接地		E
双绕组电压互感器		TV	母线、导线及电缆		W

第七节　变电站电气主接线

一、电气主接线概述及要求

电气主接线是由电气设备通过连接线，按其功能要求组成接受和分配电能的电路，成为传输强电流、高电压的电力网络，故又称为一次接线。

电气主接线应满足可靠性、灵活性和经济性三项基本要求。

1. 可靠性

可靠性是电力生产和分配的首要要求，其具体要求如下：

(1) 断路器检修时，不宜影响对系统的供电。

(2) 断路器或母线故障以及母线检修时，尽量减少停运的回路数和停运时间，并要保证对一级负荷及全部或大部分二级负荷的供电。

(3) 尽量避免全站停电的可能性。

2. 灵活性

灵活性是指变电站在不同时期各种不同运行方式下的运行能力。电气主接线应满足调度灵活性、检修灵活性及扩展灵活性。

(1) 调度灵活性。应可以灵活地投入或切除变压器、线路，调配电源和负荷，满足系统在故障运行方式、检修运行方式以及特殊运行方式下的调度要求。

（2）检修灵活性。可以方便地将断路器、母线等一次设备及保护装置二次设备按检修计划退出运行，并不至影响系统运行及用户供电。

（3）扩展灵活性。考虑电网及用户需求发展，可容易地从初期接线过渡到最终接线，使电气一次设备及二次设备等改变连接方式的工作量较小。

3. 经济性

经济性是电气主接线在满足可靠性、灵活性的前提下应做到经济合理，可从设备投资上、占地面积上、电能损失上进行经济性评价。

二、电气主接线常见接线形式

三相交流电压系统根据电压等级的不同选用的接线形式也不同，这也是考虑到可靠供电及灵活性的需求。一般对于6～220kV变电站主接线形式，可按照有无汇流母线分为两类。

（1）有汇流母线的主接线形式。单母线接线、单母线分段接线、双母线接线、双母线分段接线、3/2断路器接线、增设旁路母线的接线等。

（2）无汇流母线的主接线形式。变压器—线路单元接线、桥形接线等。

对于330～500kV超高压变电站主接线，常采用双母线三分段带旁路母线接线、3/2断路器接线、变压器—母线接线等方式。

本节主要讲解6～220kV变电站主接线常用形式，从其应用的优点、缺点及适用范围介绍如下：

1. 变电站—线路单元接线

该单元接线只配置一台断路器、一台变压器及线路，适用于只有一台变压器和一回接线或过渡接线的情形（见图1-7）。虽然接线简单、节约设备数量，但其存在着线路故障或检修时造成变压器停运，变压器故障或检修时造成线路停运的问题，可靠性相对比较低。

2. 桥形接线

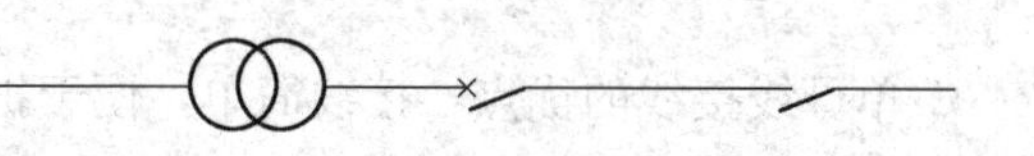

图1-7　变压器—线路单元接线

两回变压器—线路单元接线相连，构成桥形接线。它是在变压器—线路单元基础上增加母联断路器而形成的，根据母联断路器与变压器—线路接线方式中断路器的相对位置，分为内桥接线与外桥接线（见图1-8）。内桥接线是指母联断路器在出线断路器内侧；而外桥接线则是母联断路器在变压器断路器外侧。当只有两台变压器和两条线路时，宜采用桥形接线。

（1）内桥接线由变压器、线路断路器及隔离开关组成，适用于较小容量变电站并且变压器不经常切换或线路较长、故障率较高的情况。内桥接线存在如下优缺点：

1）优点。高压断路器少（无变压器侧断路器），线路停电检修时，可不造成变压器停电。

2）缺点。①变压器的投切复杂，需动作两台断路器；②桥断路器检修时，两回路需解列运行；③出线断路器检修时，线路需较长时间停运。

（2）外桥接线由变压器、变压器断路器及隔离开关组成，适用于较小容量变电站并且变压器经常切换或线路较短、故障率较少的情况。外桥接线存在如下优缺点：

1）优点。高压断路器少（无出线断路器），变压器停电检修时，可不造成线路停电。

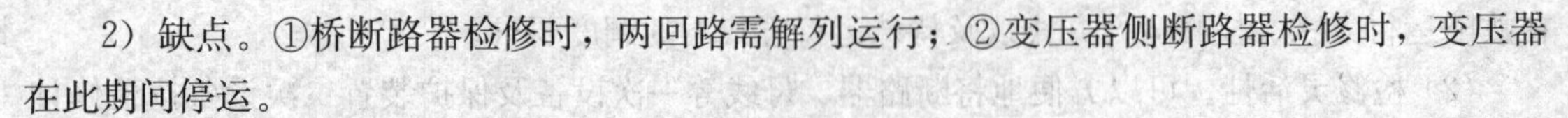

2）缺点。①桥断路器检修时，两回路需解列运行；②变压器侧断路器检修时，变压器在此期间停运。

3. 单母线接线

单母线接线方式是在桥形接线基础上发展来的，每条回路都装有断路器，并在其两侧装设隔离开关，如图 1-9 所示。单母线接线适用于变电站安装一台变压器的情况，用于没有重要负荷的变电站并且与不同电压等级的出线回路数有关：6～10kV 配电装置的出线回路数不超过 5 回；35～66kV 配电装置的出线回路数不超过 3 回；110～220kV 配电装置的出线回路数不超过 2 回。

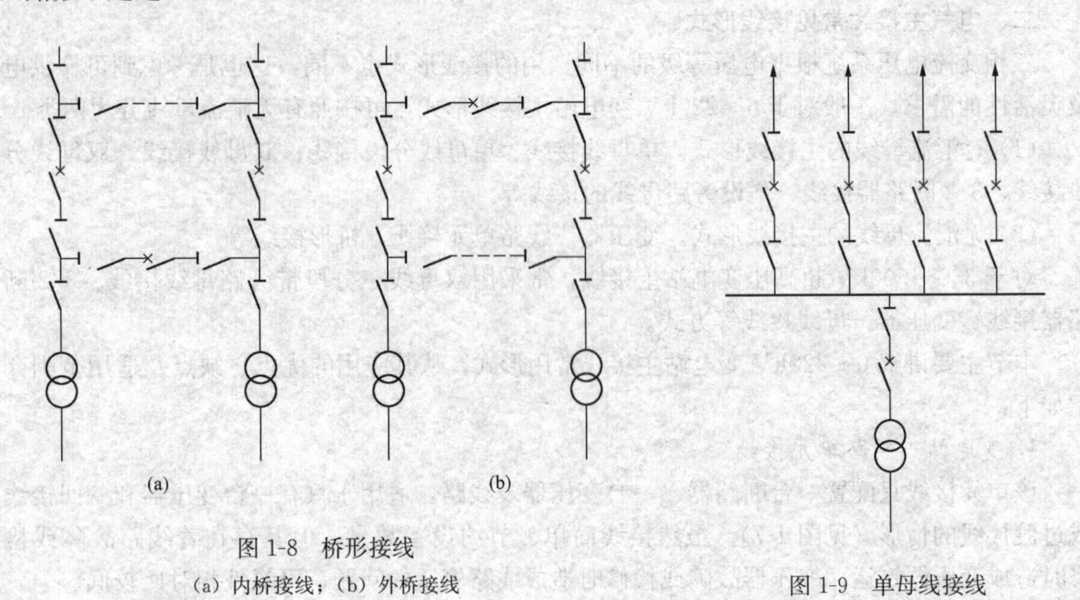

图 1-8　桥形接线

(a) 内桥接线；(b) 外桥接线

图 1-9　单母线接线

单母线接线的优点：接线简单，便于扩建线路间隔。

单母线接线的缺点：母线或母线隔离开关故障或检修时，均会造成整个配电装置停电。

4. 单母线分段接线

单母线分段接线是在单母线接线方式上加装分段母联断路器（见图 1-10），可以提高供电的可靠性和灵活性。正常运行时，单母线分段接线有以下两种运行方式：

(1) 分段断路器合闸运行。正常运行时分段断路器闭合，两个电源分别接在两段母线上。两段母线的负荷应均匀分配，以使两段母线上的电压均衡。在运行中当任一母线发生故障时，继电保护装置动作跳开分段断路器和接至该母线段上的电源断路器，另一段则继续供电。当一个电源故障时，仍可使两段母线都有电，可靠性比较好。

(2) 分段断路器分闸运行。正常运行时分段断路器断开，两段母线上的电压可不相同。每个电源接至本段母线上的引出线供电。当任一电源出现故障时，接于该电源的母线停电，导致部分用户停电。为解决这个问题，可以在分段断路器处装设自动投入装置，当电源侧断路器跳闸后，自动投入装置会将分段断路器投入运行。

单母线分段接线的优点如下：

(1) 当母线发生故障时，分段断路器自动将故障段隔离，保证正常段母线不间断供电。

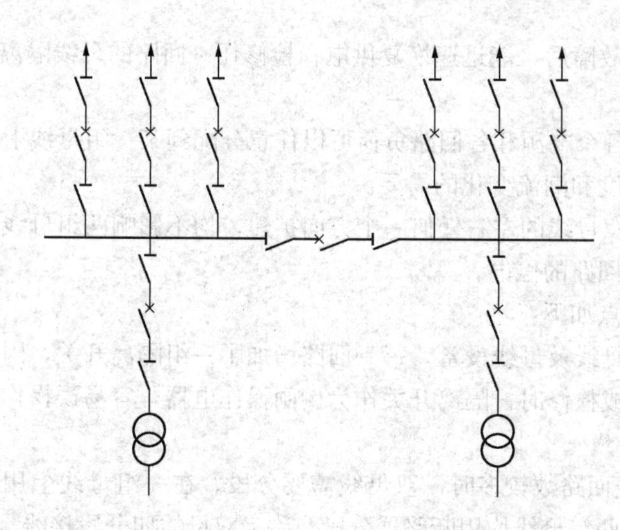

图 1-10　单母线分段接线

(2) 两段母线可看成两个独立的电源，提高了供电可靠性，对重要用户可以从不同段引出两回馈电线路供电。

单母线分段接线的缺点如下：

(1) 当一段母线或母线隔离开关故障或检修时，该段母线上的所有支路必须断开，停电范围较大。

(2) 任一支路断路器检修时，该支路必须停电。

5. 双母线接线

双母线接线有两组母线同时工作，并通过母线联络断路器并列运行，电源与负荷平均分配在两组母线上（见图 1-11）。双母线接线每一间隔回路都装设有一台断路器，有两组母线隔离开关，两母线之间的联络通过母联断路器实现。

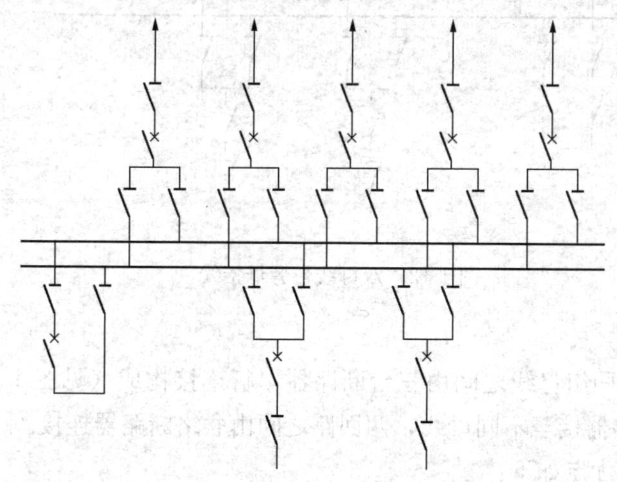

图 1-11　双母线接线

双母线接线的优点如下：

(1) 供电可靠性。通过两组母线隔离开关的倒换操作，可以轮流检修一组母线而不致使供电中断；一组母线故障后，能迅速恢复供电；检修任一回路的母线隔离开关时，只需停该回路。

(2) 调度灵活。各个电源和各回路负荷可以任意分配到某一组母线上，能灵活地适应系统中各种运行方式调度和潮流变化的需要。

(3) 扩建方便。双母线的左右任何一个方向扩建，均不影响两组母线的电源和负荷均匀分配，不会引起原有回路的停电。

双母线接线的缺点如下：

(1) 增加了一组母线及母线设备，每一回路增加了一组隔离开关，因此投资费用增加。

(2) 当母线故障或检修时，隔离开关作为倒闸操作电器，容易误操作。

6. 双母线分段接线

当 220kV 进出线回路数较多时，双母线需要分段。在一组母线上用断路器分段，称为双母线三分段接线；两组母线均用断路器分段，称为双母线四分段接线。

7. 增设旁路母线的接线

采用单母线或双母线运行方式，为保证在进出线断路器检修时，不中断对用户的供电，可增设旁路母线或旁路隔离开关。图 1-12 所示为双母线带旁路接线。

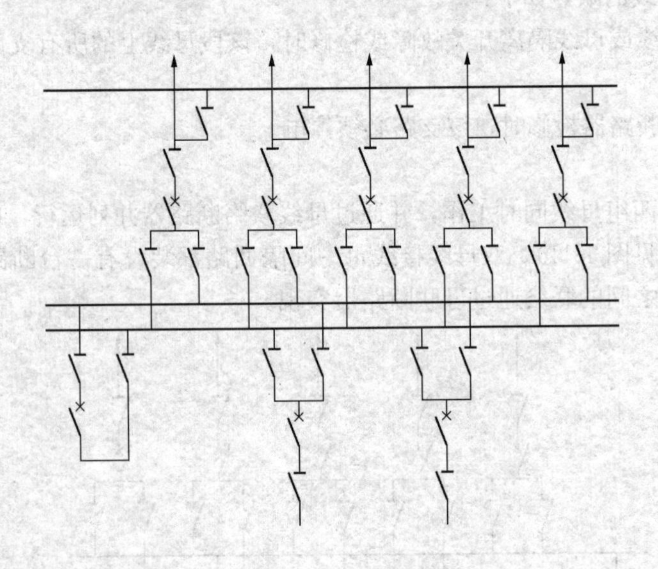

图 1-12　双母线带旁母接线

8. 3/2 断路器接线

3/2 断路器接线是两组母线之间由三台断路器串行连接构成（见图 1-13）。每一回路间隔出线各自由一台断路器接至不同母线，两回路之间由联络断路器连接。

3/2 断路器接线的优点如下：

(1) 高度可靠性。每一回路由两台断路器供电，发生母线故障时，只跳开与此母线相连的所有断路器，任何回路不停电。在事故与检修相重合情况下的停电回路不会多于两条。

(2) 调度灵活。正常时两组母线和全部断路器投入工作，从而形成多环形供电，运行调度灵活。

（3）操作检修方便。隔离开关仅作检修时用，避免了将隔离开关作操作时用的倒闸操作；检修时，回路不需要切换。

3/2 断路器接线在应用中应注意：

（1）由于一个回路连接着两台断路器，一台中间连接着两个回路，使继电保护及二次回路变复杂，要注意解决保护接于“和电流”问题、重合闸问题、失灵保护问题。

（2）接线至少应有三个串（每串三台断路器，接两个回路），才能形成多环形。

（3）成串配置原则。为提高 3/2 断路器接线可靠性，防止双回线路同时停电，应按下述原则成串配置：双回线路应布置在不同串上，以免当一串的中间断路器故障或一串中的母线侧断路器检修，同时串中另一侧回路故障时，使该串中两个双回线路同时断开，造成停电。

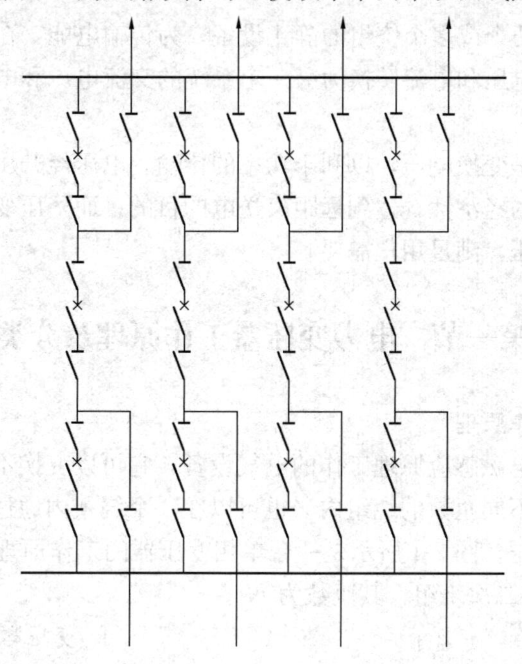

图 1-13　3/2 断路器接线

第二章

电力变压器

电力变压器指具有两个或多个绕组的静止设备。为传输电能，在同一频率下，通过电磁感应将一个系统的交流电压和电流转换为另一个系统的交流电压和电流，通常这些电流和电压的值是不同的。

电力变压器的作用是变换电压，以利于功率的传输。电压经升压变压器升压后，可以减少线路损耗，提高送电的经济性，达到远距离送电的目的；而降压变压器则能把高压变为用户所需要的各级使用电压，满足用户需要。

第一节　电力变压器工作原理及分类

一、电力变压器工作原理

电力变压器是根据电磁感应原理工作的电气设备，它可以变换不同电压，通过铁芯内的磁通随时间的变化，在不同匝数的绕组内（也可以在一个绕组内通过引出抽头而得到不同的匝数）感应出不同的电压。图 2-1 所示是一台单相变压器的工作原理图，其中 AX 是一次绕组，其匝数为 N_1，ax 是二次绕组，其匝数为 N_2。

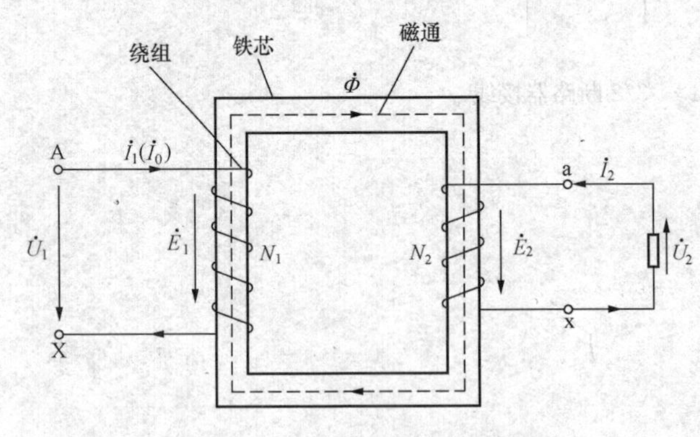

图 2-1　单相变压器工作原理图

注：同时链着一、二次绕组的磁通称为主磁通，只链一次绕组或二次绕组本身的磁通称为漏磁通。

1. 变压器空载运行

当二次绕组开路空载运行时，在一次绕组上施加交流电压 $\dot{U}_1$，则一次绕组中就会流过电流 $\dot{I}_0$（此时的空载电流称为励磁电流），励磁电流在铁芯中产生磁通 $\dot{\Phi}$，磁通 $\dot{\Phi}$ 穿过二次绕组在铁芯中形成闭合回路。此时，交变的磁通在一、二次绕组中就感应出电动势 $\dot{E}_1$ 和 $\dot{E}_2$。

设铁芯内有正弦变化的磁通 $\Phi = \Phi_m \sin\omega t$，根据电磁感应原理，$N$ 匝绕组中的感应电动势为

$$E_t = -N\frac{d\Phi}{dt} = -\omega N\Phi_m\cos\omega t = -2\pi fN\Phi_m\cos\omega t = -2\times3.14fN\Phi_m\cos\omega t$$

在正弦交流条件下，通常电压以有效值表示，于是绕组中感应电动势的有效值为

$$E = \frac{2\pi f N \Phi_m}{\sqrt{2}} = 4.44 f N \Phi_m$$

由于一、二次绕组由同一磁通 $\dot{\Phi}$ 交链，所以由

$$\begin{cases} E_1 = 4.44 f N_1 \Phi_m \\ E_2 = 4.44 f N_2 \Phi_m \end{cases}$$

可求出

$$\frac{E_1}{E_2} = \frac{N_1}{N_2} = k$$

如忽略变压器压降，则 $U_1 \approx E_1$，$U_2 \approx E_2$，则有

$$\frac{U_1}{U_2} \approx \frac{E_1}{E_2} = \frac{N_1}{N_2} = k \tag{2-1}$$

式中　U_1、U_2——一、二次绕组的端电压有效值；

k——变压器的变比。

由式（2-1）可以看出，只要改变变压器一、二次绕组的匝数，就可以改变变压器一、二次绕组的电压比，从而达到改变电压的目的。

2. 变压器负载运行

当二次绕组接上负载运行时，在电动势 $\dot{E}_2$ 的作用下二次绕组中将有电流 $\dot{I}_2$ 通过，而此时的一次绕组电流就由空载时的 $\dot{I}_0$ 增加到 $\dot{I}_1$，它们之间满足磁动势平衡方程

$$\dot{F}_1 + \dot{F}_2 = \dot{F}_0 \text{ 或 } \dot{I}_1 N_1 + \dot{I}_2 N_2 = \dot{I}_0 N_1$$

因磁通 $\dot{\Phi}$ 取决于端电压 $\dot{U}_1$，外加电压 $\dot{U}_1$ 不变（空载时和负载时稍有不同），则 $\dot{I}_0 N_1$ 不变，所以当二次绕组电流 $\dot{I}_2$ 改变时，一次绕组电流 $\dot{I}_1$ 就随之改变。由于 $I_0 \ll I_1$，故忽略 $\dot{I}_0 N_1$ 时，磁动势平衡方程变为 $\dot{I}_1 N_1 + \dot{I}_2 N_2 = 0$，可知

$$\frac{|\dot{I}_1|}{|\dot{I}_2|} = \frac{N_2}{N_1} = \frac{1}{k}$$

从以上分析可以看出，电流比和电压比正好相反，则有

$$S_1 = I_1 U_1 \approx S_2 = I_2 U_2$$

由此可见，总的一、二次绕组的功率不变（忽略内部损耗），变压器起到功率传送的作用。

二、电力变压器等值电路

为了定量分析问题，可以利用比较简单易于计算的等值电路来分析变压器的运行情况。变压器的等值电路，就是用一个电路回路来代替变压器电磁回路，计算出变压器的运行情况，如功率、电压等。

等值电路的表示方法就是将二次侧各量通过折算，将本来变比 k 不为 1 的变压器看成变比为 1 的变压器，使一、二次绕组的电动势相等。二次绕组向一次绕组的折算方法为电压、电动势乘以变比 k，电流除以变比 k，阻抗乘以变比 k^2，折算后的各量加上一撇表示。变压器的等值电路如图 2-2 所示。其中：$\dot{I}_1$ 为系统一次侧电流；$\dot{I}_e$ 为励磁电流；$\dot{I}_2' = \dot{I}_2/k$ 为二次侧等效电流；$x_L' = k^2 Z_L$ 为等效负载；r_1 为一次绕组电阻；x_1 为一次绕组漏电抗；$r_2' = k^2 r_2$ 为二

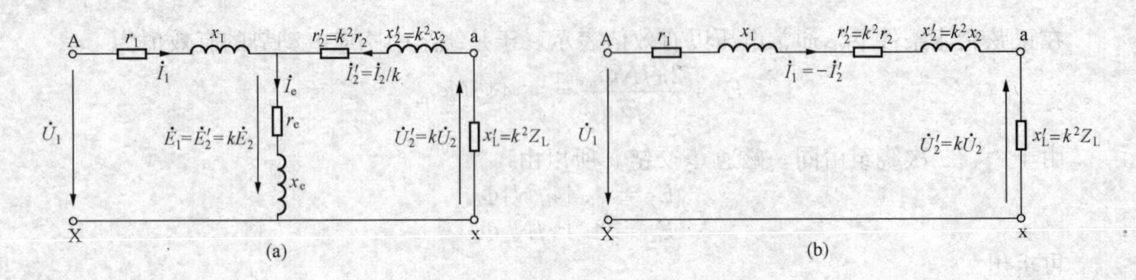

图 2-2　变压器等值电路图

(a) T 型等值电路；(b) 简化等值电路

次绕组等效电阻；$x'_2=k^2x_2$ 为二次绕组等效漏电抗；$Z_1=r_1+jx_1$ 为一次绕组漏阻抗；$Z'_2=r'_2+jx'_2$ 为二次绕组等效漏阻抗；$Z_e=r_e+jx_e$ 为励磁阻抗。

由于变压器的励磁阻抗比一、二次绕组的漏阻抗大很多 $Z_e \gg Z_1$、$Z_e \gg Z_2$，若忽略励磁电流 $\dot{I}_e$，可将变压器等值电路简化为如图 2-2 (b) 所示。

三、电力变压器分类

电力变压器种类众多，但都是按照电磁感应原理制成的，其分类可归纳如下：

(1) 按相数分为单相变压器、三相变压器等。单相变压器用于单相负荷或三相独立变压器组；三相变压器用于三相交流电力系统。

(2) 按绕组分为双绕组变压器、三绕组变压器、自耦绕组变压器等。其中双绕组变压器用于联络两个电压等级的电压网络系统；三绕组变压器用于联络三个电压等级的电压网络系统；自耦绕组变压器用于联络两种不同电压网络系统或用于连接两个中性点直接接地系统。

(3) 按铁芯与绕组布置形式分为芯式变压器、壳式变压器。目前电力变压器基本采用芯式变压器；壳式变压器多用作大电流的特殊变压器或电子仪器及电视等电源变压器。

(4) 按绝缘介质分为油浸变压器、SF_6 变压器、干式变压器。

(5) 按用途分为升压变压器、降压变压器、联络变压器、站用变压器、接地变压器等。

(6) 按调压方式分为无载调压变压器、有载调压变压器。

(7) 按冷却方式分为自冷变压器、风（水）冷变压器、强迫循环风（水）冷变压器等。

(8) 按中性点绝缘水平分为全绝缘变压器、分级绝缘变压器。我国目前生产的变压器，对于星形联结绕组，其中性点绝缘水平可有两种结构：一种为全绝缘，即中性点绝缘水平与三相出线电压等级的绝缘水平相同；另一种为分级绝缘，即中性点的绝缘水平低于三相出线电压的绝缘水平。

第二节　电力变压器主要技术参数

为描述变压器的运行技术性能，一般要求在其铭牌上进行各种参量的定额描述。一般变压器的各种参量包括额定电压、额定容量、额定电流、频率、绕组联结组别等。

一、额定电压（U_N）及额定电压比（变比）

1. 额定电压

额定电压指在处于主分接的带分接绕组的端子间或不带分接的绕组端子间，指定施加的

电压或空载时感应出的电压。换言之，额定电压指变压器长时间运行时所能承受的工作电压。对于三相变压器，额定电压是指线路端子间的电压，一般指额定线电压，单位以伏（V)或千伏（kV）表示；对于单相变压器，一般指额定相电压。

（1）当施加在其中一个绕组上的电压为额定值时，在空载的情况下，所有绕组同时出现各自的额定电压值。

（2）对要连接成星形三相组的单相变压器，用相一相电压除以$\sqrt{3}$来表示额定电压，例如$U_N = 500/\sqrt{3}$kV。

2. 额定电压比（变比）

额定电压比（变比）指变压器各侧绕组额定电压之比。

有载调压变压器高压侧装设有载调压绕组，根据有载调压分接头位置的不同，额定电压也不同，一般铭牌上的U_N为变压器分接开关中间分接头（标准工作位置）的额定电压值。例如，额定电压比为（110±8）×1.25%/10.5kV，指高压侧额定电压为110kV，低压侧额定电压为10.5kV，高压侧每变换一个分接位置，额定电压值变化110×1.25%。一般来说，正反调有载调压分接头在1位置时额定电压值最高。

二、额定容量（S_N）及额定容量比

1. 额定容量

额定容量指某一个绕组的视在功率的指定值，和该绕组的额定电压一起决定其额定电流，单位以千伏安（kVA）或兆伏安（MVA）表示。

（1）双绕组变压器的两个绕组有相同的额定容量，即这台变压器的额定容量。

（2）对于多绕组变压器，一般用额定容量比来衡量各侧额定容量。额定容量特指高压侧绕组的额定容量。

（3）变压器容量也有自冷方式容量、风冷方式容量标注方式，例如ONAN/ONAF(80%/100%）表示变压器采取自冷方式允许容量限额为80%额定容量值，采取风冷方式允许容量限额为100%额定容量值。

2. 额定容量比

额定容量比指变压器各侧额定容量之比。如某变压器额定容量为31 500kVA,其容量比为100%、100%、50%，即变压器高压侧额定容量为31 500kVA，中压侧额定容量为31 500kVA，低压侧额定容量为15 750kVA。运行中注意按各侧所规定的容量监视负荷。

三、额定电流（I_N）

额定电流指由变压器额定容量和额定电压推导出的流经绕组线路端子的电流。一般额定电流指额定线电流，单位以安（A）或千安（kA）表示。

额定电压、额定电流、额定容量之间存在的计算关系如下：

对于三相变压器　　$S_N = \sqrt{3}U_N I_N$

对于单相变压器　　$S_N = U_N I_N$

四、频率

我国电力系统运行频率为50Hz，故变压器设备运行的频率额定值为50Hz。

五、相数

变压器相数一般分为单相或三相。

六、铜损（负载损耗）

铜损（负载损耗）指变压器一、二次电流流过一、二次绕组时，在绕组电阻上所消耗的能量之和。由于绕组多用铜导线制作，故又称为铜损。铭牌上所标的铜损是指绕组温度在75℃时通过其额定电流时的铜损。

铜损与一、二次电流的平方成正比，由于负载损耗随负荷电流的变化而变化，故铜损为可变损耗。

七、铁损（空载损耗）

铁损（空载损耗）指变压器在额定电压下（二次侧开路）铁芯中消耗的功率，包括励磁损耗和涡流损耗。由于当电源电压和频率不变时，主磁通不变，所以铁损基本上不变，故铁损为不变损耗。变压器的铁损很小，不超过额定容量的1%。

（1）励磁损耗。由于铁芯在磁化过程中有磁滞现象，因而产生损耗，这部分损耗称为励磁损耗。励磁损耗占铁损的60%～70%。励磁损耗的大小取决于硅钢片的质量、铁芯的磁通密度大小及频率。

（2）涡流损耗。当铁芯中有交变磁通存在时，绕组将产生感应电压，而铁芯本身又是导体，因此产生了电流和损耗。涡流损耗为有功损耗，其大小与磁通密度的平方成正比，与频率的平方成正比。

八、总损耗

总损耗一般指空载损耗和负载损耗之和。

九、短路阻抗（阻抗电压）

变压器二次侧短路，对一次绕组施加电压并慢慢使电压加大，当二次绕组产生的短路电流等于额定电流时，一次绕组所施加电压U_{KN}的标幺值为

$$U_{KN}\% = U_{KN}/U_N \times 100\% = I_N Z_K/U_N = Z_K/(U_N/I_N) = Z_K^*$$

其值等于短路阻抗标幺值Z_K^*，因此也把Z_K^*称为阻抗电压，铭牌上一般用百分数来表示。

三绕组变压器的短路阻抗有高低压绕组间、高中压绕组间和中低压绕组间三个。测高低压绕组间短路阻抗时，低压绕组须短路、中压绕组须开路；测高中压绕组间短路阻抗时，中压绕组须短路、低压绕组须开路；测中低压绕组间短路阻抗时，低压绕组须短路、高压绕组须开路。

十、空载电流（$I_0\%$）

空载电流指变压器在额定电压下空载（二次开路）运行时，一次绕组中通过的电流I_0。一般以额定电流的百分数表示，即

$$I_0\% = I_0/I_N \times 100\%$$

十一、联结与联结组别

1. 联结

三相变压器或组成三相变压器的单相变压器，具有相同额定电压的绕组可以连接成星形联结（Y联结）、三角形联结（D联结）和曲折形联结（Z联结）。对高压绕组联结用大写字母Y、D或Z表示，对中、低压绕组联结用y、d或z表示，对中性点引出的Y联结或Z联结用YN（yn）或ZN（zn）表示。对于自耦联结的一对绕组，低压绕组用字母a表示，如YNa或YNa0、ZNa11。

(1) 星形联结。三相变压器每相绕组的一端或组成三相组的单相变压器三个额定电压相同的绕组的一端连接到一个公共点（中性点），而另一端连接到相应的线路端子。

(2) 三角形联结。三相变压器的三相绕组或组成三相组的单相变压器三个额定电压相同的绕组互相串联连接成一个闭合回路，三角形各端点连接到相应的线路端子。

(3) 曲折形联结。曲折形联结是把每相绕组分成两半，把一相的上半绕组与另一相的下半绕组反串起来，组成新的一相。这些新组成的各相末端连接到一个公共点（中性点），而另一端连接到相应的线路端子。

2. 联结组别

联结组别主要指额定电压相同的绕组按一定方式连接时，用一组字母和时钟序数指示变压器高压、中压、低压绕组的联结方式，且表示中压、低压绕组对高压绕组线电动势的相位关系。

3. 联结组别分析

(1) 变压器绕组的极性。变压器绕组感应电动势是随时间交变的，单就一个绕组而言，无所谓固定极性。如果是链着同一主磁通的两个绕组，当主磁通变化时，两个绕组感应电动势之间就会有相对极性关系。

交流电路是没有正负极性的，但存在瞬间的同时增大、同时减小的情况。当变压器一次绕组的一个端子瞬时流入电流时，根据电磁感应定律，必定在二次绕组的一个端子有电流瞬时流出，此时定义一次侧绕组电流流入的端子和二次侧绕组电流流出的端子为同极性，也称为同名端。

换种说法就是，分别从各侧绕组的一个端子通入相同方向的电流，当在铁芯中产生的主磁通方向一致时，则定义这几个端子为同极性，也称同名端，否则为异极性或异名端。通常将变压器各绕组中相对应的同极性接线端以“·”或“*”标号表示。

研究两个绕组电动势相位关系时，都规定各绕组电动势从首端指向尾端。若高、低压绕组的首端A和a标为同极性端，则高、低压绕组电动势同相位；若高、低压绕组的首端A和a标为异极性端，则高、低压绕组电动势反相。

(2) 三相变压器联结组别。变压器的联结组别一般采用时钟表示法，以一、二次侧绕组对应的线电动势为参考。一、二次侧对应的线电动势之间的相位差要么是0°，要么是30°的整数倍，正好和时钟面上小时数之间的角度一样。因此，可以把一次侧线电动势相量作为时钟的长针，将长针固定在12点上，二次侧对应线电动势相量作为时钟的短针，看短针指在几点钟的位置上，就以这一钟点指向的数字作为该联结组别的时钟序数。例如，二次侧线电动势与一次侧线电动势同相位，则短针应指在12点的位置，其联结组别时钟序数就规定为12或0。若二次侧线电动势超前一次侧线电动势30°，则短针应指在11点的位置，其联结组别时钟序数就规定为11。

例如Yyn0联结组别，其接线如图2-3（a）所示，一次绕组为星形联结，二次绕组为带中性点的星形联结。由于一次绕组和二次绕组的绕向相同，线端同极性标号一致，所以一、二次侧对应的相电动势是同相位的，其相量图如图2-3（b）所示。若将图中A和a重合绘在一起来看，则二次侧线电动势相量 $\dot{E}_{ab}$ 与一次侧线电动势相量 $\dot{E}_{AB}$ 也是同相位的。按照规定，当相量 $\dot{E}_{AB}$ 指在钟表12点时，相量 $\dot{E}_{ab}$ 指在12点，故这种联结组别的时钟序数为12或0，记作Yyn0。

又如Yd11联结组别，其接线如图2-4（a）所示，一次绕组为星形联结，二次绕组为三

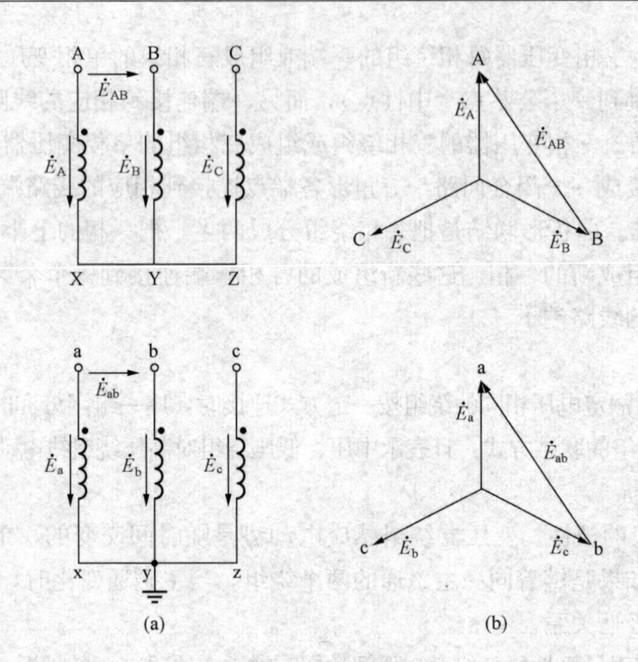

图 2-3　Yyn0 联结组别

(a) 接线；(b) 相量图

角形联结（其连接顺序为 ay－bz－cx）。根据同名端的特点，从相量图 2-4（b）可以看出，两侧各相相电动势同相，二次侧线电动势 $\dot{E}_{ab}$ 与相电动势 $\dot{E}_b$ 反相位。若将相量图中 A 和 a 重合绘在一起来看，则二次侧线电动势相量 $\dot{E}_{ab}$ 超前一次侧线电动势相量 $\dot{E}_{AB}$ 30°。按照规定，当相量 $\dot{E}_{AB}$ 指在钟表 12 点时，相量 $\dot{E}_{ab}$ 指在 11 点，故这种联结组别的时钟序数为 11，记作 Yd11。

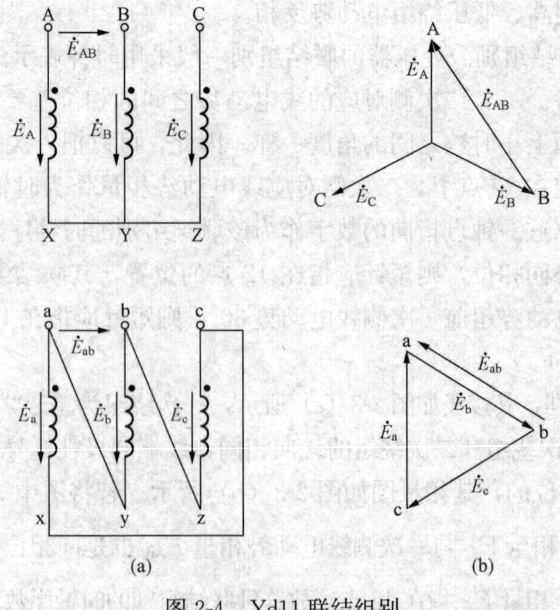

图 2-4　Yd11 联结组别

(a) 接线；(b) 相量图

通过各种联结组别分析可知，三相变压器的联结组别共分为 12 种，其中 6 种是单数组，6 种是双数组。凡是一次绕组和二次绕组联结方式相同的（如 Dd、Yy）都属于双数组，包括时钟序数为 2、4、6、8、10、12 或 0 共 6 组。凡是一次绕组和二次绕组的联结方式不一致的（如 Yd、Dy）都属于单数组，包括时钟序数为 1、3、5、7、9、11 共 6 个组。

4. 变压器运行联结组别

(1) 目前我国电力变压器常见联结组别。

1) 双绕组变压器：Yyn0、Yd11、YNd11。

Yyn0，一次侧、二次侧绕组均为星形联结，从二次侧引出中性线构成三相四线制供电方式，一般用于容量不大的配电变压器和变电站内小变压器，供照明和动力负载。三相动力接 380V 线电压，照明接 220V 相电压。

Yd11，一次侧绕组为星形联结，二次侧绕组为三角形联结，用于中等电压如 10、35kV 的电网及电厂中的厂用变压器。

YNd11，这种接法同 Yd11 接法一样，不同的是从星形联结的一次绕组中性点引出一中性线来接地，一般用于 110kV 及以上的电力系统。

2) 三绕组变压器：YNyn0d11。

3) 自耦变压器：YNa0d11。

(2) 大容量三相变压器总有一侧绕组为三角形联结。

1) 当变压器联结组别为 Yy 时，各相励磁电流的三次谐波分量在无中性线的星形接法中无法通过，此时励磁电流仍保持近似正弦波，而由于变压器铁芯磁路的非线性，主磁通将出现三次谐波分量。由于各相谐波磁通大小相等、相位相同，因此不能通过铁芯闭合，只能借助于油、油箱壁、铁轭等形成回路，结果在这些部件中产生涡流，引起局部发热，并且降低变压器效率。所以大容量和电压较高的三相变压器不宜采用 Yy 联结组别。

2) 当绕组联结组别为 Dy 时，一次侧励磁电流的三次谐波分量可以通过，于是主磁通可保持为正弦波而没有三次谐波分量。

3) 当绕组联结组别为 Yd 时，一次侧励磁电流中的三次谐波虽然不能通过，在主磁通中产生三次谐波分量，但因二次侧为三角形联结，三次谐波电动势在三角形中产生三次谐波环流，一次侧没有相应的三次谐波电流与之平衡，故此环流就成为励磁性质的电流。此时变压器的主磁通将由一次侧正弦波的励磁电流和二次侧的环流共同励磁，其效果与 Dy 联结组别完全一样，因此，主磁通亦为正弦波而没有三次谐波分量。三相变压器采用 Dy 或 Yd 联结组别不会产生因三次谐波涡流而引起的局部发热现象。

(3) 对于远距离输电，升压变压器采用 Dy 联结组别，降压变压器采用 Yd 联结组别。

输电电压越高则输电效率也越高。升压变压器采用 Dy 联结组别，二次侧绕组出线获得的是线电压，从而在匝数较少的情况下获得较高电压，提高了升压比。同理，降压变压器采用 Yd 联结组别，可以在一次侧绕组匝数不多的情况下取得较大的降压比。另外，当升压变压器二次侧、降压变压器一次侧采用星形联结时，都是中性点接地，使输电线对地电压为相电压，即线电压的 $1/\sqrt{3}$，降低了线路对绝缘的要求，从而降低了成本。

十二、变压器型号

一般变压器的型号表述了变压器的绕组形式、额定容量及电压等级等信息。变压器的型

号含义如图 2-5 所示。

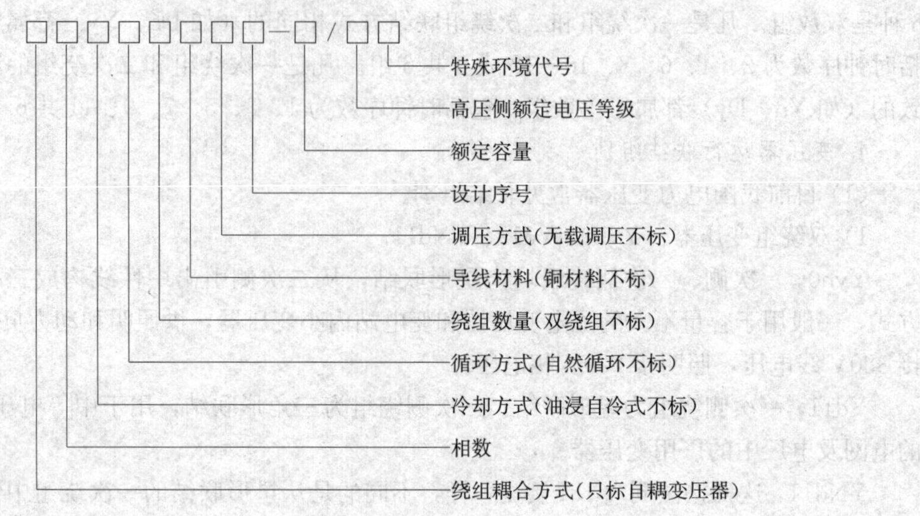

图 2-5　变压器的型号含义

型号中斜线左边的数字表示变压器额定容量，单位为千伏安（kVA）；斜线右边的数字表示高压侧额定电压等级，单位为千伏（kV）。变压器型号中字母代表的含义见表 2-1。

表 2-1　　**变压器型号中字母代表的含义**

分　类	类　别	符　号	分　类	类　别	符　号
绝缘介质	油	不标	绕组数	三相	S
	SF_6	Q		两相	不标
	干式	G	绕组材质	铜	不标
相数	单相	D		铝	L
	三相	S	调压方式	无载调压	不标
冷却方式	风冷式	F		有载调压	Z
	水冷式	W	特殊代号	消弧线圈	X
	强迫循环	P		自耦绕组	O

注　字母 S 在第一或二位代表三相，在三、四或五位代表三绕组。

变压器型号的举例示意如下：

(1) 型号为 SFPSL—180000/110 的变压器。其字母含义依次为：S 代表三相；F 代表油浸风冷；P 代表强迫油循环；S 代表三绕组；L 代表铝绕组；180000 代表额定容量为 180 000kVA；110 代表高压侧额定电压为 110kV。

(2) 型号为 QSFPZ 的变压器。其字母含义依次为：Q 代表气体（SF_6 气体）；S 代表三相；F 代表风冷；P 代表强迫气循环；Z 代表有载调压。

(3) 型号为 ODFPSZ—400000/500 的变压器。其字母含义依次为：O 代表自耦绕组；D 代表单相；F 代表风冷；P 代表强迫油循环；S 代表三绕组；Z 代表有载调压；400000代表额定容量为400 000kVA；500代表高压侧额定电压为500kV。

十三、冷却方式

冷却方式的标志：第一个字母表示与绕组接触的内部冷却介质；第二个字母表示内部冷却介质的循环方式；第三个字母表示外部冷却介质；第四个字母表示外部冷却介质的循环方式。

一般变压器内部冷却介质有 SF_6 气体（G）、油（O）等，外部冷却介质有水（W）、空气（A）等。循环种类有自然循环（N）、强迫非导向油循环（F）和强迫导向油循环（D）。

（1）干式变压器冷却方式一般常见有：①干式自冷 AN；②干式风冷 AF。

（2）油浸变压器冷却方式一般常见有：①油浸自冷 ONAN；②油浸风冷 ONAF；③油浸强迫非导向油循环、风冷却 OFAF；④油浸强迫非导向油循环、水冷却 OFWF；⑤油浸强迫导向油循环、风冷却 ODAF；⑥油浸强迫导向油循环、水冷却 ODWF。

（3）SF_6 气体绝缘变压器冷却方式一般常见有：①SF_6 气体绝缘变压器风冷 GNAF；②SF_6气体绝缘变压器强迫气循环风冷 GFAF；③SF_6 气体绝缘变压器强迫气循环导向风冷 GDAF。

十四、温升、温升曲线和气体压力—温度曲线

1. 温升

温升指变压器内绕组或上层绝缘介质（油或 SF_6 气体）的温度与变压器外围空气的温度之差。

变压器过热对其使用寿命影响极大。国际电工委员会认为在 80～140℃的温度范围内，温度每增加 6℃，变压器绝缘有效使用寿命降低的速度会增加 1 倍，这就是变压器运行的6℃法则。

（1）油浸变压器的温升。目前变压器普遍采用 A 类绝缘。根据国家标准规定，当变压器安装地点的海拔不超过 1000m 时，绕组温升的限值为 65℃，上层油面温升的限值为55℃，此时变压器周围空气的最高温度为 40℃，最低温度为－30℃。因此，变压器在运行时，上层油温的最高温度不应超过 95℃。为保证变压器油在长期使用条件下不致迅速地劣化变质，变压器的上层油面温度不宜超过 85℃。

（2）SF_6 气体绝缘变压器温升。气体变压器在运行中，顶层气体温度最高不得超过105℃，绕组温度不得超过 120℃。为确保气体变压器的绝缘性能，一般顶层温度超过 95℃或绕组温度超过 110℃时应报警并采取措施防止温度过高。

2. 油浸变压器：温升曲线

温升曲线指变压器油随温度变化时，由于热胀冷缩原理，其对应油枕油位高度变化的曲线。

温升曲线是根据油的温度核对油枕油位是否符合规定要求的依据。

3. SF_6 气体绝缘变压器：气体压力—温度曲线

气体压力—温度曲线指 SF_6 气体随温度变化时，由于热胀冷缩原理，其 SF_6 气体分子密度的变化引起压力值变化的曲线。

气体压力—温度曲线是根据 SF_6 气体温度核对 SF_6 气体压力值是否符合额定运行规定的依据。

第三节　电力变压器主体器身结构

电力变压器由主体器身结构和辅助结构共同组成。电力变压器主要由铁芯、绕组、箱体、绝缘套管、调压装置、冷却装置、保护及安全装置等部件构成，其中将变压器铁芯、绕组、调压装置、套管及其绝缘结构称为电力变压器的主体器身结构。

一、电力变压器铁芯

（一）铁芯的作用

（1）构成变压器的磁路部分。铁芯材料具有磁导率高、磁阻小，能产生足够大的主磁通等特点，能更好地实现电能转磁能、磁能再转电能的转换。铁芯是能量转换的媒介。

（2）构成器身的骨架。在结构上构成变压器的骨架，铁芯套装着绕组，支撑着分接开关等一些组件。

（二）铁芯的结构型式

按照绕组在铁芯中的布置方式不同，变压器铁芯可分为壳式铁芯和芯式铁芯两种。

1. 壳式铁芯

壳式变压器的器身卧放布置，铁芯柱横截面为长方形卧放，绕组横截面也为长方形套在铁芯柱上卧放，铁芯包围着绕组。其中高低压绕组的线饼是垂直布置的，每相绕组中不同电压的绕组是交错排列的。

2. 芯式铁芯

芯式变压器的器身垂直布置，铁芯柱横截面为圆形立放。高低压绕组横截面也以圆形同心地套在铁芯柱上，绕组包围着铁芯。

单相和三相双绕组变压器铁芯的结构型式分别如图 2-6 和图 2-7 所示。

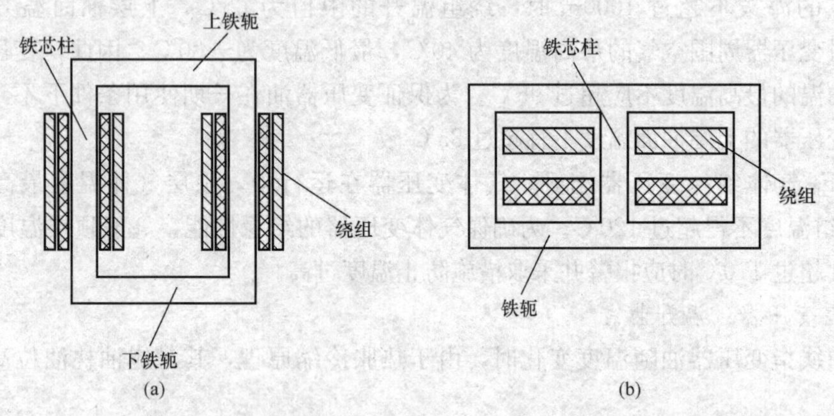

图 2-6　单相双绕组变压器铁芯的结构型式

(a) 单相芯式变压器（纵截面图）；(b) 单相壳式变压器（横截面图）

目前我国生产和使用的电力变压器基本上只有一种结构型式，即芯式变压器。芯式铁芯又分为以下三种：

（1）单相式铁芯。

1）单相双柱式铁芯。它有两个铁芯柱，由上、下两个铁轭连接起来，构成闭合磁路。

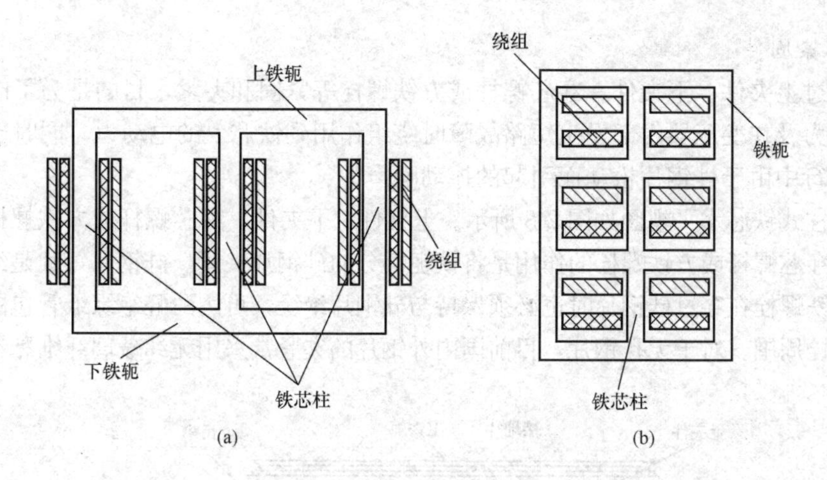

图 2-7 三相双绕组变压器铁芯的结构型式

(a) 三相芯式变压器（纵截面图）；(b) 三相壳式变压器（横截面图）

绕组分别套装在两个铁芯柱上，两个铁芯柱上的绕组可以串联，也可以并联。通常将低压绕组放在内侧，即靠近铁芯，而把高压绕组放在外侧，即远离铁芯。

2）单相三柱式铁芯。即单相单柱旁轭式铁芯，中间为一个芯柱，两边为旁轭。

3）单相四柱式铁芯。即单相双柱旁轭式铁芯，中间为两个芯柱，两边为旁轭。

（2）三相三柱式铁芯。各电压等级的绕组分别按相套装在三个铁芯柱上，三个铁芯柱也由上、下两个铁轭连接起来，构成闭合磁路，绕组的布置方式与单相式铁芯变压器一样。

（3）三相五柱式铁芯。它与三相三柱式铁芯相比较，在铁芯柱的左右两侧多了两个分支铁芯柱，称为旁轭。各电压等级的绕组分别按相套装在中间三个铁芯柱上，而旁轭上没有绕组，这样就构成了三相五柱式变压器。采用带旁轭的三相五柱式铁芯，可以降低上、下铁轭的高度，从而降低了变压器运输高度，便于运输。另外，旁轭的存在可以减少漏磁通，降低漏磁通引起的附加损耗。

（三）变压器铁芯的组成

铁芯主要由铁芯本体、紧固件、绝缘件、接地片及垫脚组成。铁芯本体是由磁导率高、磁滞和涡流损耗小的硅钢片叠加而成，再由紧固件夹紧构成一个整体。铁芯本体由铁芯柱和铁轭组成；紧固件由夹件、螺杆、玻璃绑扎带、垫块等组成；夹件与铁芯之间的绝缘由夹件绝缘或绝缘垫块等材料实现；接地片用于铁芯一点接地。

1. 硅钢片

为了降低铁芯在交变磁通作用下的磁滞和涡流损耗，目前广泛采用磁导率高的冷轧取向硅钢片，其优势一是磁导率高、单位铁损小，二是在生产过程中表面已形成一层绝缘薄层，不必对硅钢片单独涂绝缘漆。

铁芯的每个硅钢片表面形成的绝缘薄层或经处理涂以绝缘漆可以限制涡流回路，使涡流只能在一片中流动，这样涡流回路阻抗较大，限制了涡流数值。如果片间不绝缘，涡流就会通过相邻的硅钢片，这样涡流回路的阻抗比单片时小，涡流就会增大，使涡流产生的损耗迅速增大。一般来说，涡流损耗与硅钢片的厚度平方成正比，如果硅钢片不绝缘，铁芯就相当于一整块铁，这样涡流损耗会大大增加。

2. 铁芯紧固件

铁芯通过上夹件、下夹件、穿芯螺杆或方铁螺栓等紧固和夹紧，目的是为了能承受器身起吊时的重力及在变压器内部发生短路故障时绕组作用到铁芯上的电动力，同时也可以防止在变压器运行中由于硅钢片松动而引起的振动噪声。

三相三柱式铁芯水平视图如图2-8所示。上夹件、下夹件、穿芯螺杆或方铁螺栓都要求与铁芯绝缘。穿芯螺杆或方铁螺栓的作用是将铁轭部分的硅钢片夹紧。硅钢片每片是绝缘的，穿芯螺杆或方铁螺栓在穿过硅钢片时也必须保持与硅钢片绝缘，可用酚醛绝缘纸管包围在穿芯螺杆或方铁螺栓周围。对于无孔钢片，目前国内外钢片的夹紧常采用无纬玻璃纤维黏带绑扎。

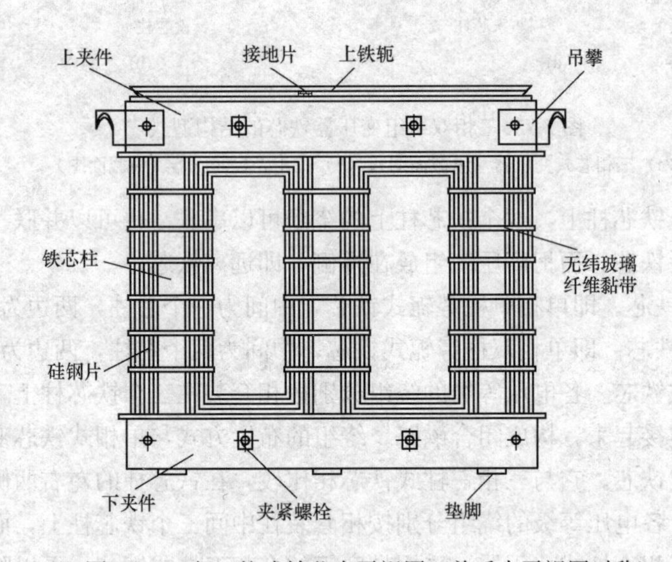

图2-8 三相三柱式铁芯水平视图（前后水平视图对称）

3. 铁芯与夹件接地

铁芯及夹件在运行中应确保有且仅有一点接地。由于铁芯硅钢片之间的绝缘电阻很小，只需一片接地，即可认为铁芯全部叠片都接地。不能将所有硅钢片接地，否则硅钢片叠成如同一个大铁块，会造成较大的涡流而使铁芯发热。铁芯接地点一般应设置在低压侧。

目前设计变压器铁芯与夹件接地应由安装在油箱顶部的不同套管分别引出至地面附近的接地引下线。

在变压器运行中，铁芯及其金属部件都处在强电场的不同位置，由于静电感应的电位各不相同，使得铁芯和各金属部件之间或对接地导体产生电位差，在电位不同的金属部件之间形成断续的火花放电。这种放电将使变压器油或SF_6气体分解，并损耗固体绝缘。为避免上述情况，对铁芯及其金属部件都必须可靠接地，但铁芯只允许一点接地。如果铁芯两点或多点接地，则接地点之间可能形成闭合回路。当有较大的磁通穿过此闭合回路时，就会在回路中感应出电动势并引起电流，若电流较大，会引起局部过热故障甚至烧坏铁芯。

值得注意的是，穿芯螺杆或方铁螺栓、螺帽、垫圈等不必再接地，由于它们都处在铁芯中，因电耦合作用，所以与铁芯是同属于地电位的。

4. 铁芯振动

变压器运行中会随负荷的大小变化，发出嗡嗡的声音，其实这种声音是铁芯的硅钢片振

动造成的。硅钢片在周期变化的磁场作用下改变自己的尺寸，这种现象称为磁致伸缩现象。磁致伸缩振动的频率等于电网频率的 2 倍，振动是非正弦波，因而包含着高次谐波。

二、电力变压器绕组

1. 绕组的作用及要求

（1）构成变压器的电路部分。变压器工作时，绕组中通过电流，进行电流的传输和变换。绕组一般是由表面包有绝缘的扁平铜或铝导线绕制而成，并套装在变压器的铁芯上。为此，绕组应具有足够的绝缘强度、机械强度和耐热能力，并且紧固可靠，防止变压器发生故障时，故障电流使绕组受到很大的幅向和轴向电动力。绕组的紧固程度是影响变压器承受短路能力的重要因素。

（2）改变绕组的匝数比，实现改变电压。在制造过程或运行过程中，可以通过改变绕组的匝数比来改变变压器的变比（输出电压值），但因为绕组的绕向、联结方式决定了绕组的极性及联结组别，势必造成出线端电流与电压的相位改变，故应按照设计原则进行绕制与联结。

2. 绕组的排列

我国生产的电力变压器基本上只有一种结构型式，即芯式变压器，所以其绕组也都采用同心绕组（主要有圆筒式绕组、螺旋形绕组、连续式绕组、纠结式绕组等结构型式）。所谓同心绕组，指在铁芯柱的任一横截面上，都是以同一圆心的圆筒形绕组套在铁芯柱的外面。

一般常见变压器分为双绕组、三绕组或多绕组。其中三绕组变压器的一般结构是在每一个铁芯柱上同心排列着三个绕组，即高压绕组、中压绕组和低压绕组。通常将低压绕组放在内侧，即靠近铁芯，因它和铁芯柱之间所需的绝缘距离比较小，所以绕组的尺寸就可以减小，整个变压器的外形尺寸也同时减少了。把高压绕组放在外侧，即远离铁芯，这样可方便处理绕组的分接头抽头。另外，引出的分接引线和分接开关的载流部分截面积小，分接开关接触部分也容易处理。

高压绕组与低压绕组之间以及低压绕组与铁芯柱之间，都必须留有一定的绝缘间隙和散热通道，并用绝缘纸筒、垫块、撑条等隔开。绝缘距离的大小取决于绕组的电压等级和散热通道所需要的空隙。

升压变压器常用于功率流向为由低压电网传送至高压电网和中压电网，其绕组布置一般中压绕组靠近铁芯，高压绕组在最外层［见图 2-9（a）］；降压变压器的低压绕组靠近铁芯，高压绕组依旧在最外层［图 2-9（b）］，常用于功率流向为由高压电网传送至中压电网和低

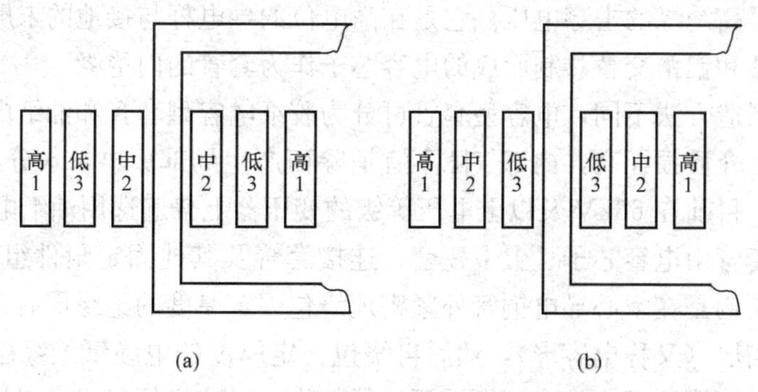

图 2-9 三绕组芯式变压器绕组布置图
（a）三绕组升压变压器；（b）三绕组降压变压器

压电网。

三、电力变压器绝缘套管与套管 TA

（一）变压器绝缘套管

1. 绝缘套管的作用

（1）将变压器内部高、低压绕组引到箱体的外部。

（2）经过绝缘套管支撑及固定，使带电的引线对箱体外壳（地）绝缘。

2. 绝缘套管的要求

绝缘套管是变压器的载流元件之一，在变压器运行中长期通过负荷电流，当变压器外部发生短路时通过短路电流。因此对变压器套管有如下要求：必须具有规定的电气强度和足够的机械强度；必须具有良好的热稳定性，并能承受短路时的瞬间过热；外形小、质量轻、密封性能好、通用性强和便于检修。

3. 绝缘套管的结构

绝缘套管与绕组相连接，绕组的电压等级决定了套管的绝缘结构。套管的使用电流决定了其导电部分的截面积及接线头的结构。套管由带电部分和绝缘部分组成。带电部分包括导电杆、导电管、电缆或铜排。绝缘部分分为外绝缘和内绝缘，外绝缘为瓷套，内绝缘为变压器油、附加绝缘和电容型绝缘，内绝缘又称为主绝缘。

4. 绝缘套管分类

常用的变压器套管有纯瓷型、充油型和电容型三种，具体分类如下：

（1）纯瓷型套管。纯瓷型套管分为单体瓷绝缘套管和复合瓷绝缘套管。

单体瓷绝缘式套管主要分导杆式和穿缆式两种系列。复合瓷绝缘套管是在单体瓷绝缘式套管上增加了绝缘而成，所以也称附加绝缘的单体瓷绝缘套管，也分导杆式和穿缆式两个系列。目前，一般纯瓷套管多用在变压器 10kV 或 35kV 电压等级一侧。

（2）充油型套管。充油型套管分为独立型充油套管和连通型充油套管。

1）独立型充油套管中的油与油箱内的油互不相通。由于独立型充油套管质量大、径向尺寸大，已不再采用。

2）连通型充油套管中的油和油箱内的油互相连通，这种套管一般用于 35kV 及以下电压等级的变压器上，在套管顶部设有放气孔。

（3）电容型套管。电容型套管是利用电容分压原理来调整电场，使径向和轴向电场分布趋于均匀，从而提高绝缘的击穿电压。它是在高电位的导电杆与接地的末屏间，用一个多层紧密配合的绝缘纸和铝箔交替卷制而成的电容芯子作为套管的内绝缘。

根据材质及制造方法不同，电容型套管可分为胶纸电容型套管和油纸电容型套管。由于胶纸电容型套管有介质损耗高，内部气隙不宜消除而产生局部放电，水分易于侵入等缺点，故目前采用很少。目前在 66kV 及以上电压等级的变压器上普遍选用油纸电容型套管。

电容型充油套管由电容芯子、上下瓷套、连接套管及其他固定附件组成，如图 2-10 所示。电容芯子的结构是在空心导电铜管外紧密地绕包一定厚度的绝缘层后，在绝缘层外面绕包一定厚度的铝箔层（又称电容屏），然后再绕包一定厚度的电缆纸绝缘层，再绕包一层铝箔，如此交替地继续绕包下去，直到所需要的层数为止。这样便形成了以导电管为中心的多个柱形电容器，由于导电管处于最高电位，而最外面的一层铝箔（又称末屏）是接地的，在

运行中相当于多个电容器串联的电路。根据串联电容分压原理，导电管对地的电压应等于各电容屏间的电压之和，而电容屏之间的电压与其电容量成反比，因此可以在制造时控制各串联电容的容量，使得全部电压较均匀地分配在电容芯子的全部绝缘上，从而可以使套管的径向和轴向尺寸减少，质量减轻。这也是在电压较高的设备上选用电容型套管的原因。

对于电容型套管，一定要保证套管末屏接地，否则会造成悬浮电压的出现，影响套管的绝缘，甚至发生放电、爆炸事故。

5. 绝缘套管在箱体外壳上的排列

绝缘套管在箱体外壳上的排列规定次序是从高压侧看，自左向右排列如下：

(1) 三相变压器。

高压套管布置：0—A—B—C。

中压套管布置：0m—Am—Bm—Cm。

低压套管布置：0—a—b—c。

变压器绝缘套管常规排列布置如图 2-11 所示。

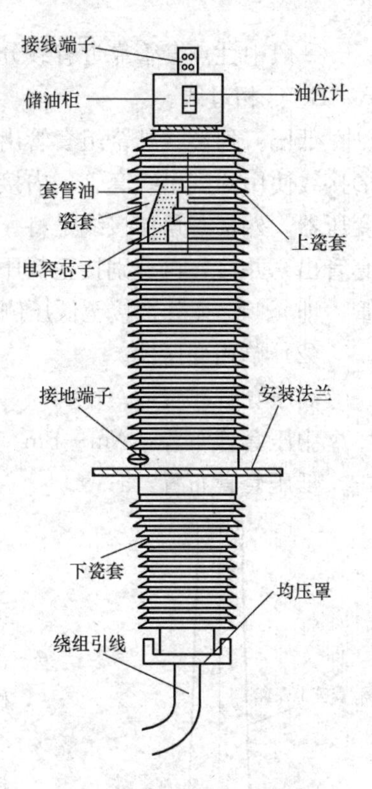

图 2-10　电容型充油套管

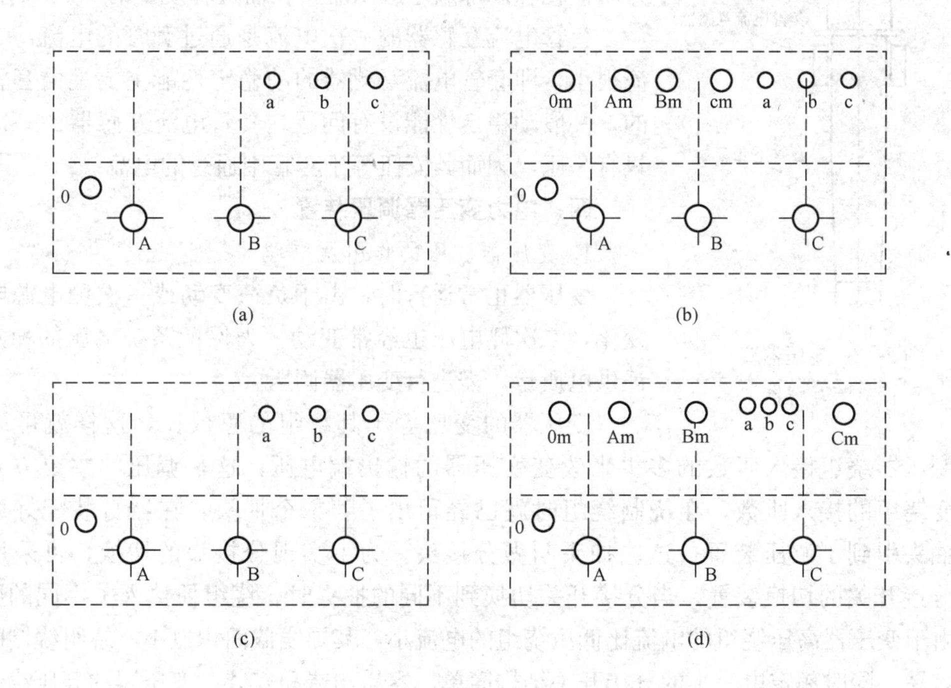

图 2-11　变压器绝缘套管常规排列布置

(a) 110kV 联结组别为 YNd11 的双绕组变压器；(b) 110kV 联结组别为 YNyn0d11 的三绕组变压器；(c) 220kV 联结组别为 YNd11 的双绕组变压器；(d) 220kV 联结组别为 YNyn0d11 的三绕组变压器

一般中性点套管靠近有载分接开关一侧，高、中、低压套管出线分别接至各电压等级的A、B、C相母线。

低压三角形联结绕组套管出线根据接线位置可分为外接三角形和内接三角形，外接三角形接线使用6支出线套管，内接三角形接线使用3支出线套管。对于联结组别为YNd11的变压器，外接三角形接线是将a、y标号套管出线并接，b、z标号套管出线并接，c、x标号套管出线并接，再分别接至低压侧A、B、C相母线；内接三角形接线一般使用3支出线套管，即a、b、c分别接至低压侧A、B、C相母线。

(2) 单相变压器。

高压套管布置：A—X。

中压套管布置：Am—Bm。

低压套管布置：a—x。

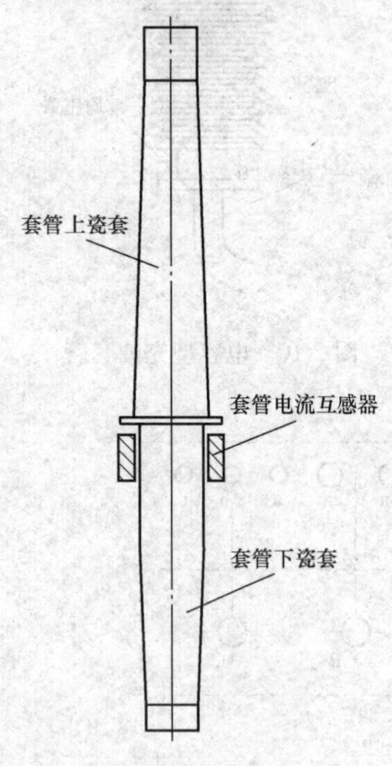

图2-12　变压器套管电流互感器

(二) 套管电流互感器（升高座电流互感器）

套管电流互感器是配合高压瓷套管使用的一种特殊的电流互感器，套装在套管的接地法兰处（套管升高座内）。用于油浸式变压器的套管电流互感器如图2-12所示。套管电流互感器位于高压套管的接地法兰处，互感器对地的绝缘由高压套管承受，因此，套管电流互感器的绝缘大大简化，不需要进行标准规定的电流互感器需要耐受的雷电冲击、操作冲击、介质损耗和局部放电等试验，只需进行规定的二次绕组试验。

套管电流互感器的一次电流是通过套管的电流，二次电流很小，即套管电流互感器的动稳定性能主要是由套管决定的，一般动稳定性能没有问题。套管电流互感器的一次绕组只有一匝，因而其安匝等于套管中通过的电流。

四、电力变压器调压装置

1. 变压器调压的作用及原理

变压器正常运行时，由于负荷变动或一次侧电源电压的变化，二次侧电压也经常变动。为保证系统电压的稳定，保证供电质量，需进行变压器调压。

变压器的变比等于其绕组的匝数比，这样就可以利用改变变压器绕组接入匝数的多少来改变变压器的输出端电压，这是调压的主要方式。为了改变绕组的接入匝数，在绕制绕组时就已经留出了若干个抽头，在器身装配好后将使这些抽头引到了调压装置，这些抽头叫做分接头。为了实现分接头的切换，可采用一种叫做分接开关的切换装置，当分接开关切换到不同的抽头时，绕组便接入了不同的匝数。

由于变压器高压绕组的电流比低压绕组的电流小，其导线截面积也小，绕组绕制时抽头比较容易。同时额定电流小的分接开关结构简单，容易制造和安装。变压器的高压绕组又在外面，抽头引线引出很方便。对于降压变压器，当电网电压变动时，在高压绕组进行调压就可以适应电网电压的变动，对变压器运行是有利的。

由于上述一些原因，变压器的调压一般都是改变高压绕组的匝数。需要指出的是，调节

变压器分接头只能改变系统电压，而不能改变系统无功分布。

2. 变压器调压分接开关的分类

改变绕组接入的匝数调压方式可分为无载调压（又称无励磁调压）和有载调压两种。无载调压的分接头开关称为无载分接开关，而有载调压的分接头开关称为有载分接开关。

（1）无载分接开关只能在变压器不施加电压、没有励磁的条件下，变换变压器的分接头来改变变压器的电压比。无载调压变压器一般很少调换分接头改变其电压比。

（2）有载分接开关能在变压器励磁或负载状态下进行操作，用来调换绕组的分接位置。因此，有载分接开关必须有可以切断电流的触头，通常由一个带过渡阻抗的切换开关和一个能带或不带转换选择器的分接选择器所组成，整个开关是通过驱动机构来操作的。

有载分接开关根据切换介质不同，常见的有 SF_6 气体绝缘变压器的真空有载分接开关和油浸式变压器的油浸式有载分接开关。根据调压电路不同，一般分为线性调压、正反调压和粗细调压三种。由于有载分接开关应用广泛，本节主要讲述有载分接开关的结构组成及其工作原理。

3. 有载调压分接开关主要组成部件

（1）切换开关。切换开关与分接选择器配合使用，以承载、接通和断开已选电路中的电流。

（2）分接选择器。分接选择器能承载电流但不能接通或断开电流，与切换开关配合使用，以选择分接连接位置。

（3）转换选择器。又称极性选择器，它能承载电流但不能接通或断开电流，与分接选择器配合，增加分接位置数。

（4）操动机构。它是驱动分接开关的一种装置。

（5）过渡电阻。用于在切换开关动作时，限制两个分接头之间的过渡电流（循环电流）。

（6）主触头。它是承载通过电流的触头，是不经过渡电阻而与变压器绕组相连接的触头组，但不用于接通和断开任何电流。

（7）主通断触头。它不经过渡阻抗而与变压器绕组相连接，是接通或断开电流的触头组。

（8）过渡触头。它经过串联的过渡阻抗与变压器绕组相连接，是能接通或断开电流的触头组。

4. 有载调压分接开关工作原理

目前电力变压器多采用正反调压形式的有载分接开关，极性选择器的使用得以实现增加或减少变压器的有效匝数。下面以±8 级（10193）正反调压有载分接开关的工作原理进行分析，如图 2-13 所示，其工作位置表见表 2-2。其有载分接开关主要部件的工作配合如下：

（1）切换开关分单数切换开关（U1、V1、W1）和双数切换开关（U2、V2、W2），分别与单数分接选择器 S1 和双数分接选择器 S2 配合切换。

（2）分接选择器分单数分接选择器 S1 和双数分接选择器 S2，共同构成 9 个分接头。

1）在任何位置反向操作一个分接时，不需要进行分接选择，只需用切换开关进行切换即可。

2）分接开关如进行 2→3 分接头调节，是单数分接选择器 1→3 动作；分接开关如进行 3→4 分接头调节，是双数分接选择器 2→4 动作。这就是说，双数选择器接通电路，下一个动作一定是单数选择器预选；单数选择器接通电路，下一个动作一定是双数选择器预选，而且两者的动作符合级进原则。

3）分接选择器与切换开关的动作先后顺序是，首先分接选择器预选（某分接离开→某分接合上），再进行切换开关过渡转换。

（3）极性选择器 K 分接始终与 0 点相连等电位，分接 9 绕组始终与“＋”相连等电位，分接 1 绕组始终与“－”相连等电位。

在进行升分接头（1→*N*）操作，指示位置由 9b→9c 过渡时，极性选择器 K 分接连接由“＋”端转向“－”端；在进行降分接头（*N*→1）操作，指示位置由 9b→9a 过渡时，极性选择器 K 分接连接由“－”端转向“＋”端。由于 9a、9b、9c 同属一个电压等级，实际在进行分接变换时，有载调压结束后指示位置只停留在 9b 工作位置上，例如由分接 8 至分接 9b 变换，分接 10 至分接 9b 变换。

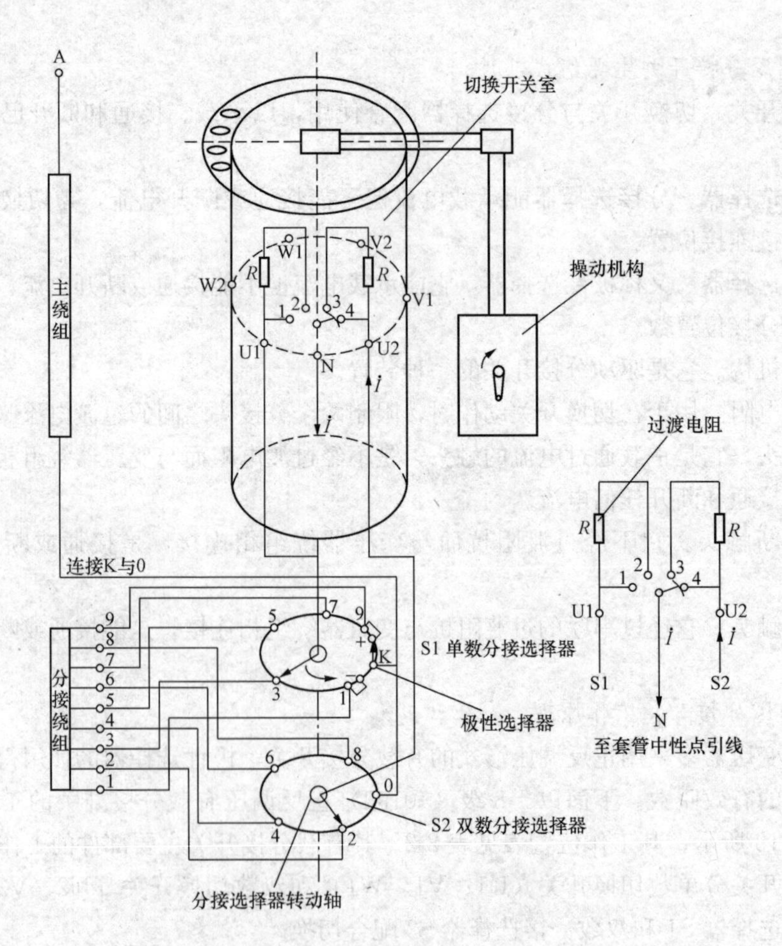

图 2-13　有载分接开关原理图

若切换开关工作位置在绕组的分接 2，变压器的负载电流通过分接选择器 S2 的分接 2，准备调换到分接 1，步骤如下：

表 2-2　　有载分接开关±8 级（10193）工作位置表

指示位置		1	2	3	4	5	6	7	8	9a	9b	9c	10	11	12	13	14	15	16	17
分接选择器位置		1	2	3	4	5	6	7	8	9	K	1	2	3	4	5	6	7	8	9
极性选择器位置		K+ →										K− →								
		← K+									← K−									
切换开关位置		U1	U2	U1	U2	U1	U2	U1	U2	U1	U2	U1	U2	U1	U2	U1	U2	U1	U2	U1
变换方向 1→N		→																		
分接选择器分头位置	上层	▲1	1	▲3	3	▲5	5	▲7	7	▲9	9	▲1	1	▲3	3	▲5	5	▲7	7	▲9
	下层	2	▲2	2	▲4	4	▲6	6	▲8	8	▲K	K	▲2	2	▲4	4	▲6	6	▲8	8
变换方向 N→1		←																		
分接选择器分头位置	上层	▲1	3	▲3	5	▲5	7	▲7	9	▲9	1	▲1	3	▲3	5	▲5	7	▲7	9	▲9
	下层	2	▲2	4	▲4	6	▲6	8	▲8	K	▲K	2	▲2	4	▲4	6	▲6	8	▲8	8

注　1. K 为整定工作位置。
2. 分接选择器触头位置用▲标志，为工作触头。
3. 9a、9b、9c 三个位置等电位。
4. K 与分接 0 相连同相位。

1）分接选择器 S1 从分接 3→1，分接选择器的动触头由位置 3 移到位置 1，由于分接 3 中不通过电流，分接选择器 S1 的触头 3 不需要切断电流。

2）切换开关动触头动作，原来接触触头 3 和 4 [见图 2-14（a）]，动触头运动断开静触头 4，动触头断开电流 $\dot{I}$，由接触触头 3 和 4 变到只接触静触头 3 [见图 2-14（b）]，电流 $\dot{I}$ 通过静触头和过渡电阻 R。

3）切换开关动触头继续动作，动触头同时接触触头 2 和 3，如图 2-14（c）所示，电流 $\dot{I}$ 通过静触头 2 和 3。此外分接选择器 S1 和分接选择器 S2 的分接 1 和 2 的触头将分接绕组一部分通过过渡电阻短路，在分接绕组中除有变压器负载电流 $\dot{I}$ 外，还有分接电压和过渡电阻的循环电流 $\dot{I}_C$。

4）切换开关动触头继续动作，动触头断开触头 3 而只接触触头 2，动触头断开电流 $\dot{I}/2$ 和循环电流 $\dot{I}_C$，电流 $\dot{I}$ 通过触头 2，如图 2-14（d）所示。此时变压器负载电流已转到分接

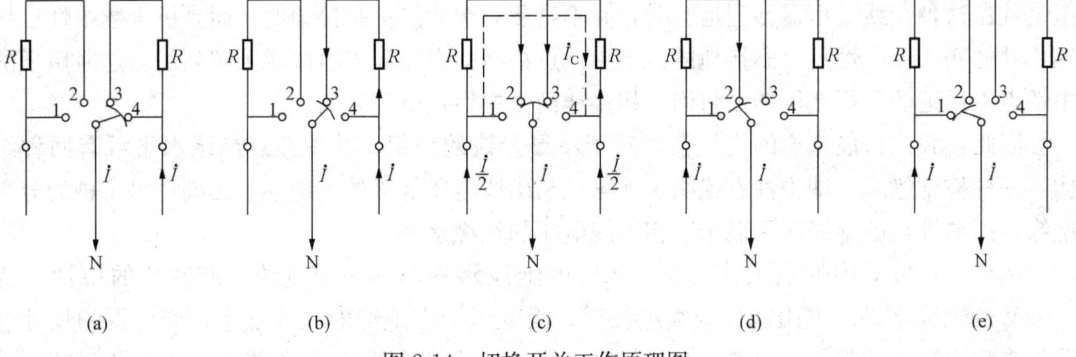

图 2-14　切换开关工作原理图

1，分接选择器 S2 中不再通过电流。

5）切换开关动触头继续动作，动触头同时接触静触头 1 和 2，负载电流通过触头 1，过渡电阻不再通过电流，分接调换结束。

6）电流通过分接选择器 S1，完成一个分接的调换。

五、变压器绝缘结构

变压器的绝缘是变压器运行的生命线，只有变压器绝缘结构在温度、电压、负荷、油流冲击、磁致伸缩等因素的影响下能保持其运行所需的绝缘性能，才能更长久地保证变压器稳定运行。

变压器的绝缘分为主绝缘和纵绝缘两类。

（一）主绝缘

主绝缘指不同绕组或引线相间或对地的绝缘。

变压器的主绝缘部位比较多，主要有如下几部分：

1. 绕组和铁芯（地）之间、绕组和夹件（地）之间

铁芯包括芯柱和铁轭，是接地的，靠近芯柱的绕组与芯柱之间为绕组的对地主绝缘。通常采用绝缘纸板围着圆柱形的铁芯，构成绝缘纸筒。根据电压的高低，纸筒的总厚度可用纸板张数的多少来调节。纸筒的外径和绕组的内径之间用撑条垫开，形成一定厚度的间隙绝缘。电压较高时可用绝缘纸筒—间隙撑条重复使用的办法来构成绝缘。

2. 绕组与绕组之间

同一相不同电压等级的绕组之间或不同相的各电压等级绕组之间的主绝缘，已广泛使用纸筒油隙。

3. 绕组和箱体（地）之间

最外层的绕组和箱体之间，构成绕组对箱体的主绝缘。通常可用油或纸板围屏作为对箱体的主绝缘。

4. 引出线的绝缘

电压等级不同，处理方式也不同，一般包扎电缆纸或皱纹纸等材料作为绝缘。

5. 绕组中性点的绝缘

对星形接线的绕组，其中性点的电压与该变压器运行时在电网中的接线情况密切相关。对于中性点经高阻抗接地或绝缘不接地，当发生一相接地故障后，中性点就会发生电压偏移。对于中性点直接接地系统，发生一相接地故障后，中性点电压不会升高，仍是地电位。但是数台这种接线变压器并列运行时，并不是所有中性点都是接地的，而是极少数中性点接地，其他变压器中性点是不接地的。当中性点接地的变压器因事故跳闸解列后，这时留下的中性点不接地的运行变压器，将因一相接地而使中性点电压升高。

因此，我国目前生产的变压器，对于星形接线的绕组，其中性点绝缘水平可有两种结构：一种称全绝缘，即中性点绝缘水平与三相出线电压等级的绝缘水平相同；另一种为分级绝缘，即中性点的绝缘水平低于三相出线电压的绝缘水平。

例如：110kV 中性点大多数为 35kV 的绝缘水平，称为半绝缘；220kV 的中性点为 110kV 的绝缘水平。采用这种分级绝缘后，因变压器内绝缘的尺寸缩小，变压器的尺寸和造价也相应缩小和降低。目前，110kV 的中性点也可以制造成全绝缘，因为某些 110kV 电

网不实施直接接地，而是经过高阻接地，因此电力变压器也必须与其相适应。

6. 分接开关的绝缘

为了工艺和制造上的方便，对于双绕组变压器，其分接抽头总是放在高压绕组；对于三绕组变压器，则是放在高、中压绕组。因此分接开关的切换开关也成为高、低压绕组对地的主绝缘。因为切换开关操动杆一端接着高、中压导电部位，一端则安装在箱壳顶部。操作杆大多数用酚醛绝缘纸管做成，电压等级越高，绝缘纸筒越长。

分接开关安装在绝缘支架上，其导电部分通过绝缘支架与地之间构成了主绝缘。这个主绝缘是由木材或酚醛纸板构成的。

7. 变压器的外部绝缘

变压器的外部绝缘包括绝缘套管的对地绝缘和绝缘套管之间的绝缘。

（二）纵绝缘

纵绝缘是指同一绕组的匝间、层间等之间的绝缘。

匝间绝缘是由包在导线上的电缆纸构成的，不同电压等级的匝间绝缘厚度也不相同。层间绝缘是指一个线饼与另一个线饼之间的绝缘。纵绝缘中的匝间绝缘堪称绝缘系统中的生命线。

变压器各绕组围绕芯柱绕制而成，各绕组层叠在一起，如果某相绕组的电缆纸绝缘受损，则会造成匝间故障。油流、气流和振动等因素会造成摩擦，纵绝缘必须经受这些考验。

第四节　电力变压器辅助结构

一、电力变压器共有辅助结构

（一）电力变压器箱体外壳

油浸式电力变压器的箱体通常称为油箱或油室；SF_6 气体绝缘变压器的箱体常称为气箱或气室。

箱体是变压器的外壳，内装铁芯和绕组并充满变压器油（或 SF_6 气体）介质，使铁芯和绕组浸在变压器油（或 SF_6 气体）中起绝缘和散热作用。大型变压器一般有两个箱体，一个为本体油（气）箱，另一个为有载调压油（气）室，内装分接开关。这是因为分接开关在操作过程中会产生电弧，若进行频繁操作将会使介质的绝缘性能下降，因此设一个单独的油（气）室将分接开关单独放置。一般 SF_6 气箱内装设吸附剂，用于吸附内部 SF_6 气体中的水分或有毒分解物等。

1. 箱体的分类

常见的变压器箱体按容量的大小可分为箱式箱体、钟罩式箱体和密封式箱体三种基本型式。

（1）箱式箱体。又称吊芯式箱体，多用于中、小型变压器。这种箱体上部的箱盖可以打开，进行器身检修时需吊出器身方可进行。

（2）钟罩式箱体。一般中、大型变压器采用钟罩式箱体。这种箱体进行器身检修时比较方便，只需将箱体外壳吊出，不必吊出笨重的器身，即可进行检修工作。

钟罩式箱体箱沿设置在油箱的下部，一般距箱底 250～400mm。上节箱体做成钟罩形，下节箱体一般为槽形箱底或平板式箱底，上下节箱体用螺栓连接在一起，中间加放密封胶垫。

（3）密封式箱体。在器身总装全部完成后，密封式箱体的上下箱沿之间不是靠螺栓连接，而是直接焊接在一起的，形成一个整体，从而实现箱体的密封。由于这种箱体结构已焊接为一体，因此不能吊芯检修，这就要求变压器的质量应有可靠保证。

2. 对箱体的要求

（1）变压器箱体应采用高强度钢板焊接而成，箱体内部采取防磁屏蔽措施，以减少杂散损耗。磁屏蔽的固定和绝缘良好，避免因接触不良引起的过热或放电。各类电屏蔽应导电良好、接地可靠，避免悬浮放电或影响绕组的介质损耗因数值。

油浸式变压器的油箱应带有斜坡，以便于排水和将气体积聚通向气体继电器。油箱顶部的开孔处均应设有凸起的法兰盘。凡可产生窝气之处都应在最高点设置放气塞，并连接至公用管道以使放气汇集通向气体继电器。高、中压套管升高座应增设一根集气管连接至油箱与气体继电器间的连管上，通向气体继电器的管道应有1.5%的坡度。

（2）箱体底部两对角处应设有两块供箱体外壳接地的端子，以防止当变压器绝缘损坏时变压器外壳带电。如果有了接地措施，变压器的漏电电流将通过外壳接地装置导入大地中，避免造成人身触电事故。

（二）电力变压器冷却装置

1. 冷却装置作用

变压器运行中由于负荷和外界温度的影响会使其内部温度过高，为有效控制变压器内部温度，可依靠内部介质（油或SF_6气体）的对流原理，通过箱体、散热管路将内部热量向周围介质散发。而对于干式变压器，只能通过与外部介质的热量传导降温。

对于大容量变压器，由于负荷大，产生的热量大，必须有冷却装置，这样才能保证变压器的正常运行。

2. 冷却装置分类

冷却装置分为散热器和冷却器两种。不带强迫油（或SF_6气体）循环的称为散热器，带强迫循环的称为冷却器。散热器主要有两种形式：一种是自然冷却，不带风机装置；另一种是带有风机的冷却装置。冷却器主要有两种形式：一种是强迫风冷冷却器（含强迫导向风冷式）；另一种是强迫水冷冷却器（含强迫导向水冷式）。

其中强迫风冷冷却器为提高冷却效果采用强迫油循环来提高油或SF_6气体的流速，一般串接有油泵（气泵）和油流（气流）继电器，其中油流（气流）继电器可起到监视作用。

例如，强迫油风冷冷却器是油泵将变压器中油温最高的顶层油打入冷却器，使其与外部空气介质进行热量传导，同时安装的风扇在风机的带动下加速冷却效果，变压器油再从冷却器下端回到油箱内部，构成循环冷却系统。

对于气体变压器，一般采用强迫气风冷散热器，内部SF_6气体经气泵循环，通过装有风机的散热器与外界空气进行热量传导。

另外一种常见的是强迫油水冷冷却器。强迫油水冷冷却器是与水介质进行热量传导的，但要求有水源方可采用。水冷冷却器原理是冷却水经水泵、水流继电器（起到监测作用）循环进入铜管时，将管壁外面的热油冷却，然后从出水口流出。而变压器油是从上面的进油口

流入，经过冷却铜管外壁散热，冷却后的油从下边的出油口流回变压器箱内，实现冷却目的。其中油和水是不接触的，水在冷却管中流动，油在冷却管外面流动，它们是通过黄铜管内外表面间接地进行热交换。为了防止黄铜管开裂而使水和油相混造成变压器事故，一般要求油的压力稍大于水的压力，一旦黄铜管破裂，在压力的作用下，水不会进入油箱内部。

(三) 电力变压器测温装置

一般变压器油箱顶部都装有测量变压器上层油温带二次触点的测温装置。一般测温装置由热传感器和温度显示仪（表）组成。因为箱体内上层油温（或 SF_6 气体温度）最高，故热电阻传感元件装于变压器箱盖顶部的座套内，用于测量箱体内上层油温（或 SF_6 气体温度）。

温度通过热电阻传感器及转换装置转换到温度指示仪（表），便于运行人员监视变压器油温（或 SF_6 气体温度）情况。测温装置除了可以测量变压器的实时温度外，还带有触点，当温度到达或超过上、下限给定值时，其触点闭合，发出报警信号。

风冷变压器应装设两个温度计：一个用于测量上层油温（或 SF_6 气体温度），在温度达到报警温度时报警；另一个作用于风（水）冷控制系统，在达到冷却装置启动温度时启动风机冷却装置，达到返回温度时风机冷却装置退出运行。

二、油浸式变压器特有的辅助结构

(一) 变压器油及净油装置

1. 变压器油

(1) 变压器油的作用。变压器油在运行中主要起绝缘、冷却作用，分接开关室中的油还起灭弧作用。

1) 绝缘作用。变压器内的油可以增加变压器内部各部件的绝缘强度。油充满整个油箱内各部件之间的空隙，使各部件与空气隔绝，避免了各部件与空气接触受潮而引起的绝缘降低。油的绝缘强度比空气大，从而增加了变压器内各部件之间的绝缘强度，使绕组与绕组之间、绕组与铁芯之间、绕组与箱盖之间保持良好的绝缘。

2) 冷却作用。变压器油可以使变压器的绕组和铁芯得到冷却。变压器运行中，绕组和铁芯周围的油受热后，温度升高，体积膨胀，相对密度减小而油面上升，经冷却后再流入油箱底部，从而形成油的循环。这样在不断的循环过程中，上层温度过高的油经冷却装置冷却后再流入油箱，从而使绕组和铁芯得到冷却。

3) 灭弧作用。有载分接开关调压过程中切换开关动作时会产生一定的电弧，分接开关室中的油在此时可以起到灭弧作用。

(2) 变压器油的物理、化学及电气性能。变压器油的物理、化学及电气性能必须满足设备运行的要求，这些性能主要涉及油的外观、密度、黏度、凝固点、含水量、含气量、闪点、酸值及 pH 值、介质损耗、击穿电压等。

变压器油按其凝点分为 10 号、25 号和 45 号，一般所用的 25 号油指的是油的凝点为 25 号。凝点是指在规定的冷却条件下液态流体停止流动的最高温度。油品的凝固和纯化合物的凝固有很大的不同。油并没有明确的凝固温度，所谓“凝固”只是作为整体来看失去了流动性，并不是所有的组分都变成了固体。变压器油的标号表示出凝点的温度，如 25 号表示油在-25℃时临界停止流动，45 号表示油在-45℃时临界停止流动。凝点越低，油的对流散热性能越好，因此凝点越低越好。一般变压器油的标号根据变压器安装地点的环境平均最低温度选择。

(3) 运行中变压器油的油流静电。变压器内部绝缘油流动时，由于摩擦，变压器油会带上正电，而固体绝缘会带上负电。油浸强迫循环冷却的大容量变压器容易出现这种流动带电问题，油流速度过高时，会出现绝缘击穿事故。为防止出现油流带电，可以增加油路截面积，降低油流速度，改善绝缘材料，降低油的含水量等。

2. 变压器净油器

净油器是利用变压器油的对流作用，热油从上流入净油器，经过净油器内装的硅胶吸附剂，过滤油中水分等杂质使油连续再生，油温降低后再从净油器装置的下部返回变压器油箱内，完成油质净化工作。由于净油器装置是靠上、下油层温差产生环流，引起热虹吸效应的原理工作，所以也称作热虹吸净油器。

(二) 变压器储油柜、呼吸器

1. 变压器储油柜的作用

储油柜又称油枕，主要安装在油浸式变压器上，其设计主要有两个方面的作用。

(1) 补充油的作用。大容量变压器油的膨胀会造成箱体压力过高，必须有合适的容器适应油体积的变化，起到补充油的作用。

(2) 构成油保护系统。减少或杜绝油箱中的油大面积与空气接触，从而防止油氧化变质及水分渗入，杜绝绝缘性能下降。

2. 储油柜的分类及结构型式

(1) 储油柜的分类。对于需要装设储油柜的变压器一般装设本体储油柜与有载分接开关储油柜，两者是独立储油柜结构，但往往将两者的外壳焊接在一起，看似一个整体。有载分接开关储油柜与变压器本体储油柜是互不相通的，也就是说变压器本体的油与分接开关器室中的油是隔开的。因为运行中有载分接开关调压动作会产生一定的电弧，致使开关器室中的油质劣化变差，若两者连通会造成本体器室中油变质。

(2) 储油柜的结构型式。标准规定储油柜有敞开式和密封式两种结构型式。密封式主要有胶囊式和隔膜式结构。

目前设计的变压器本体油枕多采用密封式储油柜，如通过胶囊使变压器油与空气隔绝的胶囊式储油柜。变压器有载储油柜多采用油通过呼吸器与外界空气直接接触的敞开式结构。

1) 隔膜式储油柜是由两个半圆体对叠构成的，再由法兰密封组成一个整体。储油柜中装有一个半圆式隔膜，紧贴在储油柜沿四周，用密封垫压紧。隔膜浮在油面上，随油面的变化而浮动，使油面与大气分开，从而调节油量和阻止油与大气接触。

2) 胶囊式储油柜也是密封式结构的储油柜（见图 2-15），柜中装设一个使变压器与空气隔离的胶囊，漂浮在储油柜油面上。当油温上升，油面上浮时，胶囊被挤压，使其中空气排出储油柜；当油温降低时，在大气压力作用下胶囊体积增大，使外界气体通过吸湿器进入胶囊内，以使变压器油不与外界空气接触。

一般储油柜中油容积约为各自油室内油容积的 10%，可见有载储油柜油容积明显小于本体储油柜油容积。与储油柜关联的装置一般由油位表（油位计）、呼吸器、气体继电器及注油、排油管路等组成。其中油位表分有载油位表和本体油位表，分别位于储油柜的侧面，

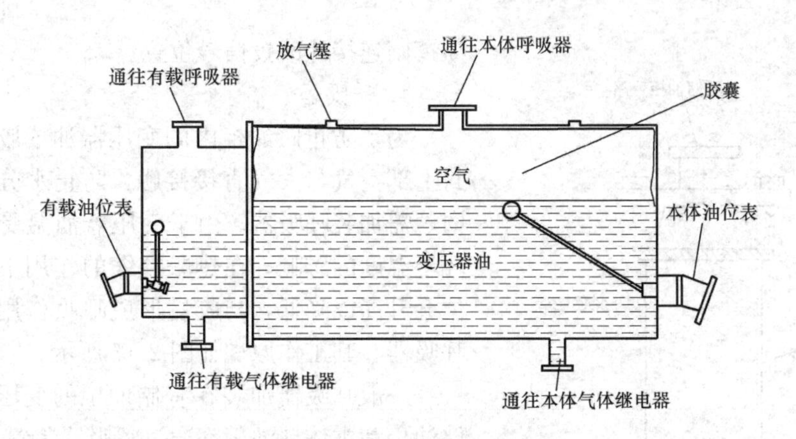

图 2-15　变压器胶囊式储油柜

与储油柜连通。

3. 油位计

变压器运行时，为了时刻监视储油柜中油位变化，一般要在油浸式变压器的储油柜上安装油位计，主要有板式油位计、管式油位计、磁力式油位表。由于板式油位计是直接通过视窗观察油位，视窗一旦破裂将造成储油柜漏油，因此目前一般不采用此类油位计。

管式油位计，即玻璃管式油位计，它是将玻璃管用螺栓直接安装在储油柜的端盖上。它是利用U形管连通原理实现油位指示的。管式油位计应有环境温度—油位指示线，一般应标明－30、＋20、＋40℃三个位置的环境温度—油位指示线，根据环境温度—油位指示线可判断油位是否在合适位置。

磁力式油位表（见图 2-16）是通过连杆浮球将油面的上下线位移变成连杆固定轴的角位移，再通过铁磁等传动机构使指针转动，间接实现油位观测。一般油位由阿拉伯数字刻度显示，根据变压器铭牌温升曲线图（油温—油位指示线），可判断油位是否在合适位置。磁力式油位表上部有接线盒，内部有二次接线触点，当储油柜的油面出现最高或最低位置时，触点自动闭合，发出报警信号。

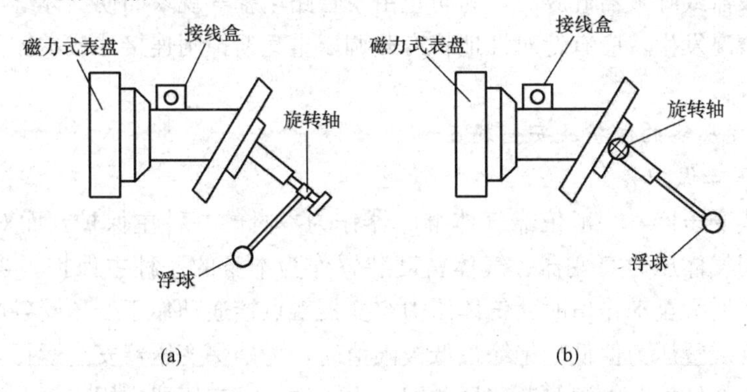

图 2-16　磁力式油位表

（a）有载开关储油柜用；（b）变压器本体储油柜用

当油位指示过低或过高时，应进行储油柜补油或撤油。此时，为保证不使油流动过猛使气体继电器误动作造成变压器掉闸，应有针对性地将有载调压重瓦斯掉闸连接片或本体重瓦

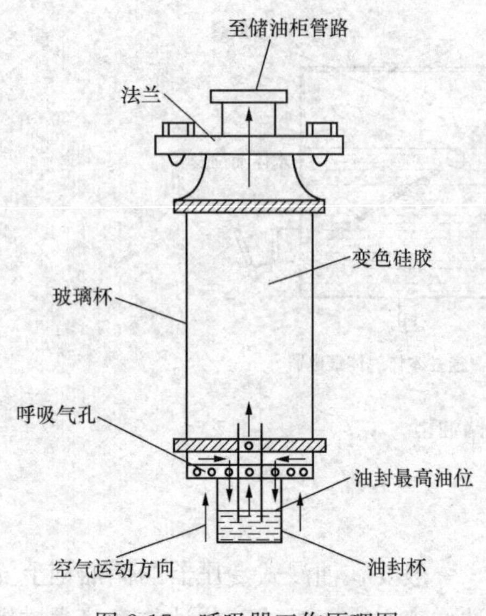

图 2-17 呼吸器工作原理图

斯掉闸连接片改投信号位置。

4. 呼吸器

为了防止储油柜内的变压器油或胶囊、隔膜密封上部空气与大气直接接触，防止水分进入储油柜内，需加装呼吸器。由于变压器油温受电网负荷及环境温度的影响，在热胀冷缩的作用下，储油柜油位会升高或降低，与胶囊形成呼吸作用，所以称为呼吸器，其工作原理如图 2-17 所示。

一般呼吸器加装在有储油柜的变压器上，有载储油柜和本体储油柜都通过呼吸器装置与空气连通。

(1) 硅胶。呼吸器内装设硅胶主要是对空气起吸潮和过滤杂质的作用。要求硅胶干燥并且颗粒大小统一，颗粒太小会影响呼吸器透气性。为显示硅胶受潮情况，一般均采用变色硅胶。当硅胶吸收水分失效后，从蓝色变成粉红色，当变色硅胶达到硅胶数量的 2/3 时，需更换硅胶，防止水分进入储油柜中。由于变色硅胶种类繁多，这里不介绍其他硅胶的变色转换。

(2) 油封杯。油封杯的作用是延长硅胶的使用寿命，防止硅胶长时间与空气及水分接触而造成硅胶迅速潮解。

油封杯中注入合格变压器油并要求达到油封处为合格，进入变压器的空气首先通过油封杯过滤杂质，然后再经过硅胶过滤水分，可实现需要进行呼吸作用时才进行呼吸。当呼吸器油封杯中油低于油位线或杯中油变浑浊时，应更换新油。冬季巡检一定要检查油杯中有无进水结冰现象。防止呼吸管路堵塞，造成本体内部压力过高，压力释放器或气体继电器误动作。

在更换呼吸器或呼吸器硅胶时，为防止由于管路堵塞等现象而使气体继电器误动作造成变压器掉闸的情况发生，应有针对性地将有载调压重瓦斯掉闸连接片或本体重瓦斯掉闸连接片改投信号位置。

(三) 电力变压器的保护及安全装置

1. 电力变压器保护装置

对于油浸式变压器，一般依靠气体继电器作为本身的一种主保护。而对于 SF_6 气体变压器，主要采用气体压力突变器、气体密度装置作为本身的一种主保护。当 SF_6 气体变压器内部压力突然增大至动作值时，气体压力突变器触点接通动作于变压器各电源侧断路器跳闸；当气体密度装置压力值低于绝缘最低极限值时，为确保变压器安全运行，气体密度装置触点接通动作于变压器各电源侧断路器跳闸。由于油浸式变压器应用广泛，下面主要讲解气体继电器的相关知识。

(1) 气体继电器作用及工作原理。变压器的主保护装置一般设有气体继电器，一般用在 800kVA 及以上的变压器上。气体继电器安装在储油柜与箱盖的连接管之间，当变压器内部发生故障产生气体或油流冲击时，气体继电器发出信号或动作于跳闸保护。气体继电器按结

构原理不同分为浮子式和挡板式两类。挡板式气体继电器是将浮子式气体继电器的下浮子改为挡板结构而成。

挡板式和浮子式气体继电器的区别是挡板式的不随油面下降而动作，而是当油的流速达到一定速度时动作，所以挡板式气体继电器遇到油面下降或严重缺油时不会造成重瓦斯保护动作跳闸。因此近年生产使用的都是挡板式气体继电器，下面主要介绍其工作原理（见图2-18）。

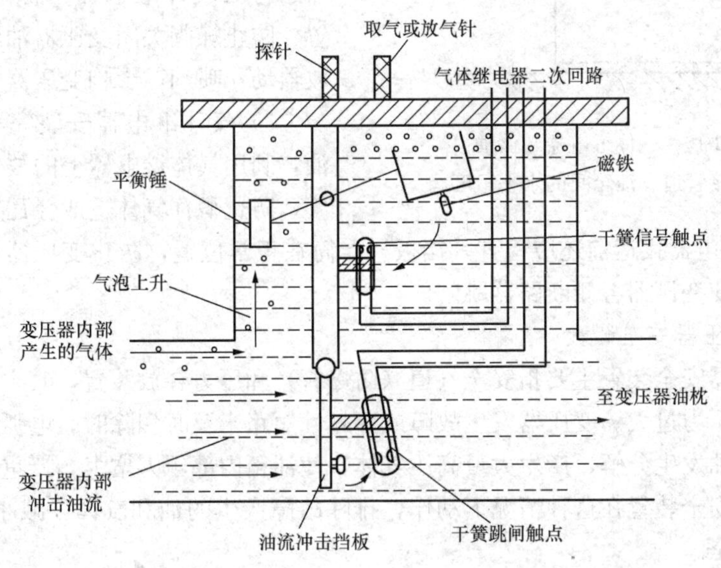

图2-18 气体继电器内部动作原理图

1）在正常运行时，继电器内部充满油，开口油杯内外都是油，则平衡锤的质量大于油杯的质量，使平衡锤下落，而油杯向上翘起，固定在油杯侧面上的磁铁也跟着向上翘起，因此上干簧触点是断开的。下面的挡板正常时处于垂直位置，挡板上的磁铁也处于其上，因此下干簧触点也是断开的。在气体继电器的顶盖上有放气针供放气和取气用，顶盖上还有一探针供检查气体继电器挡板动作状态及复位校验使用。

2）当变压器内部发生轻微故障时，变压器油和绝缘纸等材料会分解产生大量气体，气体上升到箱盖，通过连接管进入气体继电器内。当继电器内部气体达到一定容积时，由于上面开口油杯内盛满了油，大于平衡锤的作用，故该油杯及磁铁随油面降低逐渐下降，当上磁铁吸合上干簧触点时使触点闭合，接通信号回路，发出轻瓦斯信号。

3）当变压器内部发生严重故障时，急速的油流涌向气体继电器。当流速达到一定数值时，便会冲击挡板，此时下磁铁吸合下干簧触点时使触点闭合，接通跳闸回路，发出重瓦斯跳闸信号并使变压器各电源侧断路器跳闸，将变压器从电网中切除。

（2）气体继电器安装要求。

1）气体继电器安装应保证水平。为使继电器动作灵敏，使油箱内气体全部进入继电器内，要求连接油箱和储油柜的连接管应与箱盖的最高点连接，并使导油管对箱盖有不小于2%～4%的升高坡度，另外使箱盖沿气体继电器的方向有1%～1.5%的升高坡度，如图2-19所示。

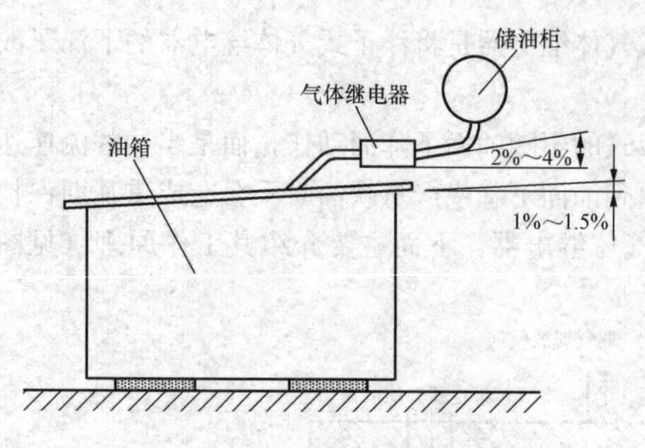

图 2-19　气体继电器与储油柜连接管道、油箱间的水平角度

2）气体继电器与储油柜连接管之间应采用蝶阀，当全部开启时使其截面积不小于导油管直径，故障时气体和油流能顺利通过气体继电器，气体继电器能保证可靠动作；另外也便于气体继电器的拆卸和安装。变压器运行时气体继电器两侧蝶阀应在开启位置，防止蝶阀关闭变压器油膨胀造成压力释放器动作喷油，影响变压器安全运行。

3）气体继电器安装完毕，内部应充满油，利用气体继电器上的放气塞进行充分放气，防止积存气体造成轻瓦斯动作。

4）气体继电器投运前还应检查其挡板、浮筒在正常位置，防止变压器投运时接通的继电器跳闸回路使变压器各侧断路器跳闸。

2. 电力变压器安全装置

电力变压器安全装置主要指安全气道（防爆管）和压力释放装置，其主要作用是防止变压器油箱内部压力过大。变压器发生故障或穿越性短路未及时切除时，电弧或过电流产生的热量使变压器油发生分解，产生大量高压气体，使油箱内部压力增大，严重时可能使油箱变形甚至破裂。安全装置在这种情况下动作，排除故障产生的油和气体，减小油箱内部压力，保证油箱的安全。

（1）安全气道。主体是一个长的钢制圆管，圆管的顶端有一个玻璃膜片，当油箱内压力升高至玻璃膜耐受值时，油和气冲破隔膜片向外喷出，从而减小变压器内部的压力。安全气道末端的防爆膜（玻璃膜）爆破压力允许值为 0.03～0.04MPa。

（2）压力释放装置。压力释放装置是一种安全保护阀门，在全密封变压器中用于代替安全气道，作为油箱防爆保护装置。一般在 800kVA 及以上容量的变压器上装设压力释放装置，1200MVA 及以上容量的变压器应装设两个及以上压力释放装置。

压力释放装置与安全气道的区别如下：

1）安全气道的玻璃薄膜或金属膜破坏的分散性比较大，这是因为膜厚度不均、材质不均，而压力释放装置是弹簧控制结构，比较可靠。

2）压力释放装置结构紧凑、体积小，可减小变压器外形尺寸，并且安装简便。

3）压力释放装置不与空气接触，可防止油劣化。

4）压力释放装置动作后会发出报警信号，也可选择跳开变压器各电源侧断路器。考虑到变压器持续稳定运行，内压升高不一定因内部故障所致，也可能是充油过满造成，故目前变压器压力释放装置都选择发出报警信号，而不选择动作于跳闸。

三、SF_6 气体变压器特有的辅助结构

（一）SF_6 气体绝缘介质

在 SF_6 气体绝缘变压器中，使用 SF_6 作为绝缘介质和制冷剂，其具有极佳的电绝缘性能和热稳定性，与铁芯和线圈密封在变压器的气箱内。变压器中的组件也需要和 SF_6 气体兼容，其中有载分接开关需要采用可以用在 SF_6 气体中工作的真空有载分接开关，用真空

有载分接开关分断电流，防止由于电弧引起 SF_6 气体分解对变压器本体的影响，一般均使有载分接开关和变压器本体在变压器内部隔离。

SF_6 气体具有的安全性、稳定性、绝缘性能分述如下：

1. 安全性

SF_6 气体无色、无味且无毒，大约比空气重5倍。在正常工作温度和工作压力下 SF_6 在气态使用。当暴露于极端高温或电弧放电环境中时，SF_6 气体会分解生成带有毒性的气体，因此，在非正常情况下，如果存在热或电分解的可能，应防止吸入该气体。

在正常工作状态，变压器内部没有电弧放电或电晕放电，因此将变压器内的气体排出时不需要采取专门的防毒保护措施，但是由于仍存在缺氧的危险，要确定空气中氧气的浓度高于18%。

2. 稳定性

SF_6 气体是一种非常稳定的物质，反应能力极低。在没有催化剂的情况下，SF_6 气体在石英容器内大约500℃的温度下也不会分解。但是，当与金属或塑料材料放在一起时，SF_6 气体在温度超过150℃时会有轻微的分解。

3. 绝缘性能

SF_6 气体具有很强的绝缘性能，可防止电晕或电弧产生，SF_6 气体的绝缘性能恢复能力也比其他气体强。

（二）安全保护装置

1. SF_6 气体密度继电器

SF_6 气体密度继电器又称密度型压力开关，它是由一个 SF_6 气体密度表和一组带触点的机械装置（继电器）组成的。

SF_6 气体密度表是起监视变压器内部 SF_6 气体压力的作用，一般气体密度继电器安装于变压器本体、电缆箱、有载开关气室，分别用于监测各气室的 SF_6 气体压力值。

正常情况下，即使 SF_6 气体密度不变（即不存在泄漏），其压力也会随着环境温度的变化而变化。因此用普通的压力表监视 SF_6 气体，会分不清是由于真存在泄漏还是由于温度变化造成 SF_6 气体压力变化。因此，对于 SF_6 气体变压器必须采用只反映密度变化的气体密度表。

SF_6 气体密度继电器是起控制和保护作用的。SF_6 气体密度表指示压力值高于整定值时，发“气体压力高”报警信号；当压力值低于额定值时，发“气体低压力”报警信号；若压力值过低以致影响设备绝缘时，SF_6 气体密度继电器动作于变压器各电源侧断路器跳闸。

这里需要提醒的是，连通各气室的 SF_6 气体密度表管路阀门必须是常开的，这样监视的压力值才是真实气体压力。

2. 气体压力突变继电器

气体压力突变继电器用于 SF_6 气体绝缘变压器的主保护，一般装于有载开关气室和本体气室内，用于变压器内部故障的保护。

当变压器内部有故障时，电弧激化了内部的 SF_6 气体分子，造成气体涌动。当气体涌动膨胀速度冲击气体压力突变继电器装置并达到启动值时，带有触点的 SF_6 压力突变继电器触点接通，动作于变压器各电源侧断路器跳闸。

带有复位按钮的气体压力突变继电器，在恢复变压器运行时应进行触点复位，方能投入运行。

第五节 电力变压器运行方式

一、电力变压器运行方式

电力变压器的运行方式主要有空载运行、负载运行、分列运行、并列运行、异常运行等。

(1) 变压器的空载运行。指变压器的一次绕组接在交流电源上，二次绕组开路的工作状况。此时，一次绕组中的电流称为变压器的空载励磁电流，空载电流产生空载磁场。在主磁场作用下，一、二次绕组中便感应出电动势，此时变压器的损耗主要指铁芯中的涡流和磁滞损耗。

(2) 变压器的负载运行。指变压器的一次绕组接在交流电源上，二次绕组接负载的运行工作状况。变压器通过一、二次绕组的磁动势平衡关系，把一次绕组的电功率传递到了二次绕组，实现能量的转换。此时一次绕组中的电流除励磁电流外，主要是负载电流。

(3) 变压器的分列运行。指两台变压器分别接在不同的供电交流电源上，并且单独接一组负载的运行工作状况。这种方式相对于变压器并列运行时的阻抗大，在故障状态下的短路电流小。

(4) 变压器的并列运行。指两台变压器的一次绕组接在同一组交流电源上，可通过母联断路器连接两母线实现同一组交流电源，再联合向负载供电的工作状况，可以有效利用变压器容量，提高供电可靠性。

(5) 变压器的异常运行。指变压器因系统的负荷不对称或过负荷、故障造成某侧开路等异常运行的工作状况。此类异常运行方式应尽量避免并采取可靠措施防止其发生。

二、电力变压器的并列运行

目前，电力系统容量越来越大，一台变压器往往不能担负起全部容量的传输和分配任务，为此采用两台或多台变压器并列运行。

1. 变压器并列运行要求

将两台或多台变压器的高低压侧绕组同极性端子对应连在一起，分别接到母线上，这种运行方式称为变压器的并列运行。并列运行变压器运行时的要求如下：

(1) 根据系统配置要求，一般只需一台变压器采用中性点接地的运行方式，没有特殊要求时严禁多台同时采用中性点接地方式运行，以免影响系统零序电流回路构成。

(2) 对于双母线接线（母联合位）方式，多台变压器并列运行时，要求其并接母线变压器容量分配合理，各母线都有变压器运行连接。

(3) 变压器与有关变压器或不同电源线路并列运行时，必须先做好核相工作，两者相序相同才能并列，否则会造成相间短路。

变压器并列运行不是任意选择变压器就可实现并列运行，变压器并列运行需要满足如下几个条件：

(1) 联结组别相同，即二次线电压对一次线电压的相位移相同。联结组别不相同的变压

器严禁并列运行。

(2) 变比相同，即高低压侧绕组额定电压彼此相同。并列运行的变压器额定电压允许有±0.5%的差值。

以上两个条件保证了变压器空载时绕组内不会有环流。环流的产生会影响变压器容量的合理利用，如果环流几倍于额定电流，甚至会烧坏变压器。

(3) 短路阻抗标幺值相等，即阻抗电压相等。并列运行的变压器短路阻抗标幺值允许有±10%的差值，这个条件保证负荷分配与容量成正比。

(4) 并列变压器的容量比不宜超过 3∶1，这样就限制了变压器的短路电压值相差不至过大。

计算变压器并联运行负载分配时，常采用如下公式：

由于有

$$\frac{1}{|Z_{\mathrm{K}}|}=\frac{1}{Z_{\mathrm{K}}^{*}}\frac{\sqrt{3}I_{1\mathrm{N}}}{U_{1\mathrm{N}}}=\frac{1}{Z_{\mathrm{K}}^{*}}\frac{S_{\mathrm{N}}}{U_{1\mathrm{N}}^{2}}$$

因此各台变压器分担的电流比为

$$I_{\alpha}:I_{\beta}:I_{\gamma}=\frac{S_{\mathrm{N}\alpha}}{Z_{\mathrm{K}\alpha}^{*}}:\frac{S_{\mathrm{N}\beta}}{Z_{\mathrm{K}\beta}^{*}}:\frac{S_{\mathrm{N}\gamma}}{Z_{\mathrm{K}\gamma}^{*}}$$

由于 $S=\sqrt{3}U_{1\mathrm{N}}I_{1}$，则实际各台变压器分担的容量比为

$$S_{\alpha}:S_{\beta}:S_{\gamma}=I_{\alpha}:I_{\beta}:I_{\gamma}=\frac{S_{\mathrm{N}\alpha}}{Z_{\mathrm{K}\alpha}^{*}}:\frac{S_{\mathrm{N}\beta}}{Z_{\mathrm{K}\beta}^{*}}:\frac{S_{\mathrm{N}\gamma}}{Z_{\mathrm{K}\gamma^{*}}}$$

可见，当变压器并列运行时，若各变压器额定容量相同，则短路阻抗标幺值小的变压器所带负荷比短路阻抗标幺值大的变压器多，当短路阻抗标幺值大的变压器满负荷运行时，短路阻抗标幺值小的变压器必定过负荷运行。

变压器并列运行时的理想状态如下：

(1) 变压器空载运行，绕组内不会有环流产生。

(2) 并列运行后，两台变压器所带负荷与各自额定容量成正比，即负荷率相等。

2. 变压器并列运行优点

(1) 提高变压器运行的经济性。当负荷增加到一台变压器容量不够用时，则可并列投入第二台变压器，而当负荷减少到不需要两台变压器同时供电时，可将一台变压器退出运行。变压器并联运行可根据用电负荷大小来进行投切，这样可以尽量减少变压器本身的损耗，达到经济运行的目的。

(2) 提高供电可靠性。当并列运行的变压器中有一台损坏时，只要迅速将之从电网中切除，另一台或多台变压器仍可正常供电；检修某台变压器时，也不影响其他变压器正常运行，从而减少了故障和检修时的停电范围和次数，提高了供电可靠性。当线路用电负荷增大，而向其供电的一台变压器容量不够时，会出现变压器过负荷运行状态，此时如果有并列变压器运行，负荷按照变压器的容量分配负荷，使每台变压器的容量得到充分利用，变压器过负荷现象消失。尤其是在夏季等高负荷时期，变压器并列运行能提高供电可靠性。

三、三绕组变压器异常运行

三绕组变压器一侧由于系统需要或故障造成掉闸停止运行时，其他两侧均可以运行，但

应注意以下几点：

(1) 三绕组变压器的低压侧如有开路运行的可能，应采取防止静电感应电压危及该绕组的措施，在其三相出线上均应装设避雷器并投入。如该绕组连有25m及以上金属外皮电缆段，则可不装设避雷器。

(2) 三绕组变压器35、10kV侧开路运行时，应投出口避雷器或中性点避雷器。

(3) 三绕组变压器220kV或110kV侧开路运行时，应将开路运行侧绕组的中性点接地，投入零序保护。

(4) 应根据运行方式考虑继电保护的运行方式和整定值。

(5) 监测变压器是否过热、过负荷，对停电侧的差动保护电流互感器应采取措施防止保护误动，长期停用的某侧电流互感器二次端子应短接并接地。

第六节　电力变压器保护原理

电力变压器是电力系统中重要的供电元件，它的故障将对供电可靠性及系统的正常运行带来严重的影响，因此，必须根据变压器的容量及重要程度考虑装设性能良好、工作可靠的保护。

变压器的故障分为箱体内部故障和箱体外部故障两种。箱体内部故障包括绕组的相间短路、接地短路、匝间短路以及铁芯烧损等，这些故障破坏了变压器的主绝缘结构，严重影响变压器运行。因为故障时产生的电弧会引起绝缘物质剧烈气化、碳化，从而引起爆炸，因此对这些故障应尽快加以切除。箱体外的故障主要是套管和引线上发生相间短路和接地短路。上述接地短路均为对中性点直接接地电网的一侧而言。

变压器的不正常运行状态主要有：因变压器外部相间短路引起的过电流和外部接地短路引起的过电流和中性点过电压；因负荷超过额定容量引起的过负荷以及因漏油等造成的油面降低。

此外，对于大容量变压器，由于其额定工作时的磁通密度相当接近于铁芯的饱和磁通密度，因此在过电压或低频率等异常运行方式下，还会发生变压器的过励磁故障。根据上述故障类型和不正常运行状态，对变压器应装设下列保护。

一、电力变压器非电气量保护

1. 瓦斯保护（气体继电器保护）

800kVA及以上的油浸式变压器均应装设瓦斯保护（本体瓦斯保护）。当箱体内故障产生轻微瓦斯气体或油面下降时，应瞬时动作于信号（本体轻瓦斯保护）；当箱体内故障产生大量瓦斯气体或油流时，应瞬时动作于断开变压器各电源侧断路器（本体重瓦斯保护）。

带有载调压的变压器充油调压开关油室也应装设瓦斯保护（有载瓦斯保护），有载调压重瓦斯应投跳闸位置，轻瓦斯投信号位置。

综上所述，800kVA及以上的油浸式有载调压变压器的瓦斯保护应装设本体瓦斯保护与有载瓦斯保护（存在独立电缆仓时一般需设置电缆仓瓦斯保护），分别作为各油室及设备的保护。根据动作方式的不同，瓦斯保护可分为重瓦斯保护与轻瓦斯保护。

运行中的变压器有下列工作时，应针对各油室分别将重瓦斯保护由“跳闸”位置改投

“信号”位置：

（1）添油、撤油和滤油。

（2）更换热虹吸或呼吸器硅胶。

（3）强油变压器油路系统有工作。

（4）气体继电器及其二次回路发生直流接地。

（5）打开或关闭气体继电器与油枕之间的截门时。

（6）对内桥接线中变压器的停电检修工作，并且其母联或进线开关仍在运行的情况。

在进行上述（1）～（3）油系统工作时停用的重瓦斯保护，在工作完后不发出轻瓦斯动作信号，并且测量跳闸连接片对地电压无问题后，方可投入跳闸位置。

另外需要说明的是：①变压器差动保护不能代替瓦斯保护，瓦斯保护能反映变压器油箱内的任何故障，如铁芯烧伤、油面降低等，但差动保护对此无反应。又如变压器绕组发生少数线匝的匝间短路时，虽然匝间短路电流很大，会造成局部绕组严重过热并产生强烈的油流向储油柜方向冲击，但表现在相电流上却并不大，因此差动保护没反应，但瓦斯保护对此却很灵敏，能快速切断变压器各电源侧断路器，保护变压器设备，防止故障蔓延造成更大事故的发生，因此差动保护不能代替气体继电器保护。②安装验收时应采取措施防止因气体继电器的引线故障、振动等引起瓦斯保护误动作。

2. 其他非电气量保护

对于 SF_6 气体变压器，应装设气体压力突变保护和气体密度保护。变压器内部发生故障时，压力突变保护能动作于断开变压器各电源侧断路器。

对于 SF_6 气体变压器 SF_6 气体压力密度值达到仓体（本体仓、有载调压仓、电缆仓）压力密度保护最低值的情况，应根据运行变压器的要求装设可作用于信号或动作于跳闸的装置。一般对于超过允许运行最低值的情况，应装设动作于断开变压器各电源侧断路器的保护。

运行中变压器有下列工作时，应针对各气室分别将压力突变保护、气体密度低保护由“跳闸”位置改投“信号”位置：

（1）补气、回收气体、测露点等涉及气室气体的工作。

（2）涉及 SF_6 气体密度表的工作。

（3）涉及该保护二次回路查找缺陷的工作。

（4）对内桥接线中变压器的停电检修工作，并且其母联或进线开关仍在运行的情况。

对于变压器油温、油位、油箱内压力升高及冷却系统故障，应根据运行变压器的要求装设可作用于信号或动作于跳闸的装置。一般对于变压器油温、油位、油箱内压力升高装设动作于信号的保护，对于强油循环变压器或强气循环变压器的冷却系统全停故障装设动作于断开变压器各电源侧断路器的保护。

油浸式变压器和 SF_6 气体变压器的非电气量保护分别见表 2-3 和表 2-4。

表 2-3　　油浸式变压器的非电气量保护

保护元件的名称	所接回路	光字牌
本体重瓦斯	跳闸/报警	×号变压器本体重瓦斯
本体轻瓦斯	报警	×号变压器本体轻瓦斯
有载调压重瓦斯	跳闸/报警	×号变压器有载调压重瓦斯

续表

保护元件的名称	所接回路	光 字 牌
电缆箱重瓦斯	跳闸/报警	×号变压器电缆箱重瓦斯
电缆箱轻瓦斯	报警	×号变压器电缆箱轻瓦斯
压力释放	报警	×号变压器压力释放
顶层油温过高信号	报警	×号变压器油温过高
油位异常信号	报警	×号变压器油位异常
冷却器全停	跳闸/报警	×号变压器冷却器全停跳闸

表 2-4 SF_6 气体变压器的非电气量保护

保护元件的名称	所接回路	光 字 牌
本体气体低压力报警	报警	×号变压器本体气体低压力
本体气体低压力跳闸	跳闸/报警	×号变压器本体气体低压力跳闸
本体压力突变	跳闸/报警	×号变压器本体压力突变
有载调压气体低压力报警	报警	×号变压器有载调压气体低压力
有载调压气体高压力报警	报警	×号变压器有载调压气体高压力
有载调压压力突变	跳闸/报警	×号变压器有载调压压力突变
电缆箱气体低压力报警	报警	×号变压器电缆箱气体低压力
电缆箱气体低压力跳闸	跳闸/报警	×号变压器电缆箱气体低压力跳闸
冷却器全停	跳闸/报警	×号变压器冷却器全停跳闸
本体气体温度过高	报警	×号变压器气体温度过高
本体绕组温度过高	报警	×号变压器绕组温度过高

二、电力变压器电气量保护

1. 纵差保护及电流速断保护

对变压器的内部、套管及引出线的短路故障，按其容量及重要性的不同，应装设下列保护作为主保护，并瞬时动作于断开变压器的各电源侧断路器。

(1) 电压在 10kV 及以下、容量在 10MVA 及以下的变压器，采用电流速断保护。当过电流保护的时限大于 0.5s 时，断开变压器各电源侧断路器。

(2) 电压在 10kV 以上、容量在 10MVA 及以上的变压器，采用纵差保护，保护动作于断开变压器的各电源侧断路器。对于电压为 10kV 的重要变压器，当电流速断保护灵敏度不符合要求时也可采用纵差保护。

(3) 电压为 220kV 及以上的变压器装设数字式保护时，除非电气量保护外，应采用双重化保护配置。当断路器具有两组跳闸线圈时，两套保护宜分别动作于断路器的一组跳闸线圈。

纵联差动保护应满足下列要求：

(1) 应能躲过励磁涌流和外部短路产生的不平衡电流。

(2) 在变压器过励磁时不应误动作。

(3) 在电流回路断线时应发出断线信号，电流回路断线允许差动保护跳闸。

瓦斯保护与纵联差动保护构成变压器的主保护，运行中的变压器不允许将两个主保护同时停用。

另外需要说明的是，谐波制动的差动保护应设置差动速断保护，设置差动速断保护的主

要原因是防止在较高的短路电流水平时，由于电流互感器饱和时高次谐波量增加，产生极大的制动力矩而使差动元件拒动。设置差动速断元件，当短路电流达到4～10倍额定电流时，速断保护快速动作于出口跳开变压器各电源侧断路器。

2. 外部相间短路应采用的保护

（1）对外部相间短路引起的变压器过电流，变压器应装设相间短路后备保护，保护带延时跳开相应的断路器。相间短路后备保护宜选用过电流保护、复合电压（负序电压和线间电压）启动的过电流保护或复合电流保护（负序电流和单相式电压启动的过电流保护）。

1）35～66kV及以下中小容量的降压变压器，宜采用过电流保护。

2）110～500kV降压变压器、升压变压器和系统联络变压器，相间短路后备保护用过电流保护不能满足灵敏性要求时，宜选用复合电压启动的过电流保护或复合电流保护。

（2）对降压变压器、升压变压器和系统联络变压器，根据各侧接线、连接的系统和电源情况的不同，应配置不同的相间短路后备保护。

1）对于单侧电源双绕组变压器和三绕组变压器，相间短路后备保护宜装于各侧。非电源侧保护带两段或三段时限：用第一时限断开本侧母联或分段断路器，缩小故障影响范围；用第二时限断开本侧断路器；用第三时限断开变压器各侧断路器。电源侧保护带一段时限，断开变压器各侧断路器。

2）对于两侧或三侧有电源的双绕组变压器和三绕组变压器，各侧相间短路后备保护可带两段或三段时限。为满足选择性的要求或为缩短后备保护的动作时间，相间短路后备保护可带方向，方向宜指向各侧母线，但断开变压器各侧断路器的后备保护不带方向。

3. 外部接地短路应采用的保护

（1）与110kV及以上中性点直接接地电网连接的降压变压器、升压变压器和系统联络变压器，对外部单相接地短路引起的过电流，应装设接地短路后备保护。

1）在中性点直接接地的电网中，如变压器中性点直接接地运行，对单相接地引起的变压器过电流，应装设零序过电流保护。保护可由两段组成，其动作电流与相关线路零序过电流保护配合。每段保护可设置两个时限，并以较短时限动作于缩小故障影响范围，或动作于本侧断路器，以较长时限动作于断开变压器各侧断路器。

2）对于自耦变压器和高、中压侧均直接接地的三绕组变压器，为满足选择性要求，可增设零序方向元件，方向宜指向各侧母线。

3）普通变压器的零序过电流保护宜接到变压器中性点引出回路的电流互感器；零序方向过电流保护宜接到高、中压侧三相电流互感器的零序回路；自耦变压器的零序电流保护应接到高、中压侧三相电流互感器的零序回路。

（2）在110、220kV中性点直接接地的电力网中，低压侧有电源的变压器中性点可能接地运行或不接地运行，对外部单相接地短路引起的过电流，以及对因失去接地中性点引起的变压器中性点电压升高，应装设后备保护。

1）全绝缘变压器应按要求设置零序过电流保护，满足变压器中性点直接接地运行的要求。此外，应增设零序过电压保护，当变压器所连接的电力网失去接地中性点时，零序过电压保护经0.3～0.5s时限动作断开变压器各侧断路器。

2）为限制分级绝缘变压器中性点不接地运行时可能出现的中性点过电压，在变压器中性点应装设放电间隙。此时应装设用于中性点直接接地和经放电间隙接地的两套零序过电流保护。此外，还应增设零序过电压保护。对于经间隙接地的变压器，应装设反应间隙放电的零序过电流保护和零序过电压保护。当变压器所接的电力网失去中性点，又发生单相接地故障时，此电流电压保护动作，经0.3～0.5s时限动作断开变压器各侧断路器。

(3) 10～66kV系统专用接地变压器应配置主保护和相间后备保护。对低电阻接地系统的接地变压器，还应配置零序过电流保护。零序过电流保护宜接于接地变压器中性点回路中的零序电流互感器。当专用接地变压器不经断路器直接接于变压器低压侧时，零序过电流保护宜有三个时限：第一时限断开低压侧母联或分段断路器；第二时限断开主变压器低压侧断路器，第三时限断开变压器各侧断路器。

当专用接地变压器接于低压侧母线上时，零序过电流保护宜有两个时限：第一时限断开母联或分段断路器；第二时限断开接地变压器断路器及主变压器各侧断路器。

4. 过负荷保护

对于400kVA以上的变压器，当数台并列运行或单独运行并作为其他负荷的备用电源时，应根据可能过负荷的情况装设过负荷保护。过负荷保护电流量取自一相电流，并延时作用于信号。

5. 过励磁保护

对于高压侧为330kV及以上的变压器，为防止由于频率降低和电压升高引起变压器磁密过高而损坏变压器，应装设励磁保护。过励磁保护应具有定时限或反时限特性并与被保护变压器的过励磁特性相配合。定时限保护由两段组成，低定值动作于信号，高定值动作于跳闸。

第七节　电力变压器运行操作

一、电力变压器运行倒闸操作

变压器故障、检修或需要改变系统方式时，需进行变压器的倒闸操作，其操作的基本要求如下：

1. 变压器检修停电操作

变压器进行检修停电操作应遵循以下几项：

(1) 确保操作前将待停变压器所带负荷倒至运行变压器，不能造成甩负荷停电事故。

(2) 确保操作过程中按照正确的操作要领，不造成误操作及设备的损坏，并随时检查操作质量。

(3) 确保操作完毕后不改变系统整体运行方式，比如中性点运行方式。

(4) 确保操作完毕后不造成运行变压器过电压、过负荷、过温运行。

变压器的具体停电操作过程如下：

(1) 倒负荷至运行变压器。保证并入变压器确实带负荷运行，并检查操作质量及运行变压器的运行状况。对于有接地变压器的运行系统，应遵照接地变压器运行规定操作。

(2) 倒换系统中性点接地方式。保证站内系统不失去中性点零序电流回路，倒换时应先合上另一台变压器中性点接地隔离开关，再拉开待停变压器中性点接地隔离开关，操作完毕

检查操作质量。

(3) 停用变压器操作。在保证负荷及系统中性点都不会失去的条件下进行变压器停电操作，具体方法：220kV 变压器先将低、中压侧负荷倒出，高压、中压侧中性点进行接地，由高压侧断路器拉空载变压器；110kV 变压器先将低、中压侧负荷倒出，高压侧中性点进行接地，由高压侧断路器拉空载变压器。对于桥接线变压器，停用时应将设置的跳母联及其进线保护一并停用，防止甩负荷。操作完毕后检查操作是否到位，质量是否过关。同时应注意相应改变自动投入装置、消弧线圈补偿、接地电阻和中性点的运行方式。

(4) 退出变压器相应保护。对于影响到运行设备的检修变压器保护应检查是否停用，防止检修设备保护误动作造成其余运行设备掉闸事故的发生。

(5) 实时对运行变压器进行监测。待检修变压器停电后，检查停电变压器各仪表指示是否正常，所有开关位置指示牌及指示信号都应反映正常。还需检查站内其余变压器所带负荷是否存在过电压、过负荷，检查油温是否过高，冷却系统是否运转灵活及引线接头是否过热。

2. 变压器投运（发电）操作

变压器检修完毕投运时操作应遵循以下几项：

(1) 确保操作前检查设备及其附属系统正常，验收合格无问题。

(2) 确保操作过程中按照正常的操作要领，未造成误操作及设备的损坏，并随时检查操作质量（需要核相工作时应首先进行核相工作）。

(3) 确保操作完毕后恢复系统的运行方式，并确保变压器负荷分配合理。

变压器投运的具体操作过程如下：

(1) 验收待投运变压器。检查变压器油枕油位、整体密封及绝缘情况、蝶阀开闭情况、冷却系统、保护气体继电器等符合投运规定，要求先将冷却系统及气体继电器保护投入运行再进行投运操作。

(2) 中性点接地开关恢复。变压器投入运行时，应先将（220kV 侧和 110kV 侧）中性点接地开关合上，然后再给变压器充电。如该变压器在正常运行时中性点不应接地，则在变压器投入运行后，立即将中性点断开。

(3) 投入变压器保护。变压器投运前应检查保护是否正确投入。空载合闸时应将差动保护投入运行，此时用于空载合闸试验，以监测其躲过励磁电流的能力；对变压器差动保护改造后应在空载合闸试验后退出，带负荷测相量无问题后方可投入。瓦斯保护用作内部故障的主保护，运行前必须投入运行，防止检修造成变压器严重事故。

(4) 变压器充电试投。停用变压器或检修变压器投入运行前应在额定电压下做空载冲击合闸试验。国家电网公司运行规程要求新产品交接合闸冲击 5 次，大修后 3 次，每次间隔 5min，冲击合闸前应将保护全部投入，冲击试验主要是测试变压器的绝缘性能及差动保护是否能够躲过合闸涌流。

(5) 变压器投运操作。变压器投入运行应先将保护投入运行，再进行合高压侧断路器操作，再顺序进行低压侧电源的恢复操作。如果三绕组变压器 220kV 或 110kV 侧开路运行，应将开路运行绕组的中性点接地，投入零序保护。

(6) 变压器实时监测。变压器投运后，检查各仪表指示是否正常，所有开关位置指示牌及指示信号都应反映正常。合闸后仔细观察变压器运行情况，变压器各密封面及焊缝处不应有渗漏油现象。

综上所述，主变压器停送电顺序为停电时先停负荷侧，后停电源侧，送电时相反，原因如下：

(1) 多电源情况下，按上述顺序停电，可以防止变压器反充电。若停电时先停电源侧，遇有故障可能造成保护误动或拒动，延长故障切除时间，也可能扩大停电范围。

(2) 当负荷侧母线电压互感器带有低频减载装置，且未装电流闭锁时，若停电先停电源侧断路器，可能由于大型同步电动机的反馈使低频负荷装置误动作。

(3) 从电源侧逐级送电，如遇故障便于从送电范围检查、判断和处理。

二、变压器调压操作

变压器调压方式主要指无载调压和有载调压两种方式，一般常采用有载调压方式。因有载调压可实现不停电调压，故电压波动比较大的变电站都采用有载调压方式。

有载调压实际是改变绕组变比进行调压，“升分头”（$1\rightarrow N$）实际为升压操作，“降分头”（$N\rightarrow 1$）实际为降压操作。当分头调高时，高压侧带分接绕组额定电压值变低，变压器变比变小，但因系统高压侧电压是不随调压分头变化而变化的，只会改变系统变压器输出侧（低压侧）电压，根据变比关系可知此时输出侧电压变大，故变压器进行“升分头”操作实际是对电网输出电压进行升压调节；同理，“降分头”为降压操作，可降低变压器输出侧（低压侧）电压。

无载调压和有载调压两种调压方式的注意事项如下：

1. 无载调压操作

(1) 无载调压操作需将变压器停用，方可进行无载分接开关操作。

(2) 无载分接开关箭头指示位置应正确，单相独立分接开关的三相分接指示位置应一致。

(3) 无载分接开关倒分接头后，应测量直流电阻。因为分接开关的接触部分在运行中会产生氧化膜，导致分接头接触不良，为确保接触完全，应测量分接头直流电阻。

2. 有载调压操作

(1) 电力系统各级变压器运行分接头位置应按保证变电站及受电端的电压偏差不超过允许值，并在充分发挥无功补偿设备的经济效益和降低线损的原则下优化确定。

(2) 正常情况下，一般使用远方电气控制。当远方电气回路故障时，可使用就地机构的电气控制操作或手动操作。手动操作前应先切断电机调压电源，当分接开关处于极限位置又必须手动操作时，必须确认操作方向无误后方可进行。

(3) 对于具有电压无功控制（VQC）或电网自动电压控制（AVC）的有载调压方式，应检查有载调压闭锁情况，手动操作时应退出 VQC 或 AVC。

(4) 分接变换操作必须在一个分接变换完成后方可进行第二次分接变换，操作完检查远方与就地分接位置指示器指示应一致。在调压过程中，当发现分接开关变化，而电压无变化时，禁止再进行调压操作。

(5) 对单相有载调压变压器，如其中一相分接开关不同步，则应立即在分相调压箱上（电动）将该相分接开关调至要求的位置；若该相分接开关拒动，则应将其他相分接开关调

回原位置。

（6）有载调压装置在电动调压过程中发生连续动作应按“急停”按钮，使调压电源断开，若电源未断，应手动拉开；若分接开关指示位置停在过渡状态，可瞬时合调压电源，待指针对正分接开关位置时切断有载调压电机电源，手动摇回正常运行分接开关位置。

（7）两台有载调压变压器并列运行时，允许在85%变压器额定负荷电流及以下的情况下进行分接变换操作，不得在单台变压器上连续进行两次分接变换操作，必须在一台变压器的分接变换完成后再进行另一台变压器的分接变换操作。

升压操作时应先操作负荷电流相对较小的一台，再操作负荷电流相对较大的一台，防止过大的环流。降压操作时与此相反。操作完毕应再次检查并联的两台变压器的电流大小与分配情况。

（8）当有载调压变压器过载1.2倍运行时，禁止分接开关变换操作。

（9）分接开关检修超周期或累计分接变换次数达到所规定的限值时，报主管部门安排检修。

三、变压器冷却系统操作

变压器投入运行时应投入冷却装置，在合上主变压器任一电源侧断路器时，冷却装置应自动投入，可根据变压器负荷、内部介质温度状况进行投切操作。冷却器投入运行后应检查冷却装置的运行状况，应无异音、无渗漏、无异常信号等现象，同时检查散热器与本体油箱连管处蝶阀应处于开启状态，否则会失去变压器散热器的散热功能。下面以常见冷却系统为例说明其操作方式及注意事项。

1. 油浸自冷/风冷冷却系统

油浸自冷/风冷冷却系统操作一般有自动、手动两种控制方式，一般采用自动控制。控制方式可按照顶层油温或依据变压器负荷电流设定，在达到启动值时启动风机，回落到返回值时停止风机。

2. 强油风冷冷却系统

（1）当变压器投入时能自动投入相应数量的工作冷却器（利用常用变压器断路器或隔离开关的辅助触点进行控制），在变压器停止运行时能自动切除全部的冷却器。

（2）强油风冷冷却器工作方式有工作、停用、备用、辅助4种。其中工作指主变压器冷却器在运行状态；停用指主变压器冷却器在停用状态；辅助指随变压器内部温度或运行负荷控制的自动投切启动方式；备用指在工作冷却器全部停止运转或故障后，备用冷却器再投入运行。

（3）变压器正常运行时一般应将冷却器总台数的1/3～1/2作为工作冷却器，并尽量选择对称位置的冷却器运行；除工作冷却器和一台备用冷却器以外，其他冷却器均做辅助冷却器；在空载和轻载时，不应投入过多的工作冷却器。若冷却器发生故障，应将本组冷却器投停用位置。

（4）在变压器工作、辅助冷却器无故障时，严禁将备用冷却器投入运行，以避免产生油流静电现象。

（5）强油风冷冷却系统有两个独立电源，可任选一个为工作电源，另一个为备用电源，并应定期切换冷却器的电源，以防发生电缆头过热故障。

(6) 油泵电动机和风扇电动机设有过负荷、短路和断相的运行保护，冷却器系统在运行中发生故障时，能发出事故信号。

(7) 运行中变压器在切换潜油泵时应逐台进行，每次间隔不少于 3min。

3. 水冷冷却系统

采用水冷却的变压器，在冷却器投入运行前应先启动油泵，待油压上升后才可启动水泵通入冷却水，并确保油压大于水压。停用冷却器时，应先停水泵再停用油泵。水冷却器冬季停用后应将水全部放尽。

第八节　电力变压器有载调压电动机构组成及其控制原理

变压器的分接开关操作需要通过电动装置进行控制，以实现有载调压，将有载分接开关或无励磁分接开关的工作位置调整到运行要求的位置。由于目前变压器有载调压所选电动调压机构多采用德国 MR 设备 ED 电动机构，故本节以此为例讲解其机构组成及其控制原理。

一、有载调压电动机构简介

电动机构专门用于在调压变压器中操作有载分接开关或无励磁分接开关，也可用于操作移芯式消弧线圈。

分接变换操作是由电动机构开始动作来启动的。这一操作一旦启动便一直进行到底，不论在操作期间是否又对它发出了另一个控制脉冲。只有在电动机构走到其静止位置后才可能进行下一个分接变换操作。

电动机构主要由机箱、手摇把、位置指示面板、手提灯、调压电源开关、调压控制开关、防结露加热器、传动装置等组成。

1. 机箱

电动机构机箱一定要保持严密闭合，在潮湿或宜造成箱体结露天气，电动机构的加热器应通电运行，以防止机构箱内潮气结露，使内部元器件及其端子绝缘降低。

平时应对机箱进行检查：①机箱的密封是否防水；②内装的加热器功能是否正常；③电动机构内部安装的设备的外观状态。

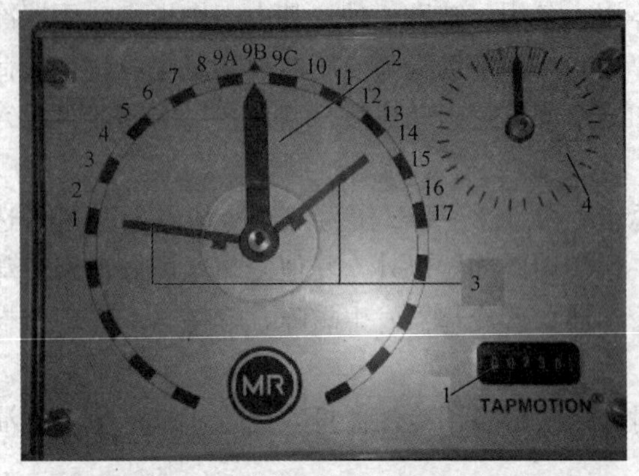

图 2-20　有载调压机构位置指示面板

1—机械式操作计数器；2—位置指示器；3—两个拖针；4—分接变换指示器

2. 手摇把

手摇把供在紧急或调整时手动操作电动机构之用。手摇把夹装在机箱里面的上部隔板上。电动机构手动操作时只能使用机箱内的手摇把，否则会造成严重或致命的伤害。

手摇把的安全开关只切断电动机回路的两根电源线，不切断控制回路电源。

3. 位置指示面板

位置指示面板主要由计数器、位置指示器、分接变换指示器、拖针等组成，如图 2-20所示。

(1) 机械式操作计数器。它显示电动构

已进行的总操作次数。计数器的复位轮在出厂时已经铅封。指针和操作计数器都是机械驱动的，它显示电动操作的动作顺序。

(2) 位置指示器。它显示电动机构和有载分接开关或无励磁分接开关的分接位置。

(3) 两个拖针。它显示已经到达过的电压范围。

(4) 分接变换指示器。它显示控制凸轮的当前位置，一次分接变换操作用指示器指针转一圈来表示。指示器分 33 格，一格相当于手摇把转一圈，当指针顺时针转动时，是升分接头操作，当指针逆时针转动时，是升分接头操作。

4. 手提灯

机箱内备有一只荧光灯管的手提灯。开关门上设有手提灯电源的门触点，机箱门打开时门触点即接通手提灯电源。

5. 调压电源开关

调压电源开关为电动机的保护电源开关，对控制电动机回路提供电源及安全保证。

6. 调压控制开关

调压控制开关即“升/降”控制开关，用于电气启动分接变换操作。

7. 防结露加热器

防结露加热器适用于除寒带以外所有气候地区，用于驱潮，防止机构腐蚀及二次接线绝缘降低等。运行时加热器很热，切勿触及。

8. 传动装置

传动装置由传动机构、控制机构和位置指示器等组成。

(1) 传动机构噪声低，由单根皮带传动，每次分接操作都是转 16.5 圈（等于手摇把转 33 圈）。传动元件是耐磨损皮带。

(2) 控制机构中有凸轮盘，用于机械地触发凸轮开关。模块化位置指示装置和辅助凸轮开关触点由控制机构驱动，指示装置机构由凸轮轴驱动。

电气限位开关用于防止超越终端位置。机械和电气限位装置用于防止在调压范围以外发生分接变换操作。

(3) 位置指示器在指示面板上机械地反映分接位置。

二、电动机构投入运行前的检查

1. 有载分接开关和电动机构的联轴

通过有载分接开关和电动机构的正确联轴，保证有载分接开关在电动机构静止之前完成分接变换操作，还要确保在每个操作位置上有载分接开关和电动机构的位置指示相同。这些措施可以防止电动机构、有载分接开关和变压器发生损坏。

从切换开关动作（打响）开始到指针到达静止区域的中央标志线，指示器所走的格数在升和降两个方向上应该近似相等，相差不大于 1 格。

2. 相序检查

在检查电动机回路的电压时，也要检查施加到接线端子上的电压相序一定要是顺时针。

3. 逐级操作的检查

转动控制开关启动分接变换操作，在电动机构运行中控制开关应保持在转到的位置上（手不离开），检查一次分接变换操作完成后电动机构是否自动停车，分接变换指示器指针是

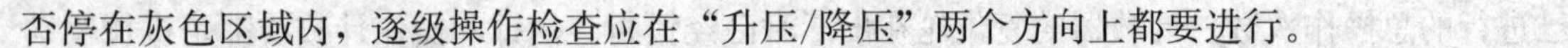

否停在灰色区域内，逐级操作检查应在“升压/降压”两个方向上都要进行。

4. 终端限位开关和抗多挡连变保护装置的检查

为了检查终端限位开关，先用控制开关启动电动机构到达终端倒数第二个位置，再手动操作电动机构走到终端位置。再次向同一方转动控制开关，电动机构必须不再继续动作。以同样步骤，操作电动机构到达另一个终端位置，重复上述检查，检查分接变换指示器的指针是否位于灰色区域内。

为了检查抗多挡连变保护装置，在电动机保护开关通电的同时用手摇把操作电动机构动作，检查最多走4格之后电动机保护开关是否跳闸。

三、电动机构二次控制原理

有载分接开关调压操作通过电动机构驱动分接开关完成分接变换操作，依照逐级控制原理进行，即分接开关从一个分接位置转换到相邻的一个分接位置，电动机构的工作是由单一的控制信号启动，无任何间断地直至完成一个分接变换操作。

一般有载调压电气控制机构包括电动机回路、控制回路、保护回路及信号回路。在设计有载调压电气控制回路时应具备以下功能：

(1) 电气限位功能。当电动机构达到分接位置1或N时，再进行N→1或1→N操作时电动机构不能调节分接头，电动机不能运转。

(2) 机械限位功能。当手摇把操作分接变换时，当分接位置为1或N并继续手动摇圈时，机构存在机械限位功能，防止继续摇动。其中电气限位动作时间早于机械限位。

(3) 自保持功能。当按动控制开关进行分接1→N或N→1变换时，应保证未按按钮时，电动机能自保持完成一次完整的分接变换操作。

(4) 级进操作功能。电动机构电动操作要求按动一次控制开关后，只能完成一个分接头变换操作，不能出现连调现象；若按动控制开关不松手，也应实现完成一个分接头变换操作，不能出现连调现象。

(5) 手动操作保护功能。用手摇把操作分接变换时，应切断电动机回路，防止电动机通电运转，摇动过程中应跳开电动机电源开关。

(6) 电源相序保护功能。当进线电源的相序与机构设计旋转方向不相符时，应断开电动机回路，跳开电动机电源开关。

(7) 分接操作完成功能。若手摇分接变换在中途停止，或电动操作分接变换时电动机电源突然消失时，当再次合上电动机电源开关时分接操作应继续进行，最终完成此次分接操作。

1. 电器元件

S132：远方/就地控制手把。

S3：升/降分接头控制开关。

R_1：加热器。

E1：手提灯。

M1：三相380V交流异步电动机。

Q1：电动机保护电源开关，断开时电动机停转。

S6A/S6B：分接变换端点（1/N位置）限位开关，分接变换到此位置时限位开关触点打开。

S8A/S8B：手摇把闭锁开关，当手摇把插入操作分接变换时，限位开关触点打开。

S4：分接变换端点（N 位置）限位开关，分接变换到此位置，限位开关触点打开。

S5：分接变换端点（1 位置）限位开关，分接变换到此位置，限位开关触点打开。

K1：控制电动机转动的交流接触器，电动机逆时针转（1→N）。

S14：定向凸轮转换限位开关，电动机逆时针转（1→N）时，限位开关触点闭合。

K2：控制电动机转动的交流接触器，电动机顺时针转（N→1）。

S12：定向凸轮转换限位开关，电动机顺时针转（N→1）时，限位开关触点闭合。

S13：逐级操作凸轮限位开关，定向凸轮转换限位开关动作后其再动作。

K20：逐级控制继电器，实现一个分接动作顺利完成，防止出现连续分接动作。

K37：耦合继电器。

S37：分接开关中间位置（9a 或 9c）自动通过限位开关，此时限位开关触点打开。

S1/S2：凸轮限位开关触点，监视 K1、K2、K20 是否正确动作的触点。

2. 电气工作原理

下面将结合上述有载调压电动机构所应具备功能，对德国 MR 设备 ED 电动机构的电气原理进行分析。

（1）电动机回路。如图 2-21 所示，电动机端子 U、V、W 经分接变换端点（1、N 位置）限位开关 S6A/S6B、手摇把闭锁限位开关 S8A/S8B、接触器 K1/K2 和电动机空气开关 Q1 接至 380V 交流电源 L1、L2、L3 上。

电动机回路电动机运转要求 S6A/S6B、S8A/S8B、K1 或 K2 触点、Q1 空气开关触点必须处于闭合位置，电动机方可启动。

（2）电热回路。电热回路经端子 3、8 接至交流电源 L1、N。电热电阻 R_1 长期接在电源上。

（3）控制回路（见图 2-22）。

1）起始位置。在起始位置上，分接变换指针位于停止区域内（灰色区域），合上电动机空气开关 Q1，Q1 触点 1-2、3-4、5-6、13-14 闭合。

2）发出脉冲。分接变换操作由控制脉冲经升/降分接头控制开关 S3 启动。当 S132 手把选择就地，在进行就地电动操作时，旋转开关 S3。当 S3 触点 1-2 闭合时会启动“升”分接头（1→N）操作（见图 2-23）；当 S3 触点 3-4 闭合时会启动“降”分头（N→1）操作（见图 2-24）。现以“升”分接头（1→N）为例分析其控制回路的动作过程。

旋转开关 S3，S3 触点 1-2 闭合，交流电源 L1 经 K20 动断触点 21-22、S4 端点限位开关（C-NC）、K2 动断触点 22-21、K1 交流接触器线圈 A1-A2 至 N 端构成交流回路，此时接触器 K1 线圈 A1-A2 励磁带电，接触器 K1 的动合触点 1-2、3-4、5-6 闭合，电动机回路启动（此时 S8A、S8B、S6A、S6B 在闭合位置）。与此同时，接触器 K1 的动合触点 53-54 闭合，使接触器 K1 保持通电，构成电气自保持回路。此时，松开 S3 开关，电动机仍可继续运转。

另外需要说明的是，接触器 K1 的动断触点 22-21 打开，确保在进行“升”分接头分接变换操作时不能进行“降”分接头操作，实现电气上的相互联锁。

3）S2 动作。第 3 格之后，凸轮开关 S2 动作（由触点 C-NC 切换至 C-NO），检查 K1、

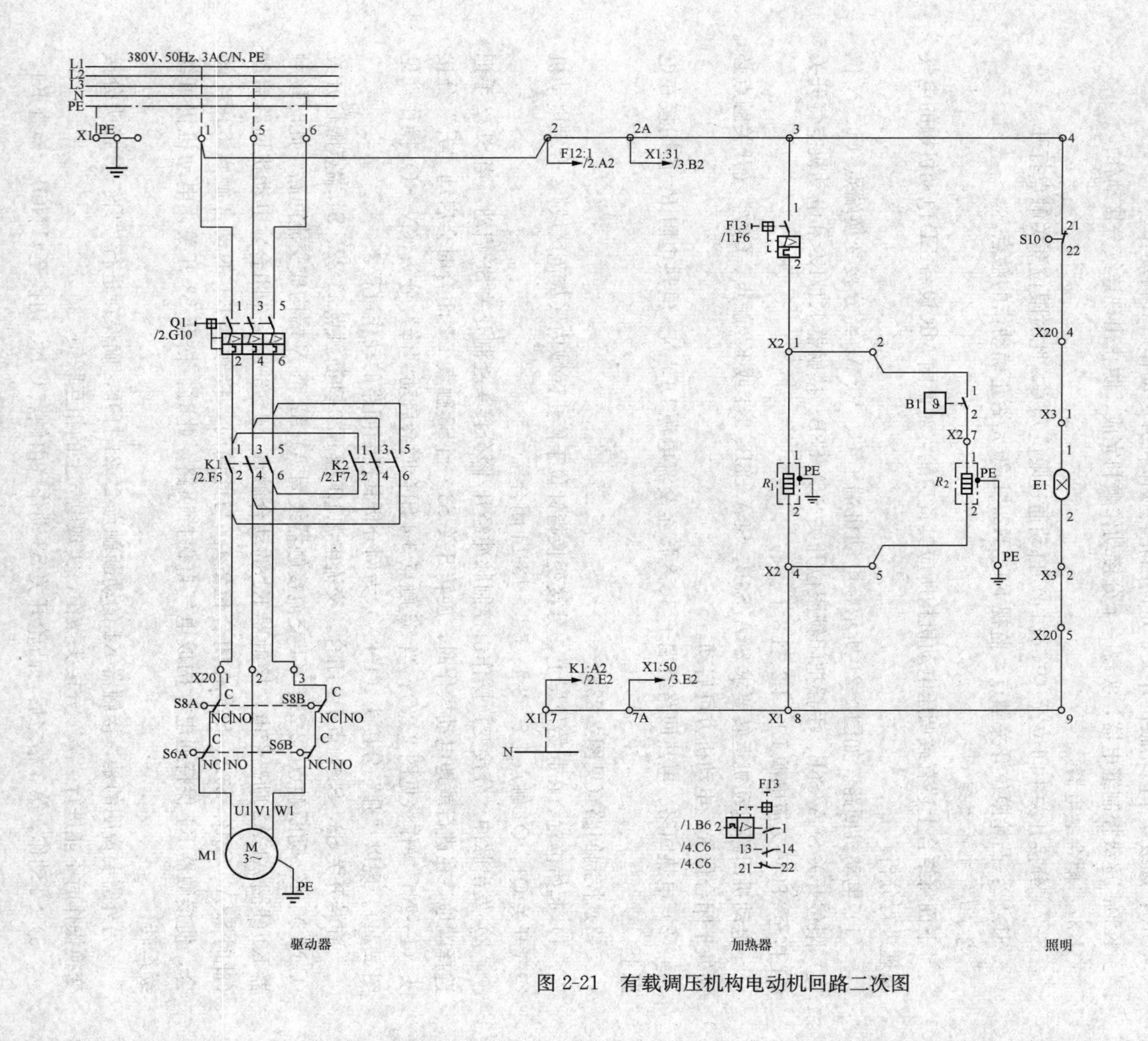

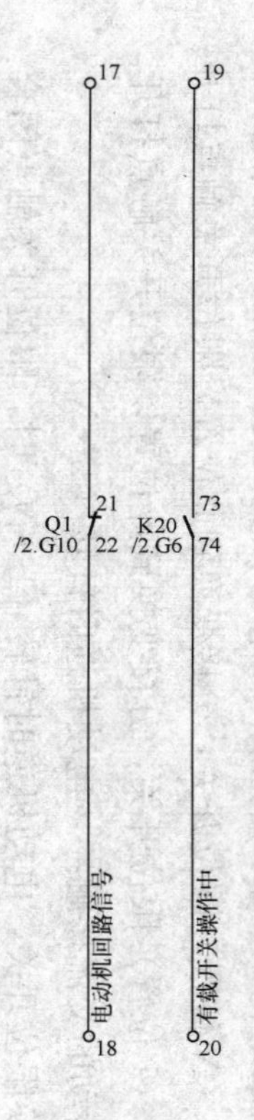

图 2-21　有载调压机构电动机回路二次图

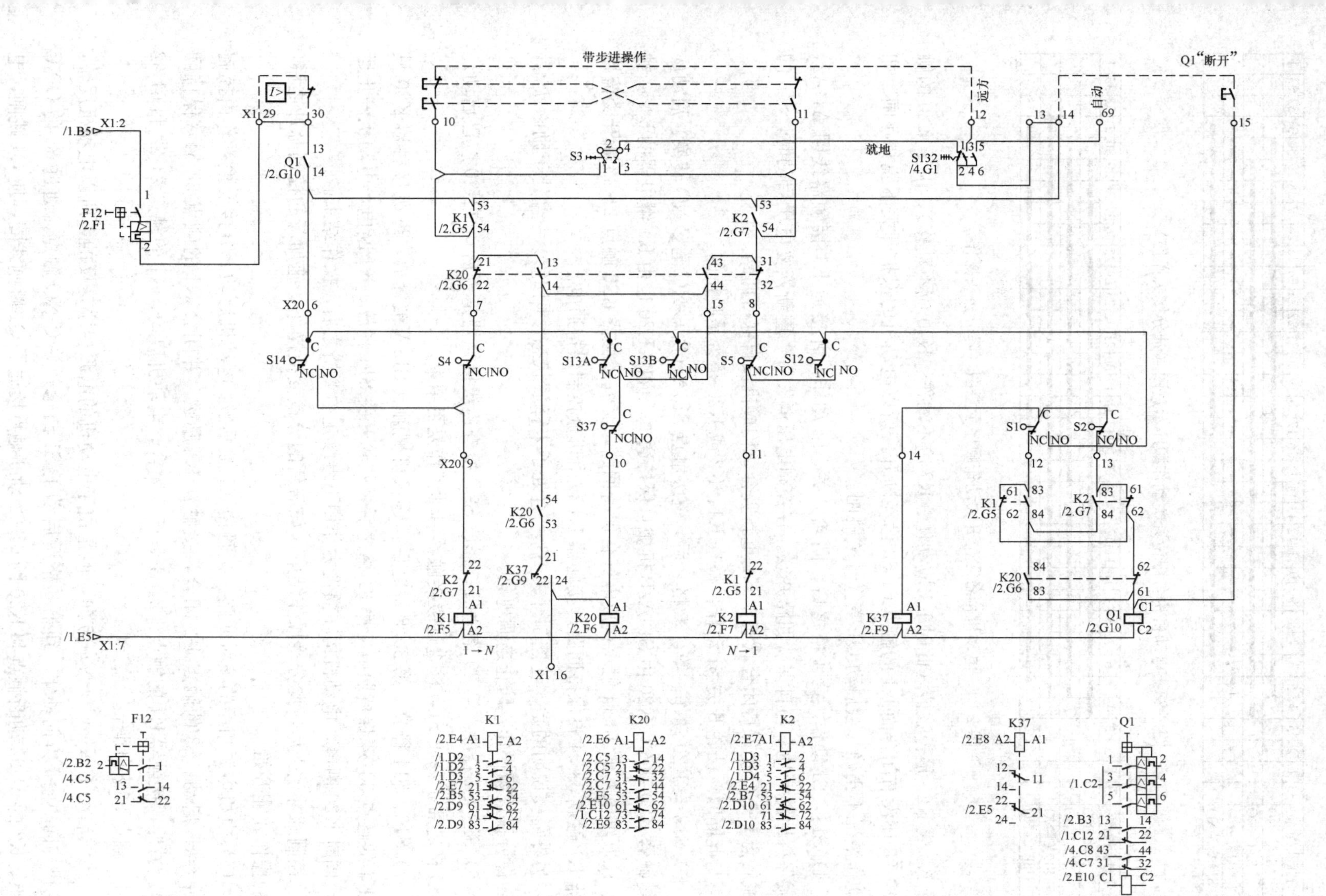

图 2-22 有载调压机构控制回路二次图

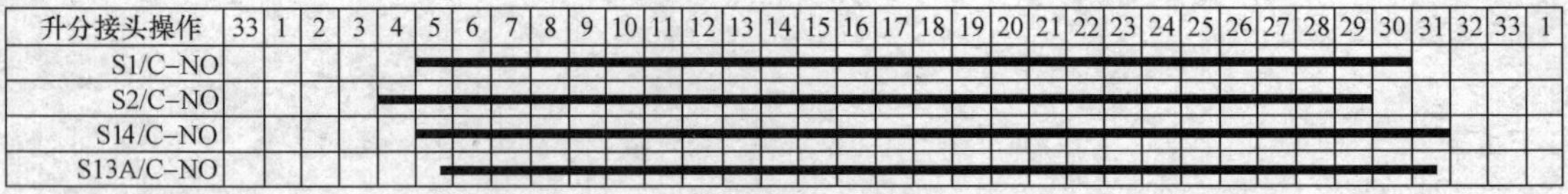

升分接头操作	33	1	2	3	4	5	6	7	8	9	10	11	12	13	14	15	16	17	18	19	20	21	22	23	24	25	26	27	28	29	30	31	32	33	1
S1/C-NO																																			
S2/C-NO																																			
S14/C-NO																																			
S13A/C-NO																																			

图 2-23 电动机构各限位开关动作顺序示意图（升分接头操作）

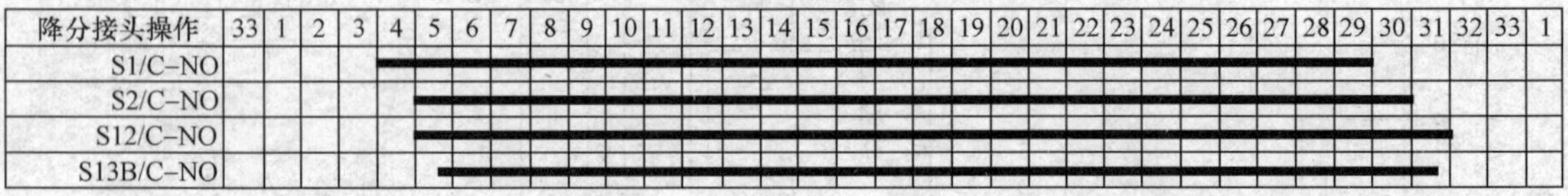

降分接头操作	33	1	2	3	4	5	6	7	8	9	10	11	12	13	14	15	16	17	18	19	20	21	22	23	24	25	26	27	28	29	30	31	32	33	1
S1/C-NO																																			
S2/C-NO																																			
S12/C-NO																																			
S13B/C-NO																																			

图 2-24 电动机构各限位开关动作顺序示意图（降分接头操作）

K2 或 K20 是否吸持（此时 K1 应动作、K2 应不动作、K20 应不动作）。由于 K20 的触点 84-83 还没有闭合而 K1 的触点 61-62 已经断开，所以电动机的保护开关不脱扣跳闸。如果动作情况不正确，会启动 Q1 空气开关跳闸。

4）S14，S1 动作。第 4 格之后，凸轮开关 S14 动作，并接通 K1 接触器线圈 A1-A2，机械保持回路开通，与自保持回路并联。在控制电压消失后，重新恢复电压启动时，S14 的机械触点 C-NO 仍保持闭合状态使 K1 重新吸合，构成机械自保持回路。

与此同时，凸轮开关 S1 动作，检查 K1、K2 或 K20 是否是吸持的。

5）S13 与 K20 动作。第 4.5 格之后，逐级触点 S13A（由 C-NC 至 C-NO 转换）启动逐级接触器 K20 动作，K20 由 S13A/B 机械自保持通电，同时 K20 也由 K1 继电器的 53-54 触点、K20 继电器的 13-14 触点构成电气自保持回路，交流接触器 K20 触点 21-22 断开交流接触器 K1 触点 53-54 自保持回路。接触器 K1 仅由机械控制保持通电。

另外需要说明的是，若控制开关 S3 一直处于未释放状态，则 K20 一直处于励磁状态，可确保分接逐级操作，防止连调现象。

6）S2、S1 释放。第 29 格之后，释放 S2，检查逐级接触器是否启动（K20 应已启动）。第 30 格之后，释放 S1，检查逐级接触器启动工作是否结束。

7）S13、S14 释放。第 30.5 格之后，逐级机械触点 S13A 被释放，逐级接触器 K20 只由 K1 的触点 53-54 保持通电。第 31 格之后，凸轮开关 S14 释放。K1 断电，电动机停止运转，同时 K20 断电，电动机构在惯性力作用下继续走约 2 格之后，操作结束。

控制脉冲消失后，此分接操作结束。如需新的分接变换操作，施加新的控制脉冲之后，新的操作才能开始。

（4）电机电源相序的核对回路。接触器 K1 被励磁，电动机启动。分接变换操作由控制脉冲经 S3 启动。S3 的触点 1-2 闭合，接触器 K1 励磁，并闭合 K1 的触点 53-54（保持励磁）。另外，接触器 K1 的触点 1-2、3-4、5-6 闭合，电动机启动。K1 的触点 21-22 和 61-62 断开，触点 83-84 闭合。

虽然启动了 K1（1→N）方向，但是由于电动机的电源相序是反的，所以电动机反转，ED 机构向 N→1 方向动作。到第 3 格后启动了 S1 凸轮开关 C-NO 触点、通过 S2 的 C-NC 触点、K2 的 61-62 动断触点和 K20 的 61-62 动断触点接通了 Q1 跳闸线圈，使 Q1 跳闸，电

动机停止工作。

启动 K2（N→1）方向的原理同上。

（5）分接开关中间位置（9a 或 9c）自动通过限位开关 S37 回路。当分接位置由 8→9b 或 10→9b 变换位置时，限位开关 S37 触点断开，逐级控制继电器 K20 不会励磁，此时电动机会通过 9a 或 9c 位置到达分接 9b 位置，限位开关 S37 触点闭合，再使逐级控制继电器 K20 励磁带电，切断自保持回路。

（6）端点限位开关 S4/S5 回路。当分接位置为 N 或 1 且电动操作时，由于端点限位开关 S4/S5 动断触点断开，无法实现 K1/K2 接触器励磁，致使电动机回路无法带电。

（7）逐级控制继电器 K20 回路。当手动操作按钮 S3 未松手时，在电动操作过程中，逐级控制继电器 K20 一直励磁带电，K1 回路中 K20 的触点 21-22 断开，无法使接触器 K1 励磁通电，可确保此时只能完成当前的一个分接变换操作，不会出现连调现象。

（8）控制电压消失后再恢复回路。在电动机构动作未结束前，控制电压消失后再恢复供电时，由于定向凸轮转换限位开关 S14 触点始终处于闭合位置，故能使 K1 励磁带电，电动机构仍能自动地完成前面未完成的分接变换操作。

第九节 电力变压器异常及事故处理

一、油浸式变压器异常及事故处理原则

（1）发现下列情况之一者，应报告调度及上级部门并详细检查设备，加强监视并做好倒备用变压器（或倒负荷）准备：

1）变压器出现异常声响。

2）严重漏油致使油位下降。

3）套管出现漏油、无油位、裂纹、不正常电晕现象。

4）轻瓦斯保护动作（近期内油路有工作的情况除外）。

5）强油循环水冷变压器在油泵不停情况下冷却水源断水。

6）变压器出现过热、过负荷。

7）强油风冷（水冷）变压器冷却装置故障全停。

8）套管接头发热严重。

9）压力释放阀动作。

（2）发现下列情况之一者，应尽快断开变压器电源，并报告调度及上级部门：

1）内部发生强烈的放电声。

2）防爆膜破碎并喷油冒烟，或压力释放阀喷油冒烟。

3）套管严重破裂、放电、爆炸或起火。

4）变压器起火或大量跑油。

5）强油风冷（水冷）变压器的冷却装置因故障全停，超过允许温度或时间。

6）有载调压变压器调压操作后，发现有载调压装置内部有打火声响、冒烟等异常现象。

7）变压器发生永久性的二次出口短路或其他危及变压器安全的故障而保护装置拒动。

8）当变压器附近的设备发生着火、爆炸或其他情况，对变压器构成严重威胁时。

二、SF_6气体绝缘变压器异常及事故处理

(1) 发现下列情况之一者，应报告调度及上级部门并详细检查设备，加强监视并做好倒备用变压器（或倒负荷）准备：

1) 变压器出现异常声响。

2) 严重漏气致使压力下降，气体压力异常报警。

3) 套管出现裂纹、不正常电晕现象。

4) 变压器出现过热、过负荷。

5) 冷却装置故障全停。

6) 套管接头发热严重。

(2) 发现下列情况之一者，应尽快断开变压器电源，并报告调度及上级部门：

1) 内部发出强烈的放电声。

2) 有载调压变压器调压操作后，发现有载调压装置内部有打火声响、冒烟等异常现象。

3) 变压器发生永久性的二次出口短路或其他危及变压器安全的故障而保护装置拒动。

4) 当变压器附近的设备发生着火、爆炸或其他情况，对变压器构成严重威胁时。

三、变压器运行常见异常处理

1. 变压器运行异常声音的处理

变压器正常运行时，硅钢片在交流频率磁致伸缩的作用下，发出均匀的“嗡嗡”声。在非正常运行时，变压器运行时会发出不同于以往的异常声音。运行人员应根据变压器发出的声音分析原因，并上报调度及上级部门。在无法判断何种原因导致异常声音时，应由专业技术人员进行鉴定。

(1) 当变压器内部有较粗且沉闷的“嗡嗡”声时，可能是变压器负荷较大、满负荷或过负荷运行造成。

(2) 当变压器内部有尖细的“哼哼”声或“嗡嗡”声时，可能是系统中发生铁磁谐振、单相接地短路或断线故障。

(3) 当变压器内部有较大嘈杂的“叮叮当当”声时，可能是变压器铁芯夹紧螺栓松动或内部某些零部件松动引起的，严重时应立即上报调度将变压器退出运行，进行检修。

(4) 当变压器内部有“吱吱”或“噼啪”声时，可能是内部有放电故障，如铁芯接地不良、分接开关接触不良、绕组之间或对箱体放电等。当“吱吱”或“噼啪”声发生在变压器外部时，可能是瓷套管表面污秽比较严重、环境潮气比较重，导致瓷质电晕等放电发出的声音。

(5) 当变压器外部发出特别大的“嗡嗡”声或其他振动杂音时，可能是变压器中通过大量的非周期电流，铁芯严重饱和，从而使变压器整个箱体受强大的电动力影响，也可能是冷却装置安装不牢固造成。

(6) 当变压器内部夹杂着爆裂声，既大又不均匀时，可能是变压器的本体绝缘击穿，应立即申请调度停止变压器运行，进行检修。

2. 变压器满负荷或过负荷的处理

变压器长期满负荷或过负荷运行会使变压器箱体内部温度升高，并伴随着油位或SF_6气体压力值的变化，运行人员应加强监视并采取投入冷却装置、申请倒负荷等措施，防止造

成变压器绝缘故障。

对于油浸式变压器，当变压器负荷容量超过额定容量的120%时，应暂停有载调压操作；满负荷或过负荷时应及时汇报调度及上级部门。

对于气体变压器，当变压器达到额定容量或有载开关压力异常时，应暂停有载调压操作；满负荷或过负荷时应及时汇报调度及上级部门。

如采取措施后过负荷依旧存在，影响到变压器的绝缘安全运行时，应申请调度将变压器退出运行。

3. 变压器内部温度异常升高的处理

变压器内部温度的升高降低了内部绝缘材料的耐压能力和机械强度，加速变压器老化、缩短变压器使用寿命。长时间过热运行时，一定程度上可能造成变压器绝缘故障。

(1) 变压器内部温度异常升高的原因如下：

1) 变压器满负荷或过负荷运行。

2) 温度计损坏或测温装置显示异常。

3) 变压器内部出现故障。

4) 变压器冷却装置故障或投入数量少。

5) 散热器连接本体蝶阀未开启。

6) 潜油泵、水泵或气泵故障或其电源相序相反造成循环颠倒。

7) 室内通风装置未开启。

(2) 变压器内部温度异常升高应进行下列检查：

1) 检查变压器测温装置远方、就地的指示是否一致，判断是否为远方测温装置回路异常告警。

2) 充分考虑外界环境温度，检查变压器是否存在满负荷或过负荷运行情况。

3) 检查变压器冷却装置运行是否正常、通风是否良好，可增加冷却装置投入数量进行降温。若冷却装置未正确投入或有故障，应尽快处理并排除故障。

4) 检查散热器温度是否均衡，是否存在散热器连接本体蝶阀未开启问题，可用手触摸比较各散热器的温度是否存在明显差别。

5) 在正常负载和冷却条件下，变压器内部温度不正常并不断上升，且经检查证明测温装置显示正确，可认为变压器已发生内部故障，应立即上报调度，将变压器退出运行，进行检修。

对于油浸式变压器，由于油温异常升高会带来油位的升高，所以在油温过高时，应检查变压器储油柜油位，防止油位过高造成油箱压力过高，造成压力释放器动作。

气体变压器的气体温度过高时，应检查变压器室的冷却装置及通风装置是否正常，通风装置不得全部退出运行。

4. 变压器套管异常的处理

变压器套管是支撑引线及保持绝缘的重要组成部件，运行时应时刻注意套管的外观、油位、表面干洁程度等。

(1) 变压器套管常见异常及故障。

1) 瓷质套管绝缘子破裂、爆炸、起火。

2）套管渗漏油、油位降低。

3）套管存在爬电、电晕现象，有异常声响。

4）电容型套管末屏未接地、有放电声。

5）套管引线端子发热。

（2）套管异常的检查及处理。

1）检查发现套管瓷套破裂时，应立即申请调度将变压器退出运行，进行检修更换套管，经电气试验合格后方可将变压器投入运行。

2）如果发现套管油位过低或严重渗漏油，应立即申请调度将变压器退出运行，进行补油或更换套管工作。

3）套管末屏有放电声时，应立即申请调度将变压器退出运行，并对套管做试验，核实套管末屏接地有无问题，如有问题需及时更换处理。

4）大气过电压、内部过电压等会引起瓷件、瓷套管表面龟裂，并有放电痕迹，此时应采取加强防止大气过电压和内部过电压的措施。

5）如测温发现套管引线端子发热超过80℃或相间温度差值超过10℃，运行人员应加强监测，并申请调度将变压器退出运行，进行检修。

5. 变压器冷却装置故障的处理

在变压器冷却装置存在故障或冷却效率达不到变压器内部降温要求时，不宜过负荷运行，在此期间应监视变压器油温、油位等情况。

冷却装置常见的故障有冷却器故障、油（水或气）泵故障、冷却装置二次回路故障等。

（1）冷却装置故障的原因。

1）冷却装置动力电源异常（缺相）消失等，控制电源消失。

2）冷却装置空气开关跳闸。

3）风扇、油泵（水泵/气泵）因自身故障停运（轴承损坏、摩擦过大、电动机线圈烧损等）。

4）风扇、油泵（水泵/气泵）电动机过载、缺相（断线）短路故障等造成热偶继电器动作，电动机失电压。

5）热偶继电器整定值过小或自身故障，热偶继电器跳闸。

6）冷却装置电动机回路、控制回路、电源切换回路故障。

（2）冷却装置故障的检查及处理。

1）冷却装置电源故障。冷却装置常见的故障就是电源故障，如熔断器熔断、导线接触不良或断线等。当发现冷却装置整组停运或个别风扇停转以及潜油泵停运时，应检查电源，可利用数字式万用表测量电源空气开关上、下口对地电压来判别供给电源是否正常，查找故障点进行处理。

若电源已恢复正常，风扇或潜油泵仍不能运转，则可将热偶继电器动作按钮复归一下。若热偶继电器再次跳开，应尽快检查是否由于电动机故障、过载所致，检查电动机回路是否存在短路、缺相现象，热偶继电器整定值是否正确，自身是否有问题。

若电源故障一时来不及恢复，且变压器负荷又很大，可采用临时电源，使冷却装置先运行起来，再去检查和处理电源故障。

2）机械故障。冷却装置的机械故障包括电动机轴承损坏、电动机绕组损坏、风扇叶变形及潜油泵轴承损坏等。

3）控制回路故障。控制回路中的各元件损坏、引线接触不良或断线、触点接触不良时，应查明原因迅速处理。

4）确认冷却器故障后，应投入备用冷却器，断开故障冷却器电源空气开关，停用故障冷却器，故障冷却器由专业检修人员进行处理，运行人员应加强变压器负荷、油温的监测工作。

（3）冷却器全停的检查及处理。在大型变压器运行中，两组冷却器全停事故使主变压器跳闸或被迫减负荷的情况经常发生。变压器运行中冷却器全停，多由冷却器电源故障及电源、自动切换回路故障引起，此时将发“冷却器全停”信号。对于冷却器全停故障，若不及时处理使其恢复运行，则在全停超过一定时间后变压器会自动跳闸。

1）冷却器全停故障检查。

a. 检查冷控箱内电源指示灯是否熄灭，判断动力电源是否消失或故障。利用万用表测量电源空气开关上、下口对地电压来判别电源是否缺相。

b. 冷控箱内各空气开关的位置是否正常，判断热继电器是否动作。

c. 冷控箱内各元件有无异常，二次接线回路是否存在断线、短路现象。

d. 备用电源自动投入开关位置是否正常，判断备用电源是否切换成功。

2）冷却器全停故障处理。

a. 及时汇报调度，特别对于风冷冷却器全停变压器，应向调度汇报清楚。同时密切监视变压器是否存在过负荷、过热现象。

b. 检查冷却装置电源是否消失或故障，若两组电源均消失或故障，则应立即设法恢复电源供电。

c. 若一组电源消失或故障，另一组备用电源自动投入不成功，则应检查备用电源是否正常，如果正常，应立即到现场手动将备用电源开关合上。

d. 主电源（或备用电源）开关跳闸，同时备用电源开关自动投入不成功时，则应手动合上备用电源开关。若合上后再跳开，说明公用控制回路有明显的故障，这时应采取紧急措施（合上事故紧急电源开关或临时接入电源线避开故障部分）。

e. 若控制回路空气开关跳闸，可试合一次；若再跳闸，说明控制回路有明显故障，可按前述方法处理。

f. 若备用电源自动投入回路或电源投入控制操作回路故障，则应该改为手动控制备用电源投入或直接手动操作合上电源开关。

g. 若故障难以在短时间内查清并排除，在变压器跳闸之前，冷却器装置不能很快恢复运行，应做好投入备用变压器或备用电源的准备。

h. 强迫油循环风冷油浸变压器冷却器全停的时间接近规定的 20min，且无备用变压器或备用变压器能不带全部负荷时，如果上层油温未达 75 ℃（冷却器全停的变压器），可根据调度命令，暂时解除冷却器全停跳闸回路的连接片，继续处理问题，使冷却装置恢复工作，同时严密注意上层油温变化。冷却器全停跳闸回路中，有温度闭锁（75℃）触点的，不能解除其风冷全停跳闸连接片。若变压器上层油温上升超过 75℃时或虽未超过 75℃但全停时间已达 1h 未能处理好，应投入备用变压器，转移负荷，故障变压器停止运行。

i. 强迫气体循环风冷变压器冷却设备全停跳闸后，若影响站内照明或影响重要负荷，可以强送变压器（先停“冷却器全停跳闸”保护），但应严格将负荷控制在额定负荷的 30%以内。

当发出“冷却器全停”信号时，运行人员应立即上报调度，申请将负荷降至额定负荷的 30%以下；如出现变压器失去冷却器运行超过 15min、负荷超过额定负荷的 30%，且保护装置未动作跳闸情况，运行人员应立即拉开变压器各侧断路器，并报调度。

j. 运行人员不能处理缺陷时，应及时通知检修人员进行处理。

6. 气体变压器气体密度仪压力低报警

（1）气体密度仪压力低报警的原因。

1）变压器存在漏气现象，致使 SF_6 气体压力值低。

2）检修人员工作后，未补气至规定位置。

3）SF_6 气体密度仪连接本体管路蝶阀未开启。

4）SF_6 气体密度仪二次回路绝缘受潮造成触点短路，误发压力低动作信号。

5）SF_6 气体密度仪故障。

（2）气体密度仪压力低报警的检查处理。运行中的 SF_6 气体变压器气体密渡仪，如发现本体、有载调压或电缆箱气体压力值降低或达到报警值，运行人员应及时上报调度及上级部门，由专业检修人员进行补气处理。

1）检查 SF_6 气体密度仪连接本体管路蝶阀在开启状态，现场压力值确已达到过低报警值。

2）补充 SF_6 气体时，应将本气室的气体密度仪压力保护及变压器的压力突变保护掉闸连接片退出运行，防止补气时气流过大造成变压器掉闸，专业检修人员应补充气体至气体压力—温度曲线所示规定值。如补气后气体密度仪指示数值未变动，应检查是否由于其他原因造成误动。

在进行恢复连接片操作时，应检查监控系统无异常信号，并对待恢复连接片测对地电压，确认无问题后方可投入运行。

3）如果室内气体变压器发生故障造成 SF_6 气体大量外泄，人员应迅速撤离现场，并立即投入全部排风装置；在事故发生 15min 内人员不准进入室内（抢救人员除外），在 15min～4h 内任何人员进入室内都应穿防护服，戴防护手套及防毒面具。

7. 油浸式变压器油位异常的处理

变压器油位应符合制造厂家提供的油位—温度曲线图。储油柜油位一般不能超过其容积的 3/4，应保持合理油位，保证温度过高或过低时储油柜油位合理。

油位过高会造成油箱内油压过大，超过压力释放器开启压力值会造成压力释放器动作喷油；油位过低可能造成瓦斯保护动作，严重缺油至绕组铁芯以下时会造成变压器绝缘降低，导致设备事故发生。

（1）变压器油位异常的原因。

1）变压器过热、过负荷。

2）变压器漏油严重造成油位偏低。

3）检修人员未按标准曲线补油。

4）油位表二次回路绝缘受潮造成触点短路，误发油位异常信号。

5）磁力式油位表机构出现问题。

6）呼吸器堵塞，使油位下降时空气不能进入，油位指示将偏高。

7）隔膜或胶囊下面储积气体，使隔膜或胶囊高于实际油位。

8）胶囊或隔膜破裂，使油进入胶囊或隔膜以上的空间，油位计指示可能偏低。

（2）变压器油位异常应进行的检查。

1）根据油位—温度曲线图查看油位是否正常，充分考虑外界环境温度、变压器运行负荷及运行电压情况。

2）检查是否存在假油位现象，检查呼吸器油杯是否冒泡，是否由于呼吸器堵塞造成。呼吸器堵塞可造成油位计指示的大起大落现象：在负荷和油温高时油位很高，甚至可造成压力释放器动作；而负荷和温度低时油位则回落，呼吸器的油封杯中没有气泡产生。

3）检查磁力式油位计是否故障，故障时油位计指示不随负荷和温度的变化而变化，停留在一个位置不动。

4）检查变压器是否存在漏油以致造成油位过低异常现象，运行人员应加强监视并采取补油措施。若漏油严重无法制止并影响变压器正常运行时，应停电进行漏油处理。

5）对于有载调压变压器，如发现有载调压的储油柜油位异常升高，在排除有载调压分接开关内部故障及注油过高的因素后，可判断为内部渗漏。

6）在排除以上问题后，如出现油位异常信号，有可能是油位表触点短路造成，应通知检修人员进行处理。

确认油位计故障或假油位时，应通知专业检修人员结合停电进行处理；确认油位过高或过低时，应通知专业检修人员进行撤油或补油工作。撤油或补油时应有针对性地将本体或有载重瓦斯掉闸连接片退出，方可进行工作。

工作结束后，运行人员应检查气体继电器内部无残留气体，气体继电器在“复位”位置（未动作位置），监控系统未发瓦斯保护动作信号，并对瓦斯掉闸连接片测量对地电压，确认无问题后方可恢复瓦斯掉闸连接片。

8. 油浸式变压器压力释放装置动作报警

（1）压力释放装置动作报警的原因。

1）变压器呼吸管路不通或油位过高致使变压器内部压力超过压力释放装置开启压力值。

2）变压器内部故障。

3）变压器承受大的穿越性短路电流。

4）压力释放装置二次回路短路故障。

（2）压力释放装置动作报警的检查及处理。压力释放装置动作而气体继电器和差动保护未动作时，可能是由于内部油压过大造成，其处理原则如下：

1）检查核实主变压器各侧断路器运行情况及遥测、遥信值，确认不存在气体继电器和差动保护动作及其他异常信号。

2）检查监控机遥信“压力释放动作”与就地压力释放装置机械动作指示是否一致，如不一致，检查是否由于二次回路绝缘问题造成短接误发信号。

3）检查变压器本体与储油柜连接蝶阀是否已开启、呼吸器是否畅通、油杯中是否冒泡，防止由于油箱内部压力过高引起压力释放装置动作。

4）若压力释放器动作喷油，检查释放阀密封情况，由专业人员进行机械指示复位或停电更换压力释放装置。

压力释放装置动作报警且气体继电器动作跳闸，在未查明原因前，不得将变压器投入运行。压力释放装置动作报警后，应加强对变压器负荷、油温、油位的监视。

9. 油浸式变压器轻瓦斯动作的处理

（1）变压器轻瓦斯报警的原因。

1）油位过低至气体继电器以下，使气体继电器动作。

2）变压器内部轻微故障产生气体。

3）变压器内部进入气体。

4）受强烈振动影响（如散热器固定不牢靠、过负荷产生电动力等）。

5）变压器外部发生穿越性短路故障。

6）继电器二次回路绝缘受潮造成继电器触点短路，误发轻瓦斯动作信号。

（2）变压器轻瓦斯报警的检查及处理。轻瓦斯动作报警的原因主要是气体继电器油杯底部磁铁瞬间将上干簧触点接通于轻瓦斯动作信号，还存在触点绝缘降低的误发可能。

先应检查判断变压器是否缺油造成油位过低，如果是由于缺油且温度和负荷较低造成的，应适量关闭冷却器并上报；如果是由于变压器严重漏油造成的，应采取临时应急措施并上报。

当确认变压器不缺油且气体继电器中存有气体时，一般应由专业人员进行取气、采油样进行油色谱分析以判断变压器是否发生故障。若气体继电器内的气体为无色、无臭且不可燃，色谱分析判断为空气，则变压器可继续运行，并及时将气体继电器内积存气体放出，无问题后方可将变压器投入运行。若气体是可燃的或油中熔解气体分析结果异常，应综合判断确定变压器是否应停运。

轻瓦斯动作发信后，如一时不能对气体继电器内的气体进行色谱分析，则可按下面方法鉴别：

1）无色、不可燃的是空气。

2）黄色、可燃的是木质故障产生的气体。

3）淡灰色、可燃并有臭味的是纸质故障产生的气体。

4）灰黑色、易燃的是铁质故障使绝缘油分解产生的气体。

如变压器有载调压气体继电器轻瓦斯动作并且存有气体，应放出气体，做好记录并报专业人员；放气后未经调压操作，轻瓦斯重复动作，则不许再进行调压操作。

如轻瓦斯动作后气体继电器内无气体，应检查二次回路以判断是否误动。

四、变压器常见事故处理

变压器与其他设备相比故障很少，常见内部故障有绕组故障、分接开关故障、铁芯故障等，常见外部故障有套管故障及相关一次引线故障等。

（一）变压器常见保护动作原因分析

（1）变压器差动保护动作的原因。

1）变压器内部及其套管引出线、各侧差动保护电流互感器以内的一次设备故障。

2）穿越性区外故障电流较大，造成变压器某侧电流互感器饱和形成差流大于整定值而误动作。

3）差动保护用电流互感器二次回路开路或短路故障造成误动作。

4）变压器保护装置异常误发造成差动保护误动作。

（2）油浸式变压器本体重瓦斯保护动作的原因。

1）变压器内部故障。

2）因气体继电器二次回路短路或绝缘受潮等问题造成误动作。

3）某种情况下，油流异常突然冲击气体继电器挡板造成重瓦斯跳闸。

4）变压器外部发生穿越性短路故障。

5）变压器附近有较强的振动。

6）工作人员进行补油、撤油工作时未停此保护造成误动。

7）呼吸器管路堵塞，突然畅通后造成油位突然起落，冲击瓦斯挡板。

（3）气体变压器压力突变保护动作的原因。

1）变压器内部故障。

2）因压力突变继电器二次回路短路或绝缘受潮等问题造成误动作。

3）某种情况下，气流异常达到压力突变继电器动作值造成跳闸。

4）变压器外部发生穿越性短路故障。

5）工作人员进行补气、回收气体等涉及气体介质的工作时未停此保护造成误动。

（4）气体变压器压力密度过低动作的原因。

1）变压器压力密度值达到动作值跳变压器。

2）因气体压力密度仪二次回路短路或绝缘受潮等问题造成误动作。

3）工作人员放气造成压力密度低于动作值造成误动。

4）工作人员操作不当造成误动作，如关闭其与主气室阀门，打开放气阀致使压力瞬间降低。

（二）变压器跳闸后的检查内容

1. 主控室检查

检查模拟图版的断路器变位信息、监控系统中变压器各电源侧断路器的遥信、遥测值及变压器保护信号。

2. 保护室检查

检查变压器保护装置信号及断路器变位信息，同时检查录波装置故障信息。

3. 实际位置检查

检查相关一次运行设备实际位置是否与监控信号相一致，同时检查变压器本体及附件是否有异常，如套管瓷套是否有放电、爆炸、喷油现象，压力释放器是否动作，主变压器中性点接地引下线是否烧断或其他明显故障迹象，气体继电器内有无气体，与其相关设备或引线是否存在故障。

4. 其他相关检查

检查站用电的切换是否正常，直流系统是否正常；检查站内其他变压器冷却系统是否正常运行，主变压器是否存在过热、过负荷情况，运行人员应加强监视并与调度及时沟通。

（三）变压器断路器跳闸的处理原则

（1）瓦斯保护动作跳闸不得试合闸，经现场检查、试验判明是瓦斯保护误动时，可向调度申请试合闸一次。

（2）差动保护动作跳闸，现场查明保护动作原因是由于变压器外部故障造成，并已排除，可向调度申请试合闸一次。

（3）变压器因过电流保护动作跳开各侧断路器时，值班运行人员应检查主变压器及母线等所有一次设备有无明显故障，检查所带母线出线断路器保护有无动作，如有动作但未跳闸时按越级跳闸处理，先拉开此出线断路器再试投运变压器。如检查设备均无异状，出线断路器保护也未动作，可先拉开各路出线断路器试投运主变压器一次。如试投运成功再逐路试合各路出线断路器。

（4）变压器中、低压侧过电流保护动作跳闸时，检查所带母线有无故障点。有故障点时，排除故障点后用主变压器断路器试合母线；无故障点时，按越级跳闸处理。

（5）瓦斯、差动保护同时跳闸，未查明原因和消除故障之前不得送电。

（6）气体变压器因本体、有载调压、电缆箱气体压力保护动作跳闸，未查明原因前不得试合闸。

（7）气体变压器压力突变，继电保护动作跳闸后，运行人员应立即报调度并上报，未经调度同意不得试合闸。

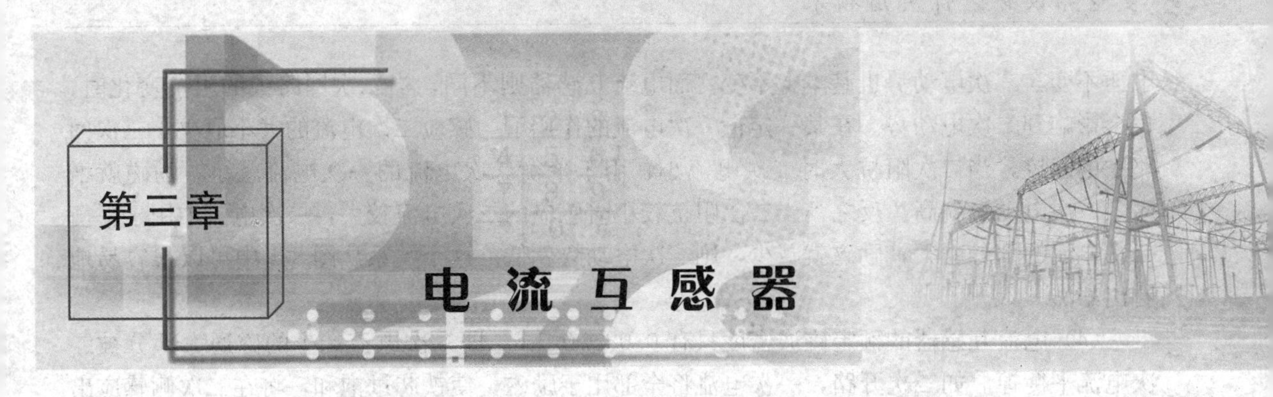

第一节　电流互感器概述

一、电流互感器的功能与原理

电流互感器又称仪用变流器（TA），是一种电流变换装置。它是将高电压、大电流变成低电压、小电流的仪器。电流互感器的工作原理与变压器类似，是利用变压器在短路状态下电流与匝数成反比的原理制成。它的一次绕组匝数很少，而二次绕组的匝数很多。电流互感器把大电流按照一定的比例变为小电流，以供给各种仪表和继电保护装置的电流线圈。这样不仅可靠地隔离了高压，保证了人身和装置的安全，而且使仪表和继电器的制造标准化。

图 3-1 所示为电流互感器的等值电路图，为一个理想变压器与 T 型等值电路串联。I_1 为一次电流，$I'_1=I_1/k$ 为折算到二次侧的一次电流；R'_1、X'_1 分别为折算到二次侧的一次绕组电阻和漏抗；R_2、X_2 分别为二次绕组电阻和漏抗；I_2 为二次电流；Z_e、I_e 分别为励磁阻抗和励磁电流；E_S 为二次感应电动势；U_S、Z_L 分别为负载电压和负载阻抗。

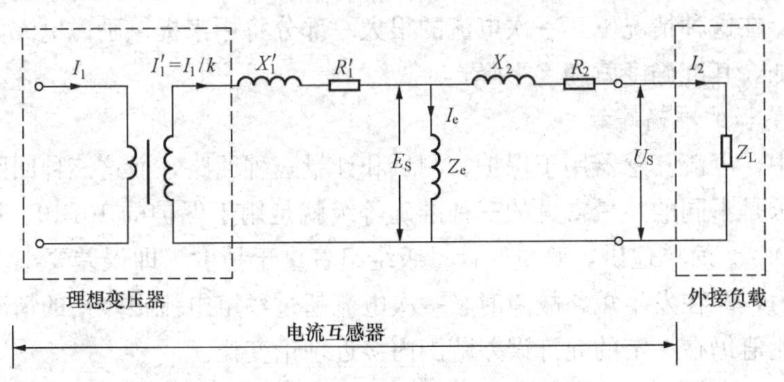

图 3-1　电流互感器等值电路图

电流互感器和变压器在原理上还有如下区别：

(1) 电流互感器在正常运行时，因为二次接的测量仪表和继电器的电流线圈阻抗很小，所以相当于二次短路，而变压器的低压侧是不允许长期短路运行的。

(2) 电流互感器二次电流的大小随着一次电流而变化，即一次电流起主导作用，而且一次电流一般不受二次负载大小的影响。而变压器则相反，一次电流的大小随二次电流大小的变化而变化，即二次电流起主导作用。

(3) 变压器的一次电压决定了铁芯中的主磁通，主磁通又决定了二次电动势，因此一次电压不变，二次电动势也基本上不变。而电流互感器则不同，当二次回路中的阻抗变化时，也会影响到二次电动势。在某一定值一次电流的作用下，感应二次电流的大小取决于二次回路中的阻抗，当二次阻抗大时二次电流小，用于平衡二次电流的一次电流就小，励磁就增多，二次电动势就高。反之，当二次阻抗较小时感应的二次电流较大，一次电流中用于平衡二次电流的部分就大，励磁就减少，则二次电动势就低。这个关系从图 3-1 中可以很容易地看出来。

（4）电流互感器的额定磁通密度只有 0.08～0.1T，即一次电流产生的磁通大部分被二次电流平衡掉。如二次开路，一次电流将全部用于励磁，使铁芯过饱和，将在二次侧感应出高电压并使铁芯过热。因此电流互感器二次是不允许开路的，而变压器则不存在上述问题。

二、电流互感器的误差与准确等级

1. 电流互感器的误差

电流互感器的测量误差就是电流互感器的二次电流 I_2 与归算到二次侧的一次电流 $I'_1=I_1/k$ 大小不等、相位不同造成的误差。因此误差分为数值（变比）误差和相位（角度）误差两种。产生测量误差的原因，一是电流互感器本身造成，二是运行和使用方面造成。

电流互感器本身造成的测量误差是由于电流互感器励磁电流 I_e 的存在，而 I_e 是输入电流的一部分，它转变不到二次侧，从而形成了变比误差。励磁电流 I_e 除在电流互感器铁芯中产生磁通外，还产生了铁芯损耗，包括涡流损耗和磁滞损耗。励磁电流所流经的励磁支路是一个呈电感性的支路，I_e 与 I_2 是不同相位的，这是造成角度误差的主要原因。

在运行和使用中造成测量误差过大的原因是电流互感器铁芯饱和和二次负荷过大。二次负荷的大小对电流互感器的准确度有很大的影响。这是因为，如果电流互感器的二次负荷阻抗增加得很多，并超出了所容许的二次负荷阻抗时，励磁电流的数值就会大大增加，使铁芯进入饱和状态。在这种情况下，一次电流的很大一部分将用来提供励磁电流，从而使互感器的误差大大增加，其准确度就随之下降。

2. 电流互感器的准确等级

在变电站中，电流互感器用于保护、测量和计量三种回路，而这三种回路对电流互感器的准确等级要求是不同的。最常见的三种准确等级就是用于保护的 10P10、用于测量的 0.5 和用于计量的 0.2。简单地讲，测量、计量级绕组着重于精度，即误差要小；保护级绕组着重于抗饱和能力，即在发生短路故障时，一次电流超过额定电流很多倍的情况下，一次电流与二次电流的比值仍在一定的允许误差范围内接近理论变比。

对于 0.5、0.2 级电流互感器，0.5 或 0.2 指其比值误差，计算公式为 $(I_2-I'_1)/I'_1$。比值误差的最小值分别为 0.5%和 0.2%。需要注意的是，此类电流互感器不保证在短路条件下满足比值误差。

对于保护级（P）的电流互感器而言，准确等级分别为 5P 和 10P 两种，其额定一次电流下的比值误差是固定的，分别为 1%和 3%，复合误差分别为 5%和 10%。可以简单认为 5P20 级电流互感器的含义是：在电流互感器一次电流为 20 倍额定电流时，其二次电流误差为 5%。

三、电流互感器的额定电流与额定容量

电流互感器的作用是将一次设备的大电流转换成二次设备使用的小电流，其工作原理相

当于一个阻抗很小的变压器。其一次绕组与一次主电路串联，二次绕组接负荷。电流互感器的变比一般为 X∶5A（或 1A），其含义为：首先，X 不小于该设备可能出现的最大长期负荷电流，如此即可保证一般情况下电流互感器二次电流不大于 5A；其次，在被保护设备发生故障时，在短路电流不使电流互感器饱和的情况下，电流互感器二次侧电流可以按照此变比从一次电流折算。

电流互感器的额定容量一般指额定二次负荷（容量）。以额定 30VA 为例，简单地说就是互感器额定二次负荷为 30VA，额定电流下允许二次负载 $Z_N = S_N / I_{2N}^2$。互感器二次额定电流有 1、5A 两种。二次额定电流为 5A 时，$Z_N = S_N/25$；二次额定电流为 1A 时，$Z_N = S_N$。所以在相同条件下二次额定电流为 1A 的互感器允许的二次负载比 5A 的互感器大。因此对于新建设备，有条件时宜选用二次额定电流为 1A 的互感器。尽量避免一个变电站内同一电压等级的设备出现不同的二次额定电流，以免引起公共保护（如母线差动保护）整定的困难。

第二节　电流互感器分类及简介

一、电流互感器的型号

电流互感器铭牌上的型号是认识电流互感器的基础，通常型号能够表示出电流互感器的线圈型式、绝缘种类、导体材料及使用场所等。第一个字母 L 表示电流互感器；第二个字母表示电流互感器的线圈型式，D—单匝贯穿式，F—复匝贯穿式，Q—线圈，M—母线型，R—装入式，A—穿墙式，C—瓷套式；第三个字母代表绝缘种类，Z—浇注式，C—瓷绝缘。

二、电流互感器的分类

(1) 按安装地点分为户内式和户外式。

(2) 按安装方式分为穿墙式、支持式和装入式。穿墙式安装在墙壁或金属结构中，可节省穿墙套管；支持式安装在平面或支柱上；装入式套装在 35kV 及以上变压器或多油断路器油箱内的套管，故也称套管式。

(3) 按绝缘可分为干式、浇注式、油浸式和气体绝缘式。干式的适合低压户内使用；浇注式用环氧树脂作绝缘，适合 35kV 及以下电压级户内用；油浸式多用于户外；气体绝缘式通常用 SF_6 作绝缘，SF_6 作绝缘适用于高电压等级。

(4) 按一次绕组匝数可分为单匝式和多匝式。单匝式又分为本身没有一次绕组和有一次绕组，多匝式又分为线圈型、8 字型等。

三、常见电流互感器

1. 干式电流互感器

图 3-2 所示为干式电流互感器的外形。干式电流互感器分为低压和高压两种。低压干式电流互感器的一、二次绕组之间以及绕组与铁芯之间的绝缘介质由绝缘纸、玻璃丝带、聚酯薄膜带等固体材料构成，并经浸渍绝缘漆烘干处理。这种绝缘结构中空气间隙也作为绝缘介质。干式电流互感器结构简

图 3-2　干式电流互感器外形

单、制造方便，但绝缘强度低，且受气候影响大，防火性差，故只宜用于0.5kV及以下低压产品。

高压干式电流互感器以聚四氟乙烯配合油膜的方式构成有机复合主绝缘材料，可以应用于110～220kV系统。近年来，高压干式电流互感器因其无瓷、无油（变压器油）无气（SF_6）的结构特点，以及无渗漏、维护工作量小、绝缘特性好等优良的特性，得到越来越广泛的应用。

2. 树脂浇注式电流互感器

合成树脂、填料、固化剂等组成混合胶固化后形成的固体绝缘介质，具有绝缘强度高、机械性能好、防火、防潮等特点。混合胶在一定的温度条件下具有良好的流动性，可以填充细小的间隙，可以浇注成各种需要的形状，可以把金属及大多数绝缘材料牢固地粘接在一起，因此树脂混合胶是互感器理想的绝缘及成型介质。目前我国普遍用作绝缘的合成树脂材料有不饱和树脂和环氧树脂两种。图3-3所示为树脂浇注式电流互感器。

目前我国生产的树脂浇注式电流互感器大多数都是户内型的产品。近年来，根据市场需要，我国生产的户外型环氧树脂式电流互感器发展很快，已研制生产出10～110kV环氧树脂电流互感器。对于户内型环氧树脂式电流互感器，在提高动热稳定、精度，防凝露、防污秽方面取得了很大的进展。

3. SF_6气体绝缘电流互感器

SF_6气体绝缘电流互感器是在20世纪70年代开始研制并推广使用的，最初在组合电器（GIS）上配套使用，后来逐步发展成为独立式SF_6互感器。SF_6气体绝缘电流互感器采用SF_6气体绝缘作为主绝缘，为全封闭结构。今年来，为适应城网建设无油化变电站的需要，SF_6气体绝缘电流互感器得到了越来越广泛的应用。图3-4所示为SF_6气体绝缘电流互感器外形。

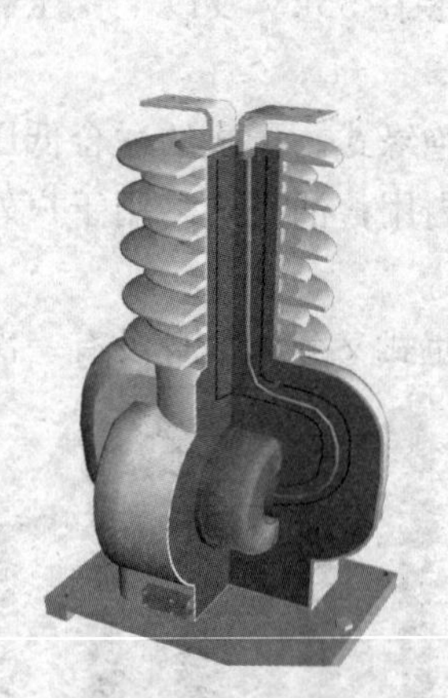

图3-3 树脂浇注式电流互感器

图3-4 SF_6气体绝缘电流互感器外形

独立式SF_6气体绝缘电流互感器常采用倒立式结构，外形与倒立式油浸式电流互感器相似，由头部（金属外壳）高压绝缘套管和底座组成。

4. 油浸式电流互感器

由于 110、220kV 敞开式变电站主要采用油浸式电流互感器，因此这里重点介绍一下这种类型的电流互感器。油浸式电流互感器都是户外型产品。其绝缘结构可以分为纯油纸绝缘的链型结构和电容型油纸绝缘结构。我国生产的 66kV 及以下电流互感器多采用链型绝缘结构，而 110kV 及以上电流互感器则主要采用电容型绝缘结构。

链型绝缘结构的电流互感器，其一次绕组和二次绕组构成互相垂直的圆环，像两个链环，其绝缘是纯油—纸绝缘。目前都采用双极绝缘，即一半绝缘绕在一次绕组上，另一半绝缘绕在二次绕组上。

电容型绝缘结构电流互感器又可以分为正立式和倒立式两种。正立式电容型绝缘结构电流互感器的主绝缘全部包扎在一次绕组上；倒立式则主绝缘全部包扎在二次绕组上。正立式结构一次绕组通常采用 U 形，倒立式结构二次绕组通常采用吊环形。图 3-5 所示为正立式电容型绝缘结构油浸式电流互感器，图 3-6 所示为倒立式电容型绝缘结构油浸式电流互感器。

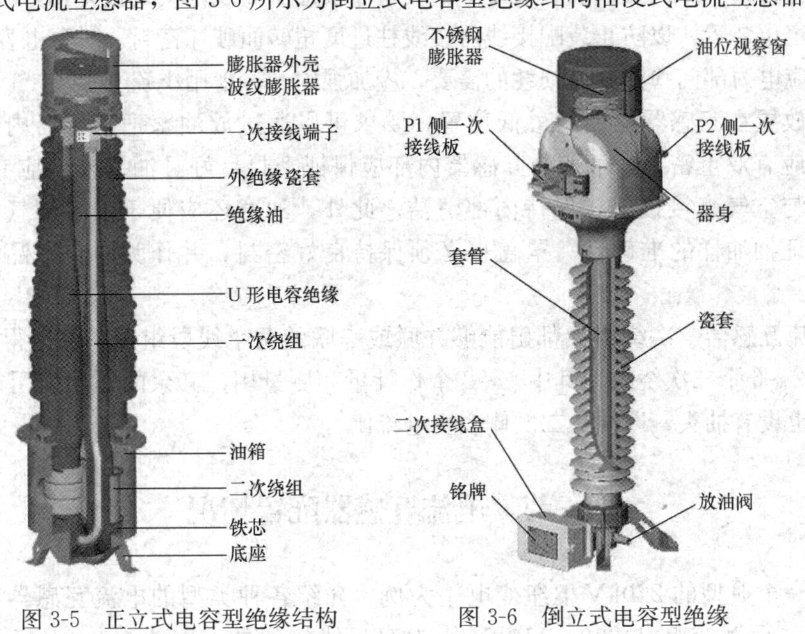

图 3-5 正立式电容型绝缘结构油浸式电流互感器

图 3-6 倒立式电容型绝缘结构油浸式电流互感器

为了充分利用材料的绝缘特性，电容型绝缘结构在绝缘内设有导电或者半导电的电屏，把油纸绝缘分为很多绝缘层，每一对电屏连同绝缘层就是一个电容器。为了保证电压在电屏之间均匀分布，应使每对电屏间电容量基本相同。通常按照绝缘等厚原则来设计，即各相邻电屏之间绝缘厚度彼此相等。在相同的电压下，电容型绝缘厚度比链型绝缘要薄，可以节约材料，因而在 110kV 及以上电流互感器中得到了广泛的应用。这些电屏又称主屏，最内层的电屏与一次绕组高压作电气连接，叫零屏；最外层的电屏接地，叫末屏或地屏。倒立式绝缘结构则相反，最外层电屏接高电压，最内层电屏接地。电容型绝缘电屏端部是极不均匀电场，为了改善电场分布，在两个主屏端部设置几个较短的端屏（也叫副屏），将端部绝缘屏间厚度减小。

油浸式绝缘互感器的外绝缘是油的容器，即瓷套（也称瓷箱）。外绝缘是高压对地的绝缘支撑，其有效高度即套管外部带电部分与接地部分之间的直线距离，由互感器外绝缘雷电冲击试验电压和工频干试电压决定。

为调节互感器中油的体积随温度的变化而增大或减小，过去曾普遍采用带胶囊的储油柜。由于运行中胶囊常处在加热的变压器油中，经过几年就会老化开裂，而且胶囊内部容易积水，因此近几年来在110kV及以上电流互感器中普遍采用金属膨胀器来代替胶囊。由于膨胀器价格较贵，目前在35kV及以下的互感器中仍采用传统的储油柜带胶囊结构。

油箱和底座是固定和安装互感器器身的基础。正立式电容型电流互感器一般采用油箱，油箱有一定的容积，能容纳一定的绝缘油。倒立式电流互感器和其他非电容型电流互感器一般都采用底座，上部为平面，不能容纳绝缘油，只起底座作用。在油箱或底座的上部都装有二次线引出端子、放油塞、接地螺栓和铭牌等。

二次绕组的出线通过二次端子引出，目前有通过小套管引出和通过固定在绝缘板上的接线柱引出两种方式。二次接线板一般用环氧玻璃布板加工而成，接线板开孔，应留有二次接线柱抗扭转定位装置，以防止装配接线时接线柱过度扭转而破坏密封。对于电容屏末屏引出端子，为适应电力部门检测介质损耗的需要，应加强绝缘，采用小瓷套引出。

放油塞放置在互感器集油的最低位置，要求可以通过放油塞把互感器内部的油放干净。放油塞应有双重密封，油塞与互感器内部应保证密封良好。油塞外部应有一个罩盖，以防止油塞与空气直接接触，保持内部清洁。此外，油塞还应便于油溶解气体色谱取样分析，以保证抽油样的准确性。罩盖也必须保持良好密封，并作为防止产品渗漏的第二道屏障。

高压电流互感器一次绕组大都由能够并联或串联的两个线段组成，可以得到两个电流比。一般有2～6个二次绕组，其中1～2个作计量和测量用，其余的作保护用（P级）。有些二次绕组也设有抽头，以便从二次侧改变电流比。

第三节　电流互感器配置情况

本节以一个典型的220kV枢纽变电站为例，介绍各种类型的电流互感器在变电站中的配置情况。示例变电站220、110kV均为双母线接线的GIS设备，10kV为单母分段接线。

一、主变压器间隔的电流互感器配置

图3-7所示为该站主变压器间隔电流互感器配置图。从图中可以较为直观地了解到主变压器间隔电流互感器配置情况，以及各个电流互感器二次绕组的配置情况。

（1）变压器220、110kV出线套管上的套管式电流互感器。图3-7中7TA～9TA为220kV出线套管式电流互感器二次绕组，19TA～21TA为110kV出线套管电流互感器二次绕组。变压器套管式电流互感器是配合高压瓷套管使用的一种特殊的电流互感器，安放在套管的接地法兰处。套管式电流互感器对地的绝缘由高压套管承受，因此其绝缘大大简化，不需要进行标准规定雷电冲击、操作冲击、介质损耗和局部放电等试验，但需进行规定的二次绕组试验。变压器套管式电流互感器一般为后备保护提供电流量。

（2）变压器的零序电流互感器。图3-7中10TA、11TA为220kV侧中性点零序电流互

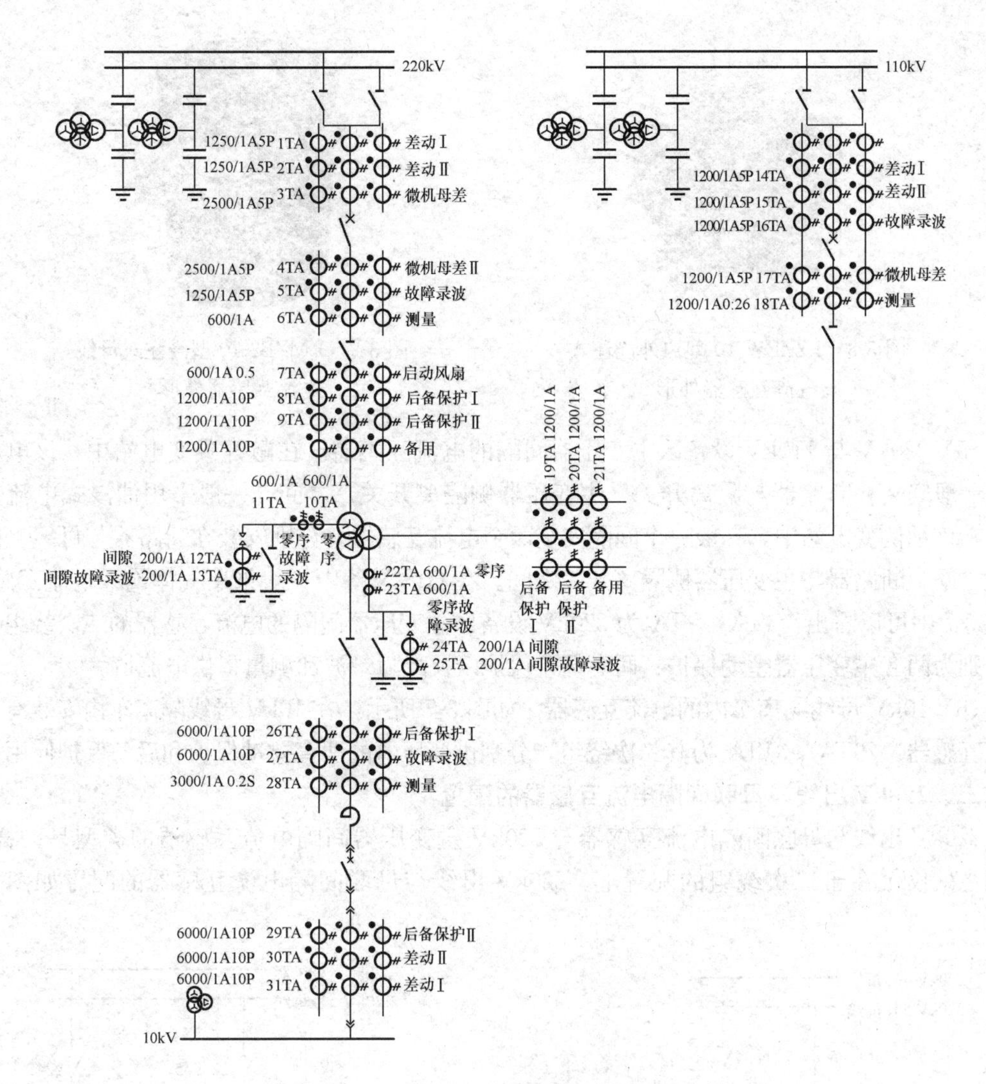

图 3-7 主变压器间隔电流互感器配置图

感器的二次绕组，22TA、23TA 为 110kV 侧中性点零序电流互感器的二次绕组。变压器的零序电流互感器其实也是套管式电流互感器，它们安装在 220kV 侧以及 110kV 侧中性点套管内，为变压器的零序保护提供电流量。图 3-7 中每个零序电流互感器有两个二次绕组，分别为两个保护装置的零序保护提供电流量，其中一个绕组还要串接故障录波装置。

（3）变压器的间隙电流互感器。变压器的放电间隙经间隙电流互感器接地。间隙电流互感器一般和中性点间隙、中性点隔离开关安装在同一支架上。在该示例变电站中，220kV 中性点间隙电流互感器采用 LZZBW-10 型户外浇注式，其外形如图 3-8 所示。

（4）变压器的 10kV 母线电流互感器。该电流互感器一般安装在 10kV 电抗器室内隔离开关与串联电抗器之间。图 3-7 中 26TA～28TA 为该电流互感器二次绕组，分别为变压器后备保护、故障录波、测量提供电流量。变压器的 10kV 套管是不安装套管式电流互感器的，但是通过该电流互感器实现其功能。在该示例变电站中，变压器的 10kV 母线电流互感器采用 LMZB2-10 型浇注式母线电流互感器，其外形如图 3-9 所示。

图 3-8　LZZBW-10 型户外浇注式电流互感器外形

图 3-9　LMZB2-10 型浇注式母线电流互感器外形

（5）220kV 与 110kV 设备区主变压器间隔的电流互感器。在敞开式变电站中，该电流互感器一般安装在断路器与隔离开关（主变压器侧隔离开关）之间，一般采用油浸式电流互感器。在该示例变电站中，一般一个间隔安装两个电流互感器，分别安装在断路器与母线侧隔离开关之间、断路器与主变压器侧隔离开关之间。在 GIS 设备中一般采用气体绝缘电流互感器。从图 3-7 中可以看出，4TA～9TA 为 220kV 设备区主变压器间隔的电流互感器的二次绕组，它们分别为两套主变压器差动保护、两套母差保护以及故障录波和测量提供电流量。

（6）10kV 母线隔离车内的电流互感器。如图 3-7 所示，在 10kV 母线隔离车内安装有三相电流互感器，29TA～31TA 为其二次绕组，分别供变压器的两套差动保护和后备保护使用。

二、220kV 出线与母联间隔电流互感器的配置

220kV 出线与母联间隔电流互感器与 220kV 主变压器间隔电流互感器的类型是一样的，不同之处仅仅在于二次绕组的配置上。220kV 出线与母联间隔电流互感器的配置如图 3-10 所示。

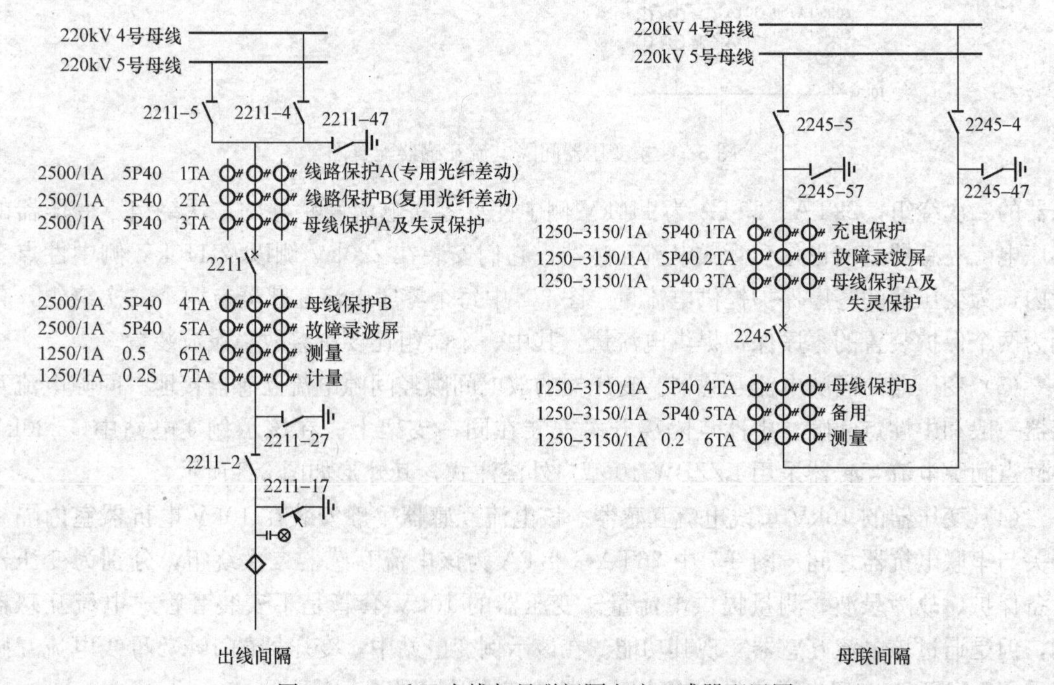

图 3-10　220kV 出线与母联间隔电流互感器配置图

三、10kV 电流互感器的配置

1. 10kV 电流互感器

10kV 出线采用不完全星形接线，仅在 A、C 两相配置电流互感器。10kV 电容器采用完全星形接线，三相均配置电流互感器。10kV 电流互感器在打开 10kV 开关柜后柜门后可以看到。在该示例变电站中采用 LZZBJ9-12/150b 型电流互感器，其外形如图 3-11 所示。

2. 10kV 零序电流互感器

在开关柜内 10kV 出线电缆需穿过零序电流互感器引出，以获得 10kV 出线的零序电流。在该示例变电站中采用 LCT-7 型开合式零序电流互感器，其外形如图 3-12 所示。

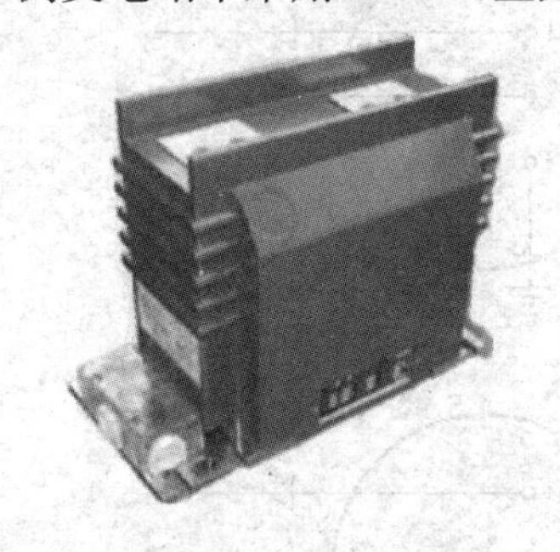

图 3-11　LZZBJ9-12/150b 型电流互感器外形

图 3-12　LCT-7 型开合式零序电流互感器外形

GB 50168—2006《电气装置安装工程电缆线路施工及验收规范》第 6.2.10 条规定：电缆通过零序电流互感器时，电缆金属护层和接地线应对地绝缘。电缆接地点在互感器以下时，接地线应直接接地；接地点在互感器以上时，接地线应穿过互感器再进行接地。

第四节　电流互感器二次接线

一、电流互感器的二次绕组接线

电流互感器二次绕组的接线常用的有完全星形接线、不完全星形接线和三角形接线三种。

（1）完全星形接线。三相均配置电流互感器，可以反映单相接地故障、相间短路及三相短路故障。目前 220、110kV 线路及变压器、10kV 电容器等设备配置的电流互感器均采用此接线方式。

（2）不完全星形接线。仅在 A、C 两相配置电流互感器，反映相间短路及 A、C 相接地故障。目前 35kV 及 10kV 架空线路在不考虑“小电流接地选线”功能的情况下多采用此接线方式，以节省一组电流互感器，否则必须配置三组电流互感器，获得零序电流以实现“选线”功能。

电缆出线时，由于配置了专用的零序电流互感器实现“选线”功能，电流互感器均按不完全星形接线方式配置。

（3）三角形接线。三相均配置电流互感器。在电磁继电器保护时代，这种接线用于 Yd11 接线的变压器差动保护的高压侧，使变压器星形侧二次电流超前一次电流 30°，从而和变压器低压侧（电流互感器接成完全星形）二次电流相位相同。目前主变压器微机差动保护本身可以实现因主变压器联结组别造成的相位角差的校正，主变压器星形侧和三角形侧均采用完全星形接线，已经不再使用三角形接线。

二、电流互感器二次绕组配置

1. 二次绕组多个抽头的接线

电流互感器二次绕组有多个抽头的，不使用的抽头禁止接线，既不能与其他抽头连接，也不能接地。图 3-13 所示为电流互感器二次端子盒二次绕组接线示意图。

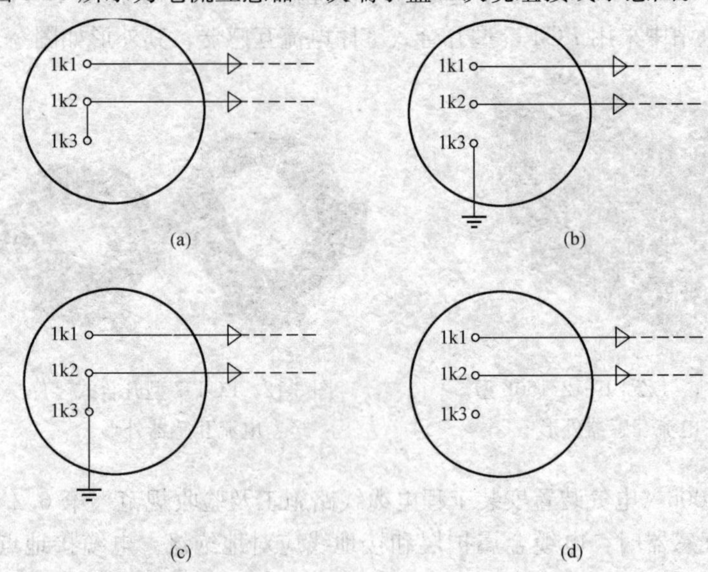

图 3-13 电流互感器二次端子盒二次绕组接线示意图

(a) 错误接线 1；(b) 错误接线 2；(c) 错误接线 3；(d) 正确接线

2. 多个二次绕组的配置

保护用电流互感器要根据保护原理与保护范围合理选择接入位置，确保一次设备的保护范围没有死区。图 3-14 所示为电流互感器二次绕组配置示意图。两套线路保护范围指向线路，应放在一、二组二次绕组，这样可以与母差保护形成交叉，任何一点故障都有保护切除。如果母差保护接在最近母线的第一组二次绕组，两套线路保护分别接在第二、第三组二次绕组，则在第一与第二组二次绕组间发生故障时，既不在母差保护范围内，线路保护也不会动作，故障只能靠远后备保护切除。虽然这种故障的几率很小，却有发生的可能，一旦发生后果十分严重。两组接入母差保护的二次绕组，正副母线之间也要交叉，否则也有死区。各类保护装置接于电流互感器二次绕组时，应考虑到既要消除保护死区，同时又要尽可能减轻电流互感器本身故障时所产生的影响。母线差动保护用电流互感器二次绕组应尽量靠近母线侧，但必须保证和线路保护有公共保护范围。

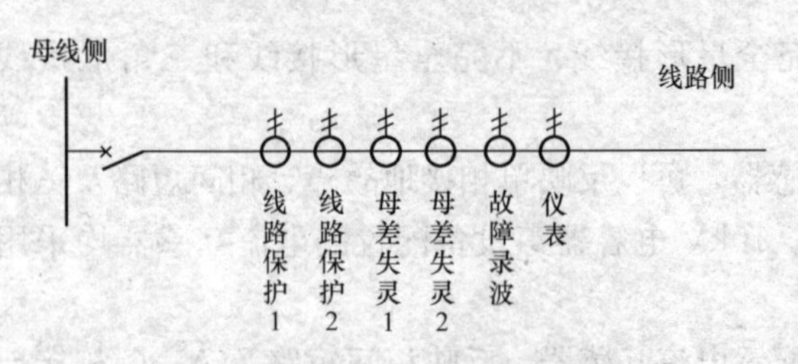

图 3-14 电流互感器二次绕组配置示意图

3. 二次负载接入顺序

电流互感器二次负载接入顺序的原则是方便设备的调试及调试中的安全，还应考虑到串联的顺序使电缆最短。一般仪表回路的顺序为电流表、功率表、电能表、记录型仪表、变送器或监控系统。在保护用二次绕组中，尽量将不同的设备单独接入不同的二次绕组，特别是母差保护等重要保护。需要串接的，应先主保护再后备保护，先出口跳闸的设备，再不出口跳闸的设备。如一个回路要接入线路保护、失灵保护启动装置、故障录波器等设备时，根据所定原则应按该次序接入（见图 3-15）。这样在运行中要做录波器试验时，可将其退出运行而不影响线路保护与失灵保护启动装置运行。

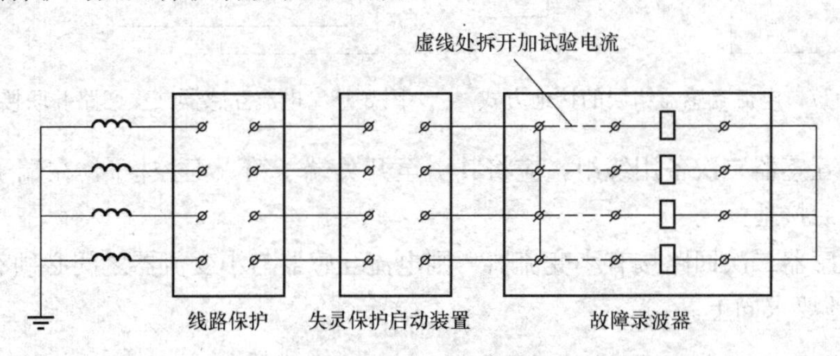

图 3-15 电流互感器二次负载接入顺序

由于仪表与保护对电流互感器要求不同，原则上两者不能公用一组电流互感器的二次绕组。但在 35kV 及以下系统中对计量准确度要求不高的场合，也有测量仪表与继电保护共用一组电流互感器二次绕组的方式。这时应确保满足 10%误差曲线要求，验算短路电流不会损坏仪表并按先保护后仪表的顺序接入。

三、电流二次回路的接地

电流互感器二次回路接地的主要目的是防止当一、二次侧间绝缘损坏时，对二次设备与人身造成伤害。所以一般在配电装置处经端子接地，这样对安全更为有利。电流互感器二次回路必须保证有且仅有一点接地，且必须保证运行的电流互感器二次回路不失去接地点。在电流互感器二次回路变更后必须检查接地点情况，确保接地良好且不能出现两点或多点接地。

当有几组电流互感器的二次回路连接构成一套保护时，宜在保护屏上设一个公用的接地点。对于三角形接线的电流互感器二次回路也应该接地，接地点选在经负载后的中性点。独立的、与其他电压互感器和电流互感器的二次回路没有电气联系的二次回路应在开关场一点接地。保护屏内的接地点必须拆除，且各套电流互感器二次回路之间不得有连接线。

每个电流互感器二次绕组的接地点应分别引出接地线，接至接地铜排（见图 3-16）；不得将各二次绕组的公共端在端子排连接后引出一根接地线（见图 3-17）。

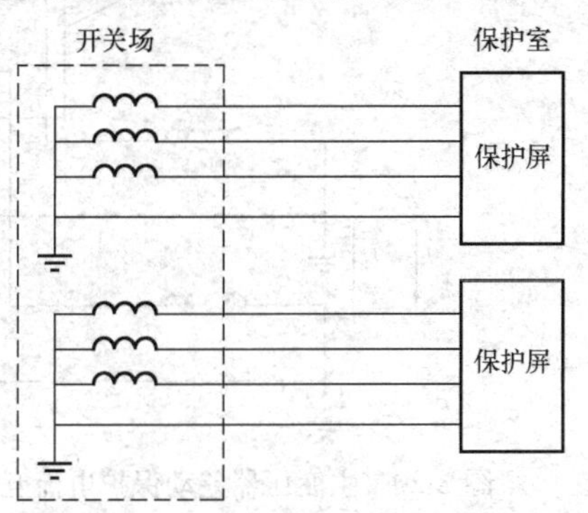

图 3-16 电流互感器的正确接地方式

若两个（多个）电流互感器二次回路并联接入保

护装置，两个（多个）电流互感器二次回路应在并接处一点接地（见图 3-18）。

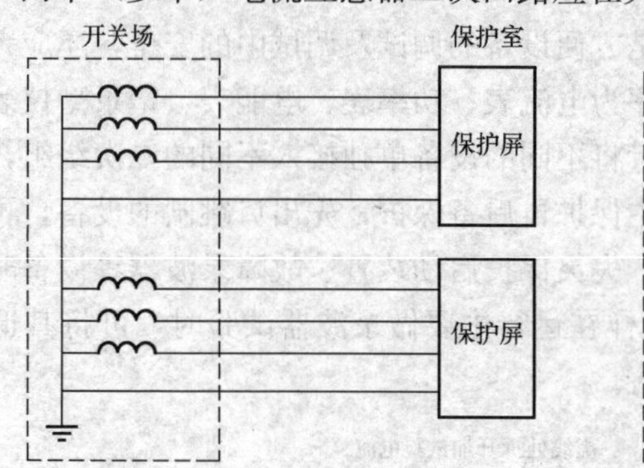

图 3-17　电流互感器错误的接地方式

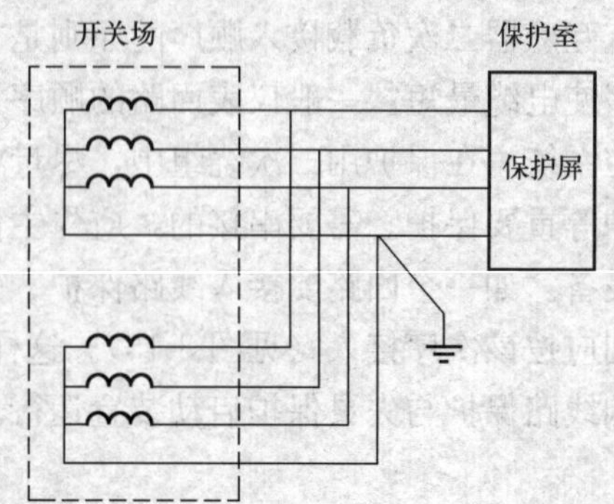

图 3-18　电流互感器二次回路并联接入保护

对于电流互感器二次备用绕组，应将其引至开关端子箱（汇控柜），在端子排将三相所有引出线短接后接地。

如电流互感器二次回路接有小变流器，则电流互感器与小变流器之间必须有接地点（见图 3-19），接地要求同上。

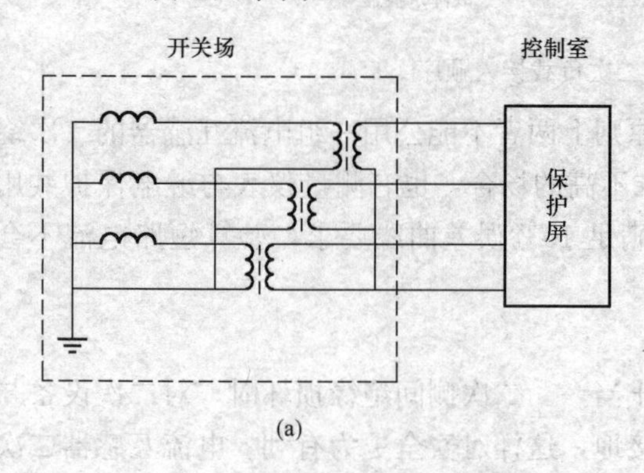

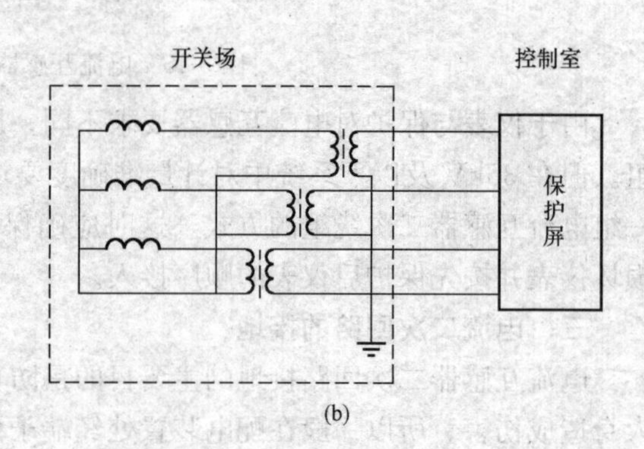

图 3-19　有小变流器的接地方式

(a) 正确的接地方式；(b) 错误的接地方式

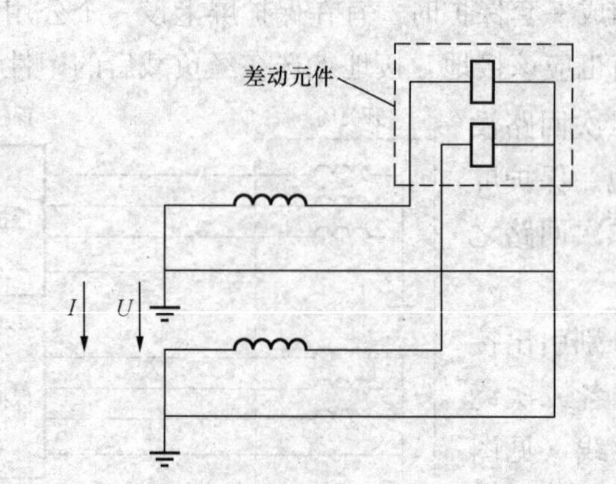

图 3-20　主变压器差动保护电流互感器二次回路两点接地时流过电流示意图

在由一组电流互感器或多组电流互感器二次回路连接而成的回路中，运行中接地不能拆除，但运行中也不允许出现一个以上的接地点。当回路中存在两点或者多点接地时，如果地电网不同点间存在电位差，将有电流从两点之间通过，这将影响保护装置的正确动作。图 3-20 所示为主变压器差动保护电流互感器二次回路两点接地时流过电流示意图。

第五节 电流互感器运行分析

一、电流互感器改变比分析

电流互感器改变比有一次改变比和二次改变比两种方式。一次能改变比的用“×”表示，如2×300/5；一次不能改变比、二次能改变比的用“—”表示，如600—1200/5；一次、二次都能改变比的用“×”和“—”表示，如2×(600—1200/5)。

1. 一次绕组改变比

如图3-21所示，P1(L1)、P2(L2)为一次端子，C1(K1)、C2(K2)为一次绕组分段端子。一次串联接线法为短接C1(K1)、C2(K2)，一次并联接线法为短接P1(L1)、C1(K1)和C2(K2)、P2(L2)。

假设电流互感器的内部变比为k_{in}，当一次采用串联方式时，由于一次电流两次通过铁芯，通过铁芯的一次电流实际为$2I_1$，则二次电流$I_2=2I_1/k_{in}$，此时电流互感器的实际变比$k=I_1/I_2=I_1/(2I_1/k_i n)=k_{in}/2$。

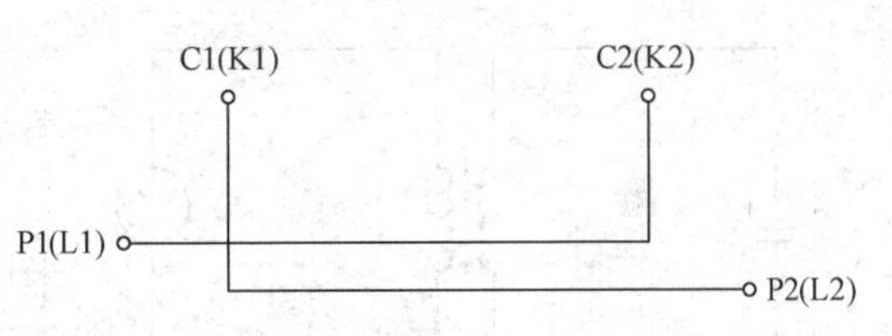

图3-21 电流互感器一次改变比示意图

当一次采用并联方式时，因为通过铁芯的一次电流即为系统的一次电流，所以电流互感器的实际变比$k=k_m$，则电流互感器一次并联方式变比是串联方式变比的两倍。

2. 二次绕组改变比

二次绕组改变比是通过选择二次绕组的抽头来实现的。图3-22所示为一个有三个二次绕组的电流互感器二次接线示意图。图中每个绕组都有三个抽头，其中一个为中间抽头。

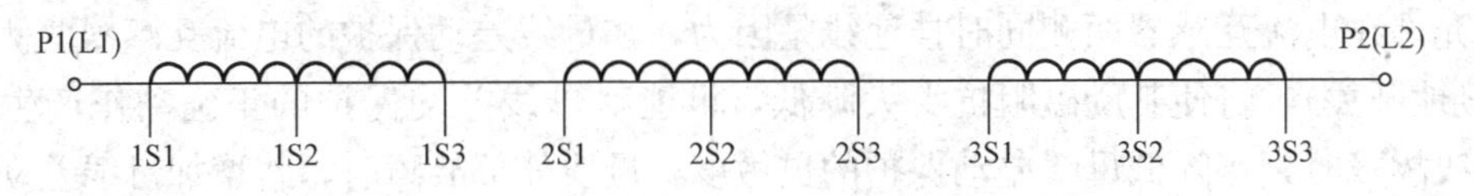

图3-22 电流互感器二次接线示意图

二、电流互感器一次端子P1(L1)、P2(L2)安装方向分析

我国制造的电流互感器，均为减极性的。一般油绝缘电流互感器一次的P1(L1)端与上铁帽是绝缘的(或通过小避雷器绝缘)，而P2(L2)与上铁帽相连(或用导引线与上铁帽相连)。此时，若电流互感器上铁帽发生接地(电流互感器外绝缘闪络)，相当于电流互感器的P2(L2)端发生接地。由于P1(L1)端在整个电流互感器外露设备中所占的面积很小，因此，在电流互感器发生外绝缘故障时98%均呈现为电流互感器的P2(L2)端故障。

应根据电流互感器的一次绝缘水平和发生故障的概率确定P1(L1)、P2(L2)的朝向。电流互感器装小瓷套的一次端子(P1)应靠近母线侧。对于带铁帽子的电流互感器，铁帽子所在的一侧应安装远离母线侧。电流互感器发生外部绝缘故障时，呈现P2(L2)端故障，此时线路保护动作，只切开本线路开关，避免电流互感器发生闪络时母线保护动作，不扩大事故范围。

三、电流互感器的极性

电流互感器的极性就是指其一次绕组和二次绕组电流方向的关系。按照规定，电流互感器一次绕组的首端标为 L1，尾端标为 L2，二次绕组的首端标为 K1，尾端标为 K2。在接线中 L1 和 K1 称为同极性端，L2 和 K2 也称为同极性端。

假定一次电流从首端 L1 流入，从尾端 L2 流出，感应的二次电流是从首端 K1 流出，从尾端 K2 流入，这样的电流互感器极性标记为减极性。反之称为加极性。我们使用的电流互感器，除特殊情况外均采用减极性。

电流互感器在交接及大修前后应进行极性试验，以防在接线时将极性弄错，造成在继电保护回路和计量回路中引起保护装置错误动作或不能够正确地进行测量。一般极性试验分为大极性试验和小极性试验。小极性试验大部分在安装前进行，或安装后投入运行前进行，只在电流互感器一、二次引出线上进行试验就可以了。大极性试验是在保护投入后年度校验或认为有必要时进行。大极性试验的部位与小极性试验的不同，大极性试验要带着二次回路在端子排进行，以防回路接错。

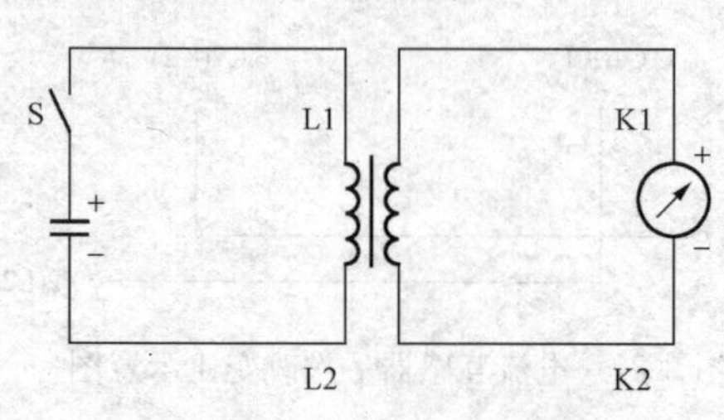

图 3-23 直流法测电流互感器极性

极性关系表征：标有 L1、K1 和 C1 的各出线端子在同一瞬间具有同一极性。

测量电流互感器极性的方法很多，工作时常采用的试验方法有直流法、交流法和仪器法三种。下面简要介绍一下直流法测电流互感器极性的方法，如图 3-23 所示。将 1.5～3V 干电池的正极接于互感器的一次线圈 L1，负极接 L2，互感器的二次侧 K1 接毫安表正极，K2 接负极。接好线后，将 S 合上毫安表指针正偏，拉开后毫安表指针负偏，说明互感器接在电池正极上的端头与接在毫安表正端的端头为同极性，即 L1、K1 为同极性，即互感器为减极性。如指针摆动与上述相反则为加极性。

四、电流互感器一次两侧挂地线分析

不允许在电流互感器两侧同时挂地线是因为，在母线差动保护的电流互感器两侧挂地线（或合接地开关），将使其励磁阻抗大大降低，可能对母线差动保护的正确动作产生不利影响。母线故障时，将降低母线差动保护的灵敏度；母线外部故障时，将增加母线差动保护二次不平衡电流，甚至误动。因此，不允许在母线差动保护的电流互感器两侧挂地线（或合接地开关）。若非挂不可，应将该电流互感器二次从运行的母线差动保护回路上甩开。但是这种说法针对的是电磁式母线保护，对于现在的微机式母差保护，已经不存在这样的问题了。该问题虽然讨论的是一次的挂地线问题，但是实际上还是要从二次接线的角度来进行分析，因此放在了本节进行讨论。

假设一条母线上接有三个支路，三个支路的电流互感器二次均接至差动继电器，如图 3-24 所示。当支路 1 的电流互感器检修，在其两侧挂地线时，在其等值电路中相当于将一次侧漏抗 Z_1 与励磁阻抗 Z_e 并联。由于 Z_1 比 Z_e 小很多，Z_1 与励磁阻抗 Z_e 并联的阻抗约等于 Z_1，即是上文所说的励磁阻抗大大减小。支路 1 中电流互感器的二次等值阻抗约为 Z_1+Z_2，这也是一个比较小的阻抗。这样一个小阻抗并联在差动继电器两端，将会对差动继电器起到一定的分流作用，可能对母线差动保护的正确动作产生不利影响。

五、电流互感器二次开路分析

电流互感器二次电流大小取决于一次电流，二次电流产生的磁动势是平衡一次电流磁动

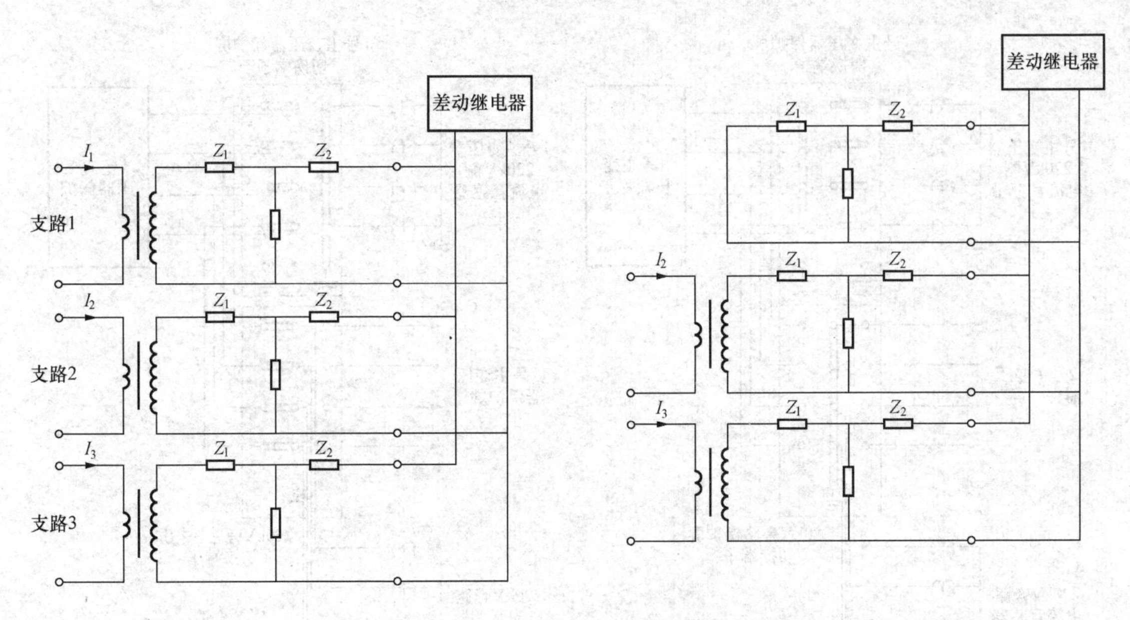

图 3-24　电流互感器一次两侧挂地线分析图

势的。若二次开路，二次电流为零，其磁动势也等于零，就不能去平衡一次电流产生的磁动势，一次电流将全部作用于励磁，使铁芯严重饱和，交变磁通正弦波变为梯形波。在磁通迅速变化的瞬间，二次线圈上将感应出很高的电压（感应电动势与磁通变化率成正比），其峰值可达几千伏，甚至上万伏。这么高的电压作用在二次线圈和二次回路上，严重地威胁人身安全及仪表、继电器等二次设备的安全。

电流互感器二次开路时，由于磁饱和，使铁损增大而严重发热，线圈的绝缘会因过热而被烧坏。还会在铁芯上产生剩磁，使互感器误差增大。另外，电流互感器二次开路时，二次电流等于零，仪表指示不正常，保护可能会误动或拒动。保护可能因为无电流而不能反映故障，对于差动保护和零序电流保护等，则可能因为开路时产生的不平衡电流而误动。

从另外一个角度来看待电流互感器二次不能开路的问题。电流互感器与电压互感器以及普通变压器本质上来讲都是变压器，它们的基本工作原理都是一样的，而电压互感器以及普通变压器二次可以开路，唯独电流互感器却不能。问题的关键在于电压互感器及普通变压器的一次电压是恒定的，一次电流则可以随着二次负载的变化而变化。而电流互感器的一次电流却是恒定不变的，始终为系统电流。这样当二次侧开路时，电压互感器及普通变压器一次侧为空载电流，约为额定电流的 10%，并不足以使铁芯饱和。而电流互感器此时一次电流仍然保持为系统电流并全部用于励磁，导致铁芯饱和。

六、旁路带主变压器电流互感器端子切换

旁路带主变压器时仍使用变压器保护屏的保护，但是保护所需的电流量需来自旁路电流互感器，电压量需来自旁路母线。正常时主变压器保护的电流量是来自主变压器电流互感器的，所以在旁路带主变压器时需要切换电流互感器端子，将旁路电流互感器的电流切换至变压器保护。

图 3-25 和图 3-26 所示分别为 220kV 旁路带主变压器前后的电流互感器位置图。电流的切换是通过切换主变压器保护屏与旁路保护屏的大电流切换端子来实现的。

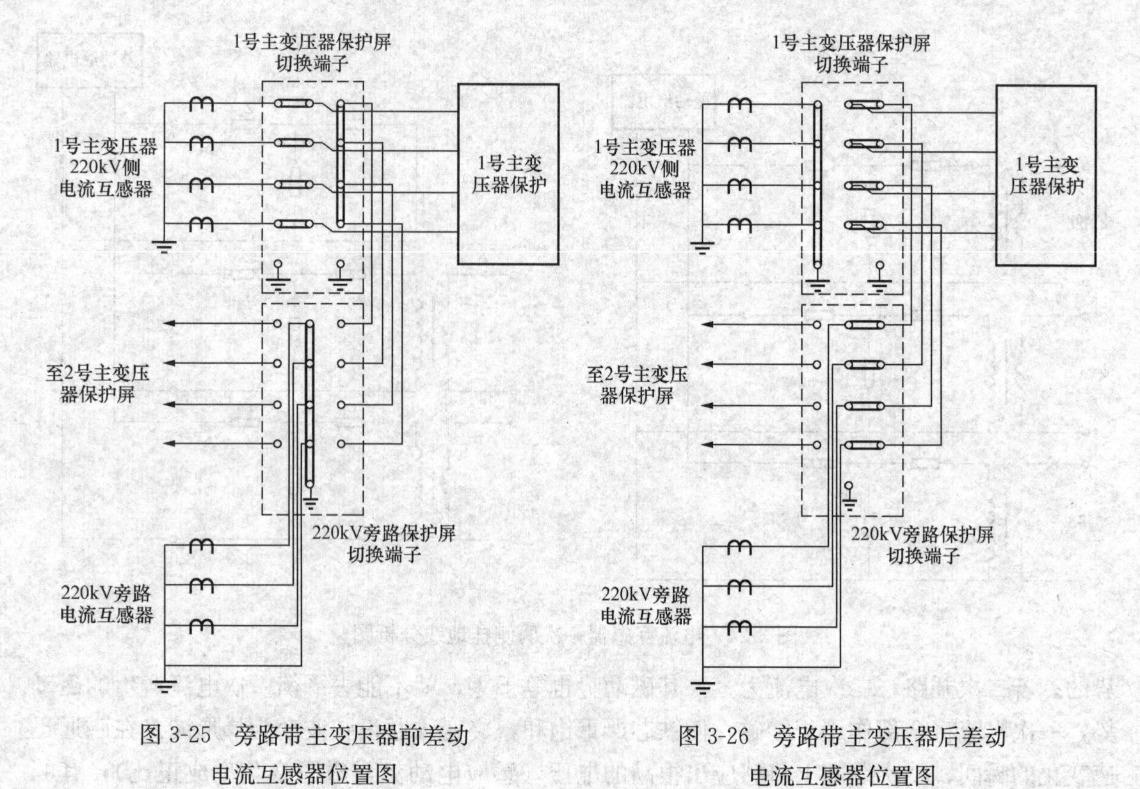

图 3-25 旁路带主变压器前差动电流互感器位置图

图 3-26 旁路带主变压器后差动电流互感器位置图

1. 旁路带主变压器操作时电流互感器切换操作要求

(1) 当操作旁路带主变压器时，必须进行旁路与主变压器的电流端子切换。操作中必须先停差动保护，再操作相应电流端子。待一次系统操作完毕，再启用差动保护。

(2) 电流互感器端子切换应保证在一次断路器分闸的情况下进行，防止操作方法不当引起电流回路开路，对人员和设备造成伤害。

(3) 当操作旁路带主变压器而切换电流端子时应先拆封再投入，以免造成差动回路二次电流短路。

(4) 当操作旁路带主变压器切换旁路与主变压器的电流端子停差动保护时，应尽量减少差动保护停用时间。

2. 旁路带主变压器操作时电流互感器切换操作步骤

(1) 在 220kV 旁路断路器热备用状态下，停用 1 号主变压器差动保护。

(2) 将 220kV 旁路保护屏上电流试验端子由“短接”位置切至“带 1 号主变压器”位置。

(3) 将 1 号主变压器保护屏上 220kV 旁路电流端子由“短接”位置切至“投入”位置(先拆再投入)。

(4) 合上 220kV 旁路 2246 断路器 (交流电压回路、保护跳闸回路切换略)。

(5) 拉开 1 号主变压器 2201 断路器。

(6) 将 1 号主变压器差动保护 2201 断路器电流端子由“投入”切至“短接”位置。

(7) 检查 1 号主变压器差动保护不平衡电流应符合要求，启用 1 号主变压器差动保护。

第六节 电流互感器饱和10%误差校验

一、电流互感器的饱和及其对继电保护的影响

电流互感器饱和是目前导致微机继电保护装置不正确动作的主要原因。保护要求在一定的短路电流下，电流互感器误差不超过规定值，误差包括比差、相位差和复合误差。对于有铁芯的电流互感器，形成误差的主要原因是铁芯的非线性励磁特性及饱和程度。电流互感器的饱和可分为稳态饱和和暂态饱和。稳态饱和由大容量短路稳态对称电流引起，主要是因为一次电流值太大，进入了电流互感器饱和区域，导致二次电流不能正确地传变一次电流。暂态饱和是由故障开始时短路电流中包含的非周期分量和电流互感器铁芯中残存的剩磁引起的。一次故障电流中的非周期分量不产生变化磁通，其作为励磁电流改变铁芯工况，影响互感器正确传变，可能使互感器出现暂态饱和。该暂态饱和在故障一定延时后出现，延时与一次系统和互感器二次回路的时间常数有关。然后随着一次电流非周期分量的衰减，电流互感器渐渐退出饱和区。剩磁是由电流互感器采用的铁磁材料所固有的磁滞现象造成的。剩磁可能会导致电流互感器在故障后数毫秒内迅速饱和。在一次系统发生故障后，闭合铁芯的电流互感器可能会残留有剩磁，剩磁大小取决于一次电流开断瞬间铁芯中的磁通，而磁通的数值由对称一次电流值、一次电流非周期分量和二次绕组负载阻抗确定。断路器一般在电流过零时开断，残留在互感器铁芯中的磁通与其二次绕组负载阻抗的相位角有关。对于纯电感负载，电流为零瞬间电压最大，而磁通为零，故无剩磁；对于纯电阻负载，电流为零瞬间电压为零，而磁通最大，故剩磁最大。

电流互感器二次绕组的负载阻抗过大会引起互感器饱和。负载阻抗增加，相应的，电流互感器感应电动势要升高，这意味着励磁电流要增大。如果负载阻抗增加得很多，超过了电流互感器所允许的二次负载阻抗，励磁电流的数值就会大大增加，从而使铁芯进入饱和状态。因此，电流互感器二次负载阻抗的现场校核是十分必要的。

近几年来，由于电流互感器饱和造成微机保护不正确动作的事例时有发生。众所周知，设计规程中对电流互感器的选型有严格规定，要求保护用的电流互感器在通过一定倍数额定电流的情况下，其误差不超过5%，设计时也无一例外地都选用了保护级的电流互感器。系统故障时，故障电流远未达到电流互感器的额定准确限值一次电流，保护却会因为电流互感器饱和而误动，原因分析如下。

目前，我国220kV及以下电压等级的保护多使用按GB 1208—2006《电流互感器》生产的P类电流互感器。DL/T 866—2004《电流互感器和电压互感器选择及计算导则》对P级电流互感器没有剩磁的要求，即P级互感器不具有控制剩磁的能力。一次系统发生故障后，断路器一般在电流过零时断开故障电流。微机继电保护装置及二次电缆为电阻性负载，电流过零时电压为零，磁通最大，剩磁为最大值，且微机保护装置动作时间很快，故障切除时间很短，这使电流互感器在故障电流切除后铁芯中的剩磁可能接近峰值。剩磁一旦产生，因正常运行电流的小磁滞回线使得剩磁不易消除，剩磁在铁芯中一直要保留到有机会去磁时才能消除。要消除剩磁对电流互感器性能的影响，需要在每次大扰动后用外部去磁法对互感器去磁，但对于运行中的电流互感器，这实际上是不可能的，因而当系统再次发生短路故障

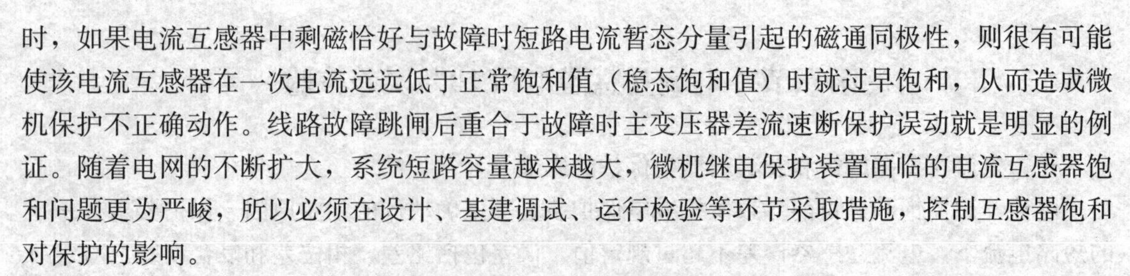

时，如果电流互感器中剩磁恰好与故障时短路电流暂态分量引起的磁通同极性，则很有可能使该电流互感器在一次电流远远低于正常饱和值（稳态饱和值）时就过早饱和，从而造成微机保护不正确动作。线路故障跳闸后重合于故障时主变压器差流速断保护误动就是明显的例证。随着电网的不断扩大，系统短路容量越来越大，微机继电保护装置面临的电流互感器饱和问题更为严峻，所以必须在设计、基建调试、运行检验等环节采取措施，控制互感器饱和对保护的影响。

二、电流互感器10%误差曲线现场测试及二次负载校核

10%误差曲线是保护用电流互感器的一个重要的基本特性。继电保护装置反应的是一次系统的故障状况，当一次系统故障，保护装置动作时，电流互感器一次电流通常比正常运行时的电流大得多，因此，电流互感器的误差也会扩大。为了使继电保护装置能够正确反应一次系统状况而正确动作，要求电流互感器的变比误差小于或等于10%。

不论是一次电流加大，还是二次负载阻抗增加，其结果都会引起电流互感器感应电动势的升高，从而扩大误差。10%误差曲线是指变比误差为10%时，一次电流（I_1）与其额定电流（I_{1N}）的比值（$m_{10}=I_1/I_{1N}$）和二次负载阻抗（Z_L）的关系特性曲线，如图3-27所示。也可以理解为，在不同的一次电流倍数下，为使电流互感器的变比误差小于或等于10%而允许的最大二次负载阻抗。

从电流互感器的等值电路来看，图3-1中的自变量实际上只有I_1与Z_L两个，其余参数均为常数或者为因变量。当I_1增大时，I_e对应增大，可能会引起饱和。当Z_L增大时，励磁支路与负载支路并联，所以分流I_e增大，也可能会引起饱和。所以10%误差曲线实际上表示的就是I_1、Z_L这两个参数对于电流互感器误差的相互制约关系。

由图3-27可知，在电流互感器的10%误差允许范围内，一次电流和二次负载阻抗是相互制约的，一次电流越大，允许的二次负载阻抗就越小。作为电流互感器的一个重要特性参数，10%误差曲线本应由制造厂家提供，但往往厂家不提供该特性曲线，所以必须通过现场测试互感器的伏安特性曲线，由伏安特性曲线经计算求得10%误差曲线。具体方法步骤介绍如下。

1. 测试电流互感器的伏安特性曲线

如图3-28所示，电流互感器伏安特性曲线是指一次开路时U_S与I_e的关系曲线。现场测试时，将电流互感器一次绕组开路，将二次绕组与二次负载断开，在二次绕组侧通入I_e，测试U_S，形成一组U_S-I_e对应数据，由此组数据得到伏安特性曲线。

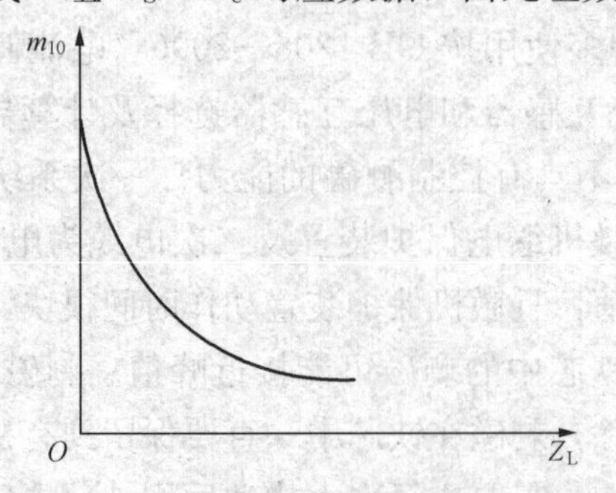

图3-27　电流互感器的10%误差曲线

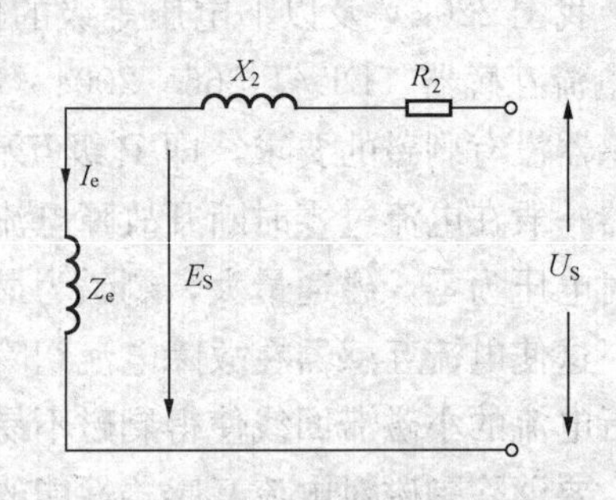

图3-28　伏安特性曲线测试示意图

2. 由伏安特性曲线计算求得励磁特性数据

$$E_S = U_S - I_e Z_2 \tag{3-1}$$

将步骤 1 中测得的伏安特性数据代入式（3-1），计算得到一组互感器励磁特性 E_S—I_e 数据。现场测试时需要注意的是，一定要做到拐点。施加于电流互感器二次接线端子上的额定频率的电压，若其均方根值增加 10%，励磁电流便增加 50%，则此电压方均根值称为拐点电压。

3. 由励磁特性数据计算得出 10%误差曲线

由图 3-28 得出以下关系式

$$E_S = I_2(Z_2 + Z_L) \tag{3-2}$$

$$m_{10} = I_1/I_{1N} \tag{3-3}$$

当互感器误差为 10%时，忽略相角误差，有以下关系

$$I_2 = 9I_e \tag{3-4}$$

$$I'_1 = I_1/k = 10I_e \tag{3-5}$$

将式（3-4）代入式（3-2）得出

$$Z_L = \frac{E_S}{9I_e} - Z_2 \tag{3-6}$$

将式（3-5）代入式（3-3）得出

$$m_{10} = \frac{I_1}{I_{1N}} = \frac{k \cdot 10I_e}{I_{1N}} = \frac{10I_e}{I_{1N}/k} = \frac{10I_e}{I_{2N}} \tag{3-7}$$

当 $I_{2N} = 5$ 时，$m_{10} = 2I_e$；当 $I_{2N} = 1$ 时，$m_{10} = 10I_e$。 (3-8)

根据步骤 2 计算得到的励磁特性 E_S—I_e 数据和式（3-6）、式（3-8），即可求得电流互感器的 10%误差曲线。

第七节 电流互感器异常与事故处理

电流互感器的故障现象是多种多样的：过热现象，引起过热现象的原因有负荷过大、主导流接触不良、内部故障或者二次回路开路；内部有臭味、冒烟；内部有放电声或者引线外壳之间有火花放电；外绝缘破裂放电；充油式电流互感器严重漏油；内部声音异常等。

如电流互感器在运行中发生有上述现象，应进行检查判断。若鉴定不属于二次回路开路故障，而是本体故障，应转移负荷停电处理。若声音异常较微可不立即停电，汇报调度和有关上级，安排停电检修计划，停电前应加强监视。

一、电流互感器需立即停电处理的故障类型

（1）内部有放电响声或者引线与外壳间有火花放电。

（2）温度超过允许值及过热引起冒烟或发出臭味。

（3）主绝缘发生击穿，造成单相接地故障。

（4）充油式电流互感器发生渗油或者漏油。

（5）一次或二次绕组的匝间发生短路。

（6）一次接线处松动，严重过热。

（7）瓷质部分严重破损，影响爬距。

（8）瓷质部分有污闪，痕迹严重。

二、电流互感器故障的类型与分析

电流互感器的故障主要可以分为电路故障与磁路故障两大类。

1. 电路故障

（1）电流互感器二次开路，因磁饱和与磁通的非正弦性，使硅钢片振荡且振荡不均匀，发出较大的噪声。

（2）一、二次绕组层间、匝间短路。发生的原因有制造工艺不良、绝缘介质绝缘强度不够以及运行中受潮或绝缘老化。发生该故障时内部有异常放电声，仪表指示不正常。

（3）电流互感器单相接地。发生的原因有绝缘老化、受潮、制造工艺不良或瓷绝缘受损。在系统过电压时造成主绝缘、一次侧对地放电击穿，有放电火花和异常放电声。

（4）外绝缘破裂放电。

2. 磁路故障

（1）铁芯间绝缘性能差引起的铁芯片间短路，在铁芯中产生涡流。涡流主要产生两个方面的影响：一是导致剩磁加大，电流互感器角差、比差加大；二是电流互感器运行中温度上升，严重时计量不准、保护误动。

（2）铁芯夹紧件松动，会出现不随一次负荷变化的“嗡嗡”声（长时间保持）。

（3）某些硅钢片离开叠层，空负荷（或轻负荷）时会有一定“嗡嗡”声，负荷大即消失。

三、电流互感器二次开路故障的检查

电流互感器二次开路故障可以从以下现象进行检查和判断：

（1）由负序、零序电流启动的继电保护和自动装置频繁动作，但不一定出口跳闸（还有其他条件闭锁），有些继电保护则可能自动闭锁（具有二次回路断线闭锁功能）。

（2）继电保护发生误动或者拒动，该现象可以在跳闸后或者越级跳闸后检查原因时发现并处理。

（3）有功、无功功率表指示降低，电流表三相指示不一致，计量表计（电能表）不转或者转速缓慢。如果表计指示时有时无，可能处于半开路（接触不良）状态。将有关的表计指示对照比较，经分析可以发现故障。如果变压器一、二次侧负荷指示相差较多，电流表指示相差太大（经换算后），可怀疑偏低的一侧有开路。

（4）有噪声或振动不均匀的异音，小负荷时不明显。在开路后因磁饱和和磁通的非正弦性，使硅钢片振荡且振荡不均匀，发出较大的噪声。

（5）仪表、电能表、继电保护等冒烟损坏，此情况可以及时发现。仪表、电能表、继电器烧坏都会使电流互感器二次开路。有功、无功功率表以及电能表、远动装置变送器、保护装置的继电器烧坏，不仅使电流互感器二次开路，同时也会使电压互感器二次短路，应从端子排上将交流电压端子拆下，包好绝缘。

（6）电流互感器本体严重发热并伴有异味、变色、冒烟等现象，负荷小时不明显。开路时磁饱和严重，铁芯过热，外壳温度升高，内部绝缘受热有异味，严重时冒烟损坏。

（7）开路时故障点有火花放电声、冒烟和烧焦等现象，故障点出现异常高电压。开路时

由于电流互感器二次产生高电压，可能使电流互感器二次接线柱、二次回路元件线头、接线端子等处打火放电，严重时绝缘击穿。此现象可以在二次回路维护工作和巡视检查时发现。

以上现象是检查发现和判断开路故障的一些线索。正常运行时一次负荷不大，二次不工作，且不是测量用电流回路开路时，一般不容易发现。运行人员可以根据上述现象及实际经验，检查发现电流互感器二次开路故障，以便及时采取措施。

四、电流互感器二次开路的处理方法

电流互感器二次开路一般不太容易发现。巡视检查时，电流互感器本体无明显特征时，会一直处于开路状态。所以巡视检查设备时应细听细看，维护工作中应不放过微小的异常。

发现电流互感器二次开路时，应分清故障属于哪一组电流回路及开路的相别，还要考虑对保护有无影响，如果有的话要汇报调度解除可能误动的保护。

进行处理前应尽量减小一次负荷电流。如果电流互感器严重损伤，应转移负荷，停电检查处理（尽量采用倒运行方式，使用户不停电）。

处理时应戴线手套，使用绝缘良好的工具，尽量站在绝缘垫上。同时应注意使用符合实际的图纸，认准接线位置。

尽快在就近的实验端子上将电流互感器二次短接，再检查开路点。短接时应使用良好的短接线并按图纸进行。若短接时有火花说明短接有效，故障点在短接点以下回路中，可进一步查找。若短接时没有火花，说明短接无效，故障点在短接点以前的回路中，可以逐点向前变换短接点，缩小范围。

在故障范围内应检查容易发生故障的端子及元件，检查回路有工作时触动过的部位。

检查出的故障能自行处理的，如接线端子等外部元件松动、接触不良等，可立即处理然后投入所退出的保护。若开路故障点在电流互感器本体接线端子上，对于10kV及以下设备应停电处理。

若不是能自行处理的故障（如继电器内部故障），或不能自行查明原因的故障，应汇报上级派人检查处理（先将电流互感器二次短路），或经倒运行方式倒负荷，停电检查处理（防止长时间失去保护）。

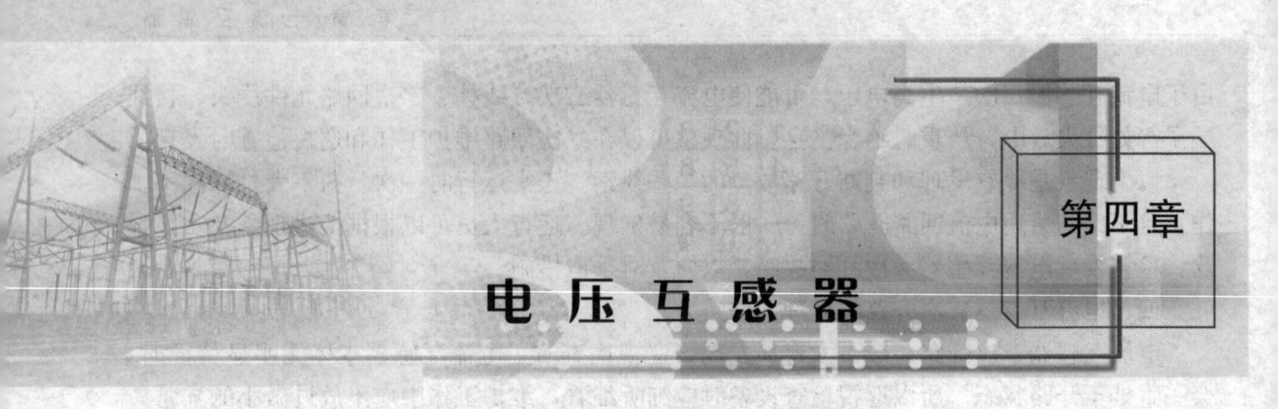

第四章 电压互感器

第一节 电压互感器概述

一、电压互感器的作用

电力系统用电压互感器是将电网高电压的信息传递到低电压二次侧的计量、测量仪表以及继电保护、自动装置的一种特殊变压器，是一次系统和二次系统的联络元件。电压互感器与测量仪表和计量装置配合，可以测量一次系统的电压、电能；与继电保护和自动装置配合，可以构成对电网各种故障的电气保护和自动控制。电压互感器性能的好坏，直接影响到电力系统测量、计量的准确性和继电保护装置动作的可靠性。

电压互感器的主要作用有：①将一次系统的电压、电流信息准确地传递到二次侧相关设备；②将一次系统的高电压变换为二次侧的低电压（标准值 100、$100/\sqrt{3}$V），使测量、计量仪表标准化、小型化，并降低了对二次设备的绝缘要求；③将二次设备以及二次系统与一次系统高压设备在电气方面很好地隔离，从而保证了二次设备和人身的安全。

二、电压互感器的型号含义及分类

电压互感器型号含义如图 4-1 所示。

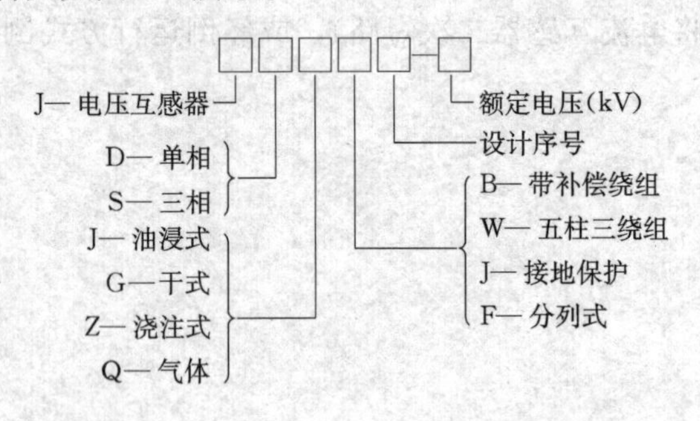

图 4-1　电压互感器型号含义

电压互感器按不同方式分类如下：

1. 按绝缘介质

(1) 干式电压互感器。由普通绝缘材料浸渍绝缘漆作为绝缘，多用在 500V 及以下低电压等级。

(2) 浇注绝缘电压互感器。由环氧树脂或者其他树脂绝缘材料浇注成型，多用在 35kV 及以下电压等级。

（3）油浸式电压互感器。由绝缘纸和绝缘油作为绝缘，是我国最为常见的电压互感器结构型式，常用于220kV及以下电压等级。

（4）气体绝缘电压互感器。由SF_6气体作为主绝缘，多用在较高电压等级。

2. 按相数

（1）单相电压互感器。35kV及以上电压等级一般采用单相式。

（2）三相式电压互感器。35kV及以下电压等级一般采用三相式。

3. 按电压变换原理

（1）电磁式电压互感器。根据电磁感应原理变换电压，我国多在220kV及以下电压等级采用。

（2）电容式电压互感器。通过电容分压原理变换电压，目前我国110～500kV电压等级均有采用。330～500kV电压等级只生产电容式电压互感器。

（3）光电式电压互感器。通过光电变换原理实现电压变换，目前还在研制中。

三、电压互感器的基本安装选型及要求

在不同的电压等级及外界环境中，会根据实际需要选用不同类型的电压互感器电压互感器的基本安装选型及要求如下：

（1）3～35kV户内配电装置。由于多采用户内柜式结构，柜内设备布置比较紧凑，要求采用体积小的电压互感器。浇注式电压互感器经多年运行经验证明是可靠的，体积较油浸式电压互感器小，适合开关柜使用，同时，浇注式电压互感器也满足了开关柜无油化方向发展的要求，因此推荐3～35kV户内配电装置采用树脂浇注绝缘结构的电磁式电压互感器。

（2）35kV户外配电装置。考虑到树脂浇注绝缘结构的电磁式电压互感器对温度和光线的敏感程度，宜采用油浸绝缘结构的电磁式电压互感器。

（3）110kV以上电网中电压互感器的选择。由于电容式电压互感器冲击绝缘水平高，且电容分压装置的电容较大，从而对冲击波的波头能起到缓冲作用，因此可以代替耦合电容器兼作载波通信用。在结构上电容式电压互感器对误差调整比较灵活，利用调整电抗器和中间变压器一次绕组抽头来改变电感，从而达到调整准确度的比值差和相角差。电容式电压互感器的容量较电磁式互感器小一些，但一般能满足要求。电磁式电压互感器的励磁特性为非线性，与电力网的分布电容或杂散电容在一定条件下可能形成铁磁谐振。这种谐振可能发生于不接地系统，也可能发生于直接接地系统。随着电容值的不同，谐振频率可以是工频、较高和较低的谐波。铁磁谐振产生的过电流和过电压可能造成互感器损坏，特别是低频谐振时，互感器的励磁阻抗大大降低而导致铁芯深度饱和，励磁电流急剧增大，高达额定值的数十倍至百倍以上，从而损坏互感器（一般在电压互感器的入线口加装避雷器）。因此对于110kV以上电压，当电容式互感器容量满足要求时，考虑其优点较多，建议采用电容式电压互感器。

（4）在满足二次电压和负荷要求的条件下，电压互感器宜采用简单接线。当需要零序电压时，3～20kV宜采用三相五柱式电压互感器或三个单相式电压互感器，35kV及以上电压等级宜选用三个单相式电压互感器构成零序电压回路。

（5）在中性点非直接接地系统中的电压互感器，为了防止铁磁谐振过电压，应采用消谐措施，并且选用全绝缘。

(6) 电容式电压互感器开口不平衡电压较高，而影响零序保护装置的灵敏度时，应加装高次谐波滤过器。

(7) 电磁式电压互感器可以兼作并联电容器泄能设备，但此电压互感器与电容器组之间不应有断开点。

第二节 电压互感器工作原理

一、电磁式电压互感器的工作原理

电磁式电压互感器是一种小型的降压变压器，由铁芯、一次绕组、二次绕组、接线端子和绝缘支持物等构成。一次绕组并接于电力系统一次回路中，二次绕组并接了测量仪表、继电保护装置或自动装置的电压线圈（即负载为多个元件时，负载并联后接入二次绕组）。由于电压互感器是将高电压变成低电压，所以其一次绕组的匝数较多，而二次绕组的匝数较少。电磁式电压互感器是一种特殊的变压器，其工作原理与变压器相同。在应用中需要了解的电压互感器与变压器的区别主要有以下三点：

(1) 电压互感器能用来准确测量电压，而变压器主要作为系统的电压传变。电压互感器的特点是容量小，一般只有几十或者几百伏安，其负载通常很小而且恒定。所以电压互感器一次侧可以视为一个恒压源，它基本上不受二次负荷的影响。其负载都是测量仪表和继电器的电压线圈，阻抗大，因此二次电流很小。正常运行时，电压互感器总是处于像变压器那样的空载状态，二次电压基本等于二次感应电动势的值，所以电压互感器能用来准确测量电压。

(2) 电压互感器变比。电压互感器的变比指其一次额定电压与二次额定电压的比值，又近似等于一次绕组与二次绕组匝数的比值。变压器的变比定义只能规定为一次额定电压与二次额定电压的比值，只有额定负荷时，才能近似等于一次绕组与二次绕组匝数的比值。这是因为变压器二次负荷不恒定，负荷随系统的整体运行变化比较大，其两侧电压变比不恒等于线圈匝数之比，故只能用额定电压比作为变压器的变比。

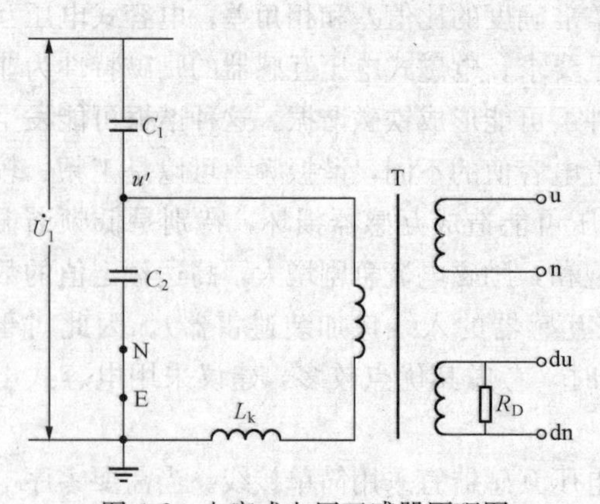

图 4-2 电容式电压互感器原理图

C_1、C_2—高压、中压电容；L_k—补偿电抗器；T—中间变压器；R_D—阻尼器；u、n、du、dn—二次绕组端子及剩余电压绕组端子

(3) 电压互感器的中性点接地。电压互感器一次接地与否并不改变系统的接地性质，因为电压互感器的容量很小，阻抗极大，对单相接地电流基本无影响。

二、电容式电压互感器的工作原理

电容式电压互感器的原理图如图 4-2 所示。

对中压电容器 C_2 左边部分应用戴维南定理，得到电容式电压互感器的等值电路如图 4-3 所示。图中 $R_1 = R_C + R_k + R_{T1}$，$X_C = \dfrac{1}{\omega(C_1 + C_2)}$，其中 R_C 为电容阻抗，R_k 为一次绕组阻抗，R_{T1}

为漏阻抗 C_1、C_2 对互感器一次侧的高压进行分压，不接负载时 $U'=U_1\frac{C_1}{C_1+C_2}$。$L_k$ 补偿电容二次电压的内阻抗，减小 C_2 上电压随着负载电流大小变化的变化，以保证正常状态下变换的准确度，其大小取决于分压器的内阻。根据等值电路图 $U'=U_1\frac{C_1}{C_1+C_2}-I_1X_C$，这样二次电压就无法传递电网一次电压的信息。如果取 $X_k\approx X_C-X_{T1}-X'_{T2}$，则 U'_2 只受到很小的 R_1、R'_2 的影响，互感器的二次电压与一次电压将获得正确的幅值与相位关系。一般使等值电路感抗略大于容抗，称为过补偿，以减小电阻对相位差的影响。

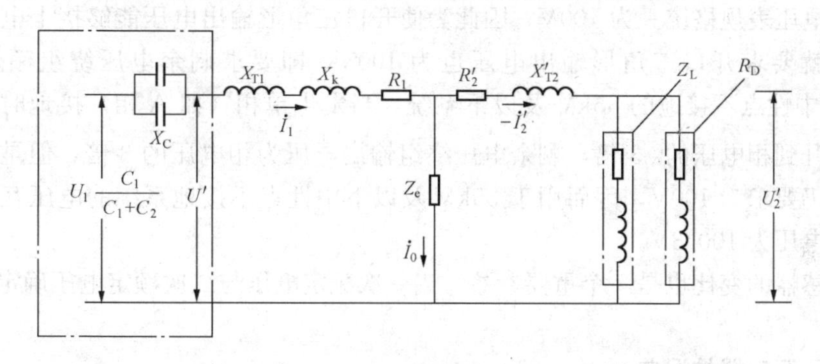

图 4-3 电容式电压互感器等值电路

电容式电压互感器的低压端子是专供与载波耦合装置连接后接地或者直接接地用的。当电容式电压互感器不作载波通信用时，低压端子必须直接接地，否则将发生放电故障。

电容式电压互感器具有电磁式电压互感器的全部功能，也具有很多自己的优点。例如，价格便宜；不存在电磁式电压互感器与断路器断口电容的铁磁谐振问题；可以兼作载波通信的耦合电容器；耐雷电冲击特性理论上优于电磁式电压互感器，能降低雷电波的波头陡度，对站内设备具有一定的保护作用。

但是电容式电压互感器也有其缺点，主要是瞬变响应特性差。电容式电压互感器的电容、电抗器、中间变压器上都有储能，这些能量要经过中间变压器和负荷等 R、L、C 回路释放。视参数的不同，将出现衰减振荡或者指数衰减过程，造成二次侧残余电压高、衰减缓慢。一次侧发生短路后，二次侧要经过一定时间才能衰减到零。

第三节 电压互感器技术参数

一、电压互感器的额定电压

电压互感器额定一次电压指所接一次电网电压，根据一次绕组接线方式的不同。其一次额定电压的选择主要是满足相应电网电压的要求，其绝缘水平能够承受电网电压长期运行，并承受可能出现的雷电过电压、操作过电压及可能出现的异常运行方式下的电压，如小电流接地系统方式下的单相接地。

电压互感器二次额定电压值生产规定为 100、100/3V 或 $100/\sqrt{3}$V，以实现仪表和继电器标准化。根据系统运行故障分析进行制作，规定 110kV 及以上中性点直接接地系统，基本绕组额定二次电压值为$100/\sqrt{3}$V，剩余电压绕组的额定电压值为100V；中性点不接地系统，基本绕组额定二次电压值为$100/\sqrt{3}$V，剩余电压绕组的额定电压值为100/3V。

用于110kV及以上电网的电压互感器的剩余电压绕组额定电压为100V，而用于35kV及以下电网的却为100/3V电压互感器剩余电压绕组接成开口三角形，以反应零序电压。在正常情况下，由于三相电压对称，开口三角形输出电压为零。对于中性点直接接地的110kV及以上系统，当电网内任意一相（如A相）接地时，接地相（A相）绕组被短接，开口三角形输出电压等于两个非故障相（B、C相）相电压之和，其值等于相电压。因为电压继电器及电压表规格统一为100V，因此为使开口三角形输出电压能够接上电压继电器或者电压表，就要求开口三角形输出电压也为100V，即要求剩余电压绕组额定电压也为100V。对于中性点不接地的35kV及以下系统，当发生单相（如A相）接地时，两个非故障相电压上升到相电压的$\sqrt{3}$倍，剩余电压绕组输出电压为相电压的3倍，但是剩余电压绕组输出电压仍要求为100V，因而用于35kV及以下中性点不接地系统的电压互感器剩余电压绕组额定电压为100/3V。

电压互感器的变比也是一个重要参数，当一次额定电压与二次额定电压确定后，其变比即确定。

二、电压互感器的误差

对于电磁式电压互感器，由于励磁电流、绕组的电阻及电抗的存在，当电流流过一次及二次绕组时要产生电压降和电压偏移，使电压互感器产生电压比值误差和相位误差。

对于电容式电压互感器，由于电容分压器的分压误差以及电流流过中间变压器、补偿电抗器产生的压降，也会使电压互感器产生比值误差和相角误差。

电压互感器的比值误差$\varepsilon_V\%$用公式表示为

$$\varepsilon_V\% = \frac{k_N U_2 - U_1}{U_1} \times 100\%$$

式中　k_N——额定电压比；

U_1——一次侧的实际电压，V；

U_2——在一次侧施加U_1时二次的实际测量电压，V。

电压互感器的相位误差是指一次电压与二次电压相量的相位之差。相量方向是以理想电压互感器的相位差为零来确定。当二次电压超前一次电压相量时，相位差为正值。

三、电压互感器的准确等级

电压互感器的准确等级是以其电压误差和相角误差值来表征的。互感器相关国家标准定义的准确等级是指在规定的一次电压和二次负荷变化范围内，当二次负荷功率因数为0.8（滞后）时的电误差最大限值。国家规定电压互感器的准确等级分为4级，即0.2、0.5、1、3级。0.2级用于实验室的精密测量；0.5、1级一般用于发配电设备的测量和保护；计量根据客户的不同，采用0.2或0.5级；3级则用于非精密测量。用于保护的准确等级有3P、6P（P表示保护）。表4-1所列为电压互感器的准确等级。

四、电压互感器的额定容量

电压互感器二次绕组及剩余电压绕组的额定容量输出标准值是10、15、25、30、50、75、100、150、200、250、300、400、500VA。对于三相式电压互感器，其额定输出容量

是指每相的额定输出。当电压互感器二次承受负载功率因素为0.8（滞后），负载容量不大于额定容量时，互感器能保证幅值与相位的精度。

表 4-1　　电压互感器的准确等级

<table>
<tr><th rowspan="2">准确等级</th><th colspan="2">误差限制</th><th rowspan="2">允许一次电压
变化范围</th><th rowspan="2">允许二次负荷
变化范围</th></tr>
<tr><th>电压误差
（±%）</th><th>相位误差
（±′）</th></tr>
<tr><td>0.2
0.5
1
3</td><td>0.2
0.5
1.0
3.0</td><td>10
20
40
不规定</td><td>(0.8～1.2) U_{1N}</td><td rowspan="2">(0.25～1.0) S_N
$\cos\varphi_2=0.8$
滞后</td></tr>
<tr><td>3P
6P</td><td>3.0
6.0</td><td>120
240</td><td>(0.05～1.5) U_{1N}或
(0.05～1.9) U_{1N}</td></tr>
</table>

电压互感器准确等级和容量有密切关系，同一台电压互感器对应不同的准确等级可以有不同的容量。若使用时二次负荷超过了该准确等级对应的容量范围，则实际准确等级将达不到铭牌上规定的准确等级。在实际安装中要求保证额定容量能满足一台电压互感器带双母线所有线路二次侧负荷的能力，即选用测量仪表或继电保护等线圈所消耗的功率（或额定功率）之和小于电压互感器的额定容量。

除额定输出外，电压互感器还有一个极限输出值，其含义是在1.2倍额定一次电压下，互感器各部位温升不超过规定值，二次绕组能连续输出的视在功率值（此时互感器误差超过极限）。

第四节　电压互感器接线

一、电压互感器的接线方式

电压互感器的接线方式应根据测量和保护装置的要求选择。目前我国35kV及以下的电压互感器通常做成单相或者三相，66kV及以上电压互感器一般只做成单相。根据互感器一次绕组两个端子的绝缘情况，电压在35kV及以下的电压互感器可以制成接地型和非接地型两种，而电压在110kV及以上的电压互感器一般只制成接地型。应根据不同的运行方式接线选用不同型式的互感器，以达到安全可靠运行的目的。

电压互感器的二次接线方式主要有单相接线、单线电压接线、V形接线、YNynD接线。图4-4所示为电压互感器的接线形式。

1. 单相接线

常见于大电流接地系统判别线路无压或者同期，可以接任意一相，但另一判据要用母线电压的对应相，如图4-4（a）所示。其变比一般为$U_{ph}/(100/\sqrt{3})$，需要时也可以选为$U_{ph}/100$。

2. 单线电压接线

接于两相电压间的一只电压互感器，主要用于小电流接地系统判别线路无压或者同期，因为小电流接地系统允许单相接地，如果只用一只单相对地电压互感器，若其正好在接地相时，该相测得的对地电压为零，则无法检定线路是否确已无压，如果错判则可能造成非同期合闸。具体接线如图 4-4（b）所示，其变比一般为 $U_l/100$。

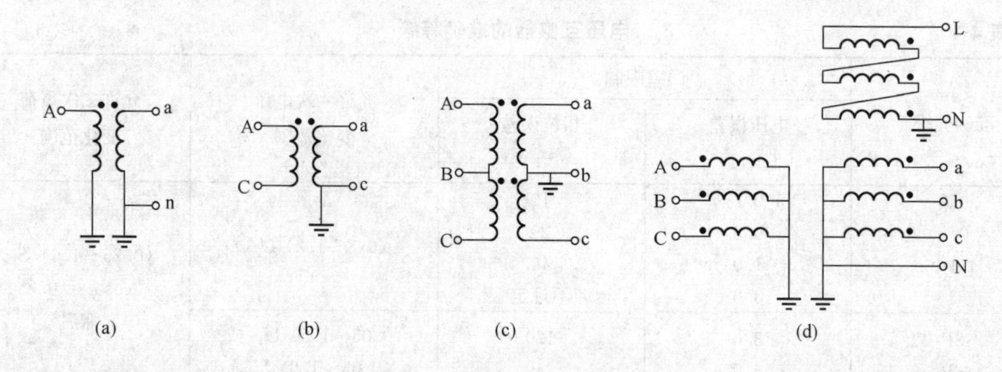

图 4-4　电压互感器的接线形式

（a）单相接线；（b）单线电压接线；（c）V 形接线；（d）YNynD 接线

3. 三相 V 形接线

由一次绕组接成 V 形接线，并由三个高压端子的三相不接地电压互感器构成，也可由两台单相不接地电压互感器组合而成。这种接线可测量三相相间电压，由于其简单、经济，常用于 35kV 及以下中性点不接地系统中。但是该接线在二次系统无法测量系统零序电压，当需要测量零序电压时不能使用该接线。具体接线如图 4-4（c）所示，其变比一般为 $U_l/100$。

4. YNynD 接线

YNynD 接线应用最多，常用于母线测量三相电压及零序电压，接线如图 4-4（d）所示。这种接线可以由三台单相三绕组电压互感器组成，对于 10kV 及以下电压等级，也可以由一台三相五柱式电压互感器构成。星形接线变比一般为 $U_{ph}/(100/\sqrt{3})$；三角形接线变比，在大电流接地系统中一般为 $U_{ph}/100$，在小电流接地系统中为 $U_{ph}/(100/3)$。剩余电压绕组三相接成开口三角形。当系统三相正常工作时，三个剩余电压绕组的电压相量和为零，开口三角形两端无电压输出。当系统单相接地故障时，中性点发生位移，三个剩余电压绕组的电压相量和即开口三角形两端电压 U_d，并由所带继电器发系统接地故障。

二、电压互感器的二次回路

图 4-5 所示为一个典型电压互感器二次回路接线原理图。从图 4-5 中可以看出，这里使用的是 4 组二次回路的电压互感器，三组二次回路三相接为星形，一组二次回路接为开口三角形。三组星形接线的二次绕组分别为两套保护以及计量测量提供电压量，开口三角形接线的电压一般供需要零序电压的保护装置使用。

从图 4-5 中可以看出，星形二次绕组经小空气开关 XDL6-8、电压互感器隔离开关辅助触点的重动继电器触点送至二次电压小母线。二次电压小母线供保护装置与测量设备使用。二次回路中串接电压互感器隔离开关辅助触点的重动继电器触点，是为了当电压互感器一次隔离开关断开时，电压互感器二次回路能够自动断开，以防止在二次回路未断开的情况下直接断开电压互感器一次回路，发生二次回路反高压的情况。在有些变电站电压互感器的二次接线中也有不串接隔离开关辅助触点的重动继电器触点的情况，仅有小空气开关，或者再多串接一个二次隔离开关。在这种情况下，一般通过在操作步骤中明确先断开电压互感器二次

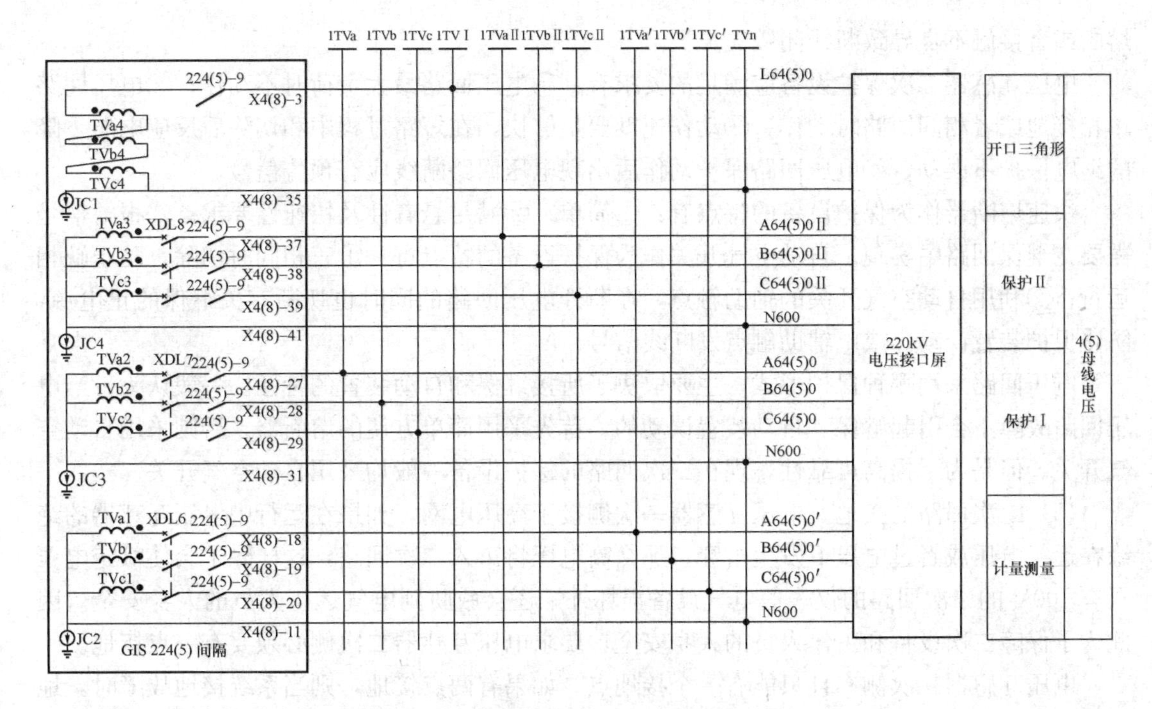

图 4-5 电压互感器的二次回路接线原理图

小空气开关、隔离开关，再断开一次回路来避免反高压的发生。

三、电压互感器接线的安全分析

电压互感器二次侧接入大量的测量仪表、继电保护装置等低压设备，若电压互感器的绝缘破坏，安全系数降低，一次侧高电压窜入二次设备侧，将直接关系到这些设备和工作人员的安全，因此对电压互感器应有必要的安全防范保护措施。电压互感器外壳接地、一次侧经隔离开关接入电网、接入高压熔断器、二次侧接地和装设自动空气开关或者熔断器都属于电压互感器的安全要求，下面将逐一进行讲解。

(1) 外壳接地。电压互感器的外壳接地是为了防止地电位升高，以免造成损坏二次绝缘，甚至造成重大事故。电压互感器的外壳接地一般采用从底座引下两根接地线分别接在接地网的不同点。

(2) 一次侧隔离开关。电压互感器的一次侧经隔离开关接入电网，是为了检修方便以及故障时可以及时切除。

(3) 一次侧高压熔断器。35kV 及以下电压等级的电压互感器一次侧均装设有高压熔断器，在互感器发生内部故障时能自动熔断，以保护电压互感器本体。110kV 及以上电压等级的电压互感器均不装设高压熔断器。这是因为 110kV 及以上电压等级的熔断器制造比较困难，而且高压配电装置可靠性较高、故障较少的缘故。

(4) 二次侧自动空气开关或者熔断器。电压互感器二次侧须装设自动空气开关或者熔断器。在电压互感器二次侧发生短路或者其他故障时，相应的自动空气开关能够自动跳闸（或者熔断器熔断），迅速将故障部分切除。

剩余电压绕组以及中性线上不装设自动空气开关或者熔断器。剩余电压绕组正常时两端无电压，无法监视断路器的完好性。中性线上不装设自动空气开关或熔断器是为了防止熔丝熔断或者接触不良导致断线闭锁失灵。

电压互感器二次保护设备应满足的要求有：①电压回路最大负荷时不动作；②电压回路单相接地或者相间短路时动作；③动作速度要足够快，在短路过程中和切除后反应电压下降的继电保护不误动；④电压回路保护动作后出现电压回路断线应有预告信号。

快速熔断器作为保护设备的特点有：①简单；②满足悬着性及快速性要求；③报警信号需要在继保回路中实现。自动空气开关作为保护设备的特点有：①三相同时切除，防止缺相运行；②利用自动空气开关的辅助触点，在断开电压回路的同时也切断有关继保的正电源，防止保护装置误动，或由辅助触点发断线信号。

电压回路采用哪种保护形式，主要取决于所接继保和自动装置的特性。一般认为，当电压回路故障不会引起继保、自动装置误动的，首先采用简单方便的熔断器，否则采用自动空气开关。但是为了提高可靠性，现在二次回路的保护设备一般均采用自动空气开关。

（5）二次回路的接地。电压互感器一次侧接于高压电网，如果在运行中电压互感器的绝缘在运行电压或者过电压下发生击穿，那么高电压将窜入二次回路，这样除了会使额定电压只有100V的二次回路的仪表等电气设备损坏外，还会威胁到电气运行人员的人身安全。因此为了保障二次设备和工作人员的人身安全，要求电压互感器二次侧必须要有一点接地。

电压互感器二次侧有且只能有一个接地点。如果有两点接地，则当系统接地故障时，地电网各点有压差，两接地点之间有电流，在电压互感器二次回路上会产生压降，这会影响到二次电压的准确性，严重时还会影响到保护动作的准确性。

电压互感器二次回路的接地方式主要有中性点接地和B相接地两种。中性点接地主要应用于三台单相电压互感器星接，其特点为接线简单、能获得线电压和相电压、接线功能齐全等。B相接地主要用于小电流接地系统中采用两台单相电压互感器Vv接线时，其主要特点有：①采用线电压同步时，B相接地能够简化同步回路接线；②不能测相电压，不能接绝缘监视仪表；③星接电压互感器中性点应通过击穿熔断器接地。在反事故措施中已经明确要求取消B相接地方式。110～500kV变电站各电压等级电压互感器应统一采用同一种接地方式，推荐采用中性点接地。

对电压互感器二次接地的要求是：对中性点直接接地电力网的电压互感器，如果当某台电压互感器与其他电压互感器有直接的电气联系时，这两组电压互感器的二次回路公用一个零相电压小母线（YMN），并在保护室一点接地。当电压互感器离保护室较远，站内一次系统发生单相接地短路时，主控室与电压互感器安装处电位差较大，为了电压互感器的安全起见，应在配电装置电压互感器二次绕组中性点处加放放电间隙或者避雷器。对于其他使用条件的电压互感器，则在每组电压互感器的二次绕组中性点各自直接接地。

第五节　变电站电压二次回路

电压互感器是将电网高电压的信息传递到低电压二次侧的计量、测量仪表以及继电保护、自动装置的一种特殊变压器，是一次系统和二次系统的联络元件。在电压互感器的接线部分，我们已经知道电压互感器是如何将一次的高电压信息传递到低压的二次电压小母线，本节将介绍电压互感器的二次电压信息如何传递到计量、测量仪表以及继电保护、自动装

置，电压互感器的二次电压如何实现切换和并列。

一、变电站电压量的传递

图4-6所示是双母线220kV变电站的220kV电压量传递的总示意图，从图中可以清晰地看到各种电压量是如何从两条母线的电压互感器汇控柜出发，经220kV电压接口屏和220kV电压切换屏传递到计量、测量仪表以及继电保护、自动装置的。图中仅选取了一条出线2211和一台主变压器（1号变压器）作为示例，其他线路和主变压器电压量的传递与此相同。从图4-6中可以看到，电压互感器汇控柜是全站电压量的提供者，电压接口屏则负责全站电压量的汇总与转接。电压接口屏提供保护装置需要的电压量，同时将计量、测量电压量转接给电压切换屏，由切换屏切换后输出给测控屏和电能表屏。

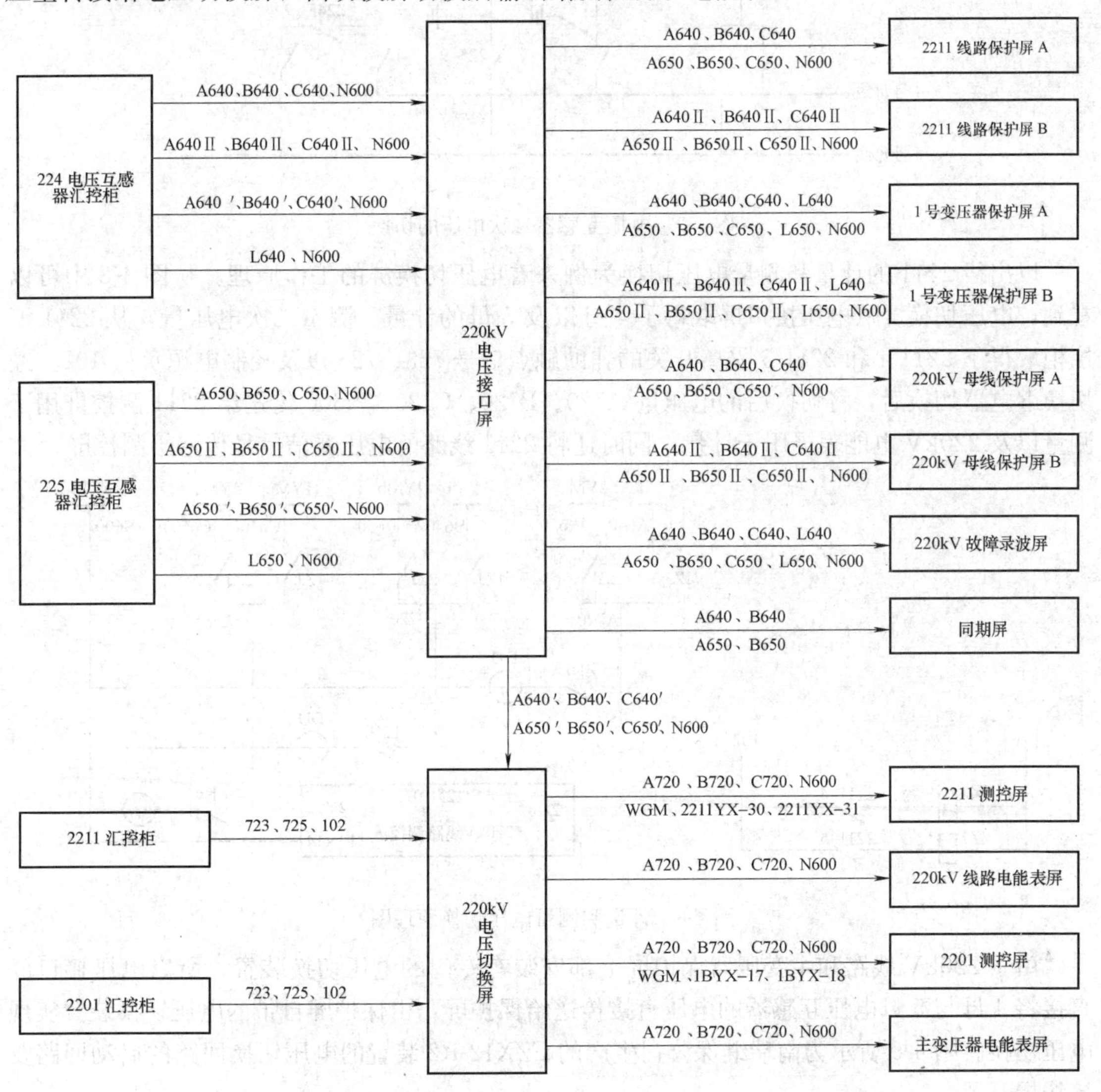

图4-6 双母线220kV变电站的220kV电压量传递的总示意图

二、电压互感器二次电压的切换

现以一条出线2211（也可以是变压器）为例，说明电压互感器二次电压的切换是如何实现的。如图 4-7 所示，出线 2211 通过断路器 2211、隔离开关 2211-4 或者 2211-5 连接到 4 母或 5 母上。4 母上接有 224-9 电压互感器，5 母上接有 225-9 电压互感器。在母联断路器 2245 和隔离开关 2245-4、2245-5 闭合的情况下，显然，通过在隔离开关 2211-4 和 2211-5 之间切换，可以使 2211 出线分别接至 4 母或 5 母。我们希望的情况是，在 2211 接至 4 母时从 224-9 电压互感器取得电压，接至 5 母时从 225-9 电压互感器取得电压。计量和测量电压的切换是通过电压切换屏上的切换继电器来实现的，而保护电压则是通过保护屏上专门的电压切换装置来实现的。下面分别予以简要介绍。

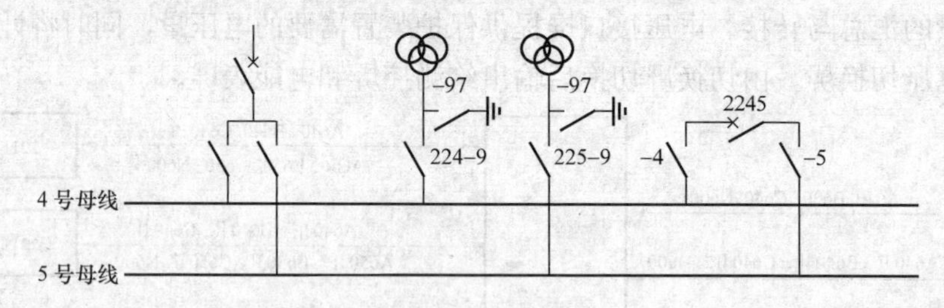

图 4-7　电压互感器二次电压的切换

以出线 2211 的计量和测量电压切换为例来看电压切换屏的工作原理。从图 4-8 中可以看到，电压切换屏从电压接口屏取得了 4 母以及 5 母的计量、测量二次电压量，从 2211 汇控柜取得了 2211-4 和 2211-5 隔离开关的辅助触点信号 723、725 以及控制电源负极 102。经切换继电器切换后，将切换后的电压量 A720、B720、C720、N600 传送给 2211 测控屏用于测量以及 220kV 电能表屏用于计量，同时还将 2211 线路的电压遥信信号传递给测控屏。

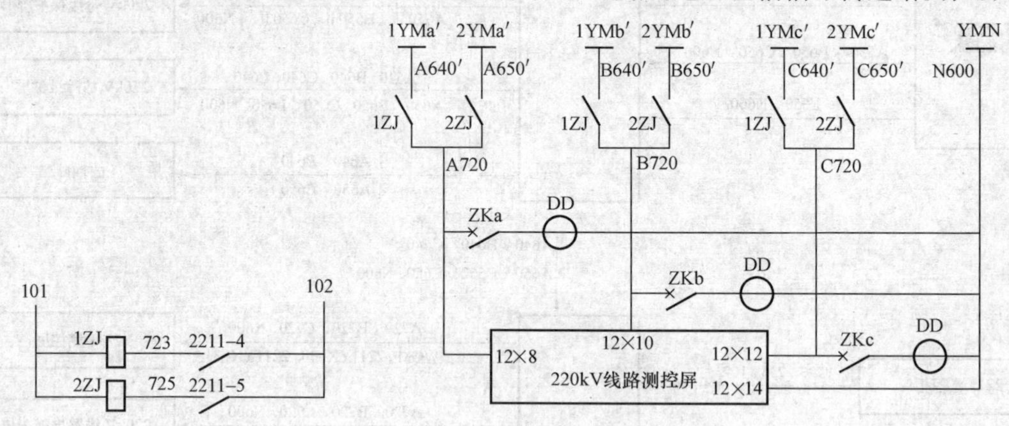

图 4-8　计量和测量电压切换原理图

由于 220kV 线路和主变压器保护屏上都安装有专门的电压切换装置，所以电压接口屏直接将 4 母与 5 母电压互感器的电压直接传送给保护屏，由保护屏自带的电压切换装置实现电压切换。图 4-9 所示为南瑞继保公司生产的 CZX12-R2 装置的电压切换回路的启动回路及接线展开图。

当出线运行于Ⅰ母时，Ⅰ母动合触点闭合，继电器 1YQJ1～1YQJ7 动作线圈励磁，使继电器启动，其触点接通Ⅰ母电压二次回路。继电器 1YQJ4～1YQJ7 是带磁保持的，即使直流电源消失，继电器仍然保持在启动状态，确保交流电压回路正常。当断开Ⅰ母隔离开关

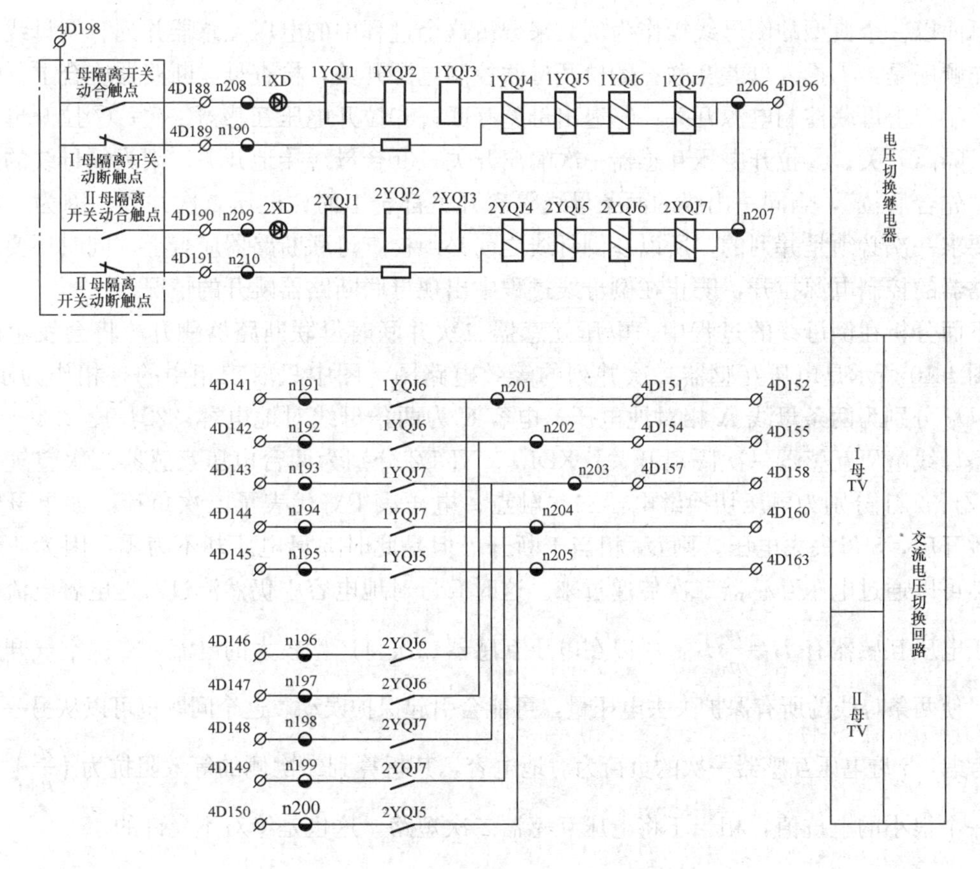

图 4-9 电压切换回路的启动回路及接线展开图

时，继电器返回，切断Ⅰ母电压二次回路。同理，当出线运行于Ⅱ母时，Ⅱ母电压二次回路接通，从而实现了电压切换。

三、电压互感器二次电压的并列

在变电站一次主接线为双母线、桥形接线、单母分段等含有母联或者分段断路器的接线方式下，两段母线的电压互感器二次电压可以装设并列装置，以使微机保护装置在本段母线电压互感器退出运行时，一次可以通过改单母运行来保证电压互感器停运母线的设备继续运行，这时需要将二次回路进行并列（通过并列继电器的辅助触点将两组电压互感器的电压小母线连接起来），使电压互感器停运母线的设备可以从另一段母线的电压互感器二次绕组获得电压，以确保相应的保护、计量设备继续运行。

二次电压回路并列的条件是一次母联或者分段断路器在合闸位置，并且两侧的隔离开关也在合闸位置。也即是只有在一次并列的情况下，才允许将电压互感器二次并列，严禁一次未并列的情况下将二次并列。

考虑到操作的安全性，有些变电站在设计中已经取消了并列装置，这样停一台电压互感器时需要连带停相应的母线。值得注意的是，即便没有并列装置，电压互感器的二次回路仍有并列的机会。当一个断路器对应的两个母线隔离开关同时合上时，通过两个母线隔离开关的辅助触点仍能将两个电压互感器的电压小母线并列。这也是为什么在倒母线的过程中，当一个断路器对应的两个母线隔离开关同时合上时会发出“电压互感器并列”信号。

下面以一个典型的倒母线操作为例，来分析这个过程中的电压互感器并列。倒母线的基本操作顺序是：①投入母差互联；②拉开母联控制电源开关，检查母联断路器应合上；③倒母线；④合上母联控制电源开关；⑤退出母差互联；⑥拉开电压互感器二次；⑦拉开母联断路器、隔离开关；⑧拉开电压互感器一次隔离开关；⑨合母线接地开关。因为倒母线的过程中是“先合后拉”，当同一出线的两条母线隔离开关都合上时，电压二次并列。因为二次并列时要求一次必须是并列的，所以在倒母线之前必须检查母联断路器应合上，同时还要将母联断路器的控制电源拉开，防止在倒母线过程中出现母联断路器跳开的情况。

下面分析在倒母线的过程中，电压互感器二次并联时母联断路器跳开，将会发生的情况。图4-10所示是电压互感器二次并列的等效电路图，图中只取三相中的一相作为示例。U_1与U_2分别为两条母线A相对地电压；电容C为两条母线对地电容；224-9、225-9分别为两条母线电压互感器一次隔离开关；XDL1、XDL2分别为两台电压互感器二次空气小开关；1ZJ、2ZJ分别为电压切换继电器二次触点；电压表PV代表了二次负荷。如果母联断路器跳开后，5母失去电压，则U_2相当于断开，但是此时5母电压却不为零，因为4母电压仍然可以通过电压互感器二次传递过来。这时5母对地电容中仍然流过对地电容电流，但是对于电压互感器有$I_2=\frac{n_2}{n_1}I_1$，所以在电压互感器二次将产生较大的电流，二次空气开关将跳闸，使两条母线的所有保护失去电压量，可能会引起保护误动。这个问题也可以从另一个角度来考虑，5母电压互感器一次的负荷为对地电容，其折算到二次侧的等效阻抗为$\left(\frac{n_2}{n_1}\right)^2\frac{1}{\omega C}$，这是一个很小的电抗值，相当于将电压互感器二次短路，这也是绝对不允许的。

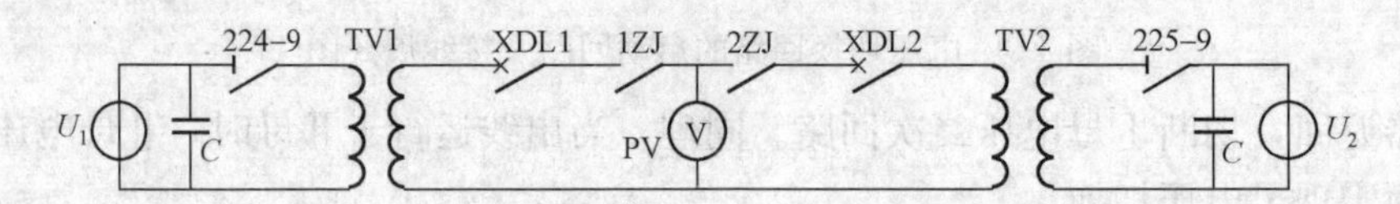

图4-10 电压互感器二次并列等效电路图

再回到倒母线这个示例中来，倒母线结束后，按照规定应该是先拉开电压互感器二次开关后才能拉开母联断路器，也是由于同样的原因。只有在确保电压互感器二次回路断开的情况下，才允许拉开母联断路器断开一条母线电源，防止二次给一次反送电。

第六节 电压互感器谐振过电压

一、中性点不接地系统中电压互感器的谐振过电压

如图4-11所示，电源变压器中性点不接地，为了监视绝缘，电压互感器的一次绕组中性点直接接地。电压互感器励磁电感分别为L_A、L_B、L_C，与其并联的C_0代表各相导线和母线对地电容。C_0与各相励磁电感并联后的导纳分别为Y_A、Y_B、Y_C。正常时$L_A=L_B=L_C$，所以$Y_A=Y_B=Y_C$，中性点为地电位。

在电网发生某些扰动时，出现很大的涌流，使该相互感器磁路饱和，励磁电感相应减小，三相对地负荷不平衡，从而导致中性点出现位移电压，其值为

$$\dot{E}_0=-\frac{\dot{E}_A Y_A+\dot{E}_B Y_B+\dot{E}_C Y_C}{Y_A+Y_B+Y_C}$$

正常运行情况下，由于电压互感器励磁阻抗很大，所以Y_A、Y_B、Y_C呈容性。如果扰动使得L_B、L_C减小，则可能使Y_B、Y_C为感性，如图4-12所示。感性导纳L'与容性导纳C'相互抵消，使得总导纳$Y_A+Y_B+Y_C$显著减小，位移电压E_0大为增加。如果参数配合适当，总导纳接近于零，中性点位移电压将急剧上升。此时三相导线的对地电压为各相电源电动势和位移电压的相量和，结果是两相对地电压升高，一相对地电压降低，这是基波谐振的表现形式。

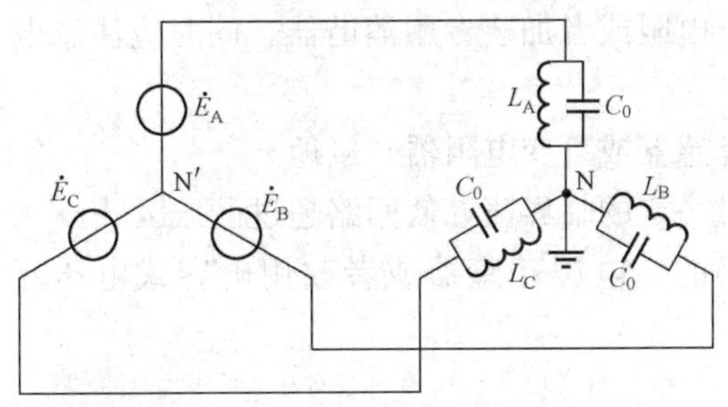

图4-11 中性点不接地系统中电压互感器谐振时原理接线图

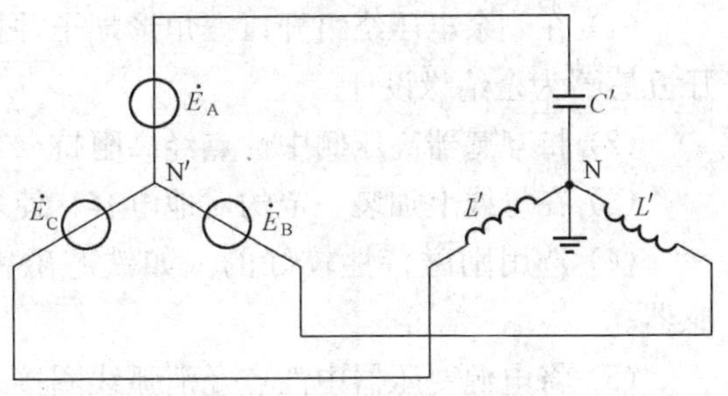

图4-12 中性点不接地系统中电压互感器谐振时等值电路图

由于铁芯的磁饱和，引起电流、电压波形的畸变，即产生了谐波，使上述谐振回路还会对谐波产生谐振。随着线路长度的增加C_0增加，将依次发生高频、工频和分频谐振，相应依次产生高频、工频和分频谐振过电压。此类谐振过电压一般不超过两倍相电压，但是由于励磁感抗减小，电压互感器深度饱和，励磁电流将急剧增大，甚至达到额定电压的百倍以上，从而造成电压互感器发热、喷油甚至爆炸。

这种类型的铁磁谐振过电压产生的条件如下：

(1) 系统电源中性点对地绝缘。因为中性点位移电压都属于零序电压，只有电源中性点对地绝缘才有可能发生这种中性点位移。中性点直接接地系统中电网内各点电位均被固定，电压互感器绕组分别与各相电动势连在一起，不会产生中性点位移。中性点经消弧线圈接地系统中因消弧线圈电感值远小于电压互感器励磁电感，差几个数量级，零序回路中的电感参数主要由消弧线圈决定，并相对地稳定了中性点电位，即使电压互感器励磁电感发生了变化，也不会发生铁磁谐振。

(2) 电压互感器一次绕组中性点直接接地，开口三角形零序电压绕组开路。如果一次绕组中性点不接地，则不再与对地电容C_0并联，因而不会产生中性点位移。若三角形绕组闭合短路运行，其中所感应的零序电流在三角形绕组中自成回路，对互感器高压侧产生去磁作用，可以抑制或消除谐振现象。

(3) 电网的对地电容与电压互感器的励磁电感匹配，且初始感抗大于容抗。

(4) 具有一定的外界“激发”条件，只有在激发下，才能使电压互感器铁芯达到饱和，从而产生中性点位移。“激发”条件如下：

1) 对带有电压互感器的空母线或者空载线路突然合闸充电。这种情况下即使三相断路器同期，但是由于三相电压相差120°，不可能在同样的条件下合闸，可能有的相在电压过零、电流最大时合闸，这样会在电压互感器绕组中流过幅值很大的不平衡涌流，导致铁芯饱和。

2）由于雷击或者其他原因，使线路发生瞬间单相弧光接地，健全相电压突然上升至线电压。接地消失后，故障相又可能有电压突然回升。这些过程都会在互感器绕组内出现很大的励磁涌流，导致铁芯严重饱和。

3）传递过电压也可以使电压互感器达到铁芯饱和。例如，在电源变压器的高压侧发生瞬间单相接地或者断路器不同期操作时，其零序电压也会传递到电磁式电压互感器这一侧。

为了限制和消除这种零序性质的谐振过电压，可以采用的措施如下：

(1) 在剩余电压绕组开口三角形端子并接一个电阻或者加装专用消谐器，同时应注意电压互感器为全绝缘设计。

(2) 将互感器高压侧中性点经高阻抗（零序互感器或可变电阻器）接地。

(3) 在母线上加装一定的对地电容，使之超过一定的临界值，使回路超过谐振区域。

(4) 选用励磁特性较好的（如铁芯磁密较小的）电压互感器或者改用电容式电压互感器。

(5) 将电源变压器中性点经消弧线圈接地。

二、中性点直接接地系统中电压互感器谐振过电压

对于具有断口电容 C_1 的断路器，如图 4-13 所示，设母线上接有电磁式电压互感器，其电感为 L，与其并联的 C_0 为母线对地电容。当母线停电切除或者其他运行方式下，只要出现断路器断口电容与电压互感器形成串联回路，同时母线电容 C_0 较小，因而与 L 并联后其伏安特性呈感性（假设其等值电感为 L_1），当电源电压具有足够大的电压扰动，互感器的铁芯出现饱和现象时的等值电感减小到 $\omega L_1 = \frac{1}{\omega C_1}$ 时，就产生铁磁谐振。

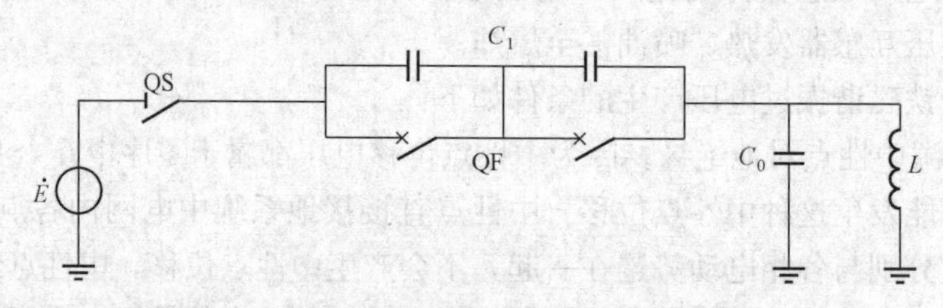

图 4-13　中性点直接接地系统中电压互感器谐振时接线图

这种谐振是在电源变压器和电压互感器中性点均直接接地的条件下产生的，具有正序和零序的性质，故将电压互感器剩余电压绕组开口短接并不能完全消除谐振。目前中性点直接接地系统大部分都采用的是电容式电压互感器，具有断口电容的断路器也较少使用了，所以这种谐振过电压已经比较少见。

三、电容式电压互感器铁磁谐振与阻尼装置

电容式电压互感器的等值电路中含有电容和非线性电感，从等值电路中可以看出，当互感器二次空载时中间变压器励磁电感 L_e 与等值电容 $C = C_1 + C_2$ 相串联，其自然谐振频率 $f_0 = \frac{1}{2\pi\sqrt{L_e C}}$，$f_0$ 一般为额定频率 f_N 的十几分之一甚至更低。当互感器一次侧突然合闸或二次侧发生短路又突然消除等电流冲击时，暂态过程产生的过电压会使中间变压器铁芯出现磁饱和，励磁电感 L_e 急剧下降，从而使此时回路的自然谐振频率 f_0 上升，f_0 可以达到额定

频率 f_N 的 1/2、1/3、1/5 等，这时就可能出现某一分数次谐波谐振，最常见的是 1/3 次谐波谐振。由于回路本身电阻很小，若不外加阻尼或阻尼参数不当，分数次谐振就会持续下去。这种谐振的过电压可以达到额定电压的 2～3 倍，长期过电流可造成中间变压器和电抗器绕组过热和绝缘损坏，同时由于剩余电压绕组开口三角形电压值升高，将导致继电保护发生无动作。因此电容式电压互感器在制造时必须设置阻尼器，阻尼器在短时间内（如 0.5s）大量消耗谐振能量，以抑制互感器铁磁谐振。常见的阻尼装置有如下三种：

1. 纯电阻阻尼器

纯电阻阻尼器就是在二次剩余电压绕组接入一个阻尼电阻 R_D。这是最简单也是较老式的装置，缺点是要长期固定接于剩余电压绕组的输出端，消耗功率大，且影响测量准确度和二次输出容量，目前已逐步淘汰。

2. 谐振型阻尼器

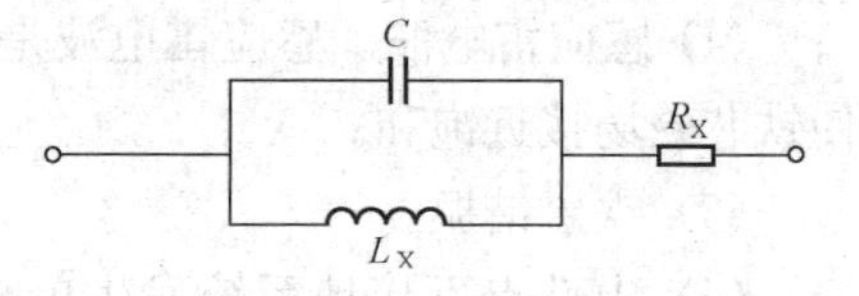

图 4-14　谐振型阻尼器

谐振型阻尼器如图 4-14 所示，是由电容 C 和电感 L_X 并联后加入阻尼电阻 R_X 组成的，整个阻尼装置接于剩余电压绕组。电容 C 和电感 L_X 在额定频率 f_N 下调整到并联谐振状态，回路阻抗很高，只有很小的电流流过阻尼电阻 R_X，对正常运行的影响可以忽略。当分数次谐波铁磁谐振出现后，电容 C 和电感 L_X 并联谐振的条件被破坏，阻抗下降，电流剧增，瞬时在阻尼电阻上消耗很大的功率，从而有效地消除谐振。谐振型阻尼器只是在发生分数次铁磁谐振时将 R_X 投入，正常运行时又会自动切除，避免了纯电阻阻尼器固定接入所带来的不利影响。谐振型阻尼器能够适应一般继电保护的要求，但对电网发展趋向的高速距离保护能否适应尚存疑问，因为其电容 C 和电感 L_X 有储能作用，致使其瞬变响应特性差。当电网（互感器一次侧）发生对地短路时，二次电压要经过一短暂时间才能衰减到零，甚至可能出现低频衰减振荡，这将对二次所接快速保护的正确动作有不良影响。故对瞬变响应要求较高的电网保护宜慎重采用谐振型阻尼器。

3. 速饱和型阻尼器

速饱和型阻尼器如图 4-15 所示，将饱和电抗 L_b 和电阻 R_b 串联后接于剩余电压绕组。设计时应注意中压变压器的伏安特性要与饱和电抗器的伏安特性配合。饱和电抗器应用坡莫合金铁芯，具有陡峭的饱和特性。在过电压下饱和电抗器能快速深度饱和，电感值急剧下降，大电流通过 R_b，产生很大的阻尼消耗功率，有效地阻尼铁磁谐振。在正常情况下，阻尼器阻抗大，消耗功率小，对互感器误差影响很小。速饱和型阻尼器由于其元件储能少，可以得到较好的瞬变响应特性，从而满足了超高压电力系统快速保护的要求。

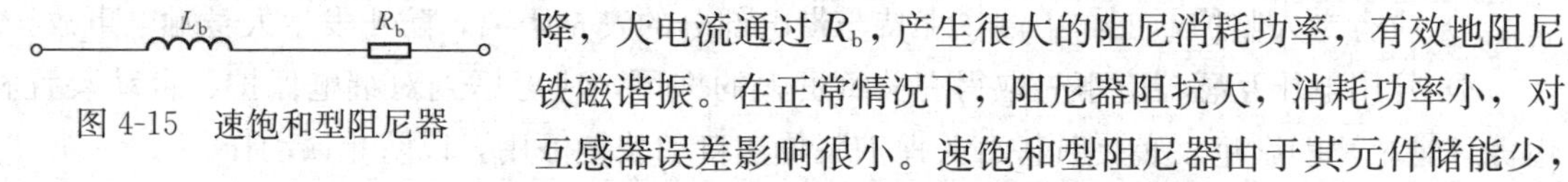

图 4-15　速饱和型阻尼器

第七节　电压互感器常见故障

一、电压互感器高压侧熔断器熔断

1. 现象

发“电压回路断线”光字牌，可能发“母线接地”光字牌。检查高压熔断器时，可能有“吱吱”声。运行中的电压互感器发生一相熔断器熔断后，电压表指示值的具体变化与电压互感器的接线方式以及二次回路所接设备的状况都有关系，不能一概用定量的方法来说明，而只能概括地定性为：熔断相相电压降低或者接近于零，完好相相电压不变或者稍有降低。

2. 原因

电压互感器高压侧熔断器熔断的原因比较多，分别介绍如下：

(1) 内部绕组发生匝间、层间或者相间短路以及一相接地等故障。

(2) 电压互感器一、二次回路故障，导致电压互感器过电流，且二次侧熔断器容量选择不合理。

(3) 过负荷运行或者长期运行，熔断器接触部分锈蚀引起接触不良。

(4) 感应雷电波。感应雷电波是三相一致的零序波，电压互感器零序阻抗很小，雷电波使铁芯磁场接近饱和。

(5) 铁磁谐振。

(6) 中性点不接地系统发生单相接地。不接地相电压上升为线电压，以及发生间歇性电弧接地时产生数倍过电压，都会使电压互感器铁芯饱和，导致电压互感器电流急剧上升。

3. 处理方法

35kV 及以下电压互感器高压侧熔断器一相熔断时，外观检查无异常，应立即更换熔断器试合闸，熔断一相试合闸又断或者熔断两相以上时，应对故障互感器进行摇测，无问题后方可恢复运行。

(1) 试发的基本步骤。首先拉开电压互感器隔离开关，为防止互感器反送电，应拉开电压互感器二次断路器，经验电证明无电后，仔细查看一次引线侧及瓷套管部分有无明显故障点（如短路、瓷套管破裂、漏油等）、注油塞处有无喷油现象及有无异常气味等。检查确认外部无故障后，戴高压绝缘手套或者使用高压绝缘钳更换高压熔丝。

(2) 摇测互感器的基本步骤。断开电压互感器各相一次绕组接地端，摇测电压互感器本体一次绕组对地、二次绕组对地、一次绕组对二次绕组绝缘电阻值。当绝缘电阻在 1000MΩ 以上时合格。

(3) 更换高压熔断器应注意的安全事项。

1) 应有专人监护，工作中注意保持与带电部分的安全距离，防止发生人身触电事故。

2) 停用电压互感器应事先取得有关负责人的许可，应考虑到对继电保护、自动装置和电能计量装置的影响。必要时将有关保护装置与自动装置停用，以防止误动作。

3) 更换熔断器必须采用符合标准的熔断器，不能用普通熔断器代替，否则电压互感器一旦发生故障，由于普通熔断器不能限制短路电流和熄灭电弧，很可能烧毁设备和造成大面积停电事故。

二、电压互感器二次侧空气开关跳闸

1. 现象

母线电压表、有功功率表、无功功率表（包括母线上的主变压器及馈线有功功率、无功功率表）指示到零，电流表有读数，发“电压回路断线”光字牌。

2. 原因

造成电压互感器二次侧空气开关跳闸的原因如下：

（1）二次回路导线受潮、腐蚀及损伤而发生一相接地时，可能发展成两相接地短路。

（2）电压互感器内部存在金属性短路，也会造成电压互感器二次回路短路。二次短路后其回路阻抗减小，通过二次回路的电流增大，导致二次空气开关跳闸。

3. 处理方法

电压互感器二次空气开关跳闸（或熔断器熔断）时，应对保护作相应处理后立即试发，试发不成功时，应将故障互感器所在母线的电压切换回路断开（或者断开分路熔断器），试发电压互感器二次小母线。对于老式的装设熔断器的切换回路，可以通过取下熔断器的方法断开相应的电压切换回路。对于新式的没有熔断器的切换回路，只能通过在端子排处“甩抽头”的方式断开相应电压切换回路。

如果试发成功，应再逐路试投各路电压切换回路（或分路熔断器），找出故障点。将故障点甩开后恢复正常电压切换回路（或分路熔断器），在找出故障点之前严禁倒母线。

如试发不成功，应将互感器一、二次电源断开：单母线接线的上报专业人员处理；双母线接线的应断开故障母线切换装置直流电源后，再将故障母线各路倒至另一条母线，恢复保护运行，上报专业人员处理。

当某一电压互感器二次回路有故障时，严禁将正常的电压互感器二次回路与之并列。

三、电压互感器电压回路断线

1. 现象

“回路断线”光字牌亮，有功功率表指示失常，电压表指示为零或者三相不一致，电能表停走或走慢，低电压继电器动作，若是高压熔断器熔断，可能还有“×母接地”信号，绝缘监视电压表较正常值偏低。

2. 原因

电压互感器电压回路断线的原因如下：

（1）高压侧熔断器熔断。

（2）低压侧空气开关跳闸。

（3）回路接头松动或者断线。

（4）电压切换回路辅助触点和电压切换开关接触不良。母线电压互感器隔离开关辅助触点切换不良牵涉到该母线上所有回路的二次电压回路。线路的母线隔离开关辅助触点切换不良只涉及本线路取用电压量的保护。这种类型的故障在操作后即可发觉，应停止操作，查明原因。

第八节 电压互感器相关理论计算

一、电压互感器二次绕组额定电压的计算

前面已经介绍过电压互感器一、二次绕组的变比，星形接线一般为$U_{ph}/(100/\sqrt{3})$，三角形接线在大电流接地系统中一般为$U_{ph}/100$，在小电流接地系统中为$U_{ph}/(100/3)$。星形接线采用$U_{ph}/(100/\sqrt{3})$变比时，二次绕组之间的线电压额定值为100V。开口三角形的剩余电压绕组变比选择的目的是在电网发生单相接地时，使开口三角形端头出现100V电压，以供保护使用。根据这一原则，可以算得小电流接地系统剩余电压绕组额定电压为100/3V，大电流接地系统剩余电压绕组额定电压为100V。

中性点不接地系统单相接地示意图如图4-16（a）所示，图中将三角形接线的电源等效为中性点不接地的星形接线，电压互感器一次侧中性点N′接地。图4-16（b）所示为单相接地的电压位形图，图中各点的相对位置代表了各个相应的电压量。从位形图的角度来分析：a、b、c、N 4点相对位置不会改变，当发生a点单相接地后，a点电位变为地电位，则地电位的N′点在图中与a点重合。从图中可以很容易看出电压互感器一次绕组三相的电压分别为0、$\dot{U}_{ba}$、$\dot{U}_{ca}$，即接地相为零，另外两相上升为线电压。所以开口三角两端电压为$|\dot{U}_{ba}+\dot{U}_{ca}+0|/n=3|\dot{U}_A|/n=100$，所以$n=\dfrac{|\dot{U}_A|}{100/3}$。从纯计算的角度来看，开口三角形两端电压为

$$(\dot{U}_a+\dot{U}_b+\dot{U}_c)/n=[0+(\dot{U}_B-\dot{U}_A)+(\dot{U}_C-\dot{U}_A)]/n=(-2\dot{U}_A+\dot{U}_B+\dot{U}_C)/n=-3\dot{U}_A/n \tag{4-1}$$

从式（4-1）也可以看出剩余电压绕组额定电压为100/3V。

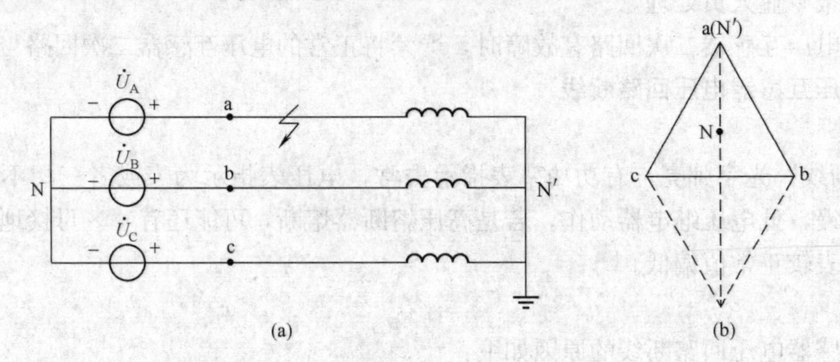

图4-16　中性点不接地系统单相接地示意图及电压位形图

（a）接线图；（b）电压位形图

中性点直接接地系统单相接地示意图如4-17（a）所示。发生单相接地之前的电压位形图如图4-17（b）所示，图中N′为等腰三角形的中心点，代表地电位。A点单相接地后，a点电位为零，则图中a点位置移动到N′。从图中可以很容易看出电压互感器一次绕组三相

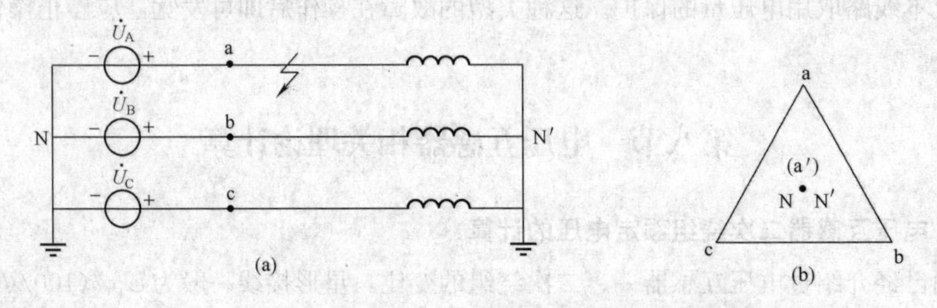

图4-17　中性点直接接地系统单相接地示意图及电压位形图

（a）接线图；（b）电压位形图

电压分别为零、相电压、相电压。同理可以得出剩余电压绕组额定电压为100V。

二、单相接地工频过电压与电压互感器的额定电压因数

如图4-18所示，电源变压器中性点经电抗x接地（$x=0$时代表直接接地系统，x趋于无穷大时为不接地系统）。如果电网发生A相金属性接地，根据对称分量法，接地电流为

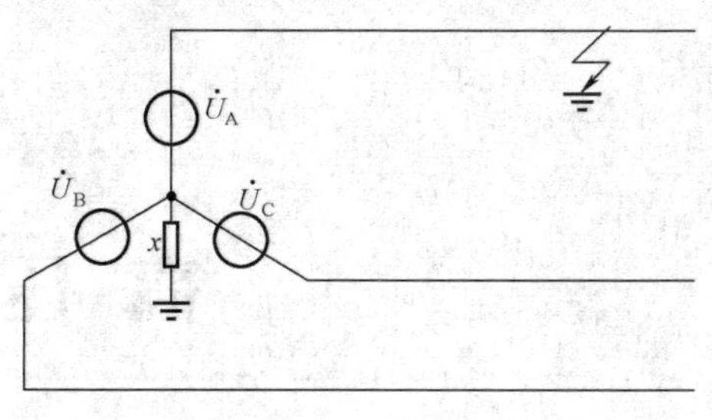

图4-18 单相接地示意图

$$\dot{I}_f=\frac{3\dot{U}_A}{j(x_1+x_2+x_0)}$$

式中，x_1、x_2、x_0分别为等值电路的正序、负序与零序电抗，易得$x_1=x_2$，$x=\frac{x_0-x_1}{3}$，所以中性点位移点位$\dot{U}_{N'N}=-\dot{I}_f\cdot jx=-\frac{\dot{U}_A(x_0-x_1)}{2x_1+x_0}$,令$k=\frac{x_0}{x_1}$,则

$$\dot{U}_{N'N}=\dot{U}_A\frac{k-1}{k+2}$$

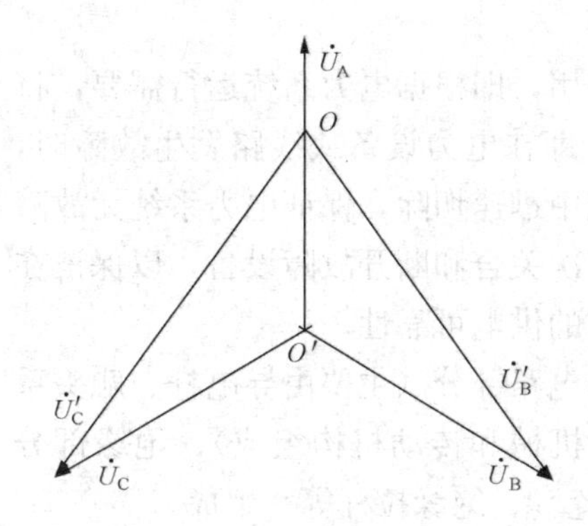

图4-19 单相接地相量图

如图4-19所示，B、C两相对地电压$\dot{U}'_B$、$\dot{U}'_C$分别为$\dot{U}'_B=\dot{U}_B+\dot{U}'_{N'N}$，$\dot{U}'_C=\dot{U}_C+\dot{U}'_{N'N}$。在$\triangle BOO'$中已知$|OO'|$、$|B'O'|$及其夹角，根据余弦定理

$$|\dot{U}'_B|=|\dot{U}'_C|=\sqrt{3}\cdot\frac{\sqrt{1+k+k^2}}{2+k}|\dot{U}_A|$$

（1）对于中性点完全接地系统，$k=1$，则

$$|\dot{U}'_B|=|\dot{U}'_C|=|\dot{U}_A|$$

接地相电压为零，另外两相电压不变。

（2）对于中性点不接地系统，$k=\infty$,则

$$|\dot{U}'_B|=|\dot{U}'_C|=\sqrt{3}|\dot{U}_A|$$

接地相电压为零，另外两相电压上升为线电压。

（3）对于中性点有效接地系统，当$k=3$时，有

$$|\dot{U}'_B|=|\dot{U}'_C|=\sqrt{3}\times\frac{\sqrt{13}}{5}|\dot{U}_A|\approx 1.25|\dot{U}_A|$$

考虑到电网的最高工作电压为额定电压的1.15倍，同时计及导线损耗电阻等的影响，过电压还要增大5%左右，这样得到的过电压计算如下：

中性点完全接地系统$|\dot{U}'_B|=|\dot{U}'_C|=1\times1.15\times1.05|\dot{U}_A|=1.2|\dot{U}_A|$

中性点不接地系统$|\dot{U}'_B|=|\dot{U}'_C|=1.73\times1.15\times1.05|\dot{U}_A|=2.1|\dot{U}_A|$

中性点有效接地系统$|\dot{U}'_B|=|\dot{U}'_C|=1.25\times1.15\times1.05|\dot{U}_A|=1.5|\dot{U}_A|$

标准规定，中性点直接接地系统额定电压因数为1.2，中性点不接地系统额定电压因数为1.9，中性点有效接地系统额定电压因数为1.5。将额定电压因数乘以电网额定电压，就是电压互感器必须满足的在规定时间内有关热性能要求和保护绕组有关准确等级要求的工频过电压。

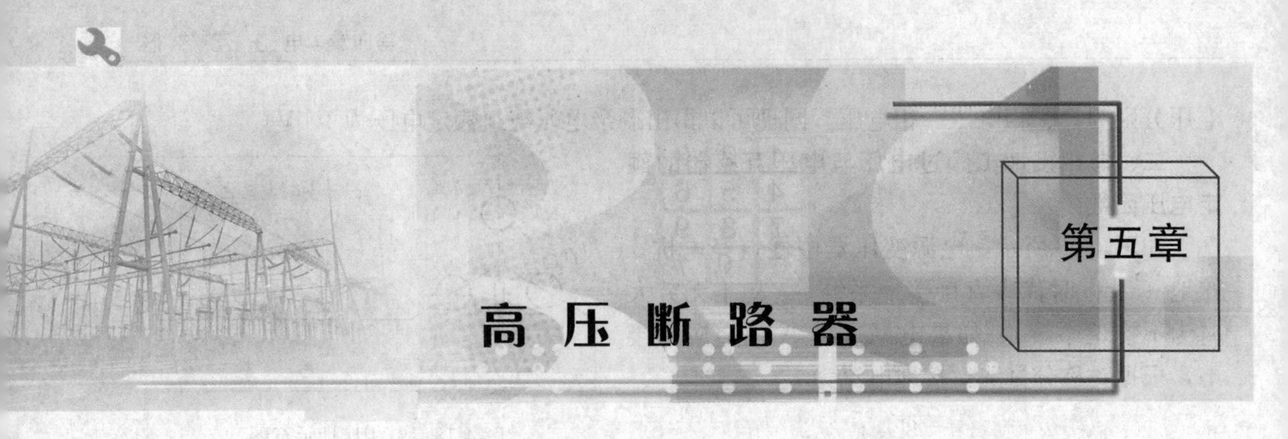

第一节 高压断路器概述

一、高压断路器的功能

高压断路器（俗称高压开关）是变电站的重要设备之一，是能够关合、承载和开断正常回路条件下的电流，并能关合、在规定的时间内承载和开断异常回路条件（包括短路条件）下的电流的开关装置。

断路器在电力系统中起着两方面的作用：一是控制作用，即根据电力系统运行需要，将一部分电力设备或线路投入或退出运行；二是保护作用，即在电力设备或线路发生故障时，通过继电保护装置作用于断路器，将故障部分从电力系统中迅速切除，保证电力系统无故障部分的正常运行。高压断路器与自动重合闸装置配合能多次关合和断开故障设备，以保证在电网设备瞬时故障时及时切除故障和恢复供电，提高电网的供电可靠性。

为实现电路的开断和关合，断路器均有开断与关合的电路部分（主要由导电杆、触头系统以及灭弧室组成）、操动和传动部分（主要由能源操动机械和传动机构组成）、绝缘部分（用于导电杆与触头系统等对地绝缘的绝缘部件，如绝缘瓷套、绝缘拉杆等）组成。

二、高压断路器的分类

1. 按灭弧介质分类

（1）油断路器。又分为多油断路器和少油断路器。它们都是触头在油中开断、接通，用变压器油作为灭弧介质。

（2）SF_6 断路器。利用 SF_6 气体来吹灭电弧的断路器。

（3）真空断路器。触头在真空中开断、接通，在真空条件下灭弧的断路器。

目前，在电力系统中主要使用 SF_6 断路器、真空断路器以及油断路器三种形式的断路器，而一些旧式断路器，如空气断路器等，已逐步被淘汰。

2. 按外形结构分类

（1）绝缘子支柱型结构断路器。这种类型的断路器的灭弧室处于高电位，靠支柱绝缘子对地绝缘。这种断路器可以用串联若干个灭弧室和加高对地支柱绝缘子的方法组成更高电压等级的断路器。

（2）罐式结构断路器。这种断路器灭弧室及触头系统装在接地的金属箱中，导电回路靠套管引出。这种断路器可以在进出线套管上装设电流互感器，其抗振强度比较高。

（3）全封闭组合式断路器。这种结构把断路器、隔离开关、互感器、避雷器和连接引线

全部封闭在金属箱中，与出线回路的连接采用套管式专用气室，实际上已经超越了一般断路器的范畴。

3. 按操动机构分类

（1）手动机构（CS）断路器。采用人力合闸的操动机构，一般用于10kV以下断路器。

（2）电磁机构（CD）断路器。采用电磁铁合闸的操动机构，由于机构较大、合闸电流较大、合闸速度较慢，目前已经较少使用。

（3）弹簧机构（CT）断路器。采用人力或者电动机使弹簧储能实现合闸的弹簧合闸操动机构。

（4）电动机机构（CJ）断路器。采用电动机合闸和分闸的操动机构。

（5）液压（或气动）机构［CY（或CQ）］断路器。采用以高压油（或压缩气体）推动活塞实现合闸与分闸的操动机构。

此外还有以灭弧形式（如纵吹、横吹、纵横吹）、触头形式（如定开距、变开距）分类的方式。

三、高压断路器的基本技术参数

通常用下列参数表征高压断路器的基本工作性能：

（1）额定电压(标称电压)。指断路器正常工作时的工作电压，是表征断路器绝缘强度的参数。我国规定的断路器额定电压等级有3、6、10、20、35、60、110、220、330kV和500kV。

（2）最高工作电压。在实际运行中，由于系统调压的需要，电网的电压允许在一定的范围内变动，因此断路器的实际工作电压可能比额定电压高出10%～15%。这样断路器可能在高于额定电压下长期工作，为了适应电力系统工作的要求，需要规定最高工作电压。

（3）额定电流（长期允许最大工作电流）。指设备在规定使用条件和工况下，应能连续通过的电流有效值，是表征断路器通过长期电流能力的参数，即断路器在额定容量下允许长期通过的最大工作电流。我国规定的额定电流为200、400、630、（1000、）1250、1600、（1500、）2000、3150、4000、5000、6300、8000、10 000、12 500、16 000、20 000A。

（4）额定（短路）开断电流（额定电压下正常开断最大短路电流）。在额定电压下，断路器能保证可靠开断的最大短路电流周期分量有效值，称为额定开断电流，是表征断路器开断能力的参数，单位为kA。额定开断电流决定了断路器灭弧室的结构和尺寸。我国规定的断路器额定开断电流等级有1.6、3.15、6.3、8、10、12.5、16、20、25、31.5、40、50、63、80、100kA。

（5）额定断流容量。其单位为MVA，与额定开断电流的关系是

$$P_{KN}=\sqrt{3}U_{N}I_{KN}$$

式中　P_{KN}——额定断流容量，MVA；

U_{N}——额定电压，kV；

I_{KN}——额定开断电流，kA。

我国根据国际电工委员会（IEC）的规定，现只把额定开断电流作为表征开断能力的唯一参数，而断流容量仅作为描述断路器特性的一个数值。

（6）额定频率。我国采用50Hz。

（7）额定（短路）关合电流。指短路时，断路器能够关合而不发生触头熔焊或其他损伤

的最大电流，是表征断路器关合电流能力的参数。在断路器接通电路时，电路中可能预伏有短路故障，此时断路器将关合很大的短路电流。这样，一方面由于短路电流的电动力减弱了合闸的操作力，另一方面由于触头尚未接触前发生击穿而产生电弧，可能使触头熔焊，从而对断路器造成损伤。断路器保证正常关合的最大预期峰值电流，称为额定关合电流。其数值以关合操作时瞬态电流第一个大半波峰值来表示。制造部门对关合电流一般取额定开断电流的 $1.8\sqrt{2}$ 倍，即

$$I_{GN}=1.8\sqrt{2}I_{KN}=2.55I_{KN}$$

式中 I_{GN}——额定关合电流，kA；

I_{KN}——额定开断电流，kA。

(8) 额定短时耐受电流（又称热稳定电流）。是指在某一规定的短时间 t 内断路器能承受的短路电流有效值。短时耐受电流通过的时间通常规定为1、2、3、5s，一般规定取3s为标准。称3s相应的短时耐受电流为断路器的额定短时耐受电流，其值应和断路器的额定开断电流相等。热稳定电流也是表征断路器通过短时电流能力的参数，但它反映断路器承受短路电流热效应的能力。热稳定电流是指断路器处于合闸状态下，在一定的持续时间内所允许通过电流的最大周期分量有效值，此时断路器不应因短时发热而损坏。短时耐受电流也将影响到断路器触头和导电部分的结构和尺寸。

(9) 额定峰值耐受电流（又称动稳定电流）。即在规定的使用条件和性能下，断路器在合闸位置时所能经受的电流峰值。与关合电流不同的是，峰值耐受电流是断路器处于合闸位置时通过的短路电流，而关合电流则是由于断路器关合短路故障所产生的短路电流。峰值耐受电流也是以短路电流的第一个大半波峰值电流来表示的，且 $I_{dw}=I_{GN}=2.55I_{KN}$。断路器峰值耐受电流的大小，决定了断路器导电部分和支持部分所需的机械强度，以及触头的结构型式。

第二节 不同灭弧介质的高压断路器

一、真空断路器

真空断路器的真空灭弧室以高真空为绝缘和灭弧介质。高真空（$1.3\times10^{-6}\sim0.13$Pa，即 $10^{-8}\sim10^{-3}$mmHg）具有较高的绝缘强度，开断短路电流时形成真空电弧。真空电弧中气体非常稀薄。在电流过零后，由于电极周围的金属蒸气密度低，弧隙间的介质强度恢复很快，所以真空开断性能比其他介质优良，特别适合切近区故障电流和高频电流。真空断路器可配用电磁操动机构、弹簧操动机构和永磁操动机构。在中压领域真空断路器发展很快，几乎取代了其他断路器。随着触头截流问题逐渐得以解决，真空断路器正在向高压领域发展。

真空断路器有如下特点：

(1) 真空介质的绝缘强度高，触头间距离可被大大缩短，所以分合时触头行程很小，对操动机构的操动功率要求较小。

(2) 灭弧过程是在密封的真空容器中完成的，电弧和炽热的金属蒸气不会向外界喷溅，因此不会污染周围环境。

（3）介质不会老化，介质不需要更换。

（4）电弧开断后，介质强度恢复迅速。

（5）电弧能量小，使用寿命长，适合于频繁操作。

（6）开断可靠性高，无火灾和爆炸的危险，能适用于各种不同的场合，可以频繁操作。

（7）结构简单、操作简便、维护工作量小，维护成本低，仅为少油断路器的 1/20 左右。

二、SF_6 断路器

采用 SF_6 气体作为绝缘和灭弧介质的断路器称为 SF_6 断路器。由于 SF_6 气体具有优良的绝缘性能和电弧下的灭弧性能，无可燃、爆炸的特点，使 SF_6 断路器在高压和超高压断路器中获得广泛的应用，已基本取代了其他断路器。压气式 SF_6 断路器配用气动操动机构或液压操动机构。由于自能式 SF_6 断路器需要的操作功率比压气式小得多，配用无油压和气压的弹簧操动机构，因此受到用户青睐。目前自能式 SF_6 断路器正在向超高压发展。

SF_6 断路器的特点如下：

（1）SF_6 气体的良好绝缘特性使 SF_6 断路器结构设计更为紧凑，电气距离小，单断口的电压可以做得很高。与少油和空气断路器比较，在相同额定电压等级下，SF_6 断路器所用的串联单元数较少，节省占地，而且操作功率小，噪声小。

（2）SF_6 气体的良好灭弧特性，使 SF_6 断路器触头间燃弧时间短，开断电流能力大，触头的烧损腐蚀小，触头可以在较高的温度下运行而不损坏。

（3）SF_6 气体介质恢复速度特别快，因此开断近区故障的性能特别好，通常不加并联电阻能够可靠地切断各种故障而不产生过电压。

（4）SF_6 断路器的带电部位及断口均被密封在金属容器内，金属外部接地，能更好地防止意外接触带电部位和防止外部物体侵入设备内部，保证设备可靠运行。

（5）SF_6 气体在低压下使用时，能够保证电流在过零附近切断，电流截断趋势减至最小，避免截流而产生的操作过电压，降低了对设备绝缘水平的要求，并在开断电容电流时不产生重燃。

（6）SF_6 气体密封条件好，能够保持 SF_6 断路器内部干燥，不受外部潮气的影响。

（7）SF_6 气体是不可燃的惰性气体，这可避免 SF_6 断路器发生爆炸和燃烧，使变电站的安全可靠性提高。

（8）SF_6 气体分子中根本不存在碳，燃弧后 SF_6 断路器内没有碳的沉淀物，所以可以消除碳痕，使其允许开断的次数多、检修周期长。

三、油断路器

油断路器是一种曾经在电力系统中广泛使用的高压断路器。油断路器一般可分为多油断路器和少油断路器两大类。多油断路器中的变压器油具有灭弧和绝缘两大功能，因此多油断路器外壳一般不带电压。少油断路器中的变压器油仅作为灭弧介质使用，因此其外壳带有高电压，漆为红色，运行人员不得触及。

油断路器用油作灭弧介质，电弧在油中燃烧时，油受电弧的高温作用而迅速分解、蒸发，并在电弧周围形成气泡，能有效地冷却电弧，降低弧隙电导率，促使电弧熄灭。在油断路器中设置了灭弧装置（灭弧室），使油和电弧的接触紧密，气泡压力得到提高。当灭弧室喷口打开后，气体、油和油蒸气本身形成一股气流和液流，按照具体的灭弧装置结构，可垂直于电弧横向吹弧、平行于电弧纵向吹弧或纵横结合等方式吹向电弧，对电弧实行强力有效的吹弧，这样就加速了去游离过程，缩短了燃弧时间，从而提高了断路器的开断能力，在电流过零时灭弧。

目前，多油断路器因用油量多、渗漏油污染较严重等原因日趋淘汰，少油断路器在35kV及以下电力系统中尚有一定的应用。少油断路器主要配用液压操动机构。我国20世纪七八十年代主要使用少油断路器，但是从20世纪80年代中期开始，真空和SF_6断路器已逐渐取代了少油断路器。

第三节 高压断路器操动机构

一、操动机构简介

操动机构是断路器的重要组成部分，断路器的工作可靠性在很大程度上依赖于操动机构的动作可靠性。断路器事故分析证明，由于操动机构原因而导致的断路器事故占总事故的60%以上，足见操动机构对断路器工作性能和可靠性起着多么重要的作用。

断路器的全部功能最终都体现在触头的分合动作上。触头的分合动作要通过操动机构来实现，把从提供能源到触头运动的全部环节统称为操动系统（或操动装置）。操动系统包括操动机构、传动机构、提升变直机构、缓冲装置和二次控制回路等几个部分。图5-1所示为断路器操动机构示意图。

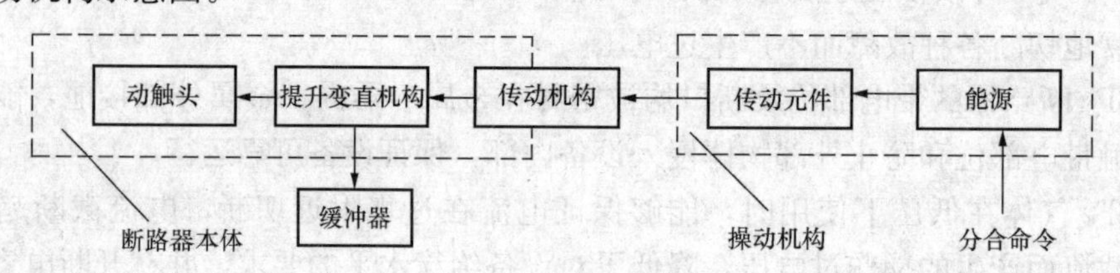

图5-1 断路器操动机构示意图

通常把独立于断路器本体以外的部分称为操动机构，因此操动机构往往是一个独立的产品，一种型号的操动机构可以配用于不同型号的断路器，而同一型号的断路器也可配装不同型号的操动机构。

根据所提供能源形式的不同，操动机构可分为手动操动机构（CS）、电磁操动机构（CD）、弹簧操动机构（CT）、气动操动机构（CQ）、液压操动机构（CY）等几种，手动和电磁操动机构属于直动机构，弹簧、气动和液压机构属于储能机构。

对于直动机构而言，操动机构由做功元件、连板系统、维持和脱扣部件等几个主要部分组成；对于储能机构而言，操动机构由储能元件、控制系统、执行元件几大部分组成。

二、操动机构的要求

操动机构的工作性能和质量的优劣，对高压断路器的工作性能和可靠性有着极为重要的影响。操动机构的动作性能必须满足断路器的工作性能和可靠性的要求，这些要求如下：①具有足够的合闸功率，保证所需的合闸速度；②能维持断路器处在合闸位置，不产生误分闸；③有可靠的分闸速度和足够的合闸速度；④具有自由脱扣装置；⑤防跳跃；⑥在控制回路中，要保证分合动作准确、连续；⑦结构简单、体积小、价格低廉。

要求操动机构须具备的功能如下：

1. 合闸

在电网正常工作时，用操动机构使断路器关合，这时电路中流过的是工作电流，关合是比较容易的。但在电网事故情况下，如断路器关合到有预伏短路故障的电路时，情况就要严重得多。因为断路器关合时，电路中出现的短路电流可达几万安以上，断路器导电回路受到的电动力可达几千牛以上。另外，从断路器导电回路的布置以及触头的结构来看，电动力的方向又常常是阻碍断路器关合的。因此，在关合有预伏短路故障的电路时，由于电动力过大，断路器有可能出现触头不能关合，从而引起触头严重烧伤；油断路器可能出现严重喷油、喷气，甚至断路器爆炸等严重事故。因此，操动机构必须足以克服短路电动力的阻碍，也就是具有关合短路故障的能力。

2. 保持合闸

由于合闸过程中，合闸命令的持续时间很短，而且操动机构的操作力也只在短时内提供，因此操动机构必须有保持合闸的机构，以保证在合闸命令和操作力消失后，断路器仍能保持在合闸位置。

3. 分闸

操动机构不仅要求能够电动（自动或受遥控）分闸，在某些特殊情况下，还应该可以在操动机构上进行手动分闸，而且要求断路器的分闸速度与操作人员的动作快慢和下达命令的时间长短无关。

4. 自由脱扣

自由脱扣的含义：断路器合闸过程假如操动机构又接到分闸命令，则操动机构不应继续执行合闸命令而应立即分闸。手动操动机构必须具有自由脱扣装置，才能保证及时开断短路故障，保证操作人员的安全。对于某些操作小容量断路器的电磁操动机构，在失去合闸电源而又迫切需要恢复供电时，操作人员往往不得不违反正常操作规定，利用检修调整用的杠杆应急地用手动直接合闸。对于这类操动机构也应装有自由脱扣装置，其他很多操动机构则不要求自由脱扣。值得注意的是，自由脱扣时的断路器分闸速度常常达不到规定的数值，能否可靠地开断短路电流，需要通过试验验证。

5. 防跳跃

当断路器关合有预伏短路故障的电路时，不论操动机构有无自由脱扣，断路器都应自动分闸。此时若合闸命令还未解除（如转换开关的手柄或继电器还未复位），则断路器分闸后又将再次短路合闸，紧接着又会短路分闸。这样，有可能使断路器连续多次分、合短路电流，这一现象称为“跳跃”。出现跳跃时，断路器将无谓地连续多次合、分短路电流，造成触头严重烧损甚至引起爆炸事故。因此对于非手动操作的操动机构，必须具有防止跳跃的能力，使得断路器关合短路电流而又自动分闸后，即使合闸命令尚未解除，也不会再次合闸。防跳跃可以采用机械的方法，如上述的自由脱扣装置就是常用的防止跳跃的机械方法。不少操动机构中装设自由脱扣装置的目的就是为了防止跳跃。当然也可采用电气的方法，如在操动机构分、合闸操作的控制电路中加装防跳跃继电器，防止跳跃的出现。

6. 复位

断路器分闸后，操动机构中的各个部件应能自动地回复到准备合闸的位置。对于手动操动机构，允许通过简单的操作后回复到准备合闸位置，因此，操动机构中还需装设一些复位用的零部件，如连杆或返回弹簧等。

7. 闭锁

为了保证操动机构的动作可靠，要求操动机构具有一定的闭锁装置。常用的有以下三种：

(1) 分合闸位置联锁。保证断路器在合闸位置时，操动机构不能进行合闸操作；断路器在分闸位置时，操动机构不能进行分闸操作。

(2) 低气（液）压与高气（液）联锁。当气体或液体压力低于或高于额定值时，操动机构不能进行分、合闸操作。

(3) 弹簧操动机构中的位置联锁。弹簧储能不到规定要求时，操动机构不能进行分、合闸操作。

三、常见操动机构

1. 气动操动机构

气动操动机构分早期和后期两种形式。早期的气动操动机构用于空气断路器，分合闸都靠压缩空气提供动力，储压筒内压力高，机构体积大，噪声大。这种气动操动机构已经被淘汰。后期的气动操动机构是改进后的气动操动机构。SF_6 断路器所配的气动操动机构是一种以压缩空气做动力进行分闸操作，辅以合闸弹簧作为合闸储能元件的操动机构。压缩空气靠产品自备的压缩机进行储能，分闸过程中通过气缸活塞给合闸弹簧进行储能，同时经过机械传递单元使触头完成分闸操作，并经过锁扣系统使合闸弹簧保持在储能状态。合闸时，锁扣借助磁力脱扣，弹簧释放能量，经过机械传递单元使触头完成合闸操作。所以该机构确切应为气动—弹簧操动机构。

气动—弹簧操动机构结构简单，可靠性高，分闸操作靠压缩空气做动力，控制压缩空气的阀系统为一级阀结构，合闸弹簧为螺旋压缩弹簧。运行时分闸所需的压缩空气通过控制阀封闭在储气罐中，而合闸弹簧处于释放状态。这样分、合闸各有一套独立的系统。

气动操动机构的缺点：传递媒介使用的是压缩空气，操作过程中会发生动作延迟；压缩空气的质量对操动机构有着重要的影响；压缩空气应该干燥，否则会使活塞和气缸表面生锈；操作时压缩空气的释放声音大，而且还需要配备空气压缩机。目前气动—弹簧操动机构仍然在某些 126～500kV 压气式 SF_6 断路器上使用，但是随着自能式高压 SF_6 断路器的发展，气动—弹簧操动机构将会被淘汰。

2. 液压操动机构

液压操动机构将储存在储能器中的高压油作为驱动能传递媒体。储能器中的能量维持主要使用氮气，利用储压器中预储的能量，运用差动原理，间接推动操作活塞来实现断路器的分合闸操作。

液压操动机构的优点：①体积小、操作力大、操作平稳、无噪声且需要控制的能量小；②容易实现自动控制和各种保护。

液压操动机构的缺点：①如果有油泄漏就会影响能量输出而造成断路器的慢分和慢合；②如果气温变化大，一是储压器中的压力变化增大，二是引起油的黏度变化而影响断路器分合速度的变化；③加工精度要求高，制作成本高。

由于液压操动机构具有的优点，在相当一段时期在高压断路器上广泛使用。高压断路器的不断发展也促使了液压操动机构的不断改进。目前，模块化、高质量、无泄漏的新型液压操动机构依然受到用户广泛欢迎。

3. 弹簧操动机构

弹簧操动机构是一种以弹簧作为储能元件的机械式操动机构。弹簧的储能借助电动机通过减速装置来完成，并经过锁扣系统保持在储能状态。开断时，锁扣借助磁力脱扣，弹簧释放能量，经过机械传递单元使触头运动。

弹簧操动机构结构简单、可靠性高，分合闸操作采用两个螺旋压缩弹簧实现。储能电动机给合闸弹簧储能，合闸时合闸弹簧的能量一部分用来合闸，另一部分用来给分闸弹簧储能。合闸弹簧一释放，储能电动机立刻给其储能，储能时间不超过15s（储能电动机采用交直流两用电动机）。运行时分合闸弹簧均处于压缩状态，而分闸弹簧的释放有一独立的系统，与合闸弹簧没有关系。

弹簧操动机构的优点：①不需要专门的操作电源，储能电动机功率小，交直流两用，使用方便；②没有油压和气压，因此也不需要这些压力的监控装置。

弹簧操动机构的缺点：①结构比较复杂，零件数量较多，加工要求较高；②传动环节较多，有时会出现故障。

4. 液压弹簧操动机构

液压弹簧操动机构是在液压操动机构基础上发展起来的，最大的改进是用蝶簧储能取代了氮气储压筒储能，无需温度补偿措施，解决了传统液压操动机构储能器气体泄漏造成储能器功能下降的隐患，并且大大减少了机构体积，简化了机构结构。新型液压弹簧操动机构完全模块化，采用集装板块结构（如ABB公司的HMB型）。

由于液压弹簧操动机构集液压和弹簧操动机构的优点为一体，操作平稳，性能较为可靠，因此在高压SF_6断路器上使用范围逐渐扩大。但是由于该机构蝶簧的材料和制作工艺要求高，液压元件精度要求也高，制造难度较大，成本较高，也有继续研究和改进的必要。如果要将该机构用于自能式高压SF_6断路器上的话，对多次打压后由于油温升高使油的黏度变化而影响断路器速度变化的现象不可忽视。

第四节 高压断路器二次回路

本节以LTB-245E1型断路器为例介绍高压断路器的二次回路。LTB-245E1型断路器配置弹簧操动机构，其工作介质是SF_6，是常用的户外高压电气设备。

本节分别介绍断路器的合闸回路、跳闸回路、电动机回路、电热回路以及非全相保护回路。表5-1所列为LTB-245E1型断路器机构二次元件。

表5-1　LTB-245E1型断路器机构二次元件

项　目	注　　释	项　目	注　　释
BD1	带信号触点和闭锁触点的密度计	BN	计数器
BG	断路器辅助触点	BT1	温控器

续表

项　目	注　　释	项　目	注　　释
BW1、BW2	储能限位开关	Q1、Q2	接触器
BX	门灯限位开关	K12、K13	继电器
E1	加热器（持续）	R_3	保护电阻
E2	加热器（温控开关控制）	S1	就地控制开关（分/合）
E3	门灯	S4	位置选择开关
F1	电动机启动器	X0	接线端子（内部）
F2	微型断路器（AC交流）	X1	接线端子（外部）
H1	指示灯（绿）	X2	接线端子（气体监测）
H2	指示灯（红）	X3	接线端子
K3	防跳继电器	X4	电源插座
K9	气体监测闭锁继电器（合 & 分 1）	Y1	分闸线圈 1
K10	气体监测闭锁继电器（分 2）	Y2	分闸线圈 2
K12	弹簧未储能继电器	Y3	合闸线圈 1
K13	弹簧已储能继电器	Y7	手动/电动选择开关
M1	电动机		

S1点号表

位置	1-2	3-4	5-6	7-8			
1		•		•			分闸
2							
3	•		•				合闸

S4点号表

位置	1-2	3-4	5-6	7-8	9-10	11-12	13-14	15-16	17-18	19-20	
0										•	隔离
1		•	•			•		•	•		当地
2	•			•	•		•				远控

一、合闸回路

图 5-2 所示为断路器合闸回路图。

1. 就地合闸

当 S4 在就地控制状态时，合闸控制回路由防跳继电器 K3 动断触点、气体监测闭锁继电器 K9 动断触点、弹簧储能继电器 K13 动合触点、断路器动断触点 BG1、合闸线圈 Y3 串联组成。合闸回路处于准备状态（S1 选择合闸时即可合闸）时，需要满足以下条件：

（1）防跳继电器 K3 动断触点闭合。防跳是指防止手合断路器于故障线路且发生手合开关触点粘连的情况下，由于“线路保护动作跳闸”与“手合开关触点粘连”同时发生造成断路器在跳闸动作与合闸动作之间发生跳跃的情况。操作箱和断路器机构箱中都配置了防跳回路，一般将操作箱中的防跳回路拆除。从图 5-2 中可以看出，断路器的动合触点与防跳继电器的动合触点并联后再串接防跳继电器线圈，防跳继电器的动断触点串接在断路器的合闸回路中。断路器合闸后，其动合触点接通防跳继电器线圈，启动防跳继电器，防跳继电器气动后其动合触点接通，实现防跳继电器的自保持，同时防跳继电器的动断触点断开断路器的合

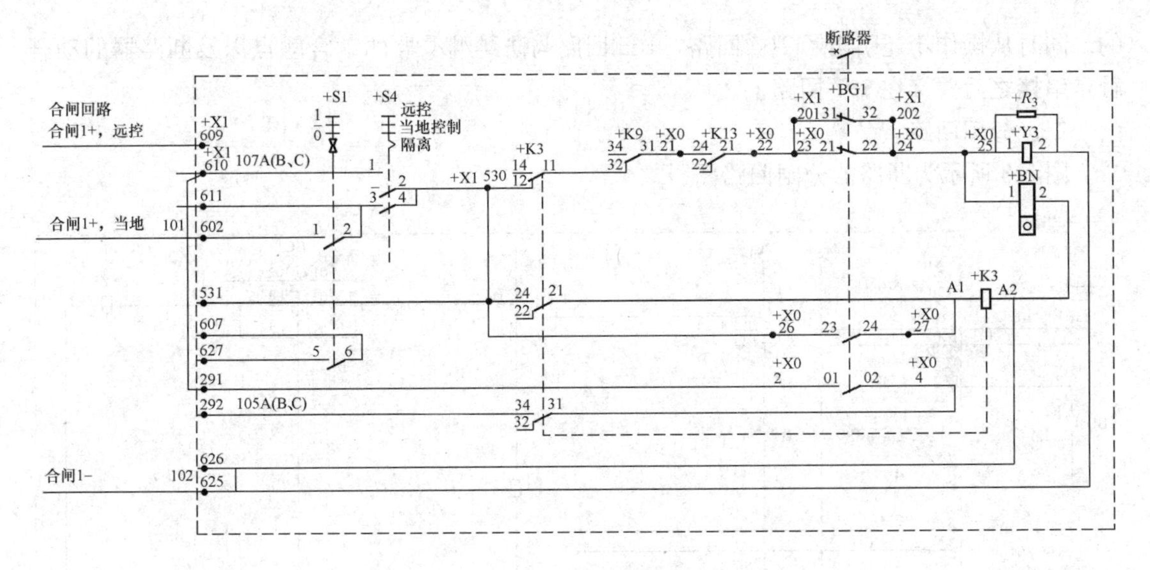

图 5-2　断路器合闸回路图

闸回路。也就是说，在发生“手合开关触点粘连”的情况下，合闸之后，断路器的合闸回路即被闭锁。

实际上，在上面的分析中还忽略了一个问题。根据前述防跳回路的定义，如果手合断路器于故障线路，由于是用 S1 控制合闸，那么 S4 一定在就地位置，保护跳闸命令根本就无法传输到断路器机构箱内的跳闸回路。这样就会造成合闸于故障线路且无法跳闸的后果，必然造成越级跳闸从而使事故范围扩大。这也就是断路器投入运行时必须在远方操作的原因之一，不仅仅是因为保护人身安全的需要。

将 S4 切换至远方位置，如果是用测控屏上的操作手把合闸后发生了合闸触点粘连，那么防跳回路的动作情况就会与刚才分析的情况一样，并且起到了防跳作用。

(2) 气体监测闭锁继电器 K9 动断触点合。K9 是一个中间继电器，它是由监视 SF_6 密度的气体继电器的动合触点启动的。由于泄露等原因都会造成断路器内 SF_6 的密度降低而无法满足灭弧需要，这时就要禁止对断路器进行操作以免发生事故，通常称为 SF_6 低气压闭锁操作。K9 启动后，其动断触点分开，合闸回路、跳闸回路均被断开，闭锁断路器操作。

(3) 弹簧储能继电器 K13 动合触点闭合。当合闸弹簧储能完成时 K13 动作，动合触点闭合。将 K13 动合触点串入合闸回路的目的是为了防止断路器在未储能时进行合闸操作。

(4) 断路器的动断触点 BG1 闭合。断路器的动断触点 BG1 闭合表示的是断路器处于分闸状态。动断触点 BG1 还有一个作用是合闸操作完成后切断合闸回路。

在满足以上条件后，断路器的合闸回路即处于准备状态，可以在接到合闸指令后完成合闸操作。

2. 远方合闸

对于断路器而言，远方合闸是指一切通过微机操作箱发来的合闸指令，它包括微机线路保护重合闸、自动装置重合闸、使用测控屏上的操作手把合闸、使用综合自动化系统后台软件合闸、使用远动功能在集控中心合闸等，这些指令都是通过操作箱的合闸回路送到断路器机构箱内的合闸回路的。图 5-2 中所有的合闸指令都是通过 107 回路传送到断路器机构箱的。同时从操作箱还引出了105回路，105回路与防跳继电器的动合触点以及断路器的动合触点串接之后并接在107回路上。

二、分闸回路

图5-3所示为断路器分闸回路图。

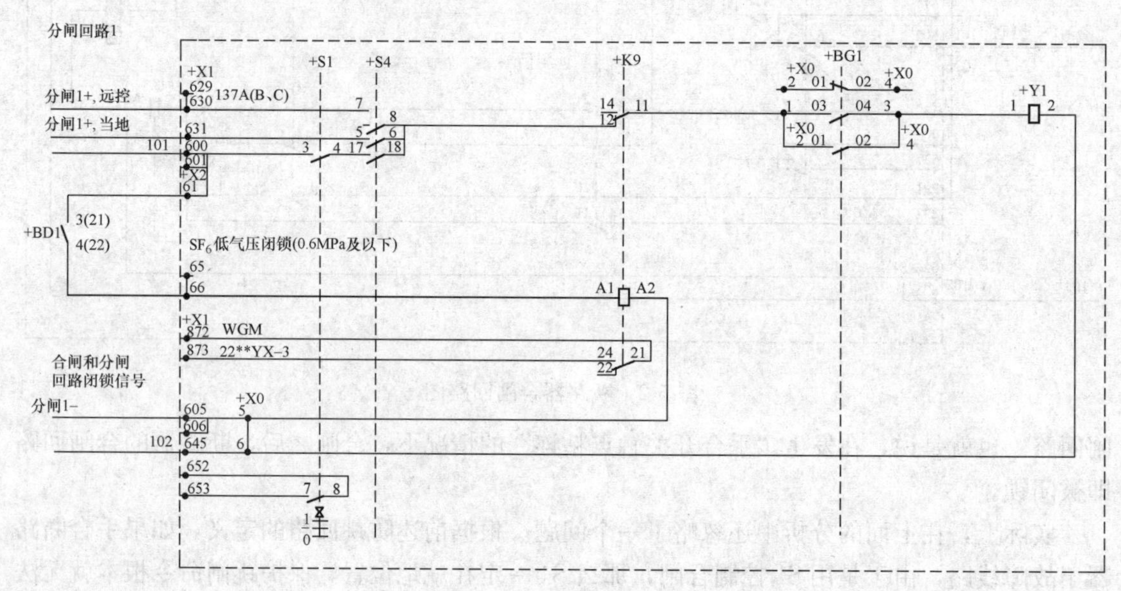

图5-3 断路器分闸回路图

1. 就地分闸

当S4处于就地位置时，断路器的分闸回路由控制开关S1、气体监测闭锁继电器K9动断触点、断路器动合触点以及跳闸线圈Y1组成。分闸回路处于准备状态（切换S4即可成功分闸）时，断路器需要满足以下条件：

（1）断路器动合辅助触点闭合。断路器动合辅助触点闭合表示的是“断路器处于合闸状态”，同时断路器动合辅助触点在跳闸操作完成后能切断分闸回路。

（2）气体监测闭锁继电器K9动断触点闭合。其作用与合闸回路中作用相同。

2. 远方分闸

对于断路器而言，远方跳闸是指一切通过微机操作箱发来的跳闸指令，包括微机保护跳闸、自动装置跳闸、使用微机测控屏上的操作手把跳闸、使用综合自动化系统后台软件跳闸、使用远动功能在集控中心跳闸等。这些指令都是通过微机操作箱的跳闸回路传动到断路器的。图5-3中所有的跳闸指令都是通过137回路传到断路器机构箱的。一般220kV断路器为了保证跳闸的可靠性，设置有双套跳闸回路。第二套跳闸回路与第一套完全一致，其跳闸指令通过237回路传到断路器机构箱。

这些跳闸指令其实就是一个高电平的电信号，在S4处于远方位置时，跳闸指令通过断路器机构箱内的跳闸回路与负电源形成回路，启动跳闸线圈完成跳闸操作。

三、电动机回路

图5-4所示为断路器电动机回路图。

当电动/手动切换开关Y7切换至手动时，Y7动断触点21-22闭合，将电动机短路。

当Y7切换至电动且弹簧未储能时，弹簧储能限位开关BW1、BW2动断触点闭合，弹

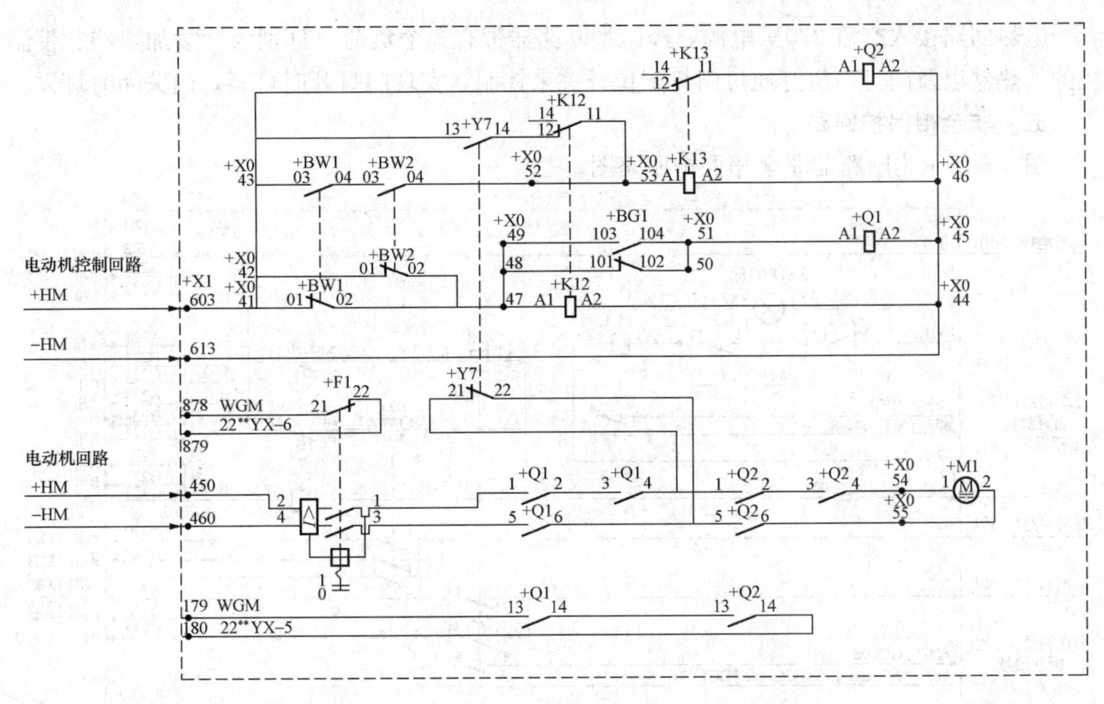

图 5-4 断路器电动机回路图

簧未储能继电器 K12 和接触器 Q1 启动；BW1、BW2 动合触点断开，弹簧已储能继电器 K13 不动作，K13 动断触点闭合，接触器 Q2 启动；若电动机启动器 F1 闭合，Q1、Q2 启动后电动机回路接通，电动机启动为合闸弹簧储能。

当 Y7 切换至电动且弹簧已储能时，BW1、BW2 动合触点闭合，弹簧已储能继电器 K13 动作，同时弹簧已储能继电器 K13 还可以通过 Y7 动合触点以及 K12 动断触点接通；弹簧储能限位开关 BW1、BW2 动断触点断开，弹簧未储能继电器 K12 和接触器 Q1 失电；K13 动分触点断开接触器 Q2；Q1、Q2 失电后电动机回路断开。

四、电热回路

图 5-5 所示为断路器电热回路图。

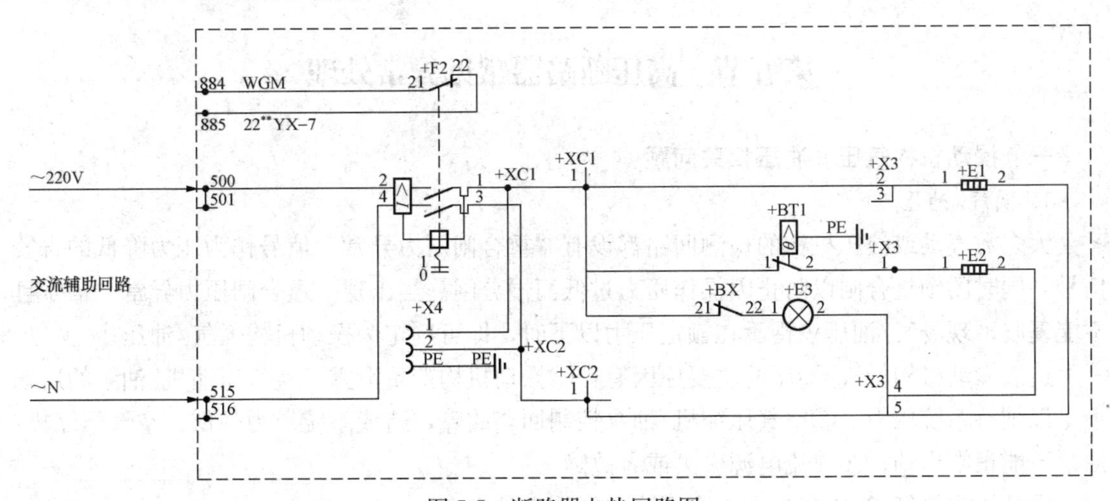

图 5-5 断路器电热回路图

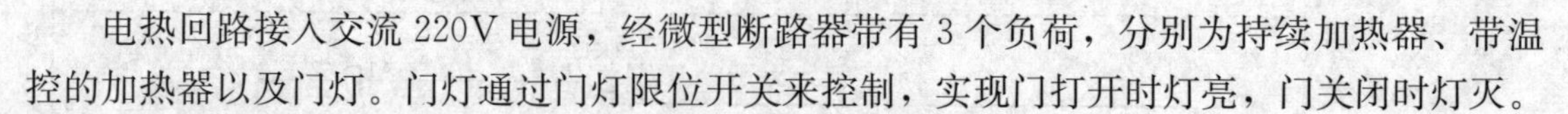

电热回路接入交流 220V 电源，经微型断路器带有 3 个负荷，分别为持续加热器、带温控的加热器以及门灯。门灯通过门灯限位开关来控制，实现门打开时灯亮，门关闭时灯灭。

五、非全相保护回路

图 5-6 所示为断路器非全相保护回路图。

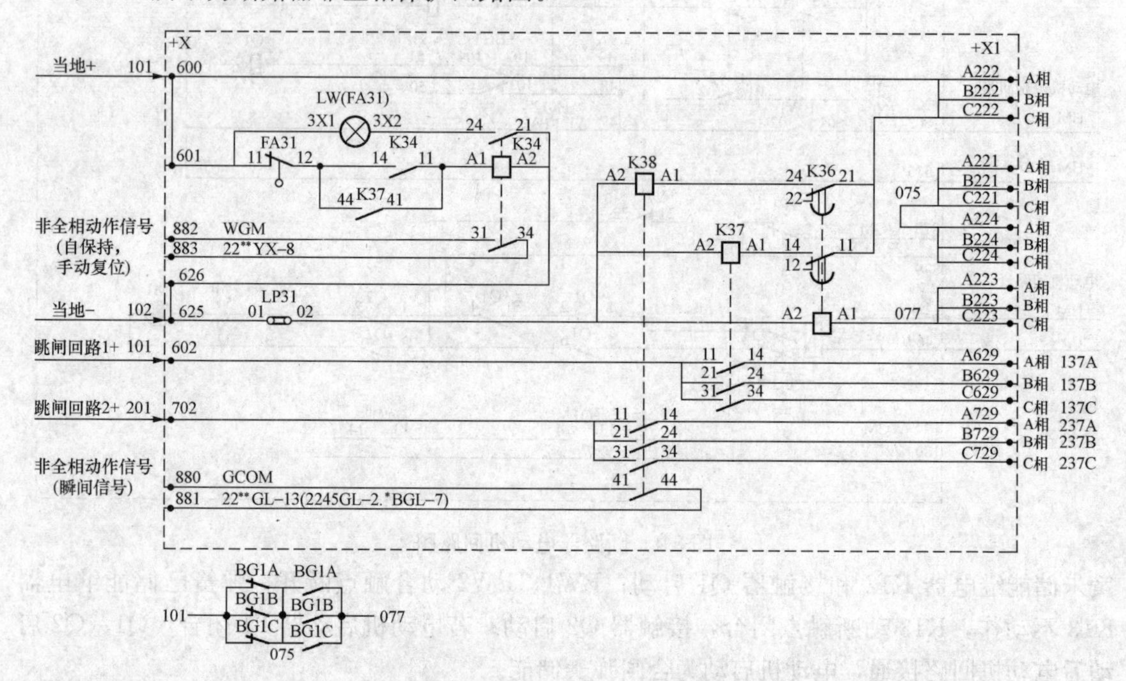

图 5-6　断路器非全相保护回路图

断路器的非全相保护启动回路由 A、B、C 三相断路器动断、动分辅助触点组合而成。当断路器发生非全相时，时间继电器 K36 启动，K36 动合触点延时接通启动中间继电器 K37 与 K38，K37 与 K38 的动合触点分别去启动两套跳闸线圈。K37 另一动合触点还接通了继电器 K34，K34 通过自身的动合触点自保持。K34 另两个动合触点分别启动指示灯回路和信号回路。指示灯回路和信号回路可以通过复归按钮 FA31 复归。

第五节　高压断路器常见异常处理

一、操动机构气压、油压相关问题

1. 低气/油压

大多数气动或液压机构的检测回路都设有“重合闸压力异常”信号作为压力降低的告警信号，同时闭锁重合闸以防止因操作压力过低而慢分闸。当出现“重合闸压力异常”信号且不能复归，现场气/油压表指示在额定压力以下时，即可判定为操动机构低气/油压。

造成操动机构低气/油压的主要原因有：①操动机构严重泄露，空气压缩机/油泵的启动不足以维持系统压力；②空气压缩机/油泵控制回路故障，造成系统压力降低，空气压缩机/油泵不能正常启动；③交流电源失去或者故障。

操动机构低气/油压应参照以下方法进行检查处理：

(1) 如空气压缩机/油泵能启动，则应对油气管路进行检查，仔细倾听有无漏气声或者检查有无油渍，尽可能确定泄露部位。根据以往经验，这一情况以分合闸控制阀和空气压缩机/油泵一、二级阀及密封件泄露较为多见。前者可以征得调度同意后将断路器分合一次，如不能消除或者属于后一种情况，则应提请调度将该断路器停运并迅速请检修人员前来处理。

(2) 如空气压缩机/油泵不能启动，则应首先检查其电源是否完好，熔丝是否熔断，电动机保护低压断路器是否跳闸，控制回路是否有断线、接触不良等情况，查明原因后迅速加以消除。不能消除时，如确认空气压缩机/油泵完好可将其强行启动以维持压力，然后报告调度并急召检修人员前来处理；如属如空气压缩机/油泵故障则应密切监视压力下降情况，力争在断路器操作回路闭锁前将断路器改冷备用。

(3) 空气压缩机或油泵电动机故障时通常有“电动机保护开关跳闸”、“电动机打压回路故障”等信号发出，并可能伴有低气压、低油压、电动机启动超时等相关信号出现。此时应对电动机回路进行检查，如未发现明显的故障点可将电动机保护开关试合一次，试合不成功时应及时通知检修人员进行处理，同时监视操动机构压力下降情况并作相应处理。

(4) 空气压缩机或油泵电动机控制回路通常由压力触点、继电器接触器辅助触点及继电器等元件组成，故障时一般有“辅助开关或控制小开关跳闸”信号发出，并可能伴有低气压、低油压、电动机启动超时等信号出现。此时应对电动机控制回路进行检查，如未发现明显的故障现象和故障点，可将辅助开关或控制小开关试合一次，试合不成功时应及时通知检修人员进行处理。当操动机构压力下降较多时，有空气压缩机/油泵强行启动可能的断路器可使其强行启动以维持操动机构压力。

2. 低气/油压闭锁分合闸

当液压机构发出“压力过低”信号，并闭锁分、合闸时，应拉开油泵电源闸、断开控制电源（装有失灵保护且控制保护电源未分开的除外）或停保护跳闸出口连接片，立即报调度并上报，此时不允许用任何方法起泵打压。将断路器退出运行时应参照断路器闭锁分合闸时的退出方法。

当气动机构发出“空气压力过低”信号，并闭锁分、合闸时，应断开控制电源（装有失灵保护且控制保护电源未分开的除外）或停保护跳闸出口连接片，立即报调度并上报，设法起泵打压，如无法建压应将断路器退出运行。将断路器退出运行时应参照断路器闭锁分合闸时的退出方法。

3. 高气/油压

当液压机构发出“压力过高”信号时，应立即上报；当空气压缩机发出压力过高信号，且空气压缩机仍在运转时，应立即拉开空气压缩机电源闸并立即上报。

4. 空气压缩机/油泵打压频繁

在日常运行中，断路器气动/液压操动机构不同程度的介质泄露总是客观存在的。在空气压缩机/油泵能够自启动补压，操动机构的压力能够维持时，泄露被认为是可以容忍的。实际上，轻微的泄露通过感官检查是难以发现的，但泄露发展到一定的程度，会反映为空气压缩机/油泵启动次数和累计时间明显增多或延长，因此为了防止操动机构超时工作导致其使用寿命和技术性能降低，值班人员应对达到一定程度的泄露情况作出反应。衡量这个程度

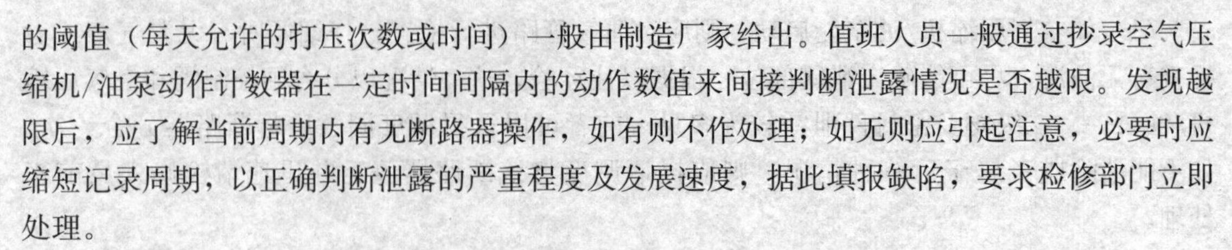

的阈值（每天允许的打压次数或时间）一般由制造厂家给出。值班人员一般通过抄录空气压缩机/油泵动作计数器在一定时间间隔内的动作数值来间接判断泄露情况是否越限。发现越限后，应了解当前周期内有无断路器操作，如有则不作处理；如无则应引起注意，必要时应缩短记录周期，以正确判断泄露的严重程度及发展速度，据此填报缺陷，要求检修部门立即处理。

液压机构打压频繁时，可向调度申请试拉合断路器一次。

5. 空气压缩机/油泵长时间运转

当长期发油泵运转信号时，应立即到现场检查。如油泵长时间运转不建压或活塞杆已经升到停泵位置而不停泵，应立即拉开油泵电源闸并立即上报。

当长期发空气压缩机运转信号时，应立即到现场检查。如空气压缩机长时间运转不建压，应立即拉开空气压缩机电源闸并上报。

二、弹簧机构发出“弹簧未储能”信号

弹簧机构发出“弹簧未储能”信号，不能复归时，应检查电源回路，设法电动储能；如无法储能，应立即上报调度并手动储能，手动储能方法应列入现场规程。

三、SF_6 压力低

当出现“SF_6 压力低报警”或其他补气信号时，装有 SF_6 压力表时，应到设备现场核对表计指示（应根据环境气温对照 SF_6 温度—压力曲线对指示值进行修正），并立即报告调度和有关领导，通知专业人员对 SF_6 压力进行核对。如确系压力降低，应立即进行补气，有条件应立即对断路器进行 SF_6 检漏，查明低气压原因并消除。

四、断路器闭锁分合闸

当压缩空气压力、油压低于分合闸闭锁压力或 SF_6 压力低于闭锁压力时，断路器操作回路将会闭锁，同时发出“SF_6 压力低闭锁分合闸”或“分合闸闭锁”、“失压闭锁”等信号，此时断路器已经不能操作。在断路器合闸的情况下，由于防误闭锁回路的作用，两侧隔离开关的操作回路也被闭锁不能操作。一旦出现这种情况可以按照以下原则进行处理：

（1）用旁路断路器（或其他断路器）与故障断路器并联，断开旁路断路器的直流电源（装有失灵保护且控制保护电源未分开的除外）或停保护跳闸出口连接片，用故障断路器的隔离开关解开环路使非全相断路器退出运行。

（2）将故障断路器所在母线的其他元件倒至另一母线后，用母联断路器将故障断路器负荷电流切断，再用故障断路器两侧隔离开关使故障断路器退出运行。

（3）如果故障断路器所带元件（线路、变压器等）有条件停电时，则可拉开对端断路器断开电源使故障断路器退出运行，再按上述方法处理。

（4）3/2 接线有 3 个及以上完整串运行时，可用断路器两侧隔离开关直接隔离闭锁断路器。

（5）如断路器在分闸位置，则立即向调度提出申请将该断路器改为冷备用。

五、断路器分合闸失灵

当断路器合闸失灵时，应尽快检查处理；当无法处理时，应立即报调度并上报。

当断路器分闸失灵时，应设法将断路器手动跳开，立即上报调度并上报。

六、220kV及以上断路器出现非全相运行时的处理

（1）手动合断路器时发生非全相，断路器只合上一相或两相，应立即将断路器拉开，断开直流电源，将操作情况报调度后处理。

（2）手动拉断路器时发生非全相，应瞬间断开该断路器控制电源。若断路器只拉开一相，应立即将断路器合上，如无法合上时，应断开该断路器控制电源，并采用机械脱扣方法将断路器退出运行；若断路器只拉开两相，应停止操作，断开该断路器控制电源，将情况报调度后处理。

（3）运行中发生非全相运行时，应立即报调度，经调度同意，按以下原则进行处理：运行中断路器断开两相时应立即将断路器拉开；运行中断路器断开一相时，可手动试合断路器一次，试合不成功再将断路器拉开。

（4）非全相断路器不能断开或合入时，按照断路器闭锁分合闸时将断路器退出运行的方法处理。

（5）非全相保护动作使断路器跳闸时或保护动作而断路器机构失灵不能跳闸时，应立即报调度听候处理。

第一节 高压隔离开关概述

一、高压隔离开关的作用

高压隔离开关（俗称刀闸）是变电站重要的电气设备，与高压断路器配合使用，只起隔离电压的作用，不具有灭弧功能，不能用于开断正常运行时的负荷电流和系统故障时的短路电流，可在等电位条件下倒闸操作、接通或断开小电流电路。高压隔离开关在电力系统中的作用主要如下：

(1) 电网正常运行时，220kV 及以下隔离开关可以拉合电压互感器、避雷器系统（附近无雷电）、无接地故障的消弧线圈及变压器中性点接地开关、断路器的旁路电流、3/2 接线的母线环流（需具备 3 串运行）。

(2) 在进行倒闸操作时，主要配合断路器改变变电站运行接线方式，如双母线隔离开关的切换，在不停电的情况下利用等电位无电流通过的原理，实现隔离开关并列切换。

(3) 在设备检修时，隔离开关可作为明显断开点隔离系统带电部分，使得检修设备与带电部位隔离，便于设备检修，确保检修工作人员人身的安全。

(4) 对于带有接地开关的隔离开关，当合上待检修设备两侧接地隔离开关时等同于在设备两侧挂地线，此时方可对设备进行检修工作。

二、高压隔离开关的结构

高压隔离开关主要由绝缘部分、导电部分和操动机构等组成。

1. 绝缘部分

高压隔离开关的绝缘主要有两种：一是确保对地及相间绝缘；二是确保断口绝缘。对地绝缘一般由支柱绝缘子、操作绝缘子等构成。相间绝缘一般采取一定距离和绝缘介质确保绝缘。一般距离根据不同电压等级采用不同绝缘距离。绝缘介质常见有空气、SF_6 气体等。断口绝缘具有明显可见的间隙断口，绝缘必须稳定可靠，断口绝缘水平应较对地绝缘高，以确保断口处不发生闪络或击穿。

2. 导电部分

(1) 触头。触头可分为动触头与静触头。一般室外隔离开关触头暴露在空气绝缘介质中，表面易氧化和脏污，这会影响到触头接触的可靠性。运行人员在停电时应检查触头上是否有杂物，接触压力是否合适，三相接触是否同期等。

通常较大容量的室外隔离开关每一级上都有两片刀片（动触头）。根据电磁学理论，两

根平行导体中流过同一方向的电流时，会产生互相靠拢的电磁力，其电磁力的大小与两根平行导体之间的距离和通过导体的电流有关。如隔离开关所控制操作的电路发生故障时，刀片中就会流过很大的电流，使两个刀片以很大的压力紧紧地夹住静触头，这样刀片不会因振动而脱落造成事故扩大。另外，由于电磁力的作用，使刀片与静触头之间接触紧密，接触电阻小，故不致因故障电流过大而造成触头熔焊现象，从而在正常运行时避免了触头发热现象。

（2）导电杆。主要起传导电路中的电流作用。

（3）二次接线装置。向监控机、保护、测控等装置提供隔离开关的分合触头位置信号。

常见隔离开关的结构如图 6-1 所示。

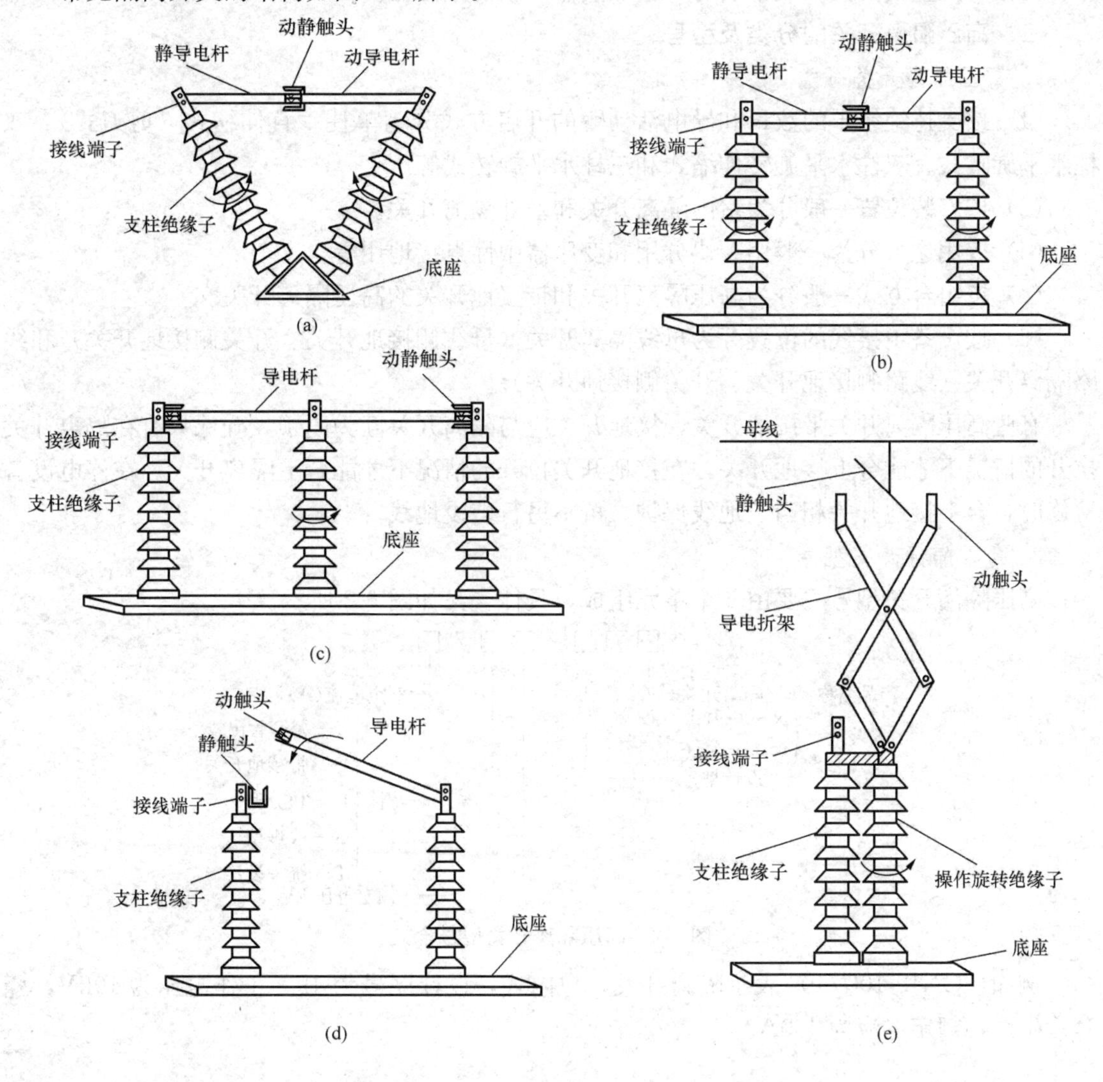

图 6-1　常见隔离开关结构

（a）V 型双柱单断口旋转式；（b）Ⅱ型双柱单断口水平旋转式；
（c）三柱双断口水平旋转式；（d）闸刀水平断口式；（e）双柱垂直伸缩剪刀式

3．操动机构

隔离开关的操动机构分为电动操动机构和手动操动机构。

电动操动机构目前一般都采用密封式结构，采用油脂润滑，不需加油，免维护。其传动部分由一台交流电动机、两级蜗轮减速器和电气控制元件组成。电动机的动力通过减速器，由输出轴传递给隔离开关或接地开关，实现分闸、合闸动作。输出轴的旋转角度靠两组两个串联的行程开关控制。辅助开关轴直接和减速器输出轴的下端相连。因此辅助开关的转角与机构输出轴的转角是一致的。机构带“就地”和“远方”切换开关，在就地操作时也可进行手动操作，手动操作与电动操作共用一套电磁闭锁装置。当手柄插入手柄孔时压下了闭锁微动开关，电动操作控制回路被切断。电气部分有隔离开关、接地开关的电气闭锁回路。为防止机构箱内产生凝露，一般都装有一套加热器的温度控制器。

三、高压隔离开关的分类及型号

1. 高压隔离开关分类

(1) 按支持绝缘子的数量和导电活动臂的开启方式分为单柱垂直伸缩式（剪刀式）、双柱水平旋转式、双柱水平旋转伸缩式和三柱水平旋转式等。

(2) 按安装位置一般分为室内隔离开关和室外隔离开关。

(3) 按用途可分为一般用、快分用和变压器中性点接地用等。

(4) 按组合方式一般分为高压隔离开关和带接地开关的高压隔离开关。

(5) 按设备主接线的位置分为母线隔离开关（母线侧接地开关、开关侧接地开关）和线路隔离开关（线路侧接地开关、开关侧接地开关）。

有些高压隔离开关带接地开关，接地开关应与隔离开关互为闭锁，确保只有在隔离开关拉开的情况下才能合上接地开关，在接地开关拉开的情况下才能合上隔离开关。在停电设备检修时，合上接地开关相当于地线保护，可不另行装设地线。

2. 高压隔离开关型号

高压隔离开关型号主要由 6 个单元组成，具体含义如图 6-2 所示。

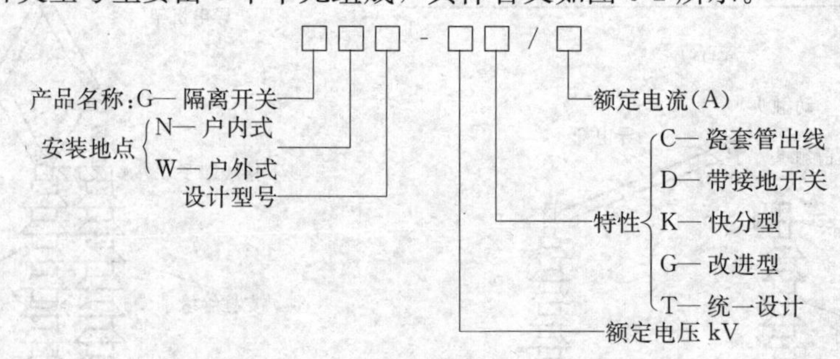

图 6-2　高压隔离开关型号含义

例如，GN19-10C/400 表示隔离开关，户内式，设计序号为 19，工作电压为 10kV，瓷套管出线，额定电流为 400A。

第二节　高压隔离开关运行操作

一、高压隔离开关运行及操作要求

1. 正常运行时高压隔离开关运行要求

(1) 隔离开关相间及对地应有足够的绝缘距离，应保证在过电压情况下，不致引起击穿

而危及巡检人员的安全。

(2) 隔离开关的动、热稳定电流及额定电流满足运行要求。

(3) 隔离开关应有扣锁装置，防止通过短路电流时因电动力作用而自动分开。

(4) 隔离开关应具有一定的破冰能力。

(5) 隔离开关应满足本站所在位置的污秽等级要求。

2. 倒闸操作过程中高压隔离开关运行要求

(1) 具有开断一定的电容电流、电感电流和环路电流的能力。

(2) 分合闸三相同期性要好，动作可靠，有一定的机械强度，有最佳的分合闸速度，以尽可能降低操作电压、燃弧次数。

(3) 带有接地开关的高压隔离开关，两者之间应有机械闭锁。

(4) 隔离开关与断路器的辅助触点之间应有电气闭锁，防止带负荷拉合隔离开关，造成误操作及威胁人身安全。

二、高压隔离开关运行操作

高压隔离开关可实现手动操作与电动操作。一般隔离开关分合闸通过电动机构远方电动操作，操作完应检查操作质量，确保监控机与就地隔离开关位置指示一致。敞开式隔离开关操作后还应检查三相同期接触是否完全，如隔离开关触头接触面不够，应使用相应电压等级的绝缘杆进行调整。当需要进行就地操作时，应确保操作电动机电源已断开，方能插入摇把进行手动操作，其手动操作要领如下：

(1) 检查操作设备调度号的正确性，检查电动机电源开关已断开，对应间隔断路器在分闸位置，隔离开关可视的机械闭锁装置不在闭锁状态。

(2) 在操动机构插入操作手柄，手动合隔离开关时要迅速，但须避免过大冲击。合隔离开关时应注意当刀片离开刀嘴时要迅速果断，以便迅速灭弧。

(3) 隔离开关操作完毕后，应取下手动操作手柄，并检查操作质量及设备辅助触点转换是否到位，否则会影响二次回路及保护动作的正确性。

为了防止正常运行时电动机回路误动造成隔离开关误动，一般敞开式的隔离开关正常运行时应将操作电源断开。

如果在操作中误拉误合隔离开关，应按照如下方法进行处理：

(1) 如发生带负荷拉隔离开关，在刀片刚离开刀口发生弧光时，应立即将隔离开关合上，但已拉开时不准再合。

(2) 发生带负荷合隔离开关时，无论是否造成故障，均不准将错合的隔离开关再拉开。

变电站隔离开关操作比较频繁，一般隔离开关操作分为单一操作和配合断路器的复杂操作两部分，下面进行介绍。

1. 高压隔离开关的单一操作

(1) 电网正常时，拉合电压互感器和避雷器（附近无雷电时）。

(2) 拉合正常 220kV 及以下母线和直接连接在母线上设备的电容电流，经试验允许拉合 500kV 空载母线及 3/2 接线的母线环流。

(3) 在电网无接地故障时拉合变压器中性点接地开关。

(4) 拉合励磁电流不超过 2A 的空载变压器、电抗器，拉合电容电流不超过 5A 的空载线路。

(5) 用隔离开关拉合 500kV 并联电抗器时，应先检查线路侧三相无电压。因为 500kV 线路电抗器未装断路器，电抗器是一个电感线圈，一加上电压就有电流通过，如在线路带电压的情况下操作电抗器隔离开关，就会造成带负荷拉合隔离开关的严重事故。

2. 与断路器配合的高压隔离开关的操作

(1) 双母线接线方式与断路器配合的隔离开关操作。图 6-3 所示为典型双母线接线方式，可以看出：出线间隔母线隔离开关运行在Ⅱ母线上，母联间隔合闸运行，下面主要讲解以该接线方式为例的隔离开关操作。

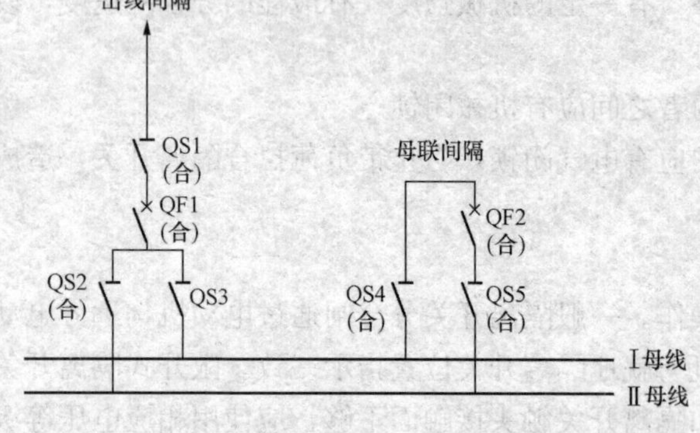

图 6-3 典型双母线接线方式

1) 在停电操作过程中，先拉开断路器（QF1），并应保证断路器在分闸位置，再拉开线路侧隔离开关（QS1），再拉开母线侧隔离开关（QS2）；送电时相反。此规定适用于任何接线方式的隔离开关操作。

这样操作的原因：在送电时如先合线路侧隔离开关（QS1），后合母线侧隔离开关（QS2），若断路器（QF1）未拉开，将造成带负荷合隔离开关，由于在合隔离开关（QS2）时其位置未在断路器（QF1）保护范围内，故断路器不能动作，将造成母线上一级断路器跳闸，从而扩大了事故；而停电时如先停电源侧，若断路器未断开，也会造成带负荷拉隔离开关，断路器不能动作而扩大了停电范围。

故送电时先合母线侧隔离开关，停电时先停负荷侧隔离开关。

2) 在进行倒母线操作过程中，在保证母联断路器（QF2）在合闸位置的前提下，进行隔离开关切换，隔离开关（QS2、QS3）应保证先合（QS3）后拉（QS2），防止甩负荷造成停电现象。操作前必须采取防止母联断路器（QF2）分闸的可能，如拉开其操作电源，退出其跳闸出口连接片。此规定适用于任何具有双母线接线方式的隔离开关操作。

这样操作的原因：母联断路器将两母线电位形成同一电位，隔离开关并列环流不致很大，先合后拉可避免隔离开关甩负荷事故的发生。

(2) 双母线带旁路接线方式与断路器配合的隔离开关操作。图 6-4 所示为典型双母线带

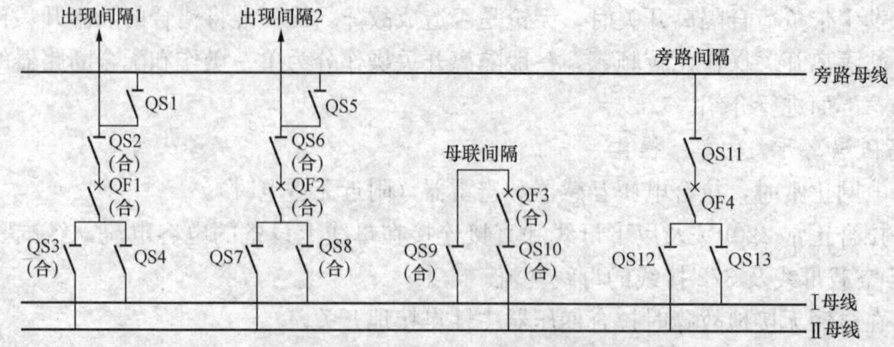

图 6-4 典型双母线带旁路接线方式

旁路接线方式，可以看出：出线间隔 1 母线隔离开关运行在Ⅱ母线上，出线间隔 2 母线隔离开关运行在Ⅰ母线上，母联间隔合闸运行。旁路间隔未运行。下面主要讲解以该接线方式为例的隔离开关操作。

1）用旁路母线代路时，互代的断路器应在同一母线上，否则母联断路器和旁路母线的分段隔离开关均应处在合闸位置。

2）用专用旁路断路器代路操作时，应先合旁路断路器给旁路母线充电，无问题后再拉开；合上被代路的旁路隔离开关（QS1 或 QS2）后，再用旁路断路器（QF4）合环；恢复时操作步骤相反。

这样操作的原因：对于双母线带旁路接线方式，如果倒闸操作过程中需要借助旁路母线操作，需用旁路间隔断路器（QF4）对其充电，无问题后再拉开，防止旁路母线有接地故障时，用其他间隔旁路隔离开关合闸造成该间隔断路器跳闸停电事故的发生。

3）当出线间隔 1 断路器（QF1）因某种原因出现分合闸闭锁时，可用旁路间隔代路其间隔 1 断路器（QF1），可用被代路断路器（QF1）的两侧隔离开关（QS2、QS3）将其断路器（QF1）断开并转检修。

但在拉开隔离开关前应检查代路与被代路的负荷分配，并采取旁路断路器（QF4）不会分闸的措施，如拉开其操作电源，退出其跳闸出口连接片。

三、高压隔离开关闭锁关系

为防止电气误操作，应对设备安全操作设置闭锁功能，对屋内装配式间隔和屋外配电装置的设计，以及可能发生危及人身及设备安全操作的其他场所，均应根据不同情况采用机械的、电磁的、电子的、微机的或电气回路的联锁装置及高压带电显示装置等，以防止带负荷拉（合）隔离开关、防止误拉（合）断路器、防止带电挂地线、防止带地线合闸及防止误入带电间隔（简称“五防”）。

常见设备闭锁方式有机械闭锁、电气闭锁和微机防误闭锁三种。

（1）机械闭锁是靠机械结构达到预定目的一种闭锁，实现一电气设备操作后，另一电气设备就不能操作。机械闭锁只能与本身隔离开关处的接地开关进行闭锁，如果需要和断路器及其他隔离开关或接地开关进行闭锁，就需要采用电气闭锁。

（2）电气闭锁是利用断路器、隔离开关辅助触点接通或断开电气操作电源而达到闭锁目的的一种装置，普遍用于电动隔离开关和电动接地隔离开关上。

（3）微机防误闭锁装置是专门为防止电气误操作事故而设计研制的，由工控机、电脑钥匙及模拟盘等组成。操作人员在模拟盘上模拟要进行的倒闸操作，并将操作程序自动输入电脑钥匙，操作人员使用电脑钥匙插入相应的编码锁内，通过其编码锁监测操作对象是否正确。若正确，电脑钥匙用语音发出允许操作命令，同时开放其闭锁回路或机构，操作人员可以进行倒闸操作。若走错间隔或误操作，电脑钥匙用语音发出错误警告，提醒操作人员。操作结束后，电脑钥匙自动将倒闸操作信息传输给主机存储，模拟盘进行设备分合位置对位。

变电站内高压隔离开关设备一般设置以下闭锁关系：

（1）隔离开关的分合与断路器设置闭锁关系。断路器在分位时，才允许拉合隔离开关；断路器在合位时，不允许拉合隔离开关，防止带负荷拉隔离开关。

（2）双母线隔离开关之间切换的闭锁关系。母联断路器在合闸位置时，两母线不存在电压差，方可解除闭锁进行操作。

（3）断路器的分合与隔离开关及接地隔离开关的分合一般不设闭锁关系（考虑到断路器的传动工作）。

（4）与接地开关延伸相连的首个站内设备（母线及连接引线除外）是隔离开关时，接地隔离开关与此隔离开关之间有闭锁关系。存在一组隔离开关在合位时，不允许合接地开关。

（5）与隔离开关延伸相连的首个站内设备（母线及连接引线除外）是接地开关时，接地开关与此隔离开关之间有闭锁关系。存在一组接地开关在合位时，不允许合隔离开关。

第三节　高压隔离开关运行异常处理

一、高压隔离开关异常发热

高压隔离开关在运行中发热，主要是负荷过重、触头接触不良、操作时没有完全合好所引起。接触部位发热，使接触电阻增大，氧化加剧，发展下去可能造成严重事故。

（1）隔离开关及引线接头温度超过80℃或各相触头温度差值大于10℃，应及时上报并加强监视。严重时，应采取倒负荷，尽快安排停电检修处理接头发热。

（2）对于室外敞开式隔离开关，如果操作中或巡视中发现其刀口接触不完全，应使用相应电压等级的绝缘杆进行调整，防止接触不良造成发热问题。

（3）对室外敞开式隔离开关应定期清除其触头处的杂物，如鸟窝等，防止影响触头接触造成发热。

二、高压隔离开关操作失灵原因分析

高压隔离开关操作失灵主要进行以下几个方面检查：

（1）核对调度号，查看操作程序是否有错误，检查断路器是否在断开位置，是否由于闭锁原因造成不能操作。例如，接地开关在合闸位置造成的机械闭锁，断路器辅助触点转换不灵造成的电气闭锁。

（2）检查一次设备及机构外观，判断是否属于机构失灵，应检查电动机构齿轮是否有卡涩、脱扣或断裂，检查连杆机构是否有脱扣或断裂。

（3）检查二次回路及低压设备是否工作正常，例如三相操作电源不正常，闭锁电源不正常，热继电器动作未复归，操作回路断线、端子松动、接线错误，接触器或电动机故障，控制手把接点切换不良等。

（4）分析清楚失灵原因后应准确及时上报相关专业班组前来抢修处理。

第一节　SF_6 全封闭组合电器概述

SF_6 全封闭组合电器体积小，技术性能优良，自开发以来，经历了30多年历史。国际上将这种设备称为Gas-Insulated Switchgear，简称GIS。它的主要元件均装入密封的金属容器中，由断路器、母线、隔离开关、电流互感器、电压互感器、避雷器、套管等电器元件组合而成，绝缘介质采用 SF_6 气体。

一、GIS设备的优点

GIS设备具有很多比常规设备优越的特点，所以目前发展迅速，欧洲、美洲、中东地区的电力公司都规定配电装置要使用GIS设备。自20世纪80年代开始，国产大型GIS设备也投入电网系统运行，其主要优点如下：

(1) 占地面积少。GIS设备所占用的土地只有常规设备的15%～35%，电压等级越高这一优点就越突出。

(2) 不受环境的影响。GIS设备是全密封式的，导电部分在外壳之内，并充以 SF_6 气体包围着，与外界不接触，因此不受环境的影响。

(3) 运行安全可靠，维护工作量少，检修周期长。GIS设备加工精密、选材优良、工艺严格、技术先进。绝缘介质使用 SF_6 气体，其绝缘性能、灭弧性能都优于空气。断路器的开断能力高，触头烧伤轻微，故此GIS设备维修周期长、故障率低。又由于GIS设备所有元件都组合为一个整体，抗振性能好。SF_6 气体本身不燃烧，故其防火性能好。所以GIS设备运行安全可靠，维护费用少。

(4) 施工工期短。GIS设备各个元件的通用性强，采用积木式结构，尽量在制造厂组装成一个运输单元。电压较低的GIS设备可以整个间隔组成一个运输单元，运到施工现场就位固定。电压高的GIS设备由于运输件很大不可能整个间隔运输，但可以分为若干个运输单元，当元件运抵施工现场后对运输单元进行少量的安装、调整、试验后进行拼装，就可以投入运行。与常规设备相比，现场安装的工作量减少80%左右。因此GIS设备安装迅速，施工费用少。

(5) 没有无线电干扰和噪声干扰。GIS设备的导电部分被外壳所屏蔽，外壳接地良好，因此其导体所产生的辐射、电场干扰等都被外壳屏蔽了，噪声来自断路器的开关过程，也被外壳屏蔽了。故此GIS设备不会对通信、无线电有干扰。

二、GIS设备的缺点

（1）影响范围广。GIS设备高集成度的特点，使得GIS设备一旦发生事故，造成的停电范围大，处理周期长，维修成本高，对电网供电可靠性影响较大。

（2）故障损失大。GIS设备故障大多在运行一段时间后才暴露出来，对安全运行的影响巨大。一旦发现不及时，将会对电网造成巨大损失。

（3）有效监测手段少。因此如何保证GIS设备的安装质量，并对运行GIS设备进行有效监测，正确分析其健康状况，已经成为了一个亟待解决的问题。

第二节 GIS 设 备 结 构

一、GIS设备的内部结构

GIS设备结构紧凑而复杂，不同型号的GIS设备结构都有其各自的特点。为便于简述其结构和元件作用，本节以ZF9-252型220kV双母线馈电的GIS设备为例，介绍GIS设备的内部结构。

GIS设备的所有带电部分都被金属外壳包围。外壳用铝合金、不锈钢、无磁铸钢的材料制成，用铜母线接地，内部充有一定的SF_6气体。

图7-1所示为ZF9-252型GIS设备结构示意图。

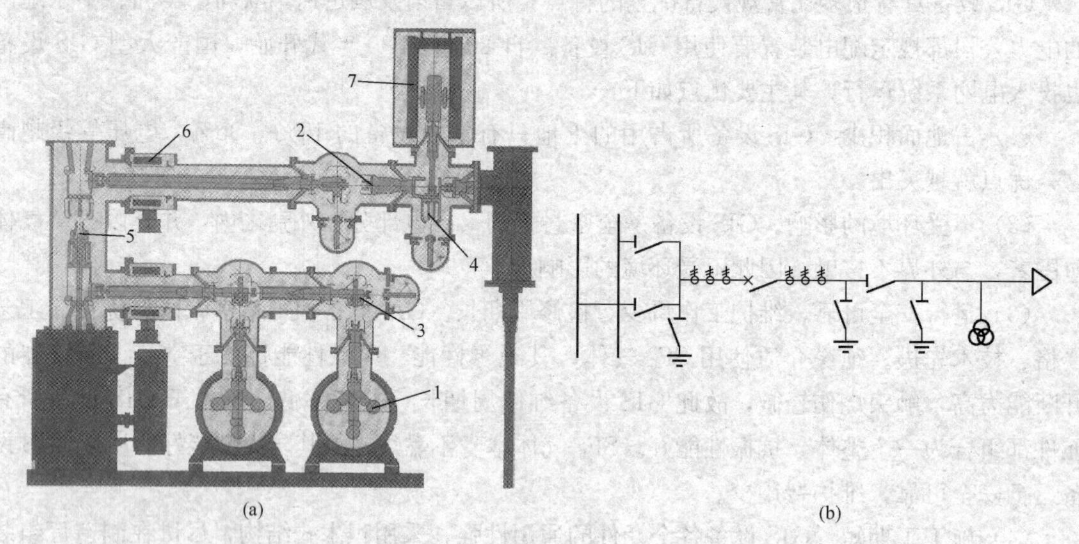

图7-1　ZF9-252型GIS设备结构示意图

（a）结构图；（b）接线图

1为母线，这里采用的是三相共筒型。

2为隔离开关，作切断主电路之用。隔离开关的分、合闸装置没有开断能力，因此，与断路器及其他隔离开关和接地开关之间必须具有联锁。根据主接线的需要，隔离开关有时须具备一定的开合容性、感性小电流和母线转换电流的性能，通过对其内部进行专门设计来满足。

3为接地开关，装在壳体中的动触头通过密封轴、拐臂和连接机构相连。壳体采用转动

密封方式和外界环境隔绝。当该接地开关合闸时其接地通路是静触头、动触头、壳体及接地端子。接地开关壳体与GIS壳体之间具有绝缘隔板，拆开接地线后，可用于主回路电阻的测量，断路器机械特性的检测。可选配电动/弹簧机构或气动机构。

4为故障关合用接地开关。故障关合用接地开关能合上接地短路电流。从设计上来讲，它的作用有以下三个方面：

（1）配合重合闸使用。超高压线路在采用单相重合闸时，如果发生单相接地故障，保护动作会将故障相断路器跳开，而非故障相则继续运行，这样非故障相的电压会感应到断路器已跳闸的故障相上，严重的情况下，会出现故障相断路器虽然已经跳闸，但是由于感应电的存在，故障点一直有电弧电流存在，也就是潜供电流。潜供电流导致故障点不能熄弧，实际故障点就等于没有消除，此时再合闸无疑会重合到故障点上致使重合闸失败。在采用快速接地开关后，其可以与单相重合闸配合，在故障相断路器跳闸后故障相的快速接地开关快速合入，将故障相强制接地，消除潜供电流，使故障点的电弧熄灭，故障消除，然后快速接地隔离开关再迅速打开，最后单相重合闸将故障相断路器重新合闸成功，线路最终正常运行。

（2）防止GIS设备爆炸。一般的接地开关不能关合大电流，而快速接地开关能合上接地短路电流。这是因为当GIS设备内部发生接地短路时，在母线管里会产生强烈的电弧，它可以在很短的时间里将外壳烧穿，或者发生母线管爆炸。为了能及时切断电弧电源，人为地使电路直接接地，通过继电保护装置将断路器跳闸，从而切断故障电流，保护设备不致损伤过大。快速接地开关通常都是安装在进线侧。

（3）作为检修安全措施（最常见用处）。对于大多数变电站使用的快速接地开关，的确比普通接地开关动作速度要快，采用的也是三相联动机构，也就是说一个机构带动三相动作，显然它根本不可能配合单相重合闸使用，也没有检测压力而动作来防止爆炸的功能回路。也就是说，在设计的时候，就仅仅把它当作一个线路接地开关使用。

5为断路器，在开断电流时产生电弧，断路器内的 SF_6 气体能很快熄弧。

6为电流互感器，其铁芯做成环形，二次绕组绕在环形铁芯上，用环氧树脂浇注在一起，其一次绕组就是母线管。

7为电压互感器。ZF9-252型GIS站用电压互感器的一次绕组为全绝缘结构，另一端作为接地端和外壳相连。一次绕组和二次绕组为同轴圆柱结构，一次绕组装有高压电极及中间电极，绕组两侧设有屏蔽板，使场强分布均匀。

二、GIS设备布置方式

GIS设备总体布置形式主要取决于现场安装条件和主接线的要求，同时也与进出线配置及元件结构等有关。总体布置方式设计的任务是根据主接线要求在限定的安装场地和空间范围内使所有组成元件布置的合理、稳固，便于运行维护，经济美观。

图7-2列举了4种常见接线方式下GIS设备的总体布置。

对于某一种接线方式，不同的间隔又有不同的结构，图7-3以252kV双母线接线GIS设备为例，介绍不同间隔的GIS设备布置方式。

这部分列举的一些示意图，在实际应用中由于生产厂家的不同可能又会有不小的差异。这里只是为了让读者对GIS站的整体布置有一个较为直观的了解。

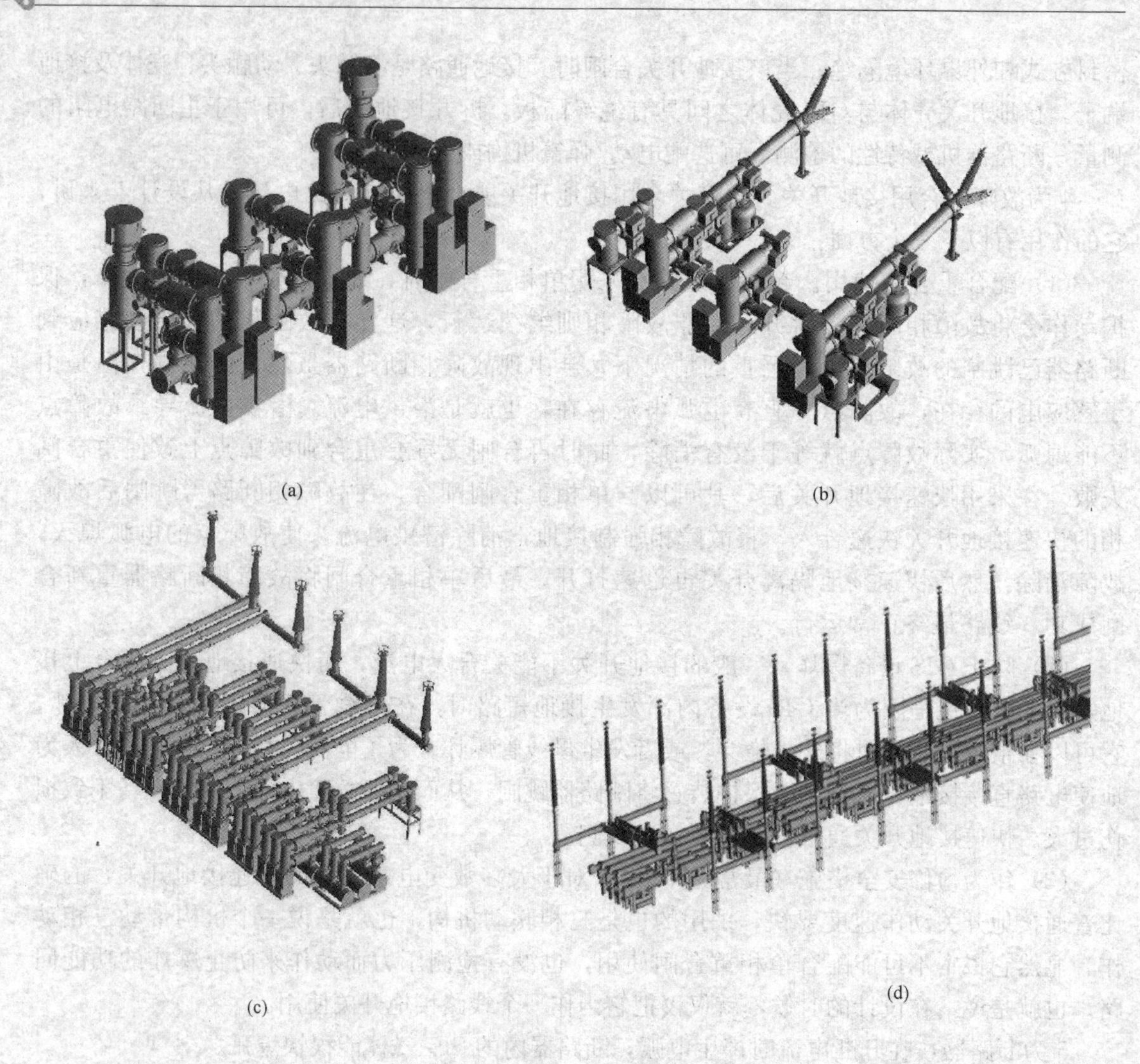

图 7-2　4 种常见接线方式下 GIS 设备的总体布置

(a) 126kV 单母接线；(b) 126kV 桥接线；(c) 252kV 双母接线；(d) 500kV 3/2 接线

三、GIS 设备的气体系统

1. GIS 设备的气室

GIS 设备应根据各个元件的不同的作用，分为若干个气室，其原则如下：

(1) 因 SF_6 气体的压力不同，要分为若干个气室。断路器在开断电流时，要求电弧快速熄灭，因此要求 SF_6 气体的压力比较高；而如隔离开关切断的仅仅是电容电流，所以压力要低一些。

(2) 因绝缘介质不同，要分为若干个气室。如 GIS 设备必须与架空线、电缆、主变压器相连接，而不同的元件所用的绝缘介质不同，例如电缆终端的电缆头要用电缆油，与 GIS 母线连接要用 SF_6 气体。要把电缆油和 SF_6 气体分隔开来，所以要分为多个气室。变压器套管也是如此。

(3) GIS 设备检修时，要分成若干个气室。由于所有的元件都要与母线连接起来，母线管里要充以 SF_6 气体。但当某一元件发生故障时，要将该元件的 SF_6 气体抽出来才能进行

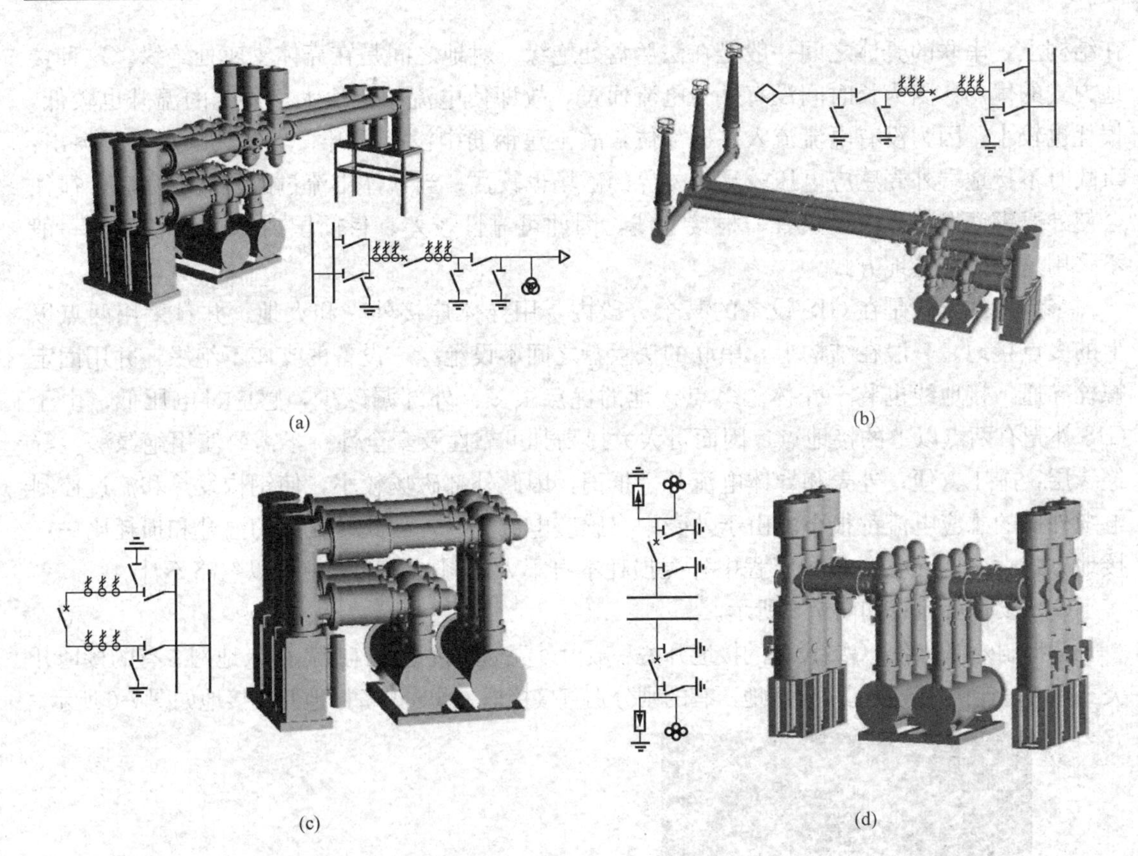

图 7-3 不同间隔的 GIS 设备布置方式

（a）电缆出线间隔；（b）架空线出线间隔；（c）母联间隔；（d）电压互感器、避雷器间隔

检修。若母线管里不分成若干个气室，一旦某一个元件发生故障，连接在母线管里的所有元件都要停电，扩大了停电范围。因此必须将母线管中不同性能的元件分成若干个气室，当某一元件故障时，只停下故障元件，并将其气室里的 SF_6 气体抽出来，非故障元件还能继续运行。

2. GIS 设备的气体监视

监视 SF_6 气体是否泄漏，一些厂家用压力表，另一些厂家则用密度计。压力表易受到环境温度的影响，而密度计装有温度补偿装置，一般不受环境的影响。压力计或密度计均有信号触点，当 SF_6 气体泄漏到一定压力时，信号触点接通，发出信号，并同时进行闭锁。

GIS 设备的每个气室都安装有气体监视系统。一般来讲，三相分筒式设备三相为一个气室，彼此之间通过气体管道连接，连接口处设置有阀门，如图 7-4 所示。

图 7-4 GIS 设备的气体监视系统

四、GIS 设备的接地

GIS 的外壳接地方式有一点接地方式和多点接地方式两种。一点接地方式是在 GIS 外壳的每个分段中一端绝缘，另一端用一点接地的方式。

在结构上，串联的壳体之间一般是在法兰盘处绝缘，对地之间是在壳体支座处绝缘。这种接地方式的优点：因为长时间没有外壳电流通过，故即使电流额定值大，外壳的温升也较低，损耗也较小；因为没有电流流入基础部位，故土建钢筋中没有温升。当然其缺点也很突出：事故时不接地端外壳感应电压较高，外界的磁场也较强；当导体中流过的电流较大时，往往会使外壳钢筋发热；由于只有一根接地线，因此可靠性较差。目前国内 GIS 设备设计一般不采用这种外壳接地方式。

多点接地方式是在 GIS 设备的某个分段内，用导体连接外壳和大地，并且采用两点以上的多点接地。一般在结构上，串联的法兰盘之间不设绝缘，设备的支座不绝缘，并用固定螺栓导通，接地线也装于壳体。多点接地的优点很多：外部漏磁少，感应过电压低；由于 GIS 外壳有两点以上的接地点，因而可大大提高其可靠性及安全性；不需要使用绝缘法兰等绝缘层，施工方便；外壳和导体电流几乎抵消，因此外部磁场较小，使钢构发热和流过控制电缆外皮的感应电流都很小。由于外壳中有感应电流流过，因此外壳中的温升和损耗比一点接地方式大。但变电站 GIS 工程中外壳损耗本身不大，因此在工程中可以忽略不计。

GIS 设备接地线如图 7-5 所示。

为抑制外部闪络，GIS 设备的接地开关一般由外壳通过接地线连接，引入地网。有的接地开关三相通过连接片连接起来再接地，有的则分别直接接地。GIS 设备接地开关接地如图 7-6 所示。

(a)

(b)

图 7-5　GIS 设备接地线

(a) 视图 1；(b) 视图 2

五、GIS 设备的分合闸指示

GIS 断路器的分合闸指示在监控机、汇控柜、断路器机构箱中都可以看到。GIS 隔离开关、接地开关的分合闸指示在监控机、汇控柜和 GIS 设备本体上都可以看到。这里主要介绍在 GIS 设备本体上检查隔离开关的分合闸状态。

不同的 GIS 设备隔离开关的分合闸机械指示略有不同，但是原理上基本是一样的，都是通过隔离开关机构箱来实现。一般通过指针的指向和颜色来区分分合闸。图 7-7 所示为某

(a)

(b)

图 7-6　GIS 设备接地开关接地
(a) 视图 1；(b) 视图 2

GIS 设备的分合闸指示。

六、GIS 设备的其他设备

1. GIS 设备的绝缘子

GIS 设备的绝缘子作用：①用来支持 GIS 设备的导体；②使 GIS 设备的导体对外壳及其他元件保持一定的距离；③可以使 GIS 设备分成若干个气室。GIS 设备的绝缘子分为盆形绝缘子和棒式绝缘子两类。

图 7-7　某 GIS 设备的分合闸指示

盆形绝缘子因为其形状像盆而得名。盆形绝缘子又可以分为两类：一类是密封式盆形绝缘子，它除了支持 GIS 设备的导体之外，还可以将 GIS 设备分成若干个气室；另一类盆形绝缘子中间有空洞，只能做支撑导体之用。盆形绝缘子使用优质的环氧树脂浇铸而成，导电座浇铸在中央，边缘与金属法兰盘固定在一起。盆形绝缘子的爬电距离不长，因此要求其表面绝对不能受到污染，否则将降低其绝缘水平。

棒式绝缘子仅做支持 GIS 设备的导体之用。图 7-8 (a) 所示为支持单独的导电体之用，

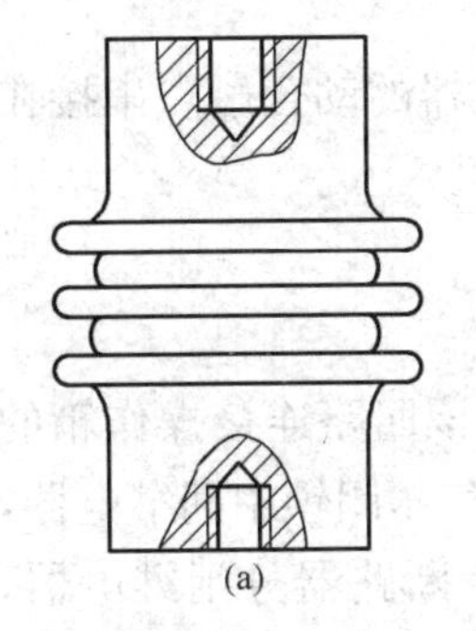
(a)

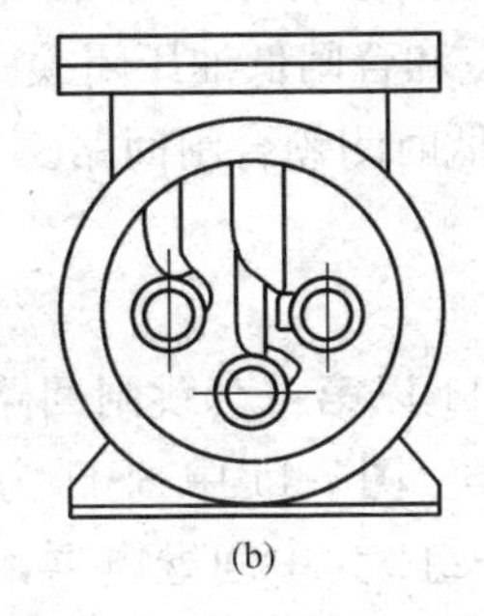
(b)

图 7-8　GIS 设备绝缘子
(a) 支持单独的导电体；(b) 支持母线管

图 7-9　GIS 设备伸缩节

图 7-8（b）所示则是专用支持母线管的。在三相共筒的母线管中，每相母线管使用棒式绝缘子夹紧，根部固定在绝缘板上，每隔一定距离安装一个，其强度较高。

2. 伸缩节

为了保证因电流通电引起外壳与地基间相对的热胀冷缩，在适当的位置连接上伸缩节（见图 7-9），处于伸缩节部位的导体采用插入式镀银的梅花触指，以应对外壳的收缩。伸缩节是通过调整六角螺母和双头螺柱适量增减尺寸，来补偿微量长度误差。

第三节 GIS 设备二次回路

本节主要介绍 GIS 设备的相关二次回路，因为敞开式变电站的断路器、隔离开关、电流互感器、电压互感器等设备的二次回路已经在相应章节做了介绍，本节集中介绍 GIS 设备的相关二次回路。本节以 ZF6A-252 型 GIS 设备为例，示例 GIS 设备采用双母线接线。

一、断路器的控制回路

关于断路器的控制回路，在高压断路器一章中以 LTB-245E1 型断路器为例介绍了敞开式高压断路器的二次回路。本节介绍的 ZF6A-252 型 GIS 断路器配备了液压弹簧机构，其控制回路与 LTB-245E1 型断路器有很多类似的地方，因此不再详细展开，仅作简要介绍，读者可以参照高压断路器一章阅读。

1. 合闸回路

图 7-10 所示为断路器合闸回路图。

图7-10 以 A 相合闸回路为例，其他两相与此类似。图 7-10 中 SSJ 为 SF_6 低气压闭锁中间继电器，HYJ 为断路器合闸低油压闭锁中间继电器，SHJ 为断路器合闸继电器，TBJA 为防跳继电器，F 为断路器辅助开关，HQ 为合闸线圈，ZKD 为断路器分合闸控制开关，ZK 为近控、远控控制开关，JSA 为计数器。辅助开关 F 状态为断路器分闸状态。

从图 7-10 中可以看出，断路器的动合触点与防跳继电器的动合触点并联后再串接防跳继电器线圈，防跳继电器的动断触点串接在断路器的合闸回路中。断路器合闸后，其动合触点接通防跳继电器线圈，启动防跳继电器，防跳继电器启动后其动合触点接通实现防跳继电器的自保持，同时防跳继电器的动断触点断开断路器的合闸回路。也就是说，在发生“手合断路器触点粘连”的情况下，合闸之后，断路器的合闸回路即被闭锁。

SF_6 低气压闭锁中间继电器的动分触点和合闸低油压闭锁中间继电器的动合触点串接在合闸回路上，确保 SF_6 气体压力或者油压低时闭锁合闸回路。

2. 分闸回路

图 7-11 所示为断路器分闸回路图。

断路器一般配置两套跳闸回路，图 7-11 以第一套跳闸回路为例。该回路连接操作箱的 137 回路，另一条连接 237 的回路与此一样。图 7-11 中 SSJ1 为 SF_6 低气压闭锁中间继电器，TYJ1 为断路器分闸低油压闭锁继电器，SZJ1 为中间继电器，STJ1 为断路器分闸继电器，F 为断路器辅助开关，TQ 为合闸线圈，ZK1 为断路器分合闸转换开关，ZK 为近控、远控控制开关。辅助开关 F 状态为断路器分闸状态。

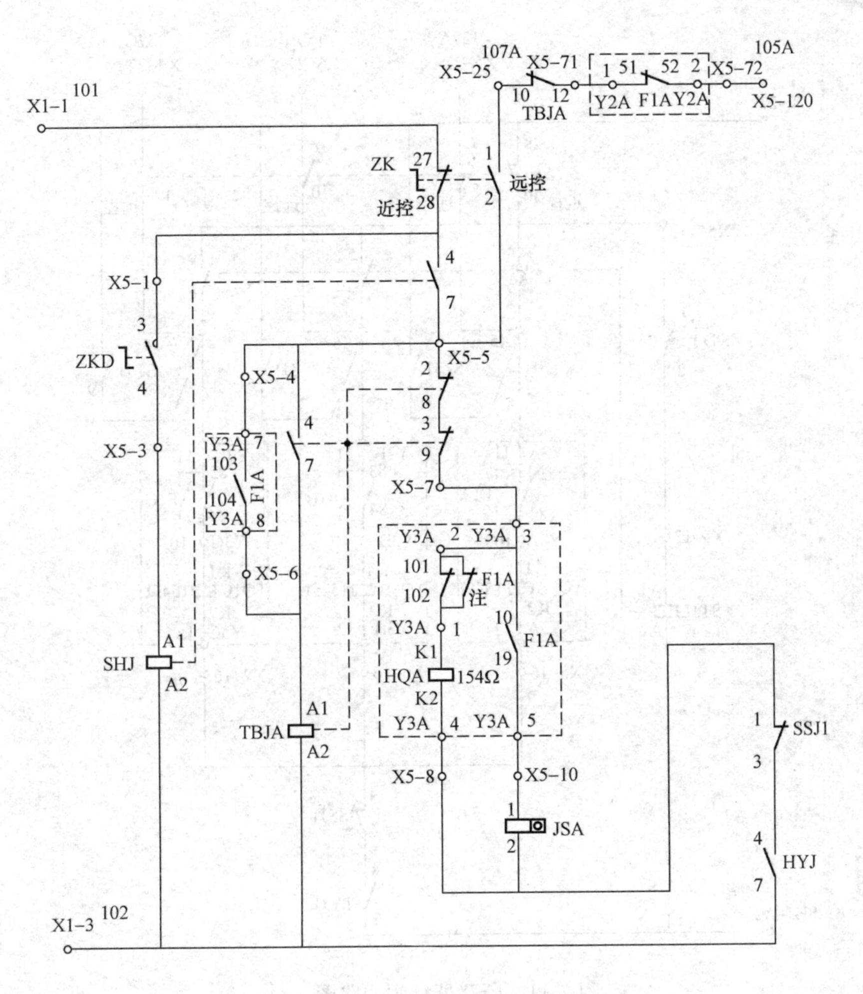

图 7-10 断路器合闸回路图

图 7-11 中 SZJ 中间继电器在三相不一致回路中，当断路器发生三相不一致时，SZJ 继电器启动，其动合触点闭合，启动断路器跳闸。

3. 三相不一致回路

图 7-12 所示为断路器三相不一致回路图。

图 7-12 中 SJ 为时间继电器，SZJ 为中间继电器。断路器的非全相保护启动回路由 A、B、C 三相断路器动断、动合辅助触点组合构成。发生三相非全相时，时间继电器 SJ 启动。

4. 断路器机构控制回路图

图 7-13 所示为断路器机构控制回路图，三相完全一样，仅给出了 A 相控制回路图。图 7-13 中 WKA 为断路器弹簧储能行程开关，JRA 为板状加热器，WDKA 为温湿度控制器，MA 为直流电动机，RJA 为热中间继电器，KMA 为直流接触器，MSJA 为时间继电器，MZJA 为中间继电器，XDLA 为高分段小型断路器。

XDLA 合上时电动机具备储能电源，当断路器断开时，其动断触点 11-12 用于发出“断路器储能电动机电源消失”信号。当储能电源具备，且弹簧未储能时，WKA 动断触点闭合，直流接触器 KMA 动作，其动合触点闭合，接通电动机开始储能。储能完成后 WKA 动

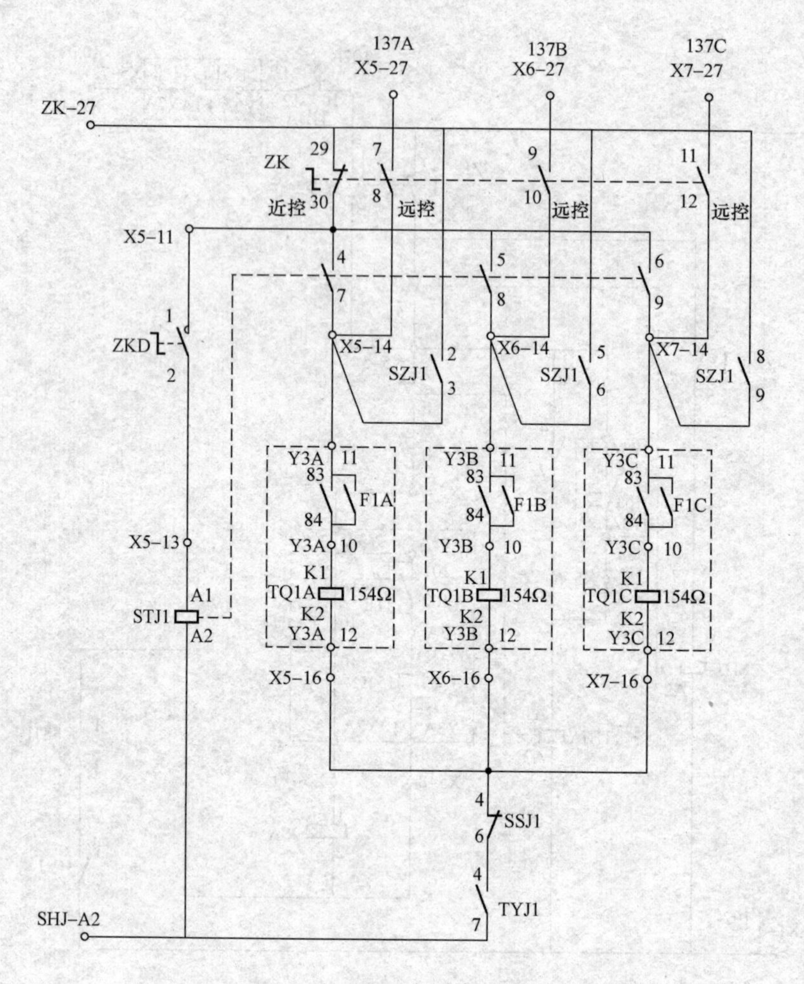

图 7-11　断路器分闸回路图

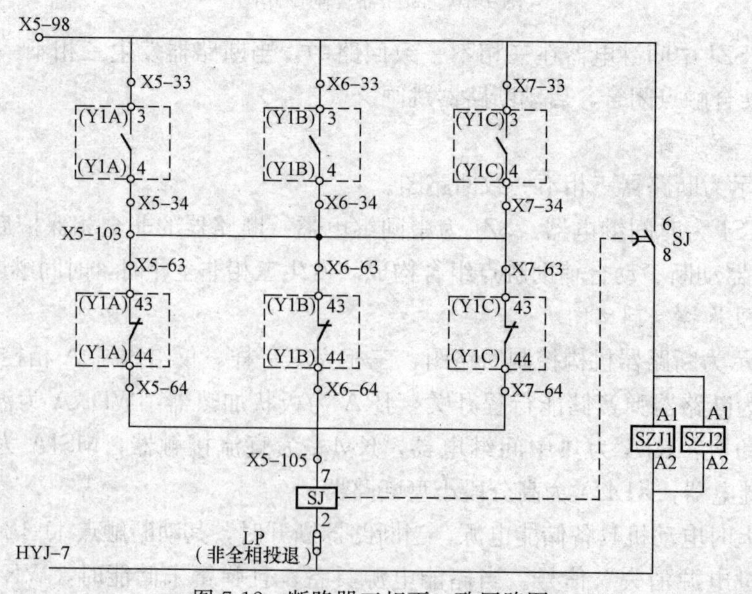

图 7-12　断路器三相不一致回路图

断触点断开。电动机启动的同时时间继电器 MSJA 动作，若电动机超时运转弹簧仍未储能，则 MSJA 动合触点 1-3 闭合，启动中间继电器 MZJA，一方面其动断触点 21-22 断开 KMA 继电器回路，另一方面其动合触点 13-14 闭合供信号回路使用。

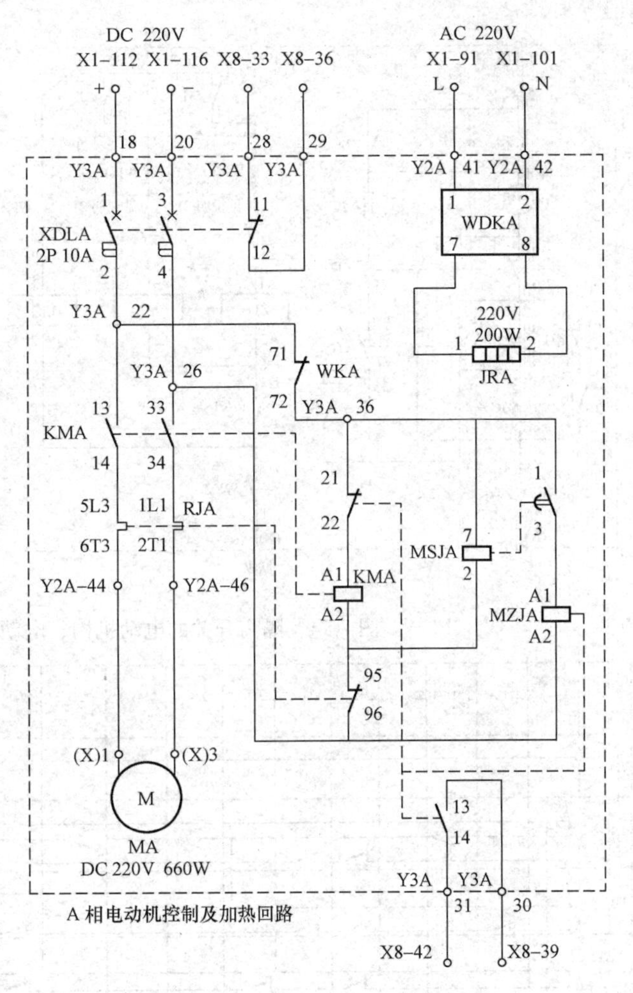

图 7-13　断路器机构控制回路图

二、隔离开关的二次回路

1. 隔离开关的电动机构、电动弹簧机构原理图

图 7-14 所示为隔离开关的电动机构、电动弹簧机构电气原理图。ZJ1 和 ZJ2 分别为合闸和分闸中间继电器，分别通过机构外的合闸与分闸命令来启动。以合闸中间继电器 ZJ1 回路为例，串接的微动开关触点 WK3 用于在合闸到位后断开合闸回路，串接的 ZJ2 的动分触点用于在分闸过程中闭锁合闸，ZJ1 的动合触点用于实现 ZJ1 的自保持。

再看左半边的电动机回路。合闸过程：中间继电器 ZJ1 动作，正电源经启动电阻 R_1、ZJ1 动合触点 23-24、电机电枢绕组、ZJ2 动断触点 61-62、ZJ1 动合触点 33-34、电动机励磁绕组 JC、ZJ1 动合触点 43-44 导通。

合闸完成后：中间继电器 ZJ1 返回，电动机励磁绕组 JC 经隔离开关辅助开关触点 37-38、ZJ1 动断触点 71-72、ZJ2 动断触点 71-72、制动电阻 R_2、电动机电枢绕组 DS、ZJ2 动断触点 61-62、ZJ1 动断触点 61-62、隔离开关辅助开关触点 33-34 短接实现制动。

分闸过程：中间继电器 ZJ2 动作，正电源经启动电阻 R_1、ZJ2 动合触点 23-24、电动机电枢绕组、ZJ2 动合触点 33-34、电动机励磁绕组 JC、ZJ2 动合触点 43-44 导通。

合闸完成后：中间继电器 ZJ2 返回，电动机励磁绕组 JC 经隔离开关辅助开关触点 39-40、ZJ2 动分触点 61-62、电动机电枢绕组 DS、制动电阻 R_2、ZJ2 动断触点 71-72、ZJ1 动断触点 71-72、隔离开关辅助开关触点 35-36 短接实现制动短接实现制动。

2. 电气联锁图

为了保证电气设备的安全运行，防止发生误操作，对断路器、隔离开关、接地开关的操作必须满足一定的联锁条件才允许操作。对于不同的主接线，各电气设备的联锁条件是不同的。图 7-15 所示为采用双母线接线的 220kV 出线间隔电气联锁图（图中出线间隔调度号为 2211）。

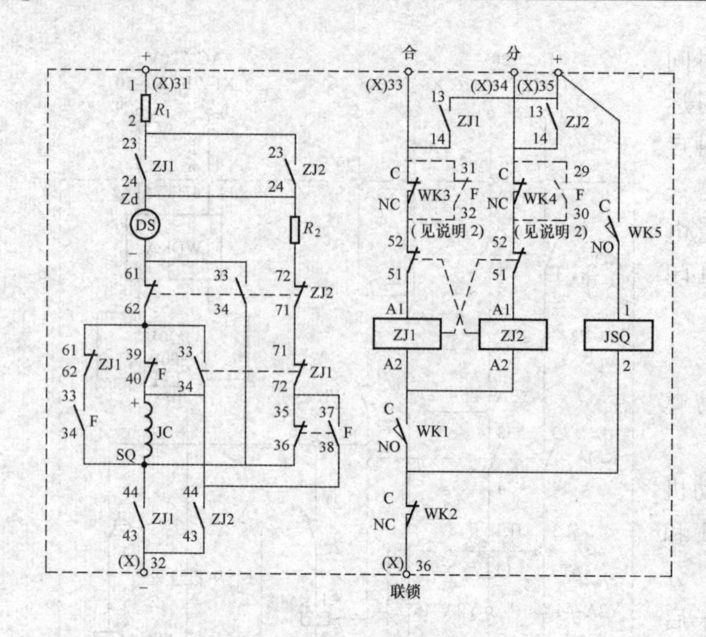

说　明

1. 左图为机构控制原理图，操作、控制电源 DC 220V 合，分为合闸命令，分闸命令信号端。
2. 对弹簧机构，WK3(C，NC)，WK4(C，NC) 对应改为 F(31，32)，F(29,30)。

代号	备注	代号	备注
WK5	手动解锁微动开关	JSQ	手动解锁线圈
WK4	分闸回路微动开关	X	接线端子
WK3	合闸回路微动开关	F	隔离开关辅助开关
WK2	机械解锁微动开关	R_2	制动电阻
WK1	门微动开关	R_1	启动电阻
JC	电动机励磁绕组	ZJ2	分闸中间继电器
DS	电动机电枢绕组	ZJ1	合闸中间继电器

图 7-14　隔离开关的电动机构、电动弹簧机构电气原理图

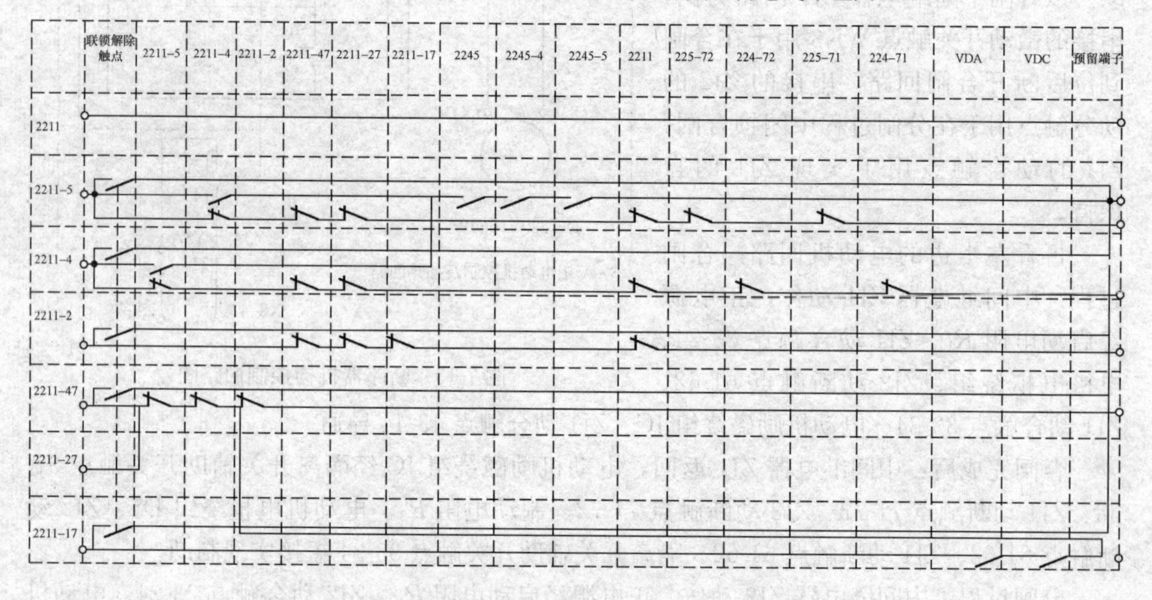

图 7-15　采用双母线接线的 220kV 出线间隔电气联锁图

从图 7-15 中可以看出，联锁回路由断路器、隔离开关、接地开关的触点串并联而成，图中所有触点为对应断路器、隔离开关、接地开关断开时的状态。当联锁解除触点闭合后，所有的隔离开关、接地开关的闭锁回路全部短接，代表电气联锁被解除。

断路器的电气联锁回路为一条短接线，代表断路器的分合闸不受对应隔离开关、接地开关状态的电气闭锁。

母线隔离开关 2211-5 的联锁回路除了联锁解除对应支路外，还由两条支路并联而成，其中一条为 2211-4 隔离开关、母联 2245 断路器、2245-4 隔离开关、2245-5 隔离开关的动合触点串联而成。这代表当母联 2245 断路器合上，两侧隔离开关合上，且 2211-4 隔离

开关也合上时，可以对 2211-5 隔离开关进行操作。这种情况一般出现在倒母线时。另外一条支路由断路器 2211 动断触点、隔离开关 2211-4 动断触点、接地开关 2211-47 和 2211-27 动断触点、母线接地开关 225-71 和 225-72 动断触点串联而成，代表当 2211 断路器拉开，2211-4 隔离开关拉开，2211-27、2211-47、225-71、225-72 均拉开时可以操作 2211-5 隔离开关。

其他隔离开关、接地开关的闭锁关系从图 7-15 中也可以很容易看出，这里不再一一赘述。

3. 隔离开关、接地隔离开关控制回路

图 7-16 所示为隔离开关、接地开关的控制回路图。从图 7-16 中可以很容易看出，隔离开关、接地开关的控制回路图实际上是由其机构原理图、联锁回路图加上远方就地选择开关和分合控制开关来组成的。

三、交直流电源回路

图 7-17 所示为 220kV 出线间隔的交直流电源回路图。从图 7-17 中可以看出，从直流分电屏引出两路直流电源：一路提供断路器合闸、分闸 1 电源，同时还提供信号电源；另一路电源提供断路器分闸 2 电源。直流环网电源通过隔离开关 SW1、SW2 与其他间隔断开，用高分段小型断路器 XDL 作为本间隔环网直流的总开关，并通过各个高分段小型断路器分别供隔离开关、接地开关控制电源，分合指示电源，断路器电动机电源，隔离开关、接地开关电动机电源回路使用。

交流环网电源通过隔离开关 SW3、SW4 与其他间隔断开，用高分段小型断路器 XDL3 作为本间隔环网交流的总开关，供本间隔的照明和电热使用。

四、其他回路

1. SF_6 气体密度和油压监视回路

图 7-18 所示为 SF_6 气体密度和油压监视回路图。该回路通过 SF_6 密度继电器触点实现 SF_6 压力降低的报警和闭锁，通过微动开关触点实现合闸低油压的报警和闭锁以及分闸低油压的报警和闭锁。

从前面的断路器分合闸控制回路可以看到，断路器油压低闭锁分闸和闭锁合闸都是动合触点串接在控制回路中，所以正常时压力低闭锁分闸和压力低闭锁合闸继电器应该是动作的。油压低闭锁采用三相微动开关动合触点串接，正常时微动开关都闭合，继电器带电，任意一相压力低时，压力低闭锁继电器失电。油压低报警采用三相微动开关动断触点并接，正常时三相均断开，报警继电器不动作，任意一相压力低时回路接通，报警继电器动作。

2. 报警及信号回路

图 7-19 所示为报警与信号回路图。从图 7-19 中可以看出一个出线间隔在测控屏、故障录波屏以及汇控柜门上显示的所有报警信号是通过哪些触点的分合来实现的。

五、汇控柜接线图

GIS 设备的汇控柜可以实现对 GIS 设备的就地控制，同时它还是相关二次设备的信息提供源。图 7-20 以一个采用双母接线的 220kV GIS 设备的出线间隔为例，介绍汇控柜都向哪些二次设备提供了哪些相关信息量。

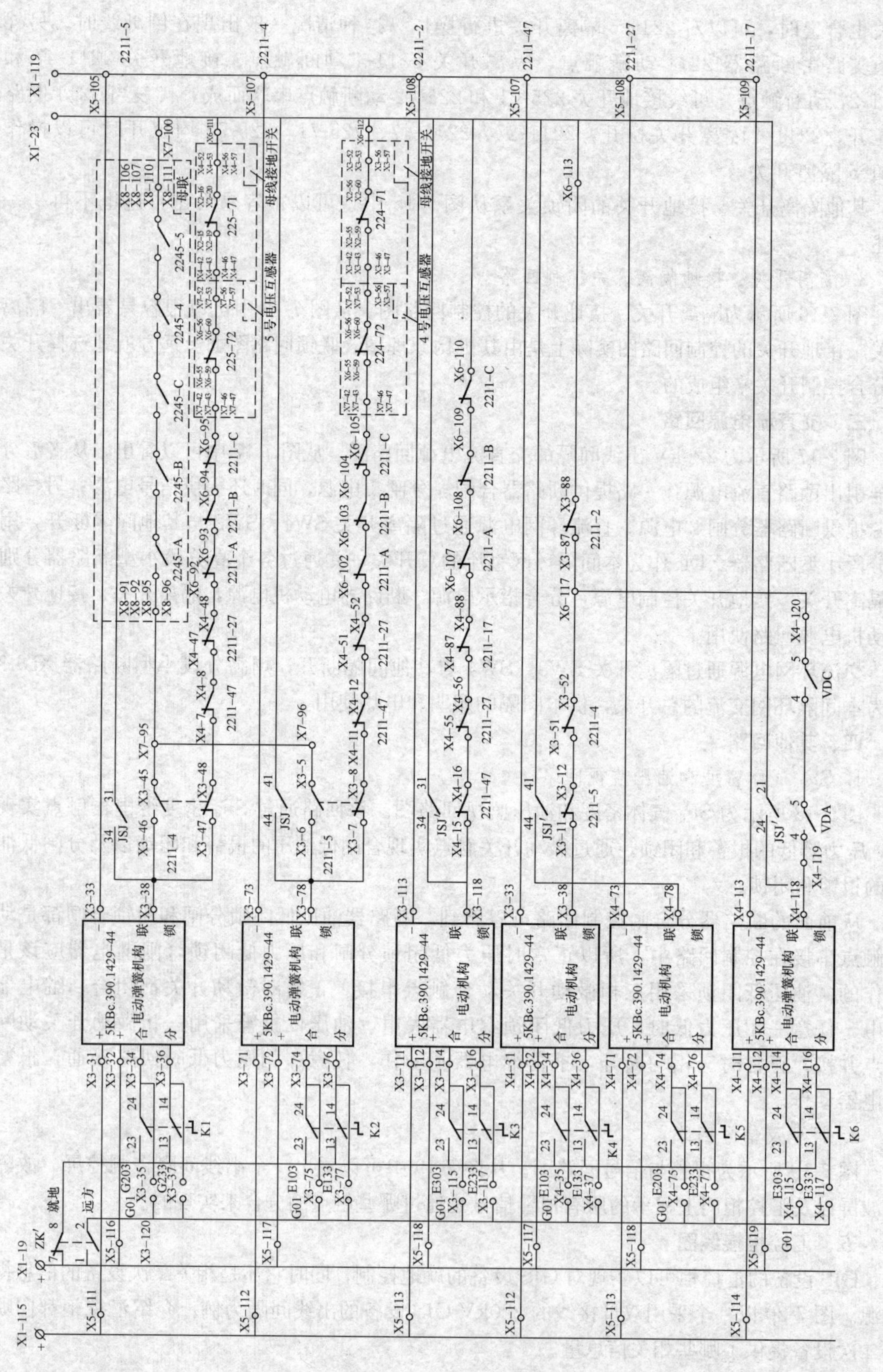

图 7-16 隔离开关、接地开关的控制回路图

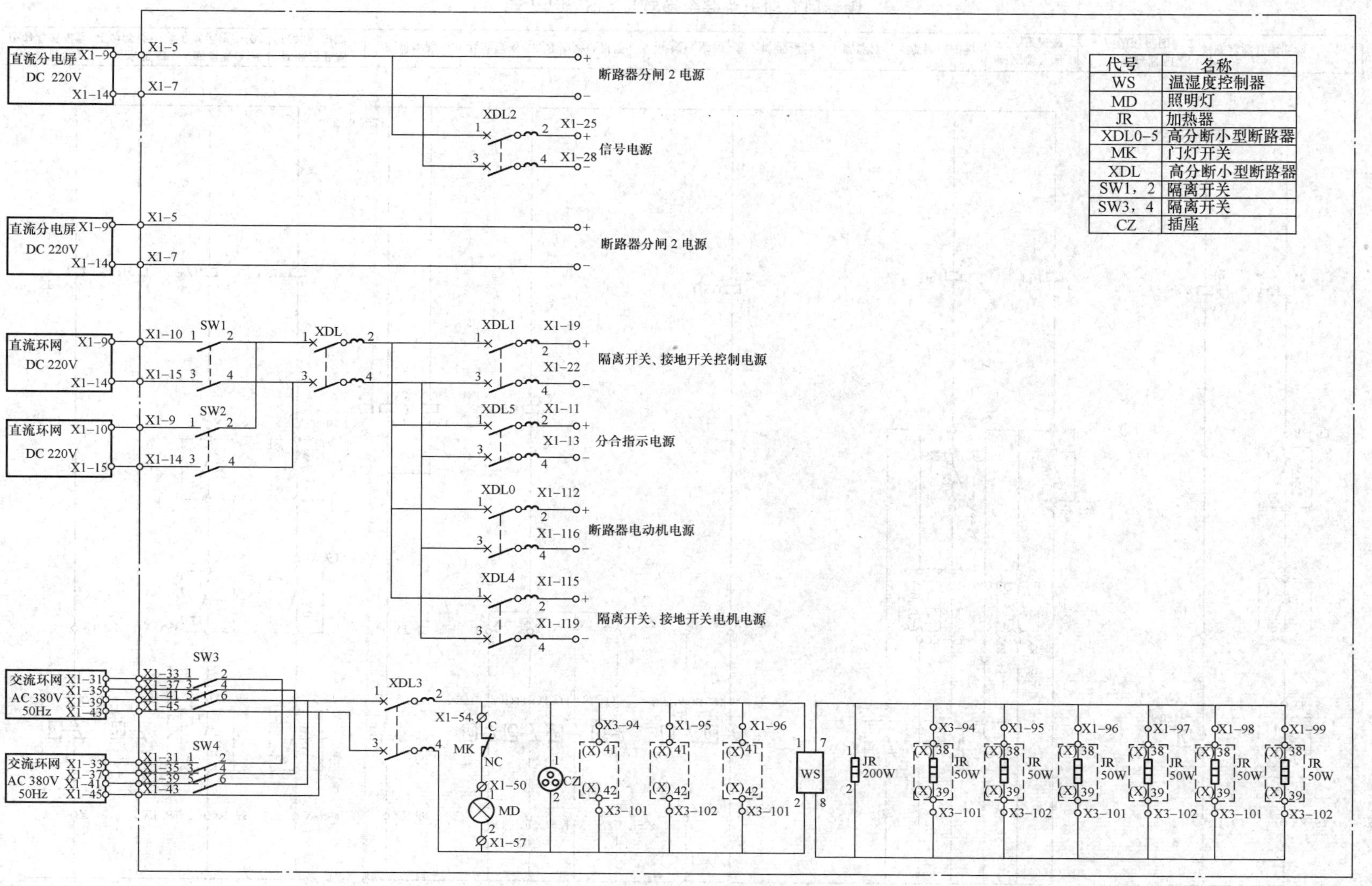

图 7-17　交直流电源回路图

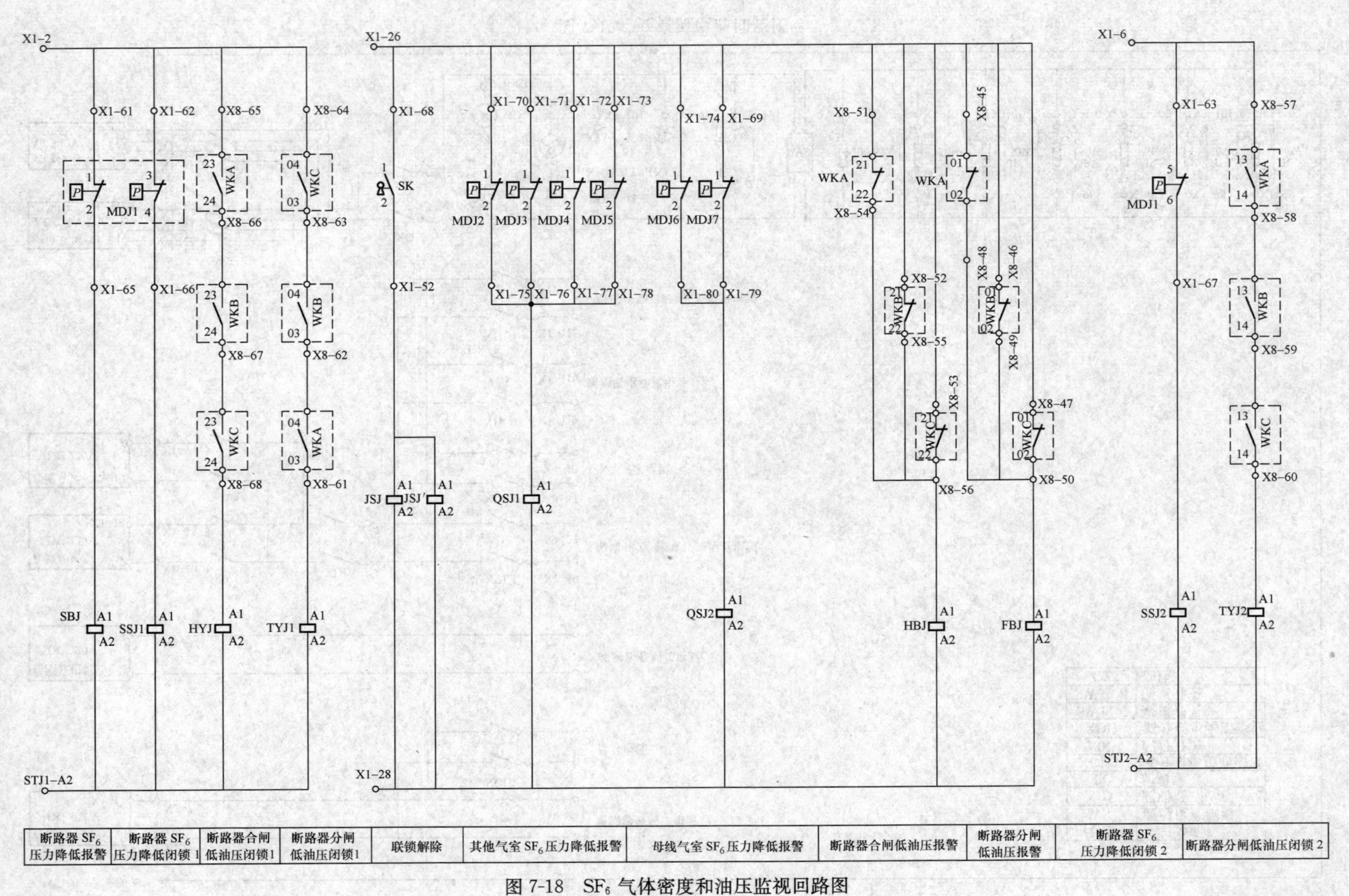

图 7-18 SF_6 气体密度和油压监视回路图

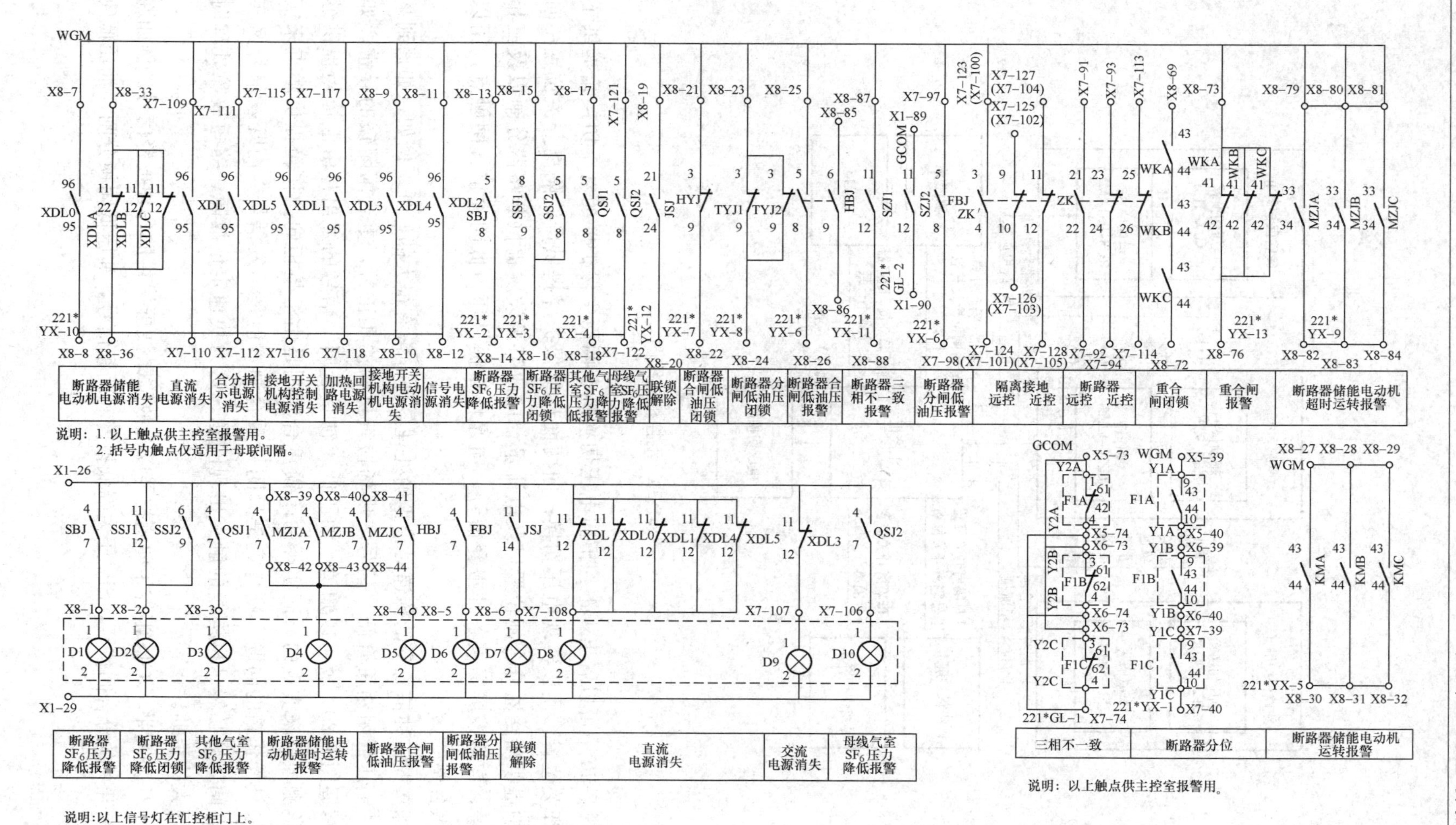

图 7-19　报警与信号回路图

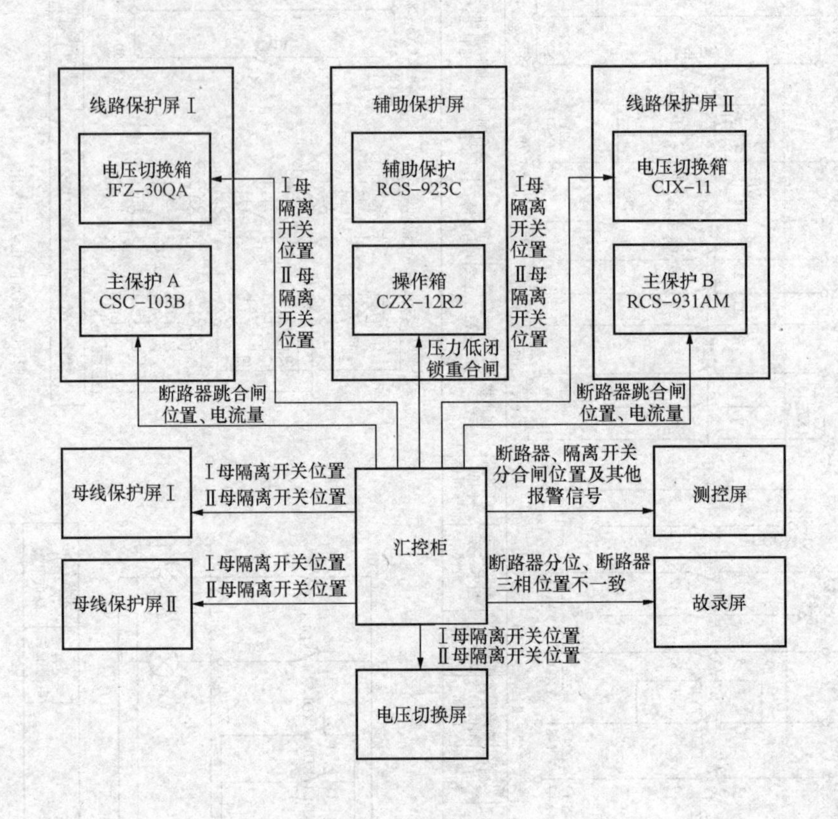

图 7-20　汇控柜接线图

从图 7-20 中可以看出，汇控柜向电压切换屏、两面主保护屏的电压切换箱提供了母线隔离开关位置，用以实现电压切换；向两面母线保护屏提供母线隔离开关位置；向两套主保护提供断路器分合闸位置以及电流量；向故障录波屏提供断路器分闸以及三相不一致信号；向测控屏提供各种报警信号；向操作箱提供压力低闭锁重合闸触点，用以实现闭锁重合闸。

熟练掌握各种信息量的传递对于正确处理各种异常有很大的好处。例如，如遇到某出线发出“油压低闭锁重合闸”信号，现场检查机构油压正常，重合闸闭锁的异常。如果能熟练掌握图 7-20，就可以知道“油压低闭锁重合闸”信号的发出是由汇控柜提供继电器触点给测控屏来实现的，而实际的闭锁重合闸则是由汇控柜向操作箱提供触点来实现的。如果是操作箱的问题，则肯定是只闭锁重合闸，但是不发信号。而既发信号又实际闭锁重合闸，则必然是机构箱的触点出现问题。这为快速定位故障、缩短故障处理时间提供了很大的帮助。

图 7-21 则列举了 GIS 汇控柜向测控屏以及故障录波屏提供的各种报警信号。例如断路器、隔离开关的分合闸位置，SF_6 压力降低报警和闭锁信号，油压低闭锁分闸、油压低闭锁合闸等信号等。

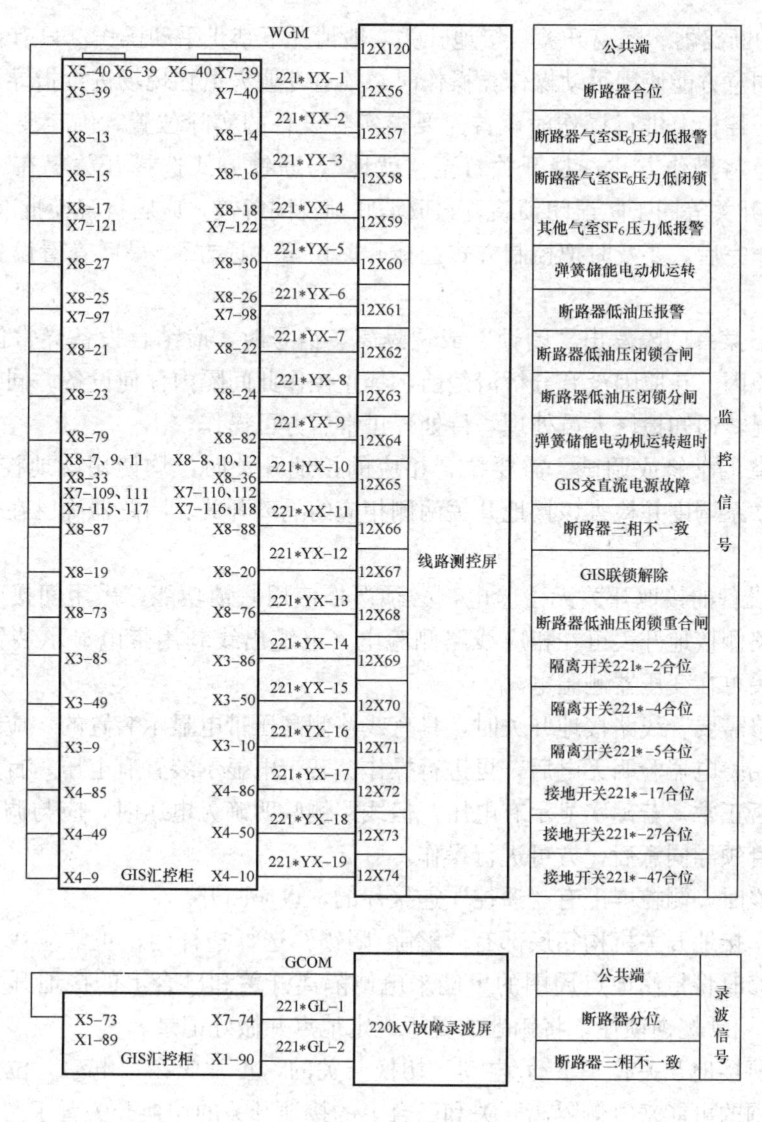

图 7-21　GIS 汇控柜各种报警信号

第四节　GIS 设备正常运行操作与异常及故障处理

一、GIS 设备正常运行操作

当 GIS 设备进行正常操作时，为了防止触电，禁止触及外壳，并应保持一定距离。操作时，禁止在设备外壳上进行任何工作。手动操作隔离开关或接地开关时，操作人员必须戴绝缘手套。

所有开关的操作，正常情况下必须在控制室内利用监控机或测控柜开关操作把手进行远方操作，只有在远方控制出现故障或其他原因不能进行远方操作时，在征得相关领导同意后，才能到就地汇控柜上进行操作。操作前，应确认无人在 GIS 设备外壳上工作，如发现有人在 GIS 室，则应通知其离开外壳后，方可进行操作。

GIS设备的断路器、隔离开关、接地开关一般情况下禁止手动操作，只有在检修、调试时经上级领导同意方能使用手动操作，操作时必须有专业人员在现场进行指导。

需在就地汇控柜上进行操作时，首先要核实各设备的实际位置，确定要操作某一设备时，在汇控柜上将操作方式选择开关打至“就地”，联锁方式选择开关仍在“联锁”位置（联锁方式选择开关等同于防误闭锁装置，取消联锁视同解锁，应履行解锁批准手续），然后进行操作。操作完后，要及时把控制方式选择开关切至“远方”。最后查看设备的位置指示是否正确。

当GIS设备某一间隔发出“闭锁”或“隔离”信号时，应结合设备异常信号和设备位置状态，查明原因。在原因没有分析清楚前，禁止操作此间隔内任何设备。同时迅速向调度和工区汇报情况，通知检修人员处理，待处理正常后方可操作。

凡GIS设备的维修或调试，需要拉合相应的接地开关时，均使用就地控制方式操作。操作前，首先联系调度并检查该接地开关两侧相应的隔离开关、断路器确已在分闸位置，然后才能操作。

操作GIS设备的接地开关无法验电，必须严格使用联锁功能，采用间接验电方法，并加强监护。线路侧接地开关可在相应线路侧验电（电缆出线利用带电显示装置间接验电），变压器接地开关可在变压器侧验电。

当线路检修需要合线路接地开关时，具有线路侧高压带电显示装置的，应检查显示装置无电压，同时用验电器验明无电后，再进行操作。若带电显示装置有电压，首先检查确定带电显示装置是否正常。若确实显示有电压，但线路侧验明确无电压时，应与调度核实运行方式，经工区主管领导同意后，方可进行操作。

断路器检修时，测控屏上有“遥控”连接片的，也应断开。

隔离开关、接地开关机构箱底部有“解除/闭锁”选择连杆的，正常应在“解除”位置并锁住。在检修时将检修地点周围的可能来电侧隔离开关和已合上的接地开关的连杆置于“闭锁”位置，用常规锁锁住，将钥匙放置于规定地点并做好记录。

隔离开关、接地开关有“手动/电动”切换开关的，正常应在“电动”位置。在检修时将检修地点周围的可能来电侧隔离开关和已合上的接地开关的切换开关置于“手动”位置。

二、GIS设备的异常及故障处理

当GIS设备任一间隔发出“压力降低”信号时，允许保持原运行状态，但应迅速到该间隔的现场汇控柜判明为哪一气室需补气，然后立即汇报工区，通知检修人员处理，并根据要求做好安全措施。

当GIS设备任一间隔发出“压力异常闭锁”信号时，则可能出现了大量漏气情况，将危及设备安全。此间隔不允许继续运行，同时此间隔任何设备禁止操作，应立即汇报调度，并断开与该间隔相连接的开关，将该间隔和带电部分隔离。在情况危急时，运行人员可在值长领导下，先行对需隔离的气室内的设备停电，然后及时将处理情况向调度和上级汇报。

当SF_6气体有明显变化时，应请上级复核。

GIS设备发生故障，有气体外逸时的处理：全体人员立即撤离现场，并立即投入全部通风设备（室内）。在事故发生后15min之内，只准抢救人员进入GIS室内。4h内任何人进入

GIS 室必须穿防护服、戴防护手套及防毒面具。4h 后进入 GIS 室内虽可不用采用上述措施，但清扫设备时仍需采用上述安全措施。若故障时有人被外逸气体侵袭，应立即送医院诊治。处理 GIS 设备内部故障时，应将 SF_6 气体回收加以净化处理，严禁直接排放到大气中。防毒面具、塑料手套、橡皮靴及其他防护用品必须用肥皂洗涤后晾干，防止低氟化合物的剧毒伤害人身，并应定期进行检查试验，使其经常处于备用状态。

第一节 高压开关柜概述

高压开关柜（又称成套开关或成套配电装置）是以断路器为主的电气设备，是生产厂家根据电气一次主接线图的要求，将有关的高低压电器（包括控制电器、保护电器、测量电器）以及母线、载流导体、绝缘子等装配在封闭的或敞开的金属柜体内，作为电力系统中接受和分配电能的装置。

一、高压开关柜的分类

1. 按断路器安装方式

（1）移开式或手车式(用Y表示)。表示柜内的主要电器元件(如断路器)是安装在可抽出的手车上的，由于手车柜有很好的互换性，因此可以大大提高供电的可靠性。常用的手车类型有隔离手车、计量手车、断路器手车、TV手车、电容器手车和站用变压器手车等，如KYN28A-12型。

（2）固定式（用G表示）。表示柜内所有的电器元件（如断路器或负荷开关等）均为固定式安装的，固定式开关柜较为简单经济，如XGN2-10、GG-1A型等。

2. 按安装地点分

（1）户内式（用N表示）。表示只能在户内安装使用，如KYN28A-12型等开关柜。

（2）户外式（用W表示）。表示可以在户外安装使用，如XLW型等开关柜。

3. 按柜体结构分

（1）金属封闭铠装式开关柜（用K表示）。指主要组成部件（例如断路器、互感器、母线等）分别装在接地的用金属隔板隔开的隔室中的金属封闭开关设备，如KYN28A-12型高压开关柜。

（2）金属封闭间隔式开关柜（用J表示）。与金属封闭铠装式开关柜相似，其主要电器元件也分别装于单独的隔室内，但具有一个或多个符合一定防护等级的非金属隔板，如JYN2-12型高压开关柜。

（3）金属封闭箱式开关柜（用X表示）。指开关柜外壳为金属封闭式的开关设备，如XGN2-12型高压开关柜。

（4）敞开式开关柜。指无保护等级要求，外壳有部分是敞开的开关设备，如GG-1A（F）型高压开关柜。

二、开关柜的结构

不同类型的开关柜有着不同的结构。这里主要介绍现在采用较多的金属封闭铠装式开关柜（中置式），以西电三菱生产的KYN36A-12Z（MA-EC）型为例。

KYN36A-12Z（MA-EC）型开关柜一般包括金属柜体和由金属板隔成的数个小室，这些小室主要有主母线室、断路器室、电缆室、控制室。图8-1所示为典型开关柜（出线柜）的断面简图。

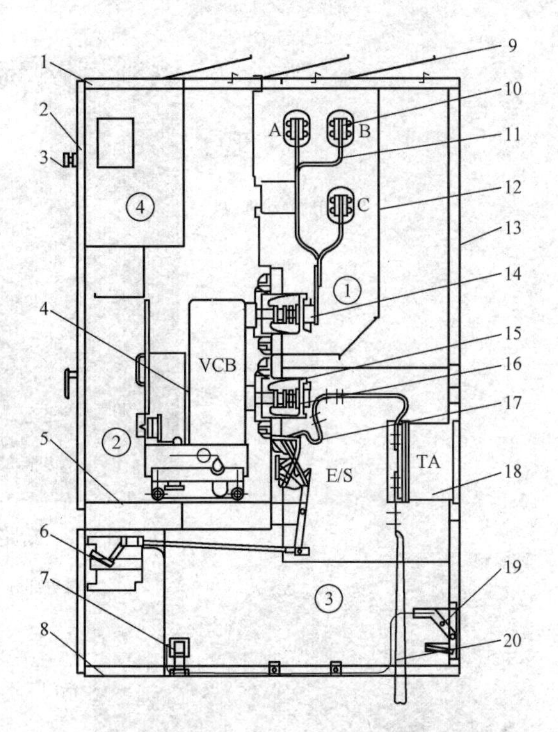

图8-1 典型开关柜（出线柜）的断面简图

①—主母线室；②—断路器室；③—电缆室；④—控制室；1—框架；2—前门；3—门把手；4—断路器手车；5—断路器室底板；6—接地开关操动机构；7—主接地母线；8—底板；9—泄压板；10—主母线；11—支母线；12—可拆隔板；13—后门；14—静触头；15—BMC绝缘支架；16—断路器触头；17—接地开关；18—电流互感器；19—后门联锁；20——次电缆（用户端）

图8-2所示为主母线室的断面图。母线间由专用螺栓连接。母线的绝缘是靠环氧树脂粉末涂料硫化涂层来实现的。母线连接处用绝缘包带或者塑料套绝缘。

电缆室主要有电流互感器、集中接地开关、主回路母线以及接地母线，主回路从开关柜后面的底部或者顶部由电缆或者母线引出。值得注意的是，对电缆室的电缆引入部分，GB 50168—2006《电气装置安装工程电缆线路施工及验收规范》第六章电缆终端和接头的制作第6.2.10条规定：电缆通过零序电流互感器时，电缆金属护层和接地线应对地绝缘，电缆接地点在互感器以下时，接地线应直接接地；接地点在互感器以上时，接地线应穿过互感器再进行接地。图8-3所示为电缆引入部分示意图。

控制室的前侧装有带手柄的前门，继电器、仪表等控制设备及其连接线都安装在控制室内。

断路器室用金属板与其他室隔断，是可以保证断路器安装操作（装入、拉出）和开合操作顺利进行的坚固结构。KYN36A-12Z（MA-EC）型开关柜的断路器室主要由金属活门、操动机构、断路器的拉出机构和BMC绝缘支架组成，如图8-4所示。

图8-2 主母线室的断面图

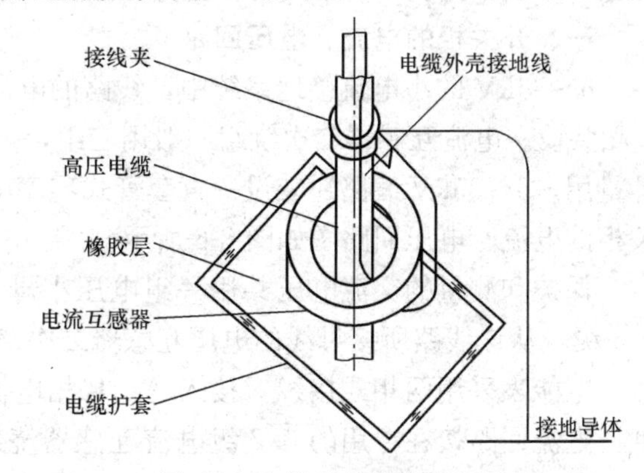

图8-3 电缆引入部分示意图

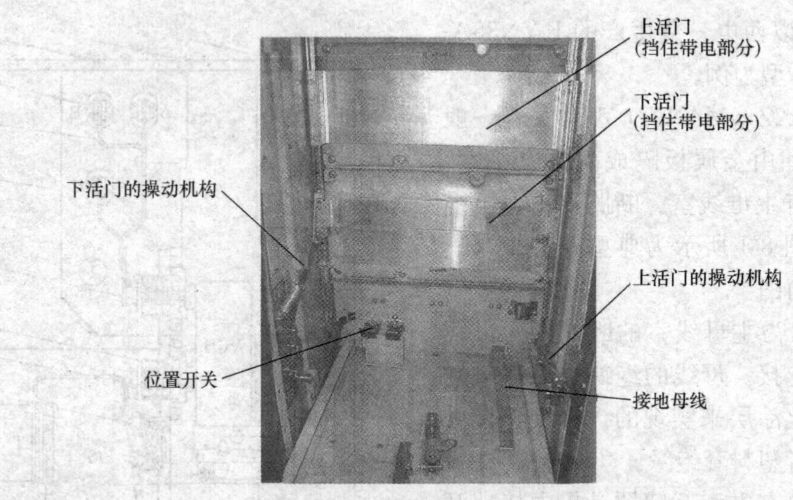

图 8-4　断路器室结构

图 8-5　断路器室活门结构

推入断路器时活门将自动打开，主回路与静触头连接。拉出断路器后主回路与静触头自动断开。母线侧的活门和回路侧的活门可以分别由其操动机构控制，所以可以手动逐个打开活门来检查。断路器室安装了位置开关以检测断路器是否完全推入。断路器推入工作位置后断路器接地端自动与接地线可靠接触。图 8-5 所示为断路器室活门结构。

第二节　高压开关柜二次回路

高压开关柜根据不同的用途可分为线路（出线）开关柜、母联（分段）开关柜、变压器（站用变压器）开关柜、电容器开关柜、电压互感器开关柜等。不同的开关柜装设的一次设备不同，与之对应的二次设备和二次回路也有所不同。本节以 10kV 线路开关柜为例介绍开关柜的二次回路。本节采用的模型为线路保护采用 PSL641UB，10kV 断路器型号为 VB2。

一、开关柜的电流、电压回路

6～35kV 的小电流接地系统中，线路的电流互感器按规定采用两相式布置，即只在 A、C 相装设。电流互感器二次绕组一般用三组，一组供保护用，一组供测量用，一组供电能表计量用。6～35kV 线路还装设一直套管式零序电流互感器作为小电流接地选线用。10kV 开关柜的电流、电压回路图如图 8-6 所示。

保护和测量的交流电压共用一组电压小母线，其所接的电压互感器二次绕组准确级为 0.5 级，从该线路所接母线的电压互感器二次绕组引入。

电能表采用两相式接线，接入 A、B 相电流和 AB、BC 电压。为了保证电能计量的精度，电流回路接在专用的 0.2 级电流互感器绕组上，电压回路接计量专用的一组电压小母线，其同组准确级为 0.2 级。

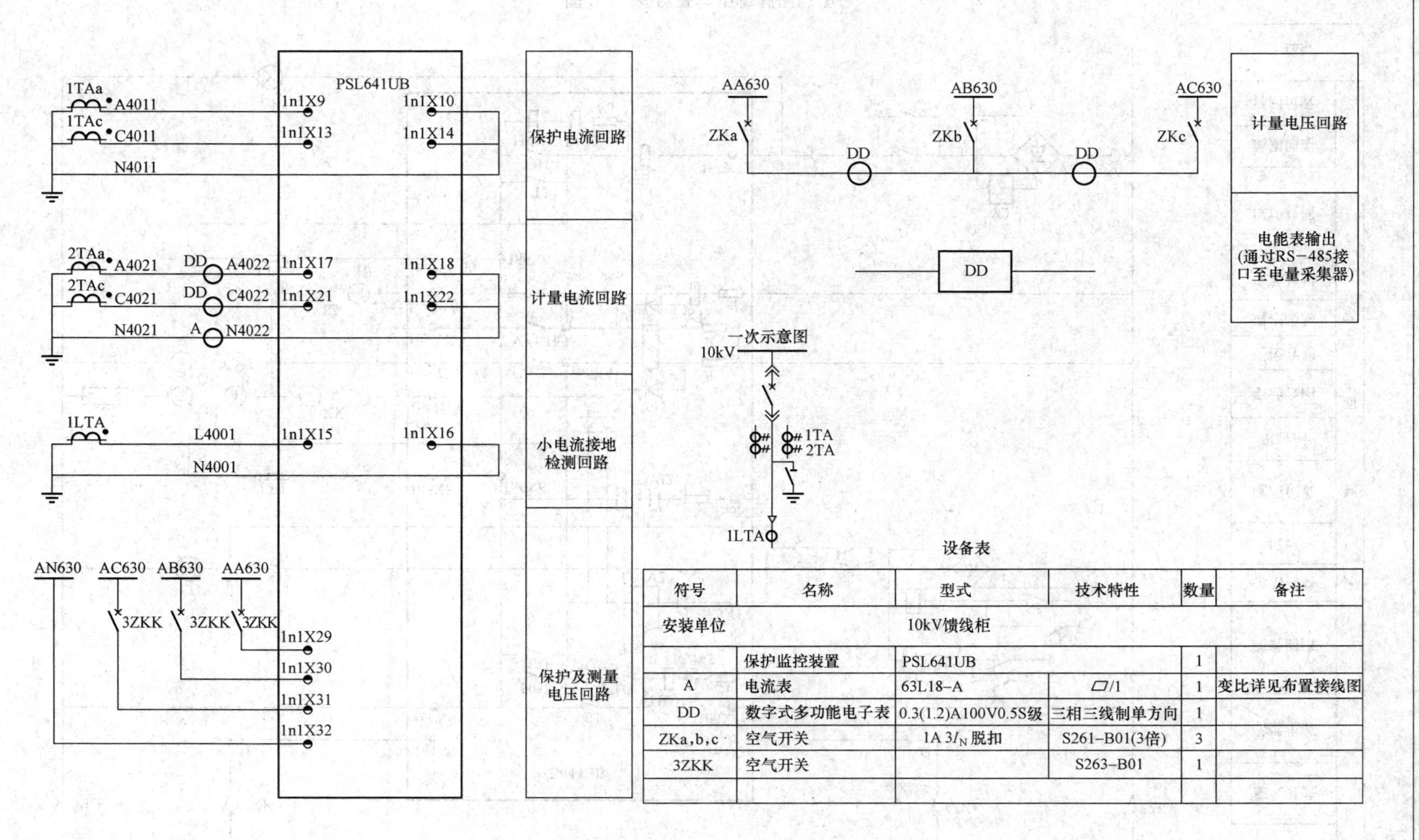

符号	名称	型式	技术特性	数量	备注
安装单位		10kV馈线柜			
	保护监控装置	PSL641UB		1	
A	电流表	63L18−A	□/1	1	变比详见布置接线图
DD	数字式多功能电子表	0.3(1.2)A100V0.5S级	三相三线制单方向	1	
ZKa,b,c	空气开关	1A $3I_N$ 脱扣	S261−B01(3倍)	3	
3ZKK	空气开关		S263−B01	1	

图 8-6 10kV 开关柜的电流、电压回路图

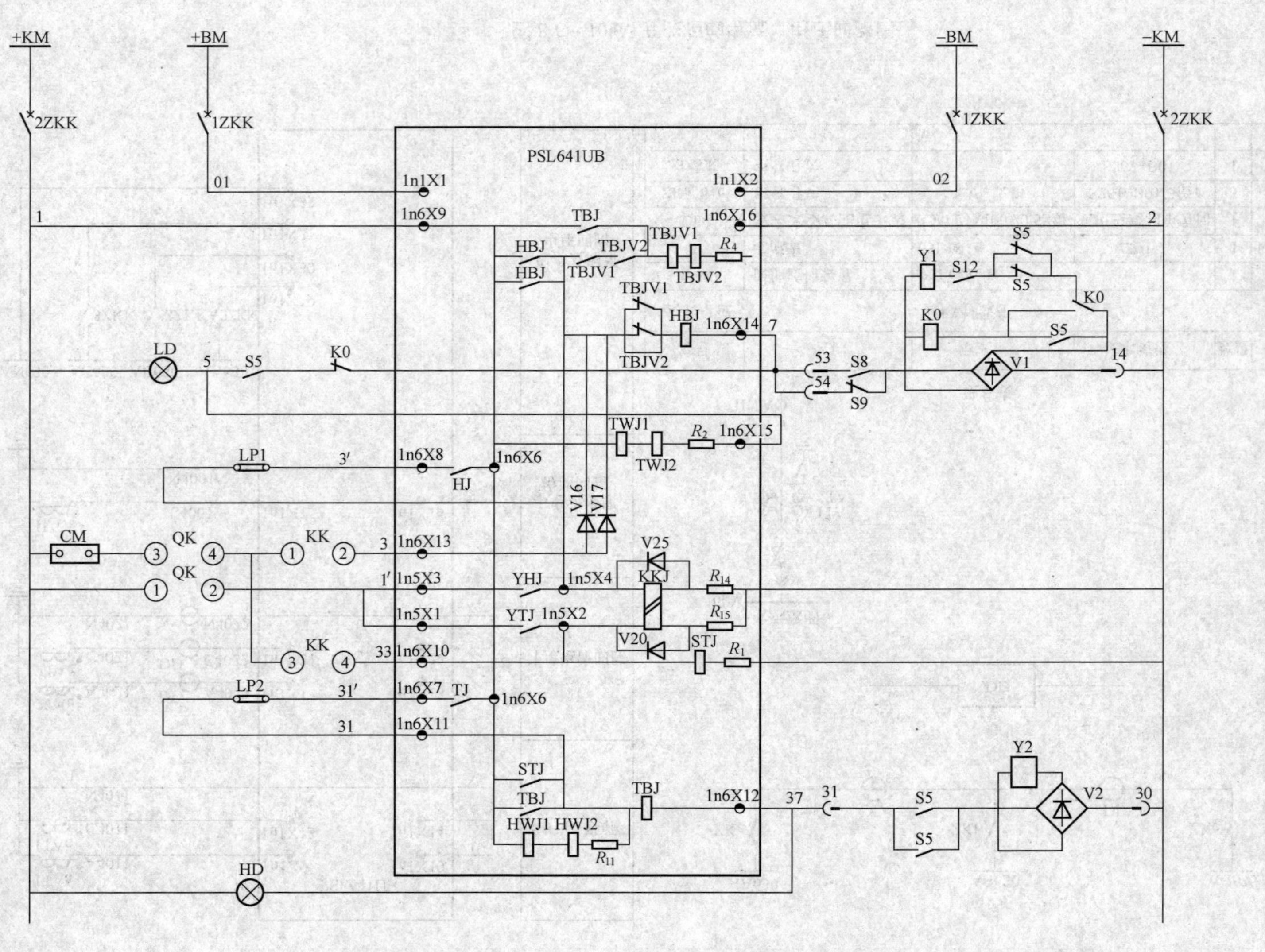

图 8-7　线路开关柜控制回路图

二、开关柜断路器的控制回路

关于断路器的控制回路，在高压断路器、全封闭组合电器等相关章节中均做过详细介绍。图 8-7 所示为开关柜断路器控制回路图，从图中可以看出该图与前面介绍过的断路器控制回路有很多的相似之处，这里就不再做详细的介绍。

三、线路开关柜的信号回路与其他回路

图 8-8 与图 8-9 所示分别为线路开关柜的信号回路图与其他回路图。

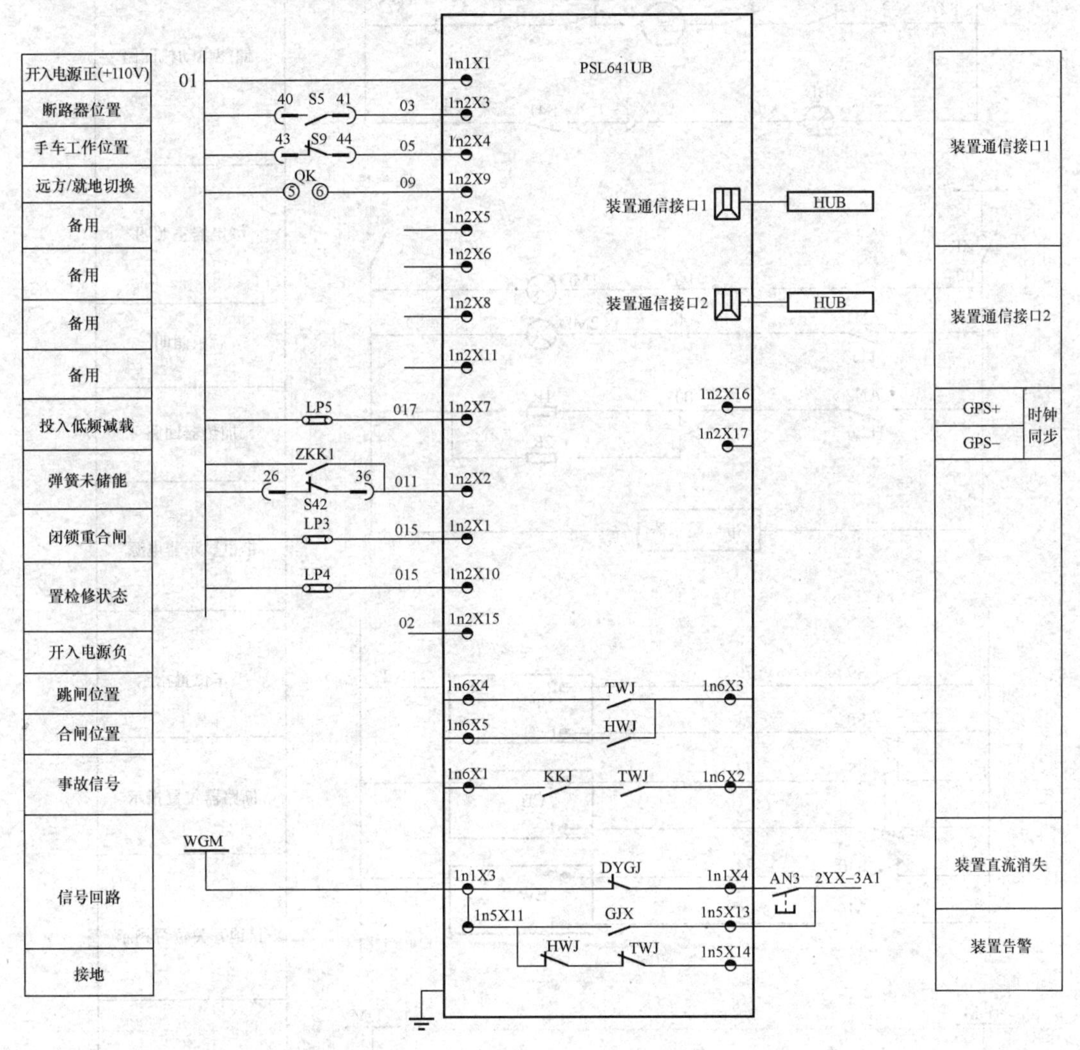

图 8-8 线路开关柜信号回路图

图 8-7～图 8-9 中 1ZKK、2ZKK、ZK 为自动空气开关，CM 为电编码锁，KK 为控制开关，QK 为切换开关，M 为储能电动机，S10、S11、S12、S21、S22、S41、S42 为储能微动开关，Y1 为合闸线圈，Y2 为跳闸线圈，V1、V2 为整流元件，K0 为防跳继电器，S5 为断路器辅助触点，S8 为辅助开关（试验位置），S9 为辅助开关（工作位置），S10 为接地开关辅助触点，AN1、AN2 为钮子开关，JK 为微动开关，1MD、2MD 为照明灯，1R、2R 为加热器，V0 为电磁锁，K 为带电显示器。

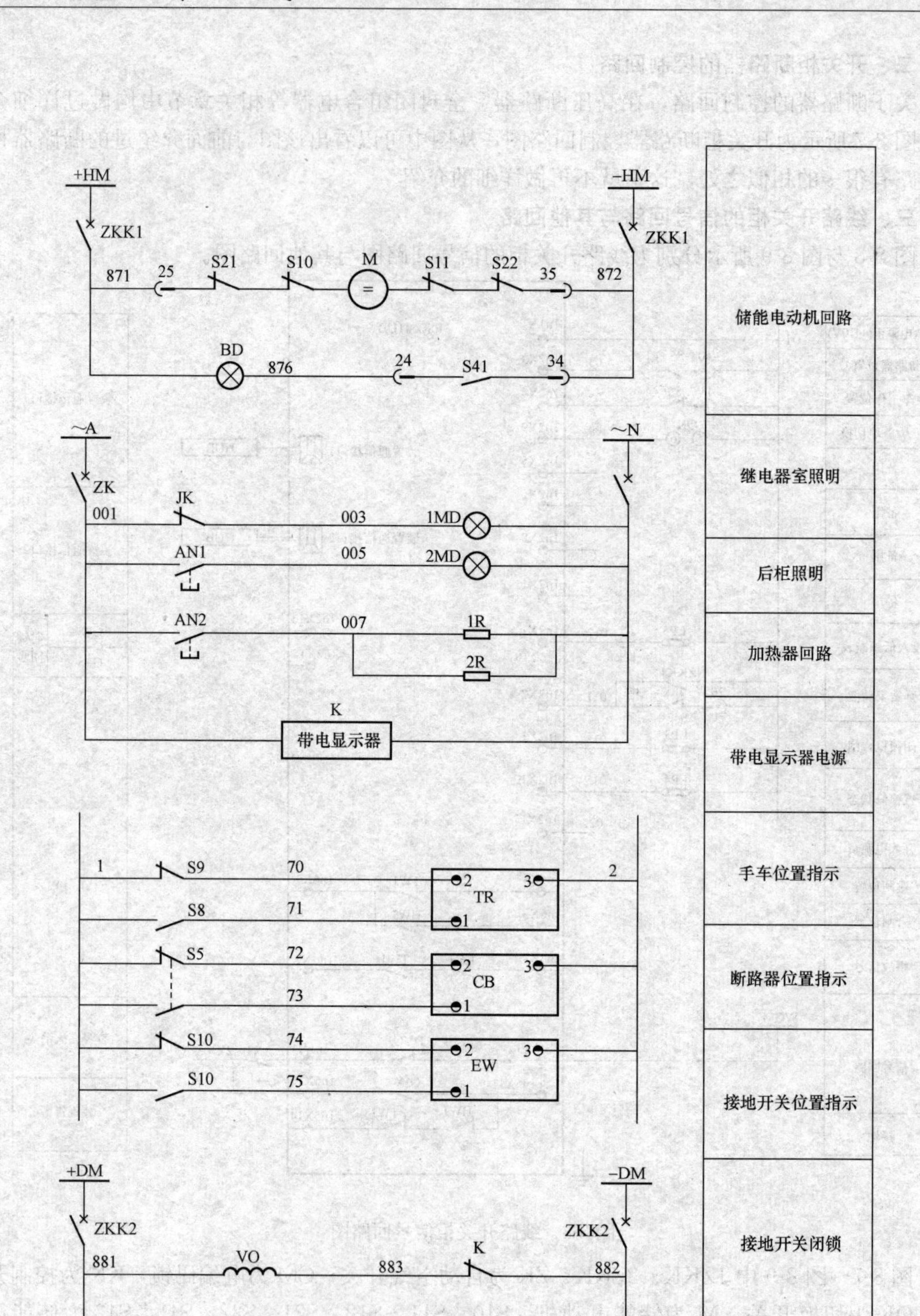

图 8-9　线路开关柜其他回路图

第三节　高压开关柜操作

在介绍高压开关柜的操作之前，先解释一下什么是手车式断路器。简单地讲，手车就是一个带有轮子可以滑动的平板，断路器安装在手车上就可以随手车移动，习惯称为手车式断路器。手车式断路器的二次接线方式也比较特殊，断路器机构内的二次回路与外部二次设备的联系需要使用一个专门的插座（简称二次插件）。直流电源、操作指令传输到断路器以及断路器内信号传输到外部二次设备都需要通过二次插件。

手车在移动过程中，可能存在三种状态，即分别停留运行、备用、检修三个位置。从中柜门观察窗看，手车在运行位置时，处于开关柜内较深的位置，断路器前面板距离中柜门大

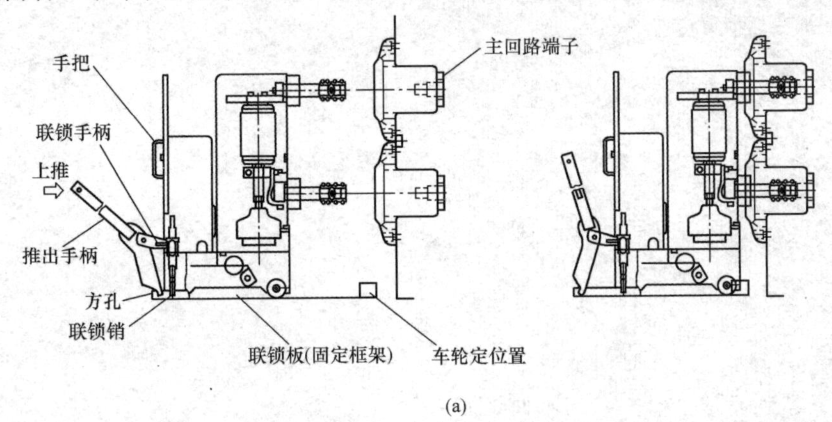

(a)

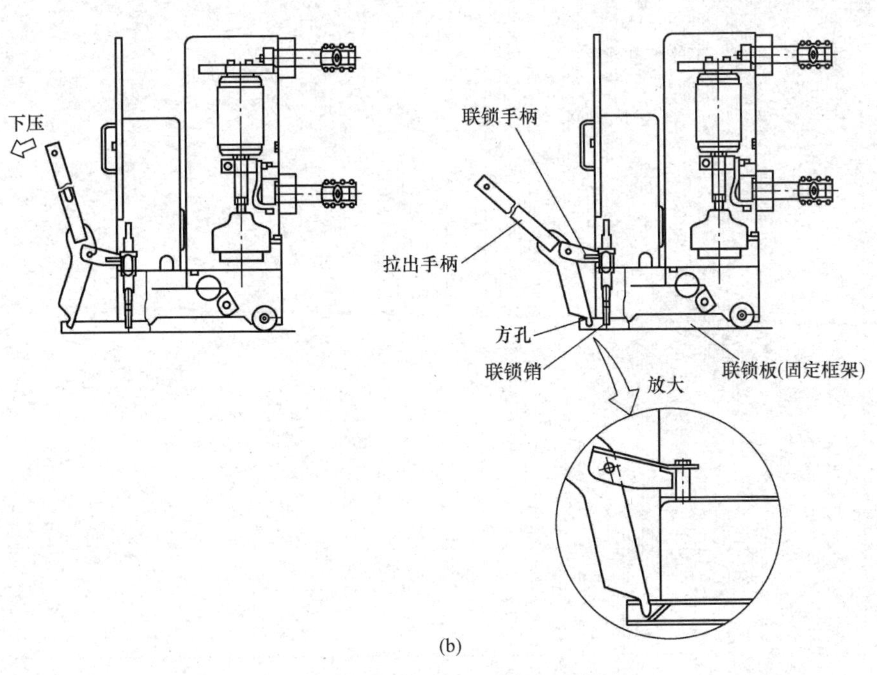

(b)

图 8-10　断路器推入、拉出示意图

（a）断路器推入；（b）断路器拉出

概 10cm；手车在备用位置时，处于开关柜内较浅的位置，断路器前面板已经接近中柜门；手车在检修位置时，中柜门已经打开，二次插件已经拔下，手车已移出开关柜。从手车状态对一次主电路的影响方面讲，手车在运行位置时，相当于断路器两侧的隔离开关全部在合闸状态，断路器进行合闸操作后即可对负荷设备供电；手车在备用位置，相当于断路器两侧隔离开关全部在分闸状态，断路器与一次主电路已经分离，对断路器进行合闸或分闸操作都不会对负荷设备的带电与否有任何影响，所以称为备用位置；断路器在检修位置时，二次插件必须拔下，相当于把处于备用位置的断路器的控制电缆全部剪断，断路器无法执行任何操作。图 8-10 所示为断路器推入、拉出示意图。

第九章 变电站无功补偿设备

电力系统中有许多根据电磁感应原理工作的设备，如变压器、电动机、电感性负载等，它们依靠磁场传送和转换能量。这些设备在运行过程中不仅消耗有功功率，而且消耗一定数量的无功功率，这些无功功率将由发电机供给，这势必会影响发电机的出力，尤其对于电源不足或长距离输电的电力网，直接影响到电网电压水平、频率质量等问题。为此需采取其他无功功率的补偿措施，例如集中或就地安装无功补偿设备或装置。

变电站常见的无功补偿措施是利用并联高压电容器产生无功功率，利用高压并联电抗器从系统吸收无功功率。

第一节 电力电容器概述

一、电力电容器的工作原理

电力电容器是电力系统无功设备的一种，电容器在正弦电压作用下能发出无功功率（容性电流）。电力系统中存在消耗无功的具有电感元件的供电设备（比如变压器）或负荷（比如电焊机、感应电炉），对于长距离高压输电系统，由于需要补偿线路电抗，改善电压质量，提高输出功率和系统的动、静稳定，一般把电容器串联在线路上以满足稳定性的要求。如果把电容器并联在供电设备或负荷上运行，那么负荷和供电设备要吸收的无功功率正好由电容器发出的无功功率供给，这就是并联补偿。这样一来，就避免了线路上无功功率的输送。

电力系统中的负荷大部分是电感性的，总电流滞后于电压一个角度，可以分为有功电流和无功电流两个分量。

将一电容器连接在电网上时，在外加正弦交变电压的作用下电容器回路将同时产生一按正弦交变的容性电流。当把电容器并接在感性负荷回路中时，容性电流与感性电流恰好相反，从而可以抵消一部分感性电流，或者说补偿一部分无功电流。

从图 9-1（b）中可看出，合上开关 S，并联电容器投入运行，由于电容器的容性电流$\dot{I}_C$的相位角正好与电抗 L 的感性电流$\dot{I}_L$ 的相位角相差 180°，线路电流从$\dot{I}_0$ 减少到$\dot{I}$，从而使电力负荷的功率因数从 $\cos\varphi_0$ 提高到 $\cos\varphi_1$［见图 9-1（a）］，如果补偿得当，功率因数 $\cos\varphi$ 可以提高到 1.0，线路损耗和电压降随之减少，设备的有效容量和裕度相应增大。另外，在负荷电流不变的情况下，远方输电的输入电流变小，无功电流由当地进行了补偿。

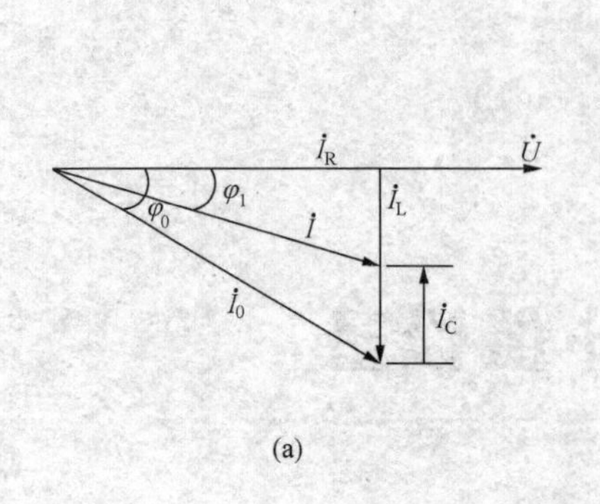

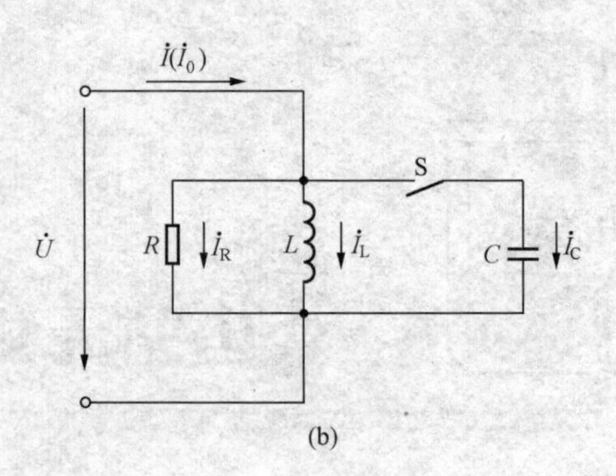

图 9-1　并联电容器的相量图及等效电路图

(a) 相量图；(b) 等效电路图

二、电力电容器的基础知识

电力电容器根据结构和用途可分为串联电容器、并联电容器、均压电容器、耦合电容器、移相电容器等；根据安装场所可分为户内电容器和户外电容器；根据额定电压不同可分为低压电力电容器（用于 0.4kV 系统）和高压电力电容器。

电力电容器最常见的是串联电容器和并联电容器，两者都可用于改善电力系统的电压质量和提高输电线路的输电能力，是无功补偿设备之一。

并联电容器并联在系统母线上，类似一个容性负载，用来补偿电力系统感性无功功率，以提高系统的功率因数及母线电压水平，同时减少了线路上感性无功功率的输送，因而减少了电压和功率损失，提高线路输电能力。

串联电容器主要是利用其容抗补偿线路感抗，使线路电压降减少，从而提高线路末端电压，同时可以增长输电距离、增大电力输送能力和提高系统动、静稳定性。

三、电力电容器的型号

电力电容器型号定义如图 9-2 所示。

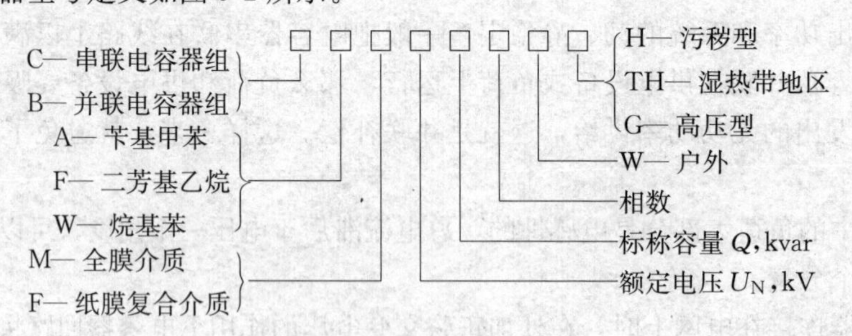

图 9-2　电力电容器型号定义

电力电容器型号中第一个字母代表与电网系统连接方式；第二个字母为电容器内部液体介质；第三个字母代表液体浸渍的固体介质。

通过电容器铭牌可获知电容器型号及内外熔丝信息。对于外熔丝电容器，由型号可知其熔丝的额定电流值（见表 9-1），即 $I_N=(1.43\sim1.55)\dfrac{Q}{U_N}$。

由于并联电容器是电力系统中应用最为广泛、数量最为众多的电力电容器，同时也是了解其他种类电容器的基础，因此，以下各节重点介绍并联电力电容器组。

表 9-1　　　　　　熔丝额定电流值　　　　　　A

电容器额定容量（kvar）＼电容器额定电压（kV）	100	334
$11/\sqrt{3}$	24	80
$12/\sqrt{3}$	22	70
$13/\sqrt{3}$	20	67

第二节　并联电力电容器组概述

一、并联电容器组结构

并联电容器组主要由断路器、串联电抗、电容器、避雷器、放电装置、接地开关等配套设备组成。图 9-3 所示为高压电容器组与配套设备接线。其配套设备概述如下：

(1) 断路器（QF）。用于投切电容器组，应能承受开断正常工作电流、关合涌流以及工频短路电流和电容器高频涌流的联合作用，应具备频繁操作的性能，并严禁设置自动重合闸。

(2) 串联电抗器（L）。串联电抗器宜装于电容器组的中性点侧。当装设于电容器组的电源侧时，应校验动稳定电流和热稳定电流。串联电抗器主要用于限制合闸涌流（电容器组投入电网时的过渡过电流）和抑制谐波，电抗率是串联电抗器的重要参数。

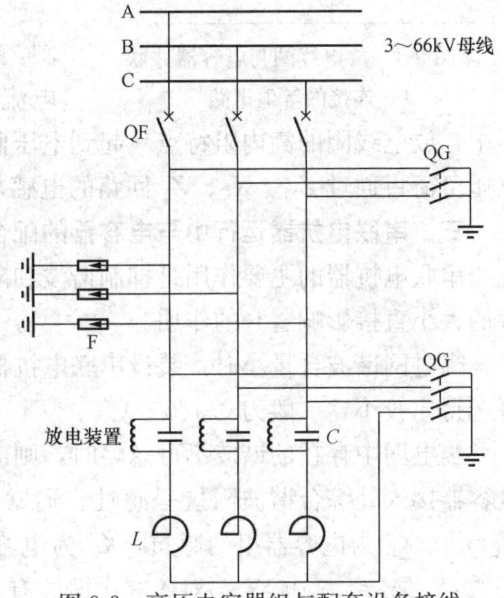

图 9-3　高压电容器组与配套设备接线

(3) 电容器（C）。电容器用于系统无功补偿，调节系统母线电压。电容器有两级，一端接电源侧，一端接中性点侧，熔断器一般装设在电源侧。电容器安装时一般要求内、外熔丝电容器不宜混装。室外电容器组一般应加装耐火简易棚或防护网。当电容器的额定电压低于系统额定电压时，应将电容器装在对地绝缘的支架上，支柱绝缘子的绝缘满足运行要求。

(4) 避雷器（F）。用于限制并联电容器装置操作过电压，一般装设无间隙金属氧化物避雷器。其接线方式主要有中性点避雷器接线，相对地避雷器接线，避雷器与电抗器并联连接及中性点避雷器接线，避雷器与电容器组并联连接及中性点避雷器接线，常见相对地避雷器接线方式。

(5) 放电装置。用于在电容器组失电退出运行时进行电容器组放电，在电容器组带电运行时用于监测电容器组各相电压值。放电装置的放电性能应能满足电容器组脱开电源后，在 5s 内将电容器组上的剩余电压（单台电容器或电容器组脱开电源后，电容器端子间或电容器组端子间残存的电压）降至 50V 及以下。放电装置采用与电容器组各相直接并联的连接方式，当采用星形接线时，其中性点不应接地。

(6) 接地开关（QG）。电容器装置宜装设接地用隔离开关，对于星形接线电容器组要求装设中性点接地开关。电容器组停电工作时，必须合接地开关及中性点接地开关。

(7) 连接导体。对于电容器、放电线圈套管相互之间和电容器、放电线圈套管至母线或熔断器的连接线，应采用软连接，应有一定的松弛度。连接线长期允许电流不应小于单台电容器额定电流的1.5倍。

二、放电装置在运行中的作用

并联电容器组脱离电网时，应在短时内将电容器上的电荷放掉，以防止再次合闸时产生大电流冲击和过电压。放电线圈可作为放电装置，当并联电容器组脱离电网时，利用放电线圈的一次绕组同电容元件并联，抵消电容器极板间的电压，实现放电，而在并联电容器运行时，放电线圈二次绕组可供监测或保护用。

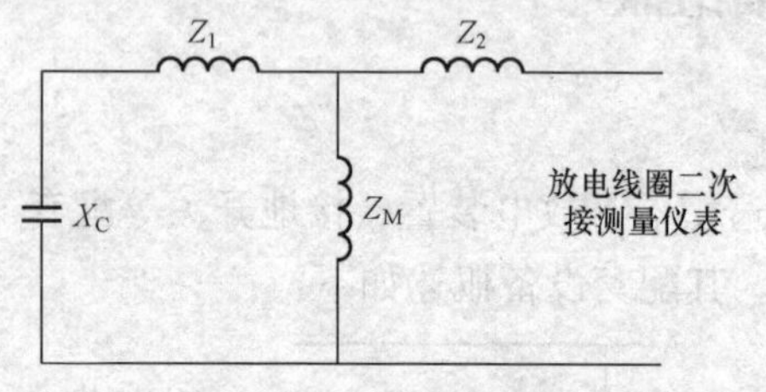

图9-4 放电线圈与电容器并联连接的等值电路

由于放电装置对电容器放电的不彻底性，一般电容器停电检修应通过专用放电杆进行相间及对地充分放电，才可从事电容器检修或其他工作。

放电线圈与电容器并联连接的等值电路如图9-4所示。其中，放电线圈在电路中等值于T型等值电路图，$Z_M \gg Z_1$ 或 Z_2。正常运行时，电容器中流入交流电流，其励磁阻抗 Z_M 远大于 X_C，电流主要流入电容器中，放电线圈的高内阻特点只起到电压监测作用。当电容器失去交流电后，其自身存在的电压负荷将通过 Z_M、X_C、Z_1 回路的电感与电容的抵消作用自行放电。

三、串联电抗器运行中与电容器的配合

串联电抗器的主要作用是抑制谐波和限制涌流，电抗率是串联电抗器的重要参数，电抗率的大小直接影响着它的作用。

当电网谐波含量小时，装设串联电抗器的目的仅为限制电容器追加投入的涌流，电抗率可选得比较小，一般为0.1%～1%。

当电网中存在的谐波不可忽略时，则应考虑利用串联电抗器抑制谐波。电抗率配置应使电容器接入处综合谐波阻抗呈感性。通常电抗率这样配置：电抗器的感抗值应满足 $X_L > X_C/n^2$（X_L 为电容器组的感抗，X_C 为电容器组的容抗，n 为谐波次数），对于5次谐波有 $X_L > X_C/5^2 = 0.04X_C$，对于3次谐波有 $X_L > X_C/3^2 = 0.11X_C$。因此，在实际应用中为了限制5次及以上的谐波，常选用电抗值为（5%～6%）X_C 的串联电抗器，而为了限制3次及以上的谐波，常选用电抗值为（12%～13%）X_C 的串联电抗器。

(1) 当电网背景谐波为5次及以上时，可配置电抗率为4.5%～6%，因为6%的电抗器有明显的放大3次谐波作用，因此，在抑制5次及以上谐波，同时又要兼顾减少对3次谐波的放大时，电抗率可选用4.5%。

(2) 当电网背景谐波为3次及以上时，电抗率配置有两种方案：全部配12%电抗率，或采用4.5%～6%与12%两种电抗率进行组合。

一般进行两组以上电容器投切应按照先投12%大电抗率电容器组，后投6%小电抗率电容器组，实现谐波的有效抑制。

四、并联电容器组的接线方式

1. 并联电容器组基本接线类型

并联电力电容器组常用基本接线为星形，还有由星形派生出的双星形接线。每个星称为

一个臂，两个臂的电容器规格、电容值及数量相等，其接线如图 9-5 和图 9-6 所示。

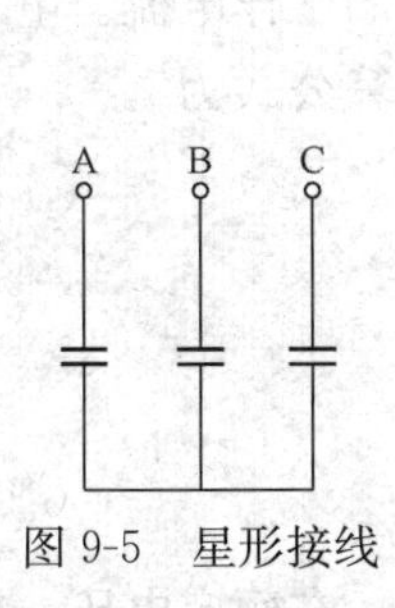

图 9-5　星形接线

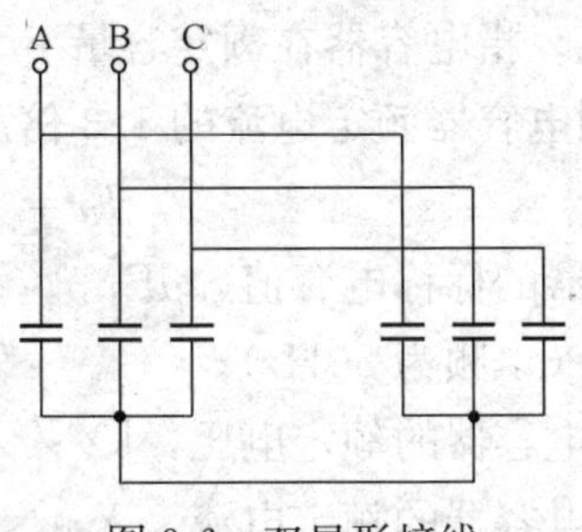

图 9-6　双星形接线

2. 并联电容器组各相接线

单台并联电容器的额定电压不能满足电网正常工作电压要求时，需由两台或多台电容器串联后，达到电网正常工作电压的要求。为达到要求的无功补偿容量，又需要若干台电容器并联才能组成并联电容器组。

并联电容器组每相内部接线原则是先并联后串联。该接线方式优点在于当一台故障电容器由于熔断器熔断退出运行后，该相容量变化较小，且与故障电容器并联的其他电容器承受的工作电压的变化也较小。

五、并联电容器选用

考虑到电网无功补偿的分层、分区和就地平衡原则，并避免长线路或多级变压器传送无功功率，并联电容器一般安装于变压器的主要负荷侧用于就地补偿（当不具备条件时，可装设在三绕组变压器的低压侧）。变电站并联电力电容器常见的是并接在 3～66kV 电压等级母线上。根据系统电压及电容器的额定电压互相配合，电容器装置的工作电压通常采取的组合方式有以下几种：

(1) $11/\sqrt{3}$ kV 或 $12/\sqrt{3}$ kV 的电容器接成星形用于 10kV 系统。

(2) $11/2\sqrt{3}$ kV 的电容器两段串联接成星形用于 10kV 系统。

(3) 10.5kV 或 11kV 的电容器两段串联接成星形用于 35kV 系统。

(4) 19kV 的电容器两段串联接成星形用于 63kV 系统。

当电容器的额定电压低于网络额定电压而经串并联接于网络中时，每台电容器对地应绝缘起来，其绝缘水平不应低于网络额定电压。总之，无论何种接线均应使每台电容器承受的电压符合电容器本身的额定电压。因为网络电压高于电容器额定电压时，可能损坏电容器；低于电容器额定电压时，电容器的容量得不到利用。

第三节　并联电力电容器组技术参数

一、并联电容器组额定参数

电力电容器组设备的主要额定参数有如下几个：

(1) 标称电容值。指单电容器实测电容值。

(2) 电抗率。指串联电抗器的感抗与并联电容器组的容抗之比，以百分数表示。

(3) 额定电压。指电力电容器长时间运行时，所能承受的工作电压。一般电容器承受的稳态过电压不应超过电容器额定电压的 1.1 倍。

（4）额定电流。指电容器在额定容量下，允许长期通过的工作电流。电容器的选择应允许稳态过电流达到电容器额定电流的 1.3 倍。额定电流的计算公式为

$$I_N = 2\pi fCU_N$$

式中 C——电容器的标称电容值，μF；

f——频率（工频为 50Hz）；

U_N——一台电容器的额定电压，kV；

I_N——一台电容器的额定电流，A。

（5）单台额定容量。指电容器在厂家铭牌规定的条件下，在额定电压、额定电流下连续运行时所提供的无功容量，其计算公式为

$$Q_N = U_N I_N$$

式中 Q_N——一台电容器的额定容量，kvar；

U_N——一台电容器的额定电压，kV；

I_N——一台电容器的额定电流，A。

（6）整组容量。指各单体电容值整体相加的总和，单位 kvar。

二、电力电容器运行电压分析

电容器的输出容量与其运行电压的平方成正比，即 $Q=\omega CU^2$，电容器运行在额定电压下则输出额定容量，运行电压低于额定电压则达不到额定输出（无功补偿减少），因此电容器的额定电压取过大的安全欲度就会出现过大的容量亏损。运行电压高于额定电压，如超过 1.1 倍额定电压，将造成不允许的过负荷，而且电容器内部介质将产生局部放电。局部放电对绝缘介质危害极大，可能导致绝缘击穿。电容器运行电压升高的情况主要有如下几种：

（1）并联电容器装置接入电网后引起电网电压升高。电力电容器投入时会使并接母线电压升高，切除时会使并接母线电压降低。电容器装置接入电网后引起的母线电压升高值可按下式计算

$$\Delta U_S = U_{SO}\frac{Q}{S_d}$$

式中 ΔU_S——母线电压升高值，kV；

U_{SO}——并联电容器装置投入前母线电压，kV；

Q——母线上所运行的电容器容量，kvar；

S_d——母线短路容量，kVA。

（2）谐波引起的电网电压升高。

（3）装设串联电抗器引起电容器端电压升高。电容器组接入串联电抗器后，电容器的端电压将升高，其值可按下式计算

$$U_C = \frac{U_S}{\sqrt{3}S}\cdot\frac{1}{1-k}$$

式中 U_C——电容器的端子运行电压，kV；

U_S——并联电容器装置的母线电压，kV；

S——电容器组各相的串联段数；

k——并联电容器组电抗率。

下面以电容器组的等值电路分析上述公式的运行含义。

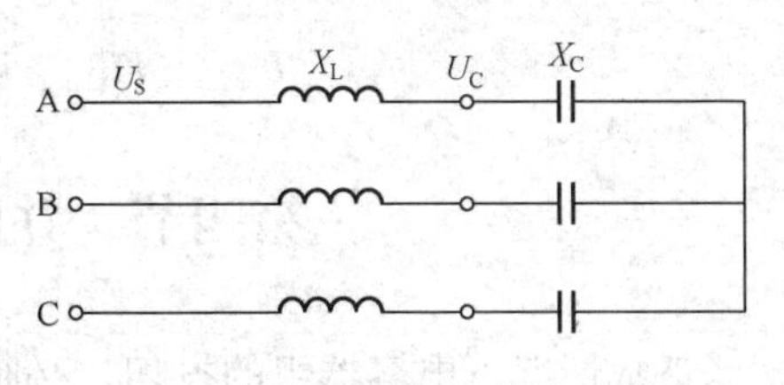

图 9-7　电容器组的等值电路

根据等值电路（见图 9-7），可以求得电容器的端电压为$U_C=\frac{U_S}{\sqrt{3}}\cdot\frac{1}{X_C-X_L}$，由于串联电抗器的电抗率$K=X_L/X_C$，考虑到串联电容器的段数，则电容器的端电压为$U_C=\frac{U_S}{\sqrt{3}S}\cdot\frac{1}{1-k}$，由此可以得出以下结论：

串联电抗率大的电抗器应串联相对电压等级系列里额定电压较高的电容器。如一般 10kV 电容器的额定电压有 $11/\sqrt{3}$、$12/\sqrt{3}$、$13/\sqrt{3}$ kV 三种电压等级，站内一般有两种额定电压的 10kV 并联电容器组，串联大电抗器的电容器组额定电压一般为 $12/\sqrt{3}$ kV，串联小电抗器的电容器组额定电压一般为 $11/\sqrt{3}$ kV。也有部分变电站串联大电抗器的电容器组额定电压为 $13/\sqrt{3}$ kV，串联小电抗器的电容器组额定电压为 $12/\sqrt{3}$ kV。

（4）相间和串联段间的容差，将形成电压分配不均，使部分电容器电压升高。

（5）轻负荷引起电网电压升高。

（6）操作引起过电压。电容器只能发出无功不能吸收无功。电容器输出的无功功率与运行电压的平方成正比，电压降低，输出的无功将急剧下降。

电容器输出的无功功率$Q=U^2/X$，其中U表示电容器的工作电压，而X表示电容器的电抗值。从公式可以看出，当电压下降 10%时，无功功率会下降 19%。

如果系统发生短路故障，电压急剧降低，此时电容器不能起到稳定系统电压的功能。电容器只能在正常工作电压下对系统无功潮流进行调节，以便适应电压的变化需求。

三、并联电容器组所并母线电压监视值分析

并联电容器技术规定：电容器组的工作电压不得超过电容器额定电压的 1.05 倍，其电流不应大于电容器额定电流的 1.3 倍；装有串联电抗器的电容器组其电流不应大于电抗器额定电流的 1.2 倍，并应换算出母线电压监视值，在现场运行规程中予以明确。

根据等值电路（见图 9-7）分析，电容器阻抗设为X_C，串联电抗的阻抗设为X_L，根据电抗器特别参数电抗率k，可知电容器与电抗器阻抗间的关系为$X_L=kX_C$。设母线额定电压为U_S，通过电容器组单相回路的电流为I_C，则有$U_S=I_C(1-k)X_C$，根据此公式及上述阐述可以得出

$$U_{max1}=1.05U_{CN}(1-k)$$
$$U_{max2}=1.3I_{CN}(1-k)X_C$$
$$U_{max3}=1.2I_{LN}(1-k)X_C$$

式中　U_{CN}、I_{CN}、I_{LN}——电容器额定电压、电容器额定电流、电抗器额定电流；

U_{max1}、U_{max2}、U_{max3}——电容器组工作电压限值。

则可以得出，母线监测电压值不准超过以上任意三个计算值，即

$$U_M < U_{max1} \text{ 且 } U_M < U_{max2} \text{ 且 } U_M < U_{max3}$$

第四节 并联电力电容器组运行操作

正常情况下电容器组的投切，必须考虑系统的无功分布、母线电压及调压方式，并按当地调度规程执行，通常电容器组的投切通过 VQC 或 AVC 自动控制实现投切。

一、电容器组的投切倒闸操作

(1) 由于电容器组投切频繁，应选择合适的断路器以保证投切无问题，例如真空断路器。配套并联电容器组使用的断路器严禁加装自动重合闸。

(2) 母线具有两组及以上电容器组且串联电抗率不同时，电容器组的投切顺序应按所串联电抗率大小匹配进行，即电抗率大的先投，电抗率小的后投，停用时相反。电容器组投切次数应尽量使各组间趋于平衡

(3) 电容器组分闸后再次合闸，其间隔时间不应小于 5min。若放电线圈放电时间常数较小时，允许间隔时间相应缩短。

(4) 新投入运行的电容器组第一次充电时，应在额定电压下冲击合闸三次。

二、电容器组投入运行时应注意观察记录的内容

(1) 母线电压的变化情况。

(2) 电容器组电流值的情况（当每投入一组电容器组时，原运行电容器组的电流变化幅值不应大于电容器组额定电流的 5%）。

(3) 自动投切装置 VQC 或者 AVC 的动作情况。

当母线电压超过电容器额定电压的 1.1 倍，电流超过电容器额定电流的 1.3 倍时，一般根据厂家规定，应将电容器组退出运行并报告调度；当运行中的电容器出现严重异常及故障现象时，也应立即将电容器停下并报告调度。

第五节 电力电容器保护

电力电容器一般应配置的保护有熔断器保护、速断及过电流保护、过电压保护、欠电压保护及不平衡保护。不平衡保护常用到不平衡电压保护和不平衡电流保护。

一、熔断器保护

熔断器根据安装位置主要有内熔丝和外熔丝。熔断器保护是电容器内部故障的主保护。电容器配置熔断器时，应每台电容器配一只喷逐式熔断器，严禁多台电容器共用一只喷逐式熔断器。熔断器在电容器元件损坏或过电流达到熔丝额定值时熔断，将故障电容器从系统中切除。

内熔丝装于单台电容器内部与电容器或电容器组串联连接，当电容器发生故障时用以切除该电容器或电容器组熔丝；外熔丝装于单台电容器外部并与其串联，当电容器发生故障时，用以切除该电容器的熔丝。内熔丝熔断需更换故障电容器，而外熔丝熔断可更换外熔丝。

当熔断器的外壳直接接地时，熔断器应接在电容器的电源侧。熔断器的熔丝额定电流选择不应小于电容器额定电流的 1.43 倍，且不宜大于额定电流的 1.55 倍，一般选取电容器额定电流的 1.5 倍。

二、速断及过电流保护

速断保护是电容器组引线、套管相间短路等外部故障时的主保护，其动作电流按最小运行方式下引线相间短路最小值来设定（一般为 $5I_N$），为躲过电容器合闸涌流，一般带很短的延时。

过电流保护是高次谐波过电流等外部故障时的主保护，也可作为引线、套管短路故障的后备保护，其动作电流按最大长期允许的最大工作电流整定（一般为 $1.5I_{ec}$～$1.8I_{ec}$），并带稍长的延时。

速断及过电流保护的电流取自断路器侧的 TA，这组 TA 一般采用三相式接线，以求获得较高的可靠性。

三、过电压保护

过电压保护一般是作为外过电压保护的主保护，用于防止当电容器电压超过额定电压较多时，引起电容器过载发热，造成电容器热击穿，其电压值取自并联在电容器组两端的电压互感器上。电压互感器同时也作放电线圈用，整定值一般为 $1.1U_N$，当有外部过电压产生并达到整定值时动作于断路器跳闸。

电容器过电压产生的原因主要有以下两种：

（1）由于雷电波侵入或者断路器投切、系统谐振时，电容器所在母线电压升高使电容器承受过电压。

（2）由于电容器组中个别电容器内部故障或故障后熔断器熔断，使电容器组容抗发生变化，电容器之间电压分配也变化，引起部分电容器端电压升高。

四、失电压保护（低电压保护）

电容器失电压保护指电容器在失电压情况下，应通过断路器将电容器从系统中切除，防止造成电容器自身及其他相关设备的危害。

若电容器失电压后，未将其从系统中切除，具体危害如下：

（1）电容器失电压后立即复电（有电源的线路自动重合闸）将造成带负荷（电容器负荷）合闸，以致电容器因过电压而损坏。

（2）变电站失电压后复电，可能造成变压器带电容器合闸。变压器与电容器的合闸涌流与过电压可能导致相关设备的损坏。

欠电压保护的电压取自母线 TV 的电压，其低电压整定值既要保证失电压后，电容器尚有残压时能可靠动作，又要防止系统瞬时电压下降时误动作，其实际整定值一般为 0.5 倍的额定电压。为防止更换 TV 二次熔丝的时候失电压保护误动作，可采用电流闭锁的低电压保护，电压整定值为 0.25～0.3 倍母线电压。失电压保护应带适当延时以躲开线路故障引起的电压波动。

电力电容器欠电压产生的原因主要有以下两个：

1）系统发生故障导致母线失电压，造成低电压。

2）一次设备正常运行，TV 更换熔丝或者二次空气开关拉开等原因导致测量不到电压值，造成低电压。

五、电容器不平衡保护

电容器发生故障后，利用电容器组内部某两部分之间的电容量之差，形成电流差或电压差构成的保护，称为不平衡保护。不平衡保护包括不平衡电流和不平衡电压两种类型。

1. 不平衡电压保护（开口三角电压保护）

不平衡电压保护大部分用于单星形接线电容器组。将放电器的一次侧与单星形接线的每相电容器并联，放电器的二次侧接成开口三角形，在三角形连接的开口处接一只低整定值的电压继电器，即构成不平衡电压保护（见图 9-8）。

这种保护方式的优点是不受系统接地故障和系统电压不平衡的影响，也不受三次谐波的影响，安装简单，灵敏度高，是国内中小容量电容器组常采用的一种保护方式。

2. 不平衡电流保护

不平衡电流保护多用于双星形接线的电容器组。在两个中性点间装设小变比的电流互感器，即构成了双星形中性点不平衡电流保护（见图 9-9）。当某组电容器有故障发生时，由于两组电容器不平衡，会在两组电容器中性点之间流过一个电流，当该电流达到整定值就动作。

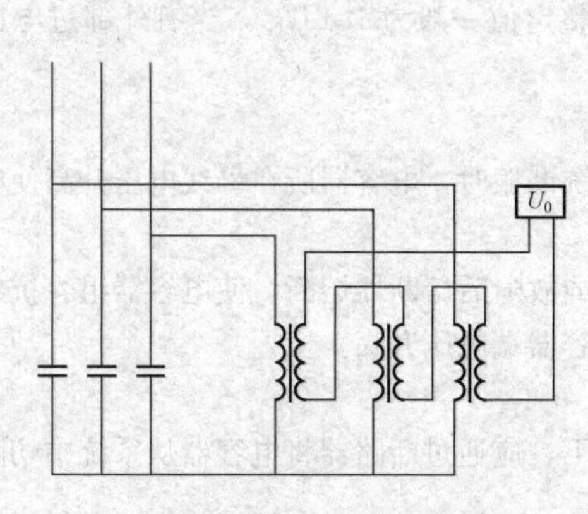

图 9-8　电容器组的不平衡电压保护

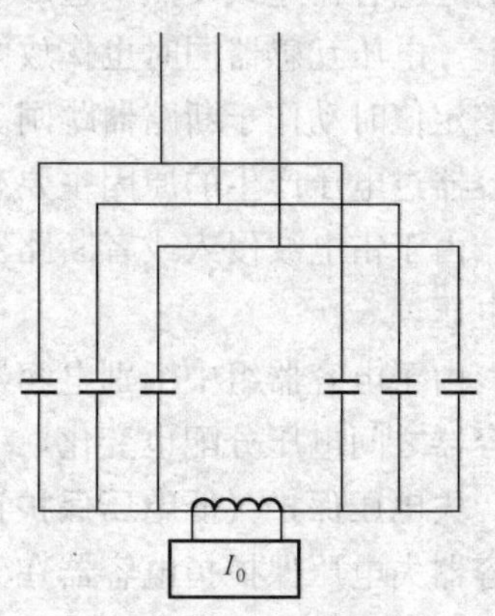

图9-9　电容器组的不平衡电流保护

这种保护不受三相电压不平衡和谐波的影响，灵敏度较高，缺点是要将两个星形的电容器组调平衡较麻烦，且在同相两支路的电容器发生故障时，中性点间的不平衡电流为零或很小，保护不动作。

第六节　电力电容器异常及故障处理

若电力电容器发生故障，应及时准确判断并报调度申请退出运行。在故障掉闸后，断路器不应试发，在该组电容器所在母线停电时，其断路器能自动断开。

一、电力电容器常见异常及故障

（1）渗漏油。电容器渗漏油是一种普通的异常现象，其原因可能是：设备质量问题或在安装过程中瓷套管与外壳交接处碰伤，造成裂纹；运行维护不当；长期缺乏维修以致外皮生锈腐蚀，造成电容器渗漏油。

（2）电容器外壳膨胀。高电场作用下使得电容器内部的绝缘物质游离而分解出气体或部分元件击穿电极对外壳放电等原因，使得电容器的密封外壳内部压力增大，导致电容器的外壳膨胀变形，此时应及时处理，避免事故的蔓延扩大。

（3）电容器温升过高。主要原因是电容器过电流和通风条件较差。此外，电容器内部元件故障、介质老化介质损耗增大都可能造成电容器温升过高。电容器温升过高影响电容器的寿命，也有导致绝缘击穿，使电容器短路的可能，因此运行中应严格监视和控制电容器短路的可能，严格监视和控制电容器室的环境温度。如果采取措施后仍然超过允许温度，应立即停止运行。

（4）电容器绝缘子表面闪络放电。运行中电容器绝缘子闪络放电，其原因是瓷绝缘有缺陷，表面脏污，因此运行中应定期进行清扫检查，对污秽地区不宜安装室外电容器。

（5）异常声响。电容器在正常运行情况下无任何声响，因为电容器是一种静止电器又无励磁部分，不应该有声音。如果运行中发现有放电声或其他不正常声音，说明电容器内部有故障，应立即停止运行，进行更换处理。

二、电力电容器异常及故障处理

如发现电力电容器渗漏油、膨胀变形、熔丝熔断、电容器及其接头过热、异常音响时，均需进行停电处理，停电应确保接地开关在合闸位置。由于电容器中存在部分残存电荷，需利用放电杆进行电容器的相间及对地充分放电，防止电容器内残余电荷对人放电，造成人员伤害事故。电力电容器异常及故障处理过程如下：

（1）运行人员检查监控系统所发信号，如“电容器不平衡掉闸”等信号，再进行当地电容器的外观检查工作。

（2）未查明是否电容器故障时，不得强行送电。应停电进行绝缘摇测、电容值测量及三相电容平衡测量等试验，在试验前后都应先对电容器进行充分相间及对地放电，方可工作。

（3）判断为电容器故障时，应进行停电处理，经人工进行电容器相间及对地充分放电后，方可进入工作。如内熔丝故障应进行更换处理，如外熔丝熔断需更换熔丝并进行电容值测量，两者都必须经电容平衡及绝缘摇测无问题后，方可投入运行。

（4）如监控系统未发任何信号，依靠测温装置监测出电容器接头发热问题，应停电后，打磨瓷头与母排接触点，涂导电膏或者更换截面积更大的软连接；监测到电容器温度过高时应停电进行更换处理。

三、电力电容器组停电检修、测量电容器绝缘的方法

摇测电容器组两极对外壳和两极间的绝缘电阻时，1kV 以下使用 1000V 绝缘电阻表，1kV 以上应使用 2500V 绝缘电阻表。由于电容器组的极间及两极对地电容的存在，摇测绝缘电阻时方法应正确，否则易损坏绝缘电阻表。摇测时应由两人进行，首先用短路线将电容器组放电。摇测极间绝缘电阻时，因极间电容值较大，应将绝缘电阻表遥至规定转速，待指针稳定后，再将绝缘电阻表线接到被测电容器的两极上（摇测两极对地绝缘电阻不作此项规定），注意此时不得停转绝缘电阻表。由于开始时绝缘电阻表对电容器组充电，指针指示值开始时下降，然后重新上升，待稳定后指针所示读数，即为被测电容器组的绝缘电阻值。读完表后，在接至被测电容器的导线未撤离以前，不准停转绝缘电阻表，否则电容器组会对停转的绝缘电阻表放电，损坏表头。摇测完毕应将电容器组上的电荷放尽，防止人身触电。由于电容器组是由多组元件串联组成，大多数情况下电容器组损坏最初只表现在个别元件的绝缘劣化，不会使整组绝缘电阻下降，因此摇测极间绝缘电阻不易判断绝缘缺陷，故此项试验通常不做。一般只进行电极对外壳的绝缘电阻试验。

第七节 电力电抗器概述

一、电力电抗器的分类

(1) 按相数可分为单相和三相电抗器。

(2) 按冷却装置种类可分为干式和油浸式电抗器。

(3) 按结构特征可分为空心式和铁心式电抗器。

(4) 按安装地点可分为户内型和户外型电抗器。

(5) 按用途可分为以下几类:

1) 并联电抗器一般接在超高压输电线路的末端和地之间,起无功补偿作用。

2) 限流电抗器串联于电力电路中,以限制短路电流的数值。

3) 滤波电抗器在滤波器中与电容器串联或并联,用来限制电网中的高次谐波。

4) 消弧电抗器又称消弧线圈,接在三相变压器的中性点和地之间,用以在三相电网的一相接地时供给电感性电流,补偿流过中性点的电容性电流,使电弧不易持续起燃,从而消除由于电弧多次重燃引起的过电压。

5) 通信电抗器又称阻波器,串联在兼作通信线路用的输电线路中,用来阻挡载波信号,使之进入接收设备,以完成通信。

6) 电炉电抗器和电炉变压器串联,用来限制变压器的短路电流。

7) 启动电抗器和电动机串联,用来限制电动机的启动电流。

二、电力电抗器的使用知识

1. 电力电抗器的布置和安装

线路电抗器的额定电流较小,通常都作垂直布置。各电抗器之间及电抗器与地之间用支柱绝缘子绝缘。中间一相电抗器的绕线方向与上下两边的绕线方向相反,这样在上中或中下两相短路时,电抗器间的作用力为吸引力,不易使支柱绝缘子断裂。

母线电抗器的额定电流较大,尺寸也较大,可作水平布置或品字形布置。

2. 电力电抗器的运行维护

电力电抗器在正常运行中应检查接头接触良好无发热,周围应整洁无杂物,支柱绝缘子应清洁并安装牢固,水泥支柱无破损,垂直布置的电抗器应无倾斜,电抗器绕组应无变形、无放电及焦臭味。

第八节 各类电力电抗器的作用

一、并联电抗器的作用

并联电抗器是接在高压输电线路上的大容量电感线圈,作用是补偿高压输电线路的电容和吸收其无功功率,防止电网轻负荷时因容性功率过多而引起的电压升高。并联电抗器在电网中的主要作用如下:

1. 限制工频电压升高

超高压输电线路一般距离较长,由于采用了分裂导线,所以线路的电容很大,每条线路的充电功率可达二三十万千伏。当容性功率通过系统感性元件时，会在电容两端引起电压升高，反映在空载线路上，会使线路上的电压呈现逐渐上升的趋势，即所谓“容升”现象。严重时，线路末端电压能达到首端电压的1.5倍左右，如此高的电压是电网无法承受的。在长线路首末端装设并联电抗器，可补偿线路上的电容，削弱这种容升效应，从而限制工频电压的升高，便于同期并列。

2. 降低操作过电压

当开断带有并联电抗器的空载线路时，被开断导线上剩余电荷即沿着电抗器以接近50Hz的频率做振荡放电，最终泄入大地，使断路器触头间电压由零缓慢上升，从而大大降低了开断后发生重燃的可能性。

另外，500kV断路器一般带有合闸电阻。当装有合闸电阻的断路器合闸于空载线路上时，合闸过电压发生在合闸电阻短路的瞬间。过电压的大小取决于电阻上的电压降，也即取决于电阻上流过电流的大小。线路有无功补偿时，流过电阻的电流小，因而合闸过电压也大为降低。

3. 限制潜供电流

为了提高运行可靠性，超高压电网中一般采用单相自动重合闸，即当线路发生单相接地故障时，立即断开该相线路，待故障处电弧熄灭后再重合该相。但实际情况是，当故障线路两侧断路器断开后，故障点电弧并不马上熄灭。一方面，由于导线间存在分布电容，会从健全相对故障相感应出静电耦合电压；另一方面，健全相的负荷电流通过导线间的互感，在故障相感应出电磁感应电压。这样在故障相叠加有两个电压之和，可使具有残余离子的故障点维持几十安的接地电流，称为潜供电流。如果在潜供电流被消除之前进行重合闸，必然会失败。

如果线路上接有并联电抗器，且其中性点经小电抗器接地，由于小电抗器的补偿，潜供电流中的电容电流和电感电流都会受到限制，故电弧很快熄灭，从而大大提高了单相重合闸的成功率。

4. 平衡无功功率

500kV线路充电功率大，而输送的有功功率又常低于自然功率，线路无功损耗较小。若不采用措施，就可能远距离输送无功功率，造成电压质量降低，有功功率损耗增大，而且送端增加的无功功率部分都被线路消耗掉，并不能得到利用。而并联电抗器正好可以吸收无功功率，起到使无功功率就地平衡的作用。

二、限流电抗器的作用

变电站中装设限流电抗器的目的是限制短路电流，以便能经济合理地选择电器。限流电抗器按安装地点和作用可分为线路电抗器、母线电抗器和变压器回路电抗器。

1. 线路电抗器

为了使出线能选用轻型断路器以及减小馈线电缆的截面积，将线路电抗器串接在电缆馈线上，当线路电抗器后发生短路时，不仅限制了短路电流，还能维持较高的母线剩余电压，提高供电的可靠性。由于电缆的电抗值较小且有分布电容，即使短路发生在电缆末端，也会产生和母线短路差不多大小的短路电流。

2. 母线电抗器

母线电抗器串接在发电机电压母线的分段处或主变压器的低压侧，用来限制站内外短路时的短路电流。若能满足要求，可以省去在每条线路上装设电抗器，以节省工程投资，但它限制短路电流的效果较小。

3. 变压器回路电抗器

安装在变压器回路中，用于限制短路电流，以使变压器回路能选用轻型断路器。

三、串联电抗器的作用

串联电抗器在电力系统中与并联电容补偿装置或交流滤波装置回路中的电容器串联，其作用如下：

（1）降低电容器组的涌流倍数和涌流频率。

（2）可以吸收接近调谐波的高次谐波，降低母线上该次谐波的电压值，减少系统电压波形畸变，提高供电质量。

（3）与电容器的容抗处于某次谐波全调谐或过调谐状态下，可以限制高于该次谐波的电流流入电容器组，保护了电容器组。

（4）在并联电容器组内部短路时可减少系统提供的短路电流，在外部短路时可减少电容器组对短路电流的助增作用。

（5）减少健全电容器组向故障电容器组的放电电流值。

（6）电容器组的断路器在分闸过程中发生重击穿，串联电抗器能减少涌流倍数和频率，并降低操作过电压。

第十章 变电站中性点设备

电力系统中性点接地方式主要由变压器中性点接地方式和发电机中性点接地方式构成，本章主要讲述系统中变压器中性点接地方式。常见变压器中性点接地方式为中性点直接接地、中性点经消弧线圈或小电阻接地等。对于变压器三角形接线无中性点或星形接线无法引出中性点时，可通过接地变压器构成中性点接地方式。由此可见，变电站中性点设备主要涉及接地变压器、消弧线圈及小电阻等。

第一节 变压器各电压侧系统中性点接地方式

电力系统中性点接地方式是一个综合性问题，它与电压等级、单相接地短路电流、过电压水平、保护配置等有关，直接影响电网的绝缘水平、系统供电的可靠性和连续性、主变压器的安全运行等。其中单相接地短路电流主要考虑电网的电容电流，电容电流应包括电气连接的所有架空线路、电缆线路的电容电流，并计及厂、站母线和电器的影响。

电力系统中性点的接地方式决定了主变压器中性点的接地方式。变压器各电压侧系统中性点接地方式概述如下：

（1）变压器的110～500kV侧系统采用中性点直接接地方式。此接地方式过电压较低，绝缘水平可下降，减少了设备造价。

变压器的110～500kV侧系统中性点采用直接接地方式，应保证任何故障形式都不应使电网解列成为中性点不接地的系统。考虑到电网整体运行方式及接地保护灵敏度的影响，并不是所有变压器的110～500kV侧都必须接地运行，为便于运行调度灵活选择接地点，中性点都应经隔离开关设备选择接地。

变电站中凡是自耦变压器，其中性点须直接接地或经小阻抗接地。凡中、低压有电源的升压变电站和降压变电站至少应有一台变压器直接接地。但要求系统中变压器中性点的数量应使电网所有短路点的综合零序电抗与综合正序电抗之比 $X_0/X_1<3$，以使单相接地时健全相上工频过电压不超过阀型避雷器的灭弧电压；且 $X_0/X_1>1\sim1.5$，以使单相接地短路电流不超过三相短路电流。

（2）变压器的6～66kV侧系统采用中性点不接地方式以提高供电连续性，但单相接地故障电容电流超过 I_{CN} 时中性点应经消弧线圈接地。

1）3～10kV钢筋混凝土或金属杆塔的架空线路构成的系统和所有35、66kV系统，$I_{CN}=10A$。

2）3～10kV 非钢筋混凝土或非金属杆塔的架空线路构成的系统，当电压为 3kV 和 6kV 时，$I_{CN}=30A$；电压为 10kV 时，$I_{CN}=20A$。3～10kV 电缆线路构成的系统，$I_{CN}=30A$。

（3）变压器的 6～35kV 侧主要由电缆线路构成的电网系统，且单相接地故障电容电流较大时，采用中性点经小电阻接地方式。

（4）变压器三角形接线无中性点或星形接线无法引出中性点时，可通过接地变压器设备构成中性点接地方式。

第二节　接地变压器

一、接地变压器的作用

接地变压器主要用于对无中性点的一侧系统提供一个人工接地的中性点。它可以经电阻器或消弧线圈接地，满足系统该侧接地的需求，当有附加 YN 接线绕组时可兼做站用变压器使用。

接地变压器接于系统母线三相，额定一次电压应与系统额定电压一致，并应考虑与一次系统额定电压的匹配以及负载容量的匹配问题。其额定容量应与消弧线圈或接地电阻容量相匹配，若带有二次绕组还应考虑二次负荷容量。

若中性点接消弧线圈或小电阻负载时，对 Z 型或 YNd 接线的三相接地变压器，其容量为 $S_N \geqslant Q_X, S_N \geqslant P_r$。式中：$Q_X$ 为消弧线圈额定容量；P_r 为接地电阻额定容量。

对于 YNd 接线的接地变压器（三台单相），若中性点接消弧线圈或电阻的话，其容量为 $S_N \geqslant \sqrt{3}Q_X/3, S_N \geqslant \sqrt{3}P_r/3$；当接地变压器负载为小电阻时，接地变压器的容量 S_N 不应小于电阻的消耗功率，即 $S_N \geqslant U_2^2/3R$。

二、接地变压器概述

接地变压器按接线方式分为 ZNyn 接线（Z 型）或 YNd 接线两种，其中性点可接入消弧线圈或接地电阻接地。现在多采用 Z 型（曲折型）接地变压器经消弧线圈或小电阻接地。

1. Z 型接地变压器的概述

Z 型接地变压器有油浸式和干式绝缘两种，其中树脂浇注式是干式绝缘的一种，其在结构上与普通三相芯式电力变压器相同，只是每相铁芯上的绕组分为上、下相等匝数的两部分，然后把每一相绕组的末端与另一相绕组的末端反接串联。两段绕组极性相反，组成新的一相，接成曲折形连接，将每相上半部绕组首端 U1、V1、W1 引出来分别接 A、B、C 三相交流电，将下半部首端 U2、V2、W2 连在一起作为中性点接相应的接地电阻或消弧线圈，如图 10-1 所示。Z 型接地变压器按接线方式不同，又分为 ZNyn1 和 ZNyn11 两种形式。

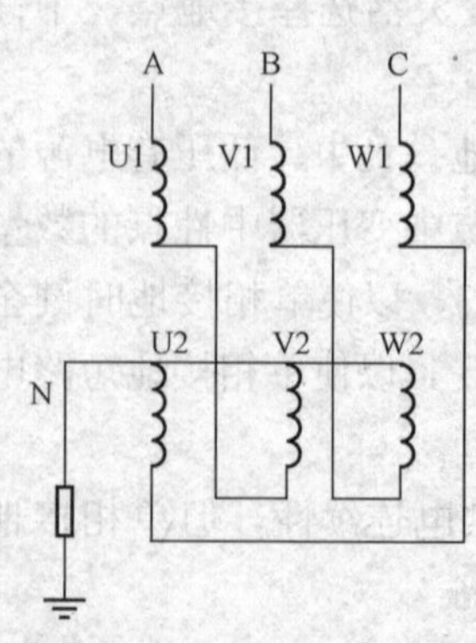

图 10-1　Z 型接地变压器与小电阻或消弧线圈接线方式

Z 型接地变压器还可装有低压绕组，接成星形中性点接地（yn）等方式，作为站用变压器使用。

2. Z 型接地变压器的优点

Z 型变压器曲折接法的优点：①在单相短路时，接地电流在三相绕组中大致均匀分配，每个柱上的两个绕组的磁势相反，所以不存在阻尼作用，电流可以畅通地从中性点流向线路；②绕组相电压中无三次谐波分量，因为曲折联结的三单相变压器组，因三次谐波特点是向量同方向同大小，因绕制方法，则每相中三次谐波电动势互相抵消，相电动势接近正弦波。

Z型接地变压器同一铁芯柱上两半部分绕组中的零序电流方向是相反的，因此零序电抗很小，对零序电流不产生扼流效应。其降低零序阻抗的原理是：在接地变压器三相铁芯的每一相都有两个匝数相等的绕组，分别接不同的相电压。当接地变压器线端加入三相正、负序电压时，接地变压器每一铁芯柱上产生的磁通势是两相绕组磁通势的相量和。单个铁芯柱上的合成磁通势相差120°，是一组三相平衡量。单相磁通势可在三个铁芯柱上互相形成磁通路，磁阻小，磁通量大，感应电动势大，呈现很大的励磁阻抗。当接地变压器三相线端加零序电压时，在每个铁芯柱上的两个绕组中产生的磁通势大小相等，方向相反，合成的磁通势为零，三相铁芯柱上没有零序磁通势。零序磁通势只能通过外壳和周围介质形成闭合回路，磁阻很大，零序磁通势很小，所以零序阻抗也很小。

第三节 消 弧 线 圈

一、消弧线圈工作原理

中性点不接地系统具有发生单相接地故障时仍可连续供电的优点，但在单相接地电容电流较大时存在接地点灭弧重燃及接地电弧过电压的缺点。为克服这些缺点，中性点可加消弧线圈补偿接地电容电流，由此出现了经消弧线圈接地系统。

1. 消弧线圈补偿原理

消弧线圈装设于变压器的中性点，正常运行时，中性点对地电压不变，消弧线圈中没有电流。当发生单相接地故障时，消弧线圈中可形成一个与接地电流大小接近但方向相反的电感电流$\dot{I}_L$，这个电流与电容电流$\dot{I}_C$相互补偿，使接地处的电流变得很小或等于零，从而消除了接地处的电弧以及由其产生的一切危害，消弧线圈因此而得名。其补偿原理如图10-2所示。

如图10-2所示，当系统发生C相接地故障时，中性点的对地电压$\dot{U}'_N=-\dot{U}_C$，非故障相对地电压升高到$\sqrt{3}$倍$\dot{U}_C$，系统的线电压仍保持不变。消弧线圈在中性点电压即$-\dot{U}_C$的作用下，有一个电感电流$\dot{I}_L$通过，此电感电流必定通过接地点形成回路，所以接地点的电流为接地电容电流$\dot{I}_C$与电感电流$\dot{I}_L$的相量和。由于$\dot{I}_C$和$\dot{I}_L$相位相差180°，即方向相反，如图10-2（b）所示，故在接地处$\dot{I}_C$和$\dot{I}_L$互相抵消。如果选择适当的消弧线圈匝数，可使接地点的电流变得很小或等于零，从而消除了接地处的电弧以及由电弧所产生的危害。通过消弧线圈的电感电流和电容电流分别为

$$I_L=\frac{U_{ph}}{\omega L}$$

$$I_C=3U_{ph}\omega C$$

式中 L——消弧线圈的电感；

C——系统对地电容值；

U_{ph}——相电压。

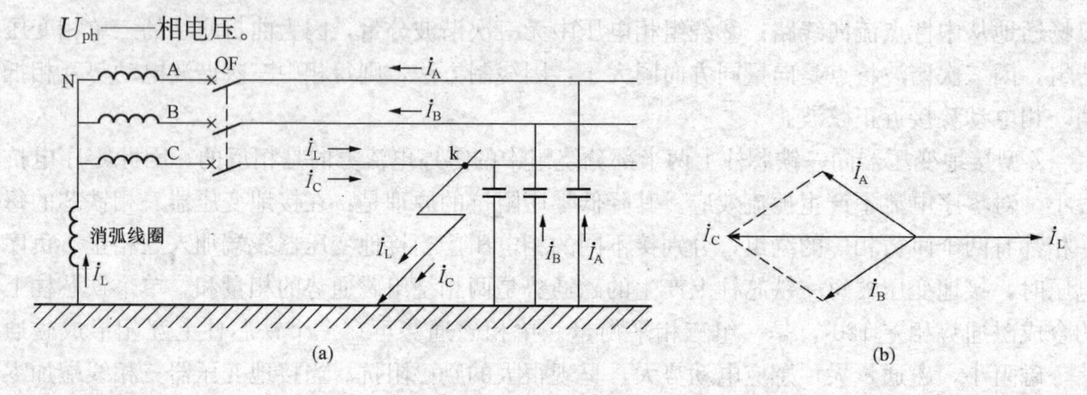

图 10-2 消弧线圈补偿原理

(a) C相接地系统图；(b) C相接地相量图

由此可见，中性点经消弧线圈接地等效于中性点不接地系统。在单相接地故障时，由于线电压及负荷电流保持对称不变，系统同样可持续供电运行 2h，提高了供电可靠性。

2. 消弧线圈补偿方式

常用补偿度 $k=\dfrac{I_L}{I_C}$ 或脱谐度 $v=1-k=\dfrac{I_C-I_L}{I_C}$ 来表示单相接地故障时消弧线圈的电感电流 I_L 对接地电容电流 I_C 的补偿程度。根据单相接地故障时消弧线圈电感电流对接地电容电流的补偿程度不同，补偿方式可分为完全补偿、欠补偿和过补偿三种。

(1) 完全补偿。完全补偿是使电感电流等于接地电容电流，即 $I_L=I_C$，亦即 $\dfrac{1}{\omega L}=3\omega C$。

从消弧角度看，完全补偿方式十分理想，但此时感抗与容抗相等，满足谐振条件，形成串联谐振，产生过电压，危及设备绝缘，因此一般不采用完全补偿方式。

(2) 欠补偿。欠补偿是使电感电流小于接地电容电流，即 $I_L<I_C$，亦即 $\dfrac{1}{\omega L}<3\omega C$。

在这种运行方式下，如果因停电检修部分线路或系统频率降低等原因使接地电流变小时，又可能出现完全补偿，产生谐振，因此，一般电网中变压器中性点不采用欠补偿方式。

(3) 过补偿。过补偿是使电感电流大于接地电容电流，即 $I_L>I_C$，亦即 $\dfrac{1}{\omega L}>3\omega C$。

这种补偿方式不会有上述缺点，因为当接地电流减小时，过补偿电流更大，不会变为完全补偿。即使将来电网发展使电容电流增加，由于消耗线圈留有一定裕度，也可继续使用一段时间，故过补偿方式在电网中得到广泛应用。但应指出，由于过补偿方式在接地处有一定的过补偿电流，这一电流值不能超过 10A，否则接地处的电弧便不能自动熄灭。

二、消弧线圈运行及操作要求

(1) 装设在电网变压器中性点的消弧线圈应采用过补偿方式进行调节。

(2) 中性点经消弧线圈接地的电网，在正常情况下，长时间中性点位移电压不应超过额定相电压的 15%，见表 10-1。

（3）在进行消弧线圈操作时，应检查绝缘监测装置是否发出接地信息。如果系统发生接地时，禁止操作消弧线圈隔离开关，禁止调整分接位置。

（4）当操作消弧线圈隔离开关时，中性点位移电压不得超过额定相电压的30%，见表10-2。

表 10-1 系统中性点位移电压限值

电压等级（kV）	中性点位移电压（V）
35	3000
10	900

表 10-2 操作消弧线圈隔离开关中性点位移电压限值

电压等级（kV）	中性点位移电压（V）
35	6000
10	1800

（5）多台主变压器共用一组消弧线圈，改变运行方式时，变压器中性点不允许并列，应先拉后合。并列操作可能引起补偿状态性质变化过程（从过补偿到欠补偿）中经过全补偿谐振点。

（6）调整消弧线圈无载分接开关分接头时需断开电源并挂地线，倒完分接开关分接头后应测导通，以确保切换可靠正确。

第四节 接地小电阻

为了满足城市建设发展及电网发展，低压电网电缆线路已逐步代替了架空线路，而且这种发展趋势逐渐成为电网发展的主导方向。此时传统的消弧线圈接地方式存在很多缺点和不足，具体有如下几处：

（1）电缆网络的电容电流增大，甚至达到100～150A及以上，相应就需要增大补偿用消弧线圈的容量，在容量、机械寿命、调节响应时间上很难适时地进行大范围调节补偿。

（2）电缆线路一般发生接地故障都是永久性接地故障，如采用的消弧线圈运行在单相接地情况下，非故障相将处在稳态的工频过电压下，持续运行2h以上不仅会导致绝缘的过早老化，甚至会引起多点接地之类的故障扩大。所以电缆线路在发生单相接地故障后不允许继续运行，必须迅速切除电源，避免扩大事故，这是电缆线路与架空线路的最大不同之处。

（3）消弧线圈接地系统的内过电压倍数增高，可达3.5～4倍相电压。特别是弧光接地过电压与铁磁谐振过电压，已超过了避雷器容许的承载能力。

（4）人身触电不能立即跳闸，甚至因接触电阻大而发不出信号，因此对人身安全不能保证。

为克服上述缺点，目前对主要由电缆线路所构成的电网，当电容电流超过10A时，均建议采用经小电阻接地，其电阻值一般小于10Ω。

一、接地小电阻工作原理

中性点经小电阻接地方式运行性能接近于中性点直接接地方式，当发生单相接地故障时，小电阻中将流过较大的单相短路电流。同时继电保护装置将选择性动作于断路器，切除短路故障点。这样非故障相的电压一般不会升高，有效地防止了间歇电弧过电压的产生，因而电网的绝缘水平较采用消弧线圈接地方式要低。

但是，由于接地电阻较小，故发生故障时的单相接地电流值较大，从而对接地电阻元件的材料及其动、热稳定性也提出了较高的要求。为限制接地相回路的电流，减少对周围通信线路的干扰，中性点所接接地小电阻大小以限制接地相电流在600～1000A为宜。

二、接地小电阻概述

中性点接地小电阻可选用金属、非金属或金属氧化物线性电阻。

1. 接地小电阻选择

当中性点采用小电阻接地方式时，接地小电阻选择计算如下：

电阻的额定电压 $$U_R \geqslant 1.05U_N/\sqrt{3}$$

电阻值 $$R_N = \frac{U_N}{\sqrt{3}I_d}$$

接地电阻消耗功率 $$P_R = I_d U_R$$

式中 R_N——中性点接地小电阻值，Ω；

U_N——系统额定线电压，kV；

I_d——选定的单相接地电流，A。

2. 接地电阻接线

(1) 主变压器配电侧为YN接线的，中性点接地电阻可直接接入主变压器中性点，如图10-3 (a) 所示。

(2) 主变压器配电侧为三角形接线的，则需要增加一台专用接地变压器，提供一个人工中性点。中性点接地电阻直接与接地变压器的中性点连接，如图10-3 (b) 所示。

三、接地小电阻运行及操作要求

(1) 小电阻接地系统不允许失去接地电阻运行，防止该系统发生接地故障时，保护无法搜索到零序接地电流。

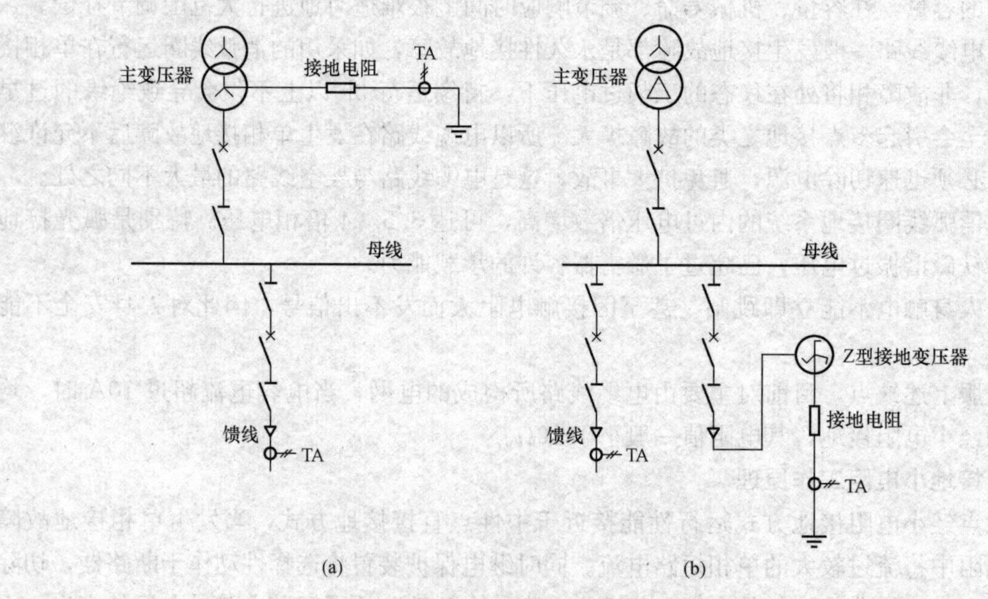

图10-3 接地电阻接线方式

(a) 接入主变压器中性点；(b) 接入接地变压器中性点

（2）小电阻接地系统不允许接地电阻长时间并列运行，防止在发生接地故障时影响保护动作的灵敏性。

（3）接地小电阻断路器掉闸后，应立即试发接地小电阻断路器一次。

（4）接地电阻开关的过电流、零序保护必须投入运行，接地电阻零序保护联跳对应的变压器三角形侧主开关的回路应投入运行；变压器三角形侧主开关联跳对应接地电阻的回路连接片应投入运行，如图 10-3（b）所示。一般每条母线必须有一组接地电阻投入运行。

（5）当接地变压器保护动作于变压器三角形侧主开关，接地变压器开关未跳开时，应立即手动拉开接地变压器开关。

第十一章 变电站防雷与接地装置

变电站是电网运行的中枢纽带，如果发生雷击过电压事故，将造成变电站设备的损坏及局部电网的瘫痪。一般雷电危害来自三个方面：①直击雷过电压，指雷电直接入侵变电站母线及其设备而产生过电压；②雷电侵入波过电压，指雷击线路向变电站入侵的雷电波而产生过电压；③感应雷过电压，指雷电对地及地面上一些物体放电，线路或设备上产生的感应过电压。这三类过电压统称为大气过电压。

对直击雷的保护，一般采用避雷针和避雷线。我国运行经验表明，凡装设符合规程要求的避雷针的变电站，绕击和反击事故率是非常低的。

多雷区由于线路落雷频繁，所以沿线路入侵的雷电波是变电站遭受大气过电压的主要原因。由线路入侵的雷电波过电压虽受到线路绝缘的限制，但线路绝缘水平比变电站电气设备的绝缘水平高，若不采取防护措施，势必造成变电站电气设备的损坏事故。其主要防护措施是在变电站内装设相应电压等级的阀型避雷器以限制雷电波的幅值，使设备上的过电压不超过其冲击耐压值。在变电站的进线上设置进线保护段，以限制流经避雷器的雷电流和限制入侵雷电波的陡度。

第一节 避 雷 针

一、避雷针的防雷原理

变电站装设避雷针可有效防止直击雷对设备的损坏。

避雷针由针头、引流体和接地装置三部分组成。避雷针高于被保护的物体，当雷云放电临近地面时首先击中避雷针，避雷针的引流体将雷电流安全引入地中，从而保护了某一范围内的设备。避雷针的接地装置的作用是减小泄流途径上的电阻值，降低雷电冲击电流在避雷针上的电压降。

避雷针之所以能防雷，是因为在先导放电（气隙距离较长时的特殊放电过程）自雷云向下发展的初始阶段，先导头部离地面较高，放电的发展方向不受地面物体的影响。因避雷针较高且具有良好的接地，在其顶端因静电感应而积聚了与先导通道中电荷极性相反的电荷，使其附近空间电场显著增强。当先导头部发展到距离地面某一高度时，该电场即开始影响先导头部附近的电场，使其向避雷针定向发展。随着先导通道的定向延伸，避雷针顶端的电场将大大增强，有可能产生自避雷针向上发展的迎面先导，更增强了避雷针的引雷作用。所以避雷针实际上是引雷针，它把雷电波引入大地，有效地防止了雷击事故发生。

二、避雷针的保护范围

单支避雷针的设备保护范围按式(11-1)进行计算，多支避雷针组合的设备保护范围可参考单支避雷器进行计算分析。为发挥避雷针的保护范围，一般避雷针的高度设置为30m。

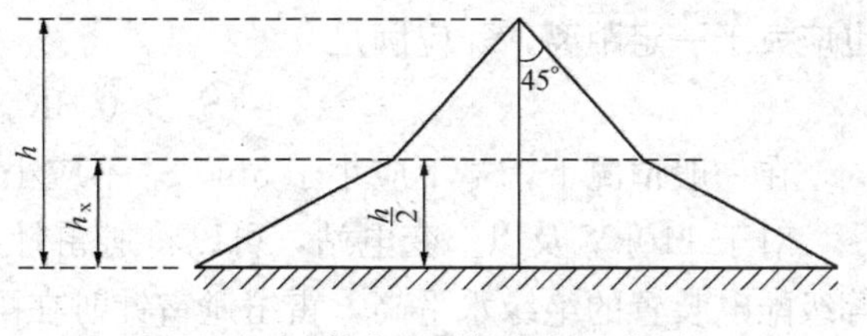

图 11-1　单支避雷针的保护范围

如图 11-1 所示，在高度为 h_x 的水平面上，单支避雷针的保护半径 r_x 为

$$\begin{cases} 当\ h_x \geqslant \dfrac{h}{2}\ 时，r_x = (h - h_x)p \\ 当\ h_x < \dfrac{h}{2}\ 时，r_x = (1.5h - 2h_x)p \end{cases} \tag{11-1}$$

式中　h——避雷针高度，m；

h_x——被保护物体的高度，m；

p——高度影响系数$\left(h \leqslant 30\text{m}\ 时\ p = 1, 30 < h \leqslant 120\text{m}\ 时\ p = \dfrac{5.5}{\sqrt{h}}\right)$。

三、避雷针的防直击雷保护

为防止直击雷击中变电站，可装设避雷针，应该使所有设备都处于避雷针的保护范围内。此外还应采取措施，防止雷击避雷针时的反击事故。

雷击避雷针时，雷电流流经避雷针及接地装置，在避雷针高度 h 处和避雷针的接地装置上，将出现高电位 U_k 和 U_d，此时有

$$U_k = L\frac{di_L}{dt} + i_L R_{ch}$$

$$U_d = i_L R_{ch}$$

式中　L——避雷针的等值电感；

R_{ch}——避雷针的冲击接触电阻；

i_L、$\dfrac{di_L}{dt}$——流经避雷针的雷电流和雷电流平均上升速度。

取雷电流 i_L 的幅值为100kA，雷电流的平均上升速度 $\dfrac{di_L}{dt}$ 为38.5kA/μs，避雷针电感为1.55μH/m，则可得

$$U_k = 60h + 100R_{ch} \tag{11-2}$$

$$U_d = 100R_{ch} \tag{11-3}$$

式中　h——配电架构的高度。

式（11-2）和式（11-3）表明，避雷针和接地装置上的电位与冲击接地电阻 R_{ch} 有关，R_{ch} 越小则 U_k 和 U_d 越低。

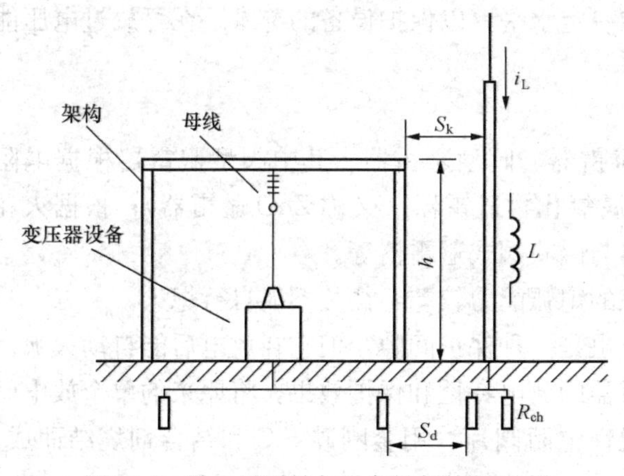

图 11-2　独立避雷针与设备及架构的距离

如图 11-2 所示，为防止避雷针与被保护设备或架构之间的空气间隙 S_k 被击穿而造成反击事故，必须要求 S_d 大于一定距离。设备接地与避雷针接地之间的距离 S_d

也应大于一定距离，S_d 应满足

$$S_d > 0.3R_{ch} \quad (m)$$

在一般情况下，S_k 不应小于 5m，S_d 不应小于 3m。

对于 110kV 及以上变电站，可以将避雷针架设在配电装置架构上，这是由于此类电压等级配电装置的绝缘水平高，雷击避雷针时在配电架构上不限的高电位不会造成反击事故。装设避雷针的配电架构应装设辅助接地装置，此接地装置与变电站接地网的连接点离主变压器接地装置与变电站接地网的连接点之间不应小于 15m，目的是使雷击避雷针时在避雷针接地装置上产生的高电位在沿接地网向变压器接地点传播的过程中逐渐衰减，以便在达到变压器接地点时不会造成变压器的反击事故。由于变压器的绝缘较弱，又是变电站中重要的设备，故在变压器门型架构上不应装设避雷针。

对于 35kV 及以下的变电站，因其绝缘水平较低，故不允许将避雷针装设在配电架构上，以免出现反击事故，需要架设独立避雷针，并应满足不发生反击的要求。

另外，对装有避雷针和避雷线的架构上的照明灯电源线，必须采用直埋于土壤中的带金属防护层的电缆或穿入金属管的导线。电缆的金属护层或金属管必须接地，埋入土壤中的长度应在 10m 以上，方可与配电装置的接地网相连或与电源线、低压配电装置相连。

除此之外还应注意接地可靠性的连接问题，具体如下：

（1）避雷针与引下线之间的连接应采用焊接。避雷针的引下线及接地装置使用的紧固件均应使用镀锌制品，当采用没有镀锌的地脚螺栓时应采取防腐措施。

（2）避雷针的引下线应有两处与接地体对称连接。

（3）避雷针及其接地装置应采取自下而上的施工程序。首先安装集中接地装置，后安装引下线，最后安装接闪器。

第二节 避 雷 器

避雷器是一种能释放过电压能量、限制过电压幅值的保护设备。使用时将避雷器安装在被保护设备附件上，与被保护设备并联。在正常情况下避雷器不导通，最多情况下只流过微安级别的泄漏电流。当作用在避雷器上的电压达到避雷器的动作电压时，避雷器导通，通过大电流，释放过电压能量并将过电压限制在一定水平，以保护设备的绝缘。在释放过电压能量后，避雷器恢复到原状态。

一、避雷器的分类

避雷器的类型主要有保护间隙、管型避雷器、阀型避雷器。其中阀型避雷器根据电阻（阀片）材质不同分为 SiC 阀型避雷器和金属氧化物避雷器（又称 ZnO 避雷器）；根据火花间隙灭弧原理不同，可分为普通阀式避雷器与磁吹阀式避雷器等。

（1）保护间隙是最简单的避雷器，间隙的熄弧能力较差，往往不能自行熄灭。

（2）管型避雷器（又称排气式避雷器）也是一种保护间隙，但它在放电后能自动灭弧。

（3）阀型避雷器。为了进一步改善避雷器的放电特性和保护效果，将原来的单个放电间隙分成许多短的串联间隙，同时增加了非线性电阻阀片（用金刚砂 SiC 和结合剂烧结而成，称为碳化硅片），发展成阀型避雷器。

磁吹阀式避雷器因利用了磁吹式火花间隙，间隙的去游离作用增强，提高了灭弧能力，从而改进了其保护作用。

氧化锌避雷器是一种新型避雷器，它具有无间隙、无续流、残压低等优点。

保护间隙、管型避雷器和 SiC 阀式避雷器只能限制雷击过电压，而磁吹阀式避雷器和氧化锌避雷器在限制雷电过电压外，还具有限制电力系统内过电压（暂时过电压和操作过电压）的能力。ZnO 避雷器具有一系列突出的优点，已经成为取代磁吹阀式避雷器的新一代产品，在电力系统广泛应用。

二、保护间隙与管型避雷器

保护间隙由两个间隙（即主间隙和辅助间隙）组成，常用的羊角型间隙及其与被保护设备相并联的示意图如图 11-3 所示。为使被保护设备得到可靠保护，间隙的伏秒特性上限应低于被保护设备绝缘冲击放电伏秒特性的下限并有一定的安全裕度。当雷电波入侵时，间隙先击穿，工作母线接地，避免了被保护设备上的电压升高，从而保护了设备。过电压消失后，间隙中仍有工作电压所产生的工频电弧电流（称为续流），此电流是间隙安装处的短路电流，由于间隙的熄弧能力较差，往往不能自行熄灭，将引起断路器的跳闸。这样，虽然保护间隙限制了过电压，保护了设备，但将造成线路事故跳闸，这是保护间隙的主要缺点，为此可将保护间隙配合自动重合闸使用。辅助间隙主要防止外物使主间隙短路，造成保护间隙误动。

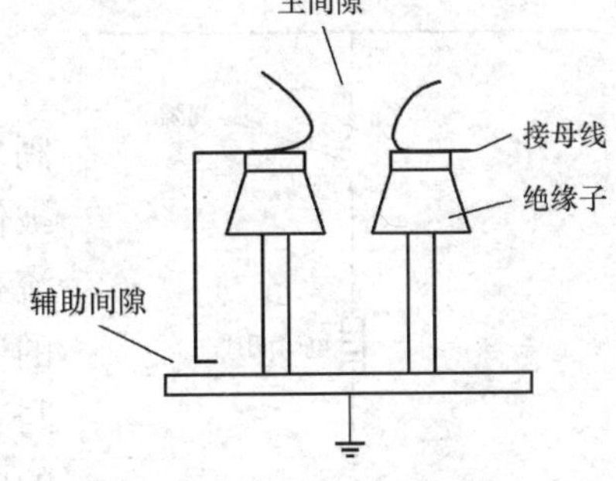

图 11-3　羊角型保护间隙及其与被保护设备相并联的示意图

管型避雷器（排气式避雷器）实质上是一种具有较高熄弧能力的保护间隙，其原理结构如图 11-4 所示。它有两个相互串联的间隙：一个在大气中称为外间隙 S2，其作用是隔离工作电压，避免产气管被流经管子的工频泄漏电流所烧坏；另一个间隙 S1 装在产气管内称为内间隙或灭弧间隙，其电极一个为棒形电极，另一个为环形电极。产气管由纤维、塑料或橡胶等产气材料制成。雷击时内外间隙被击穿，雷电流经间隙流入大地。过电压消失后，内外间隙的击穿状态将由导线上的工作电压维持。此时流经间隙的工频电弧电流称为工频续流，其值为管型避雷器安装处的短路电流。工频续流电弧的高温使管内产气材料分解出大量气体，管内压力升高，气体在高电压作用下由环形电极的开口喷出，形成强烈的纵吹，从而使工频续流在第一次经过零值时被切断。管型避雷器的熄弧能力与工频续流大小有关：若续流太大产气过多，管内气压太高将造成管子炸裂；若续流太小产气过少，管内气压太低不足以熄弧。

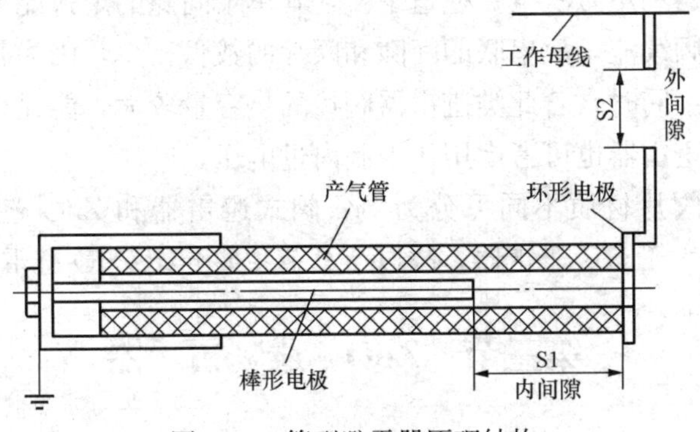

图 11-4　管型避雷器原理结构

管型避雷器的主要缺点如下：

(1) 伏秒特性较陡且放电分散性较大，而一般变压器和其他设备绝缘的冲击放电伏秒较平，二者不能很好配合。

(2) 管型避雷器动作后工作母线直接接地形成截波，对变压器纵绝缘不利（保护间隙也有上述缺点）

(3) 管型避雷器放电特性受大气条件影响较大，因此目前只用于线路保护。

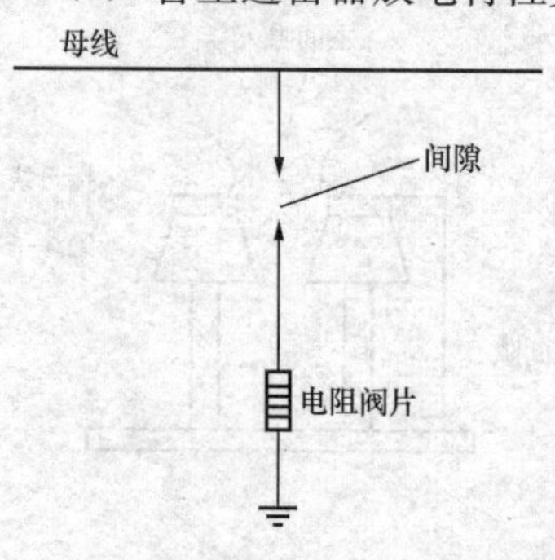

图 11-5　阀型避雷器结构原理

三、阀型避雷器

阀型避雷器的基本结构为间隙和非线性电阻元件（又称阀片）相串联，如图 11-5 所示。其间隙冲击放电电压低于被保护设备的冲击耐压强度。阀片的电阻值与流过其中的电流有关，且有非线性特性，电流越大电阻越小。阀型避雷器的工作原理如下：在电力系统正常工作时，间隙将电阻阀片与工作母线隔离，以免由母线的工作电压在电阻阀片中产生的电流使阀片烧坏。当系统中出现过电压且峰值超过间隙放电电压时，间隙击穿，冲击电流通过阀片流入大地。由于阀片的非线性特性，故在阀片上产生的压降（称为残压）将得到限制，使其低于被保护设备的冲击耐压，设备得到了保护。当过电压消失后，间隙中由工作电压产生的工频电流（称为工频续流）将继续流过避雷器，此续流受阀片电阻的非线性特性所限制远较冲击电流小，使间隙能在工频续流第一次经过零值时将其切断，之后就依靠间隙的绝缘强度能够耐受电网恢复电压的作用而不会发生重燃。这样，避雷器从间隙击穿到工频续流的切断不超过半个工频周期，继电保护来不及动作系统就已恢复正常。

电阻阀片的主要作用是限制工频续流，使间隙能在续流第一次过零时将电弧熄灭。为了限制续流希望电阻取大点，但电阻大了以后冲击电流流过电阻阀片时产生的残压也大，为了降低残压又要求电阻取小点。这样，要同时满足两个彼此矛盾的要求，必须采用非线性电阻。

阀型避雷器根据间隙灭弧原理不同又分为普通型和磁吹型。

普通型阀式避雷器的熄弧完全依靠间隙的自然熄弧能力，没有采取强迫熄弧的措施；其阀片的热容量有限，不能承受较长持续时间的内过电压冲击电流的作用，因此此类避雷器通常不容许在内过电压下动作，目前只适用于 220kV 及以下系统用作限制大气过电压。

磁吹型阀式避雷器利用磁吹电弧强迫熄弧，其单个间隙的熄弧能力较强，能在较高恢复电压下切断较大的工频续流，故串联的间隙和阀片的数目较少，因为其冲击放电电压和残压较低，保护性能较好。同时，若此类避雷器阀片的热容量较大，能允许通过内过电压作用下的冲击电流，则此类避雷器也可考虑用作限制内过电压。

阀型避雷器根据阀片材质不同可分为 SiC 阀式避雷器和 ZnO 避雷器。现场实践证明 ZnO 避雷器优越性远大于 SiC 避雷器，故以下章节主要介绍 ZnO 避雷器的应用。

第三节　ZnO　避　雷　器

ZnO 避雷器是具有良好保护性能的避雷器。利用 ZnO 阀片理想的伏安特性，使在正常

工作电压时流过避雷器的电流极小（微安或毫安级）；在雷电冲击电流作用下迅速动作，呈现小电阻使其残压足够低，从而使被保护设备不受雷电过电压损坏；而当冲击电流过后，工频电压作用下，ZnO 阀片呈现很大的电阻，使工频续流趋于零。

一、ZnO 避雷器结构

ZnO 避雷器的主要元件是 ZnO 阀片，它是以 ZnO 为主要材料，加入少量金属氧化物，再高温烧结而成。

ZnO 避雷器的内部元件为有孔的环形 ZnO 电阻片，孔中有一根有机绝缘棒，两端用螺栓紧固而成。内部元件装入瓷套内，上下两端各有一个压紧弹簧压紧。瓷套两端法兰各有一压力释放出来，以防瓷套爆炸和损坏其他设备。避雷器根据电压高低可用若干个元件组成，顶部装有均压环，底部装有绝缘基础，用来安装避雷器的动作计数器和动作电流幅值记录装置。

500kV 及以上电压等级的 ZnO 避雷器，由于器身较高、杂散电容大，若不采取措施，避雷器整体电位降分布不均匀。因此，在避雷器顶端装设有均压环，多节避雷器各节并联装设不同数值的电容器，以改善其电位分布。为防止避雷器发生爆炸，避雷器均装设有压力释放装置。

二、ZnO 避雷器特点

ZnO 阀片具有很理想的非线性伏安特性，图 11-6 所示为 SiC 避雷器与 ZnO 避雷器以及理想避雷器的伏安特性曲线。

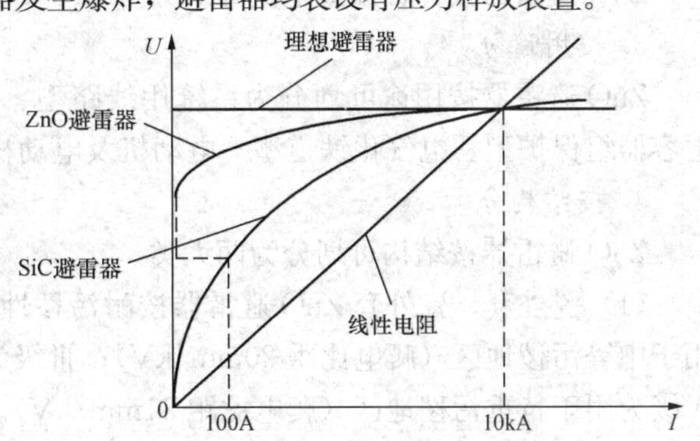

图 11-6　SiC、ZnO 避雷器和理想避雷器的伏安特性曲线

由于 ZnO 阀片具有优异的非线性伏安特性，使 ZnO 避雷器具有以下优点：

（1）可以做成无间隙。在正常工作电压下，流过 ZnO 阀片的电流只有几十微安，不会烧坏阀片，所以无需串联间隙来隔离工作电压（SiC 阀片在工作电压下要流过几十安或几百安的电流，不得不串联间隙）。由于无间隙，解决了 SiC 避雷器因串联间隙所带来的一系列问题，如污秽、内部气压变化使间隙放电电压不稳定等。由于无串联火花间隙，可直接将 ZnO 阀片置于 SF_6 组合电器中或充油设备中。

（2）无续流。由于在正常工作电压下流过 ZnO 阀片的电流极小，相当于一绝缘体，所以不存在工频续流。而 SiC 阀片确不仅要吸收过电压的能量，还要吸收工频续流的能量。ZnO 避雷器因无续流只需吸收过电压的能量，动作负载轻，所以在大电流、长时间重复冲击后特性稳定。

（3）保护性能优越。虽然 10kA 下 ZnO 避雷器的残压值与 SiC 避雷器相差不多，但 ZnO 阀片具有优异的非线性伏安特性，还有进一步降低残压的潜力。

SiC 避雷器只在间隙放电后才开始泄放雷电电流的能量，而 ZnO 避雷器在过电压的全部过程中都流过电流，吸收过电压能量，抑制过电压的发展。由于没有间隙，故 ZnO 避雷器没有间隙的放电延时。

（4）通流容量大。ZnO 阀片单位面积通流容量要比 SiC 阀片的大 4～4.5 倍，又无串联间隙烧伤的制约，因此可以用来限制操作过电压。

由于无间隙且通流容量大，ZnO 避雷器体积小、质量轻、结构简单、运行维护方便、使用寿命长。变电站设备防雷保护多选用 ZnO 避雷器。

三、ZnO 避雷器分类

1. 按电压等级分

ZnO 避雷器按额定电压值来分类，可分为三类。

(1) 高压类。指 66kV 以上电压等级的 ZnO 避雷器系列产品，大致可划分为 500、220、110、66kV 4 个电压等级。

(2) 中压类。指 3～66kV（不包括 66kV）电压等级的 ZnO 避雷器系列产品，大致可划分为 3、6、10、35kV 4 个电压等级。

(3) 低压类。指 3kV 以下（不包括 3kV）电压等级的 ZnO 避雷器系列产品，大致可划分为 1、0.5、0.38、0.22kV 4 个电压等级。

2. 按标称放电电流分

ZnO 避雷器按标称放电电流可划分为 20、10、5、2.5、1.5kA 5 类。

3. 按用途分

ZnO 避雷器按用途可划分为系统用线路型、系统用电站型、系统用配电型、并联补偿电容器组保护型、电气化铁道型、电动机及电动机中性点型、变压器中性点型 7 类。

4. 按结构分

ZnO 避雷器按结构可划分为两大类。

(1) 瓷外套。瓷外套 ZnO 避雷器按耐污秽性能分为 4 个等级：Ⅰ级为普通型；Ⅱ级为用于中等污秽地区（爬电比距 20mm/kV）；Ⅲ级为用于重污秽地区（爬电比距 25mm/kV）；Ⅳ级为用于特重污秽地区（爬电比距 31mm/kV）。

(2) 复合外套。复合外套 ZnO 避雷器是用复合硅橡胶材料做外套，并选用高性能的 ZnO 电阻片，内部采用特殊结构，用先进工艺方法装配而成，具有硅橡胶材料和 ZnO 电阻片的双重优点。该系列产品除具有瓷外套氧化锌避雷器的一切优点外，另具有绝缘性能、耐污秽性能高，防爆性能良好以及体积小、质量轻、平时不需维护、不易破损、密封可靠、耐老化性能优良等优点。

5. 按结构性能分

ZnO 避雷器按结构性能可分为无间隙（W）、带串联间隙（C）、带并联间隙（B）三类。

四、避雷针、避雷器记录放电方法

避雷针、避雷器用装设磁钢棒和放电计数器两种方法记录放电。

磁钢棒记录放电的基本原理是当雷电流通过避雷针入地时，磁钢棒被雷电流感应而磁化，记录雷电流数值。

放电记录器的基本原理是当雷电流通过避雷器入地时，对记录器内部电容器进行充电。当雷电消失后，电容器对记录器的线圈放电，记录放电次数。

对避雷器泄漏电流检测装置应定期检查，防止因受潮而造成避雷器阻值变化（电阻一般应在 30 000MΩ），造成泄漏电流数值增大。

五、对避雷器的要求

为可靠地保护电气设备，使设备、电网安全可靠运行，任何避雷器必须满足下列要求：

（1）避雷器的伏秒特性与被保护的电气设备的伏秒特性要正确配合，即避雷器的冲击放电电压任何时刻都要低于被保护设备能耐受的冲击电压。

（2）避雷器的伏秒特性与被保护的电气设备伏安特性要正确配合，即避雷器动作后的残压要比被保护设备通过同样电流时所能耐受的电压低。

（3）避雷器的灭弧电压与安装地点的最高工频电压要正确配合，使在电力系统发生单相接地故障情况下，避雷器也能可靠地熄灭工频续流电弧，从而避免避雷器爆炸。

（4）当过电压超过一定值时，避雷器产生放电动作，将导线直接或经电阻接地，以限制过电压。

（5）避雷器的保护性能一般以保护比（残压/灭弧电压）来说明，保护比越小，说明残压越低或灭弧电压越高，则避雷器的保护性能越好。

第四节　高压设备的雷电侵入波过电压保护

一、35kV及以上变电站高压设备的雷电侵入波过电压保护

（1）未沿全线架设避雷线的35kV及以上变电站，其进线的隔离开关或断路器宜在靠近隔离开关或断路器处装设一组管型避雷器FE（排气式避雷器），也可采用阀型避雷器或保护间隙代替，如图11-7所示。

35kV及以上变电站进线的隔离开关或断路器可能经常断路运行，同时线路侧又带电时，必须在靠近隔离开关或断路器处装设一组避雷器，以可靠地保护隔离开关或断路器。

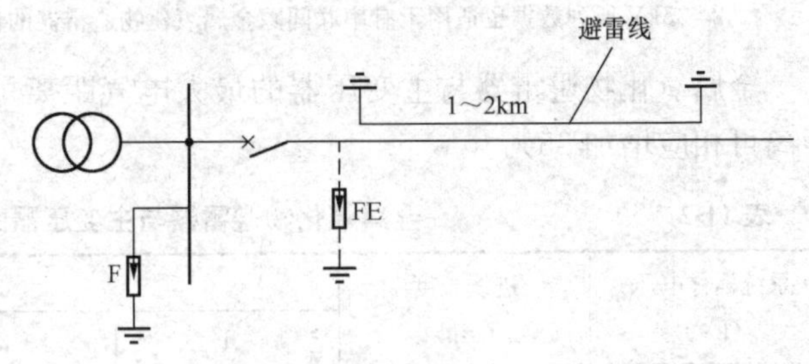

图11-7　35kV及以上变电站进线保护接线

（2）对于变电站的35kV及以上电缆进线段，在电缆与架空线的连接处应装设阀式避雷器，其接地端应与电缆金属外皮连接。对于三芯电缆，末端的金属外皮应直接接地，如图11-8（a）所示；对于单芯电缆，应经金属氧化物电缆护层保护器（FC）或保护间隙（FG）接地，如图11-8（b）所示。

（3）具有架空进线的35kV及以上变电站敞开式高压设备阀式避雷器配置。

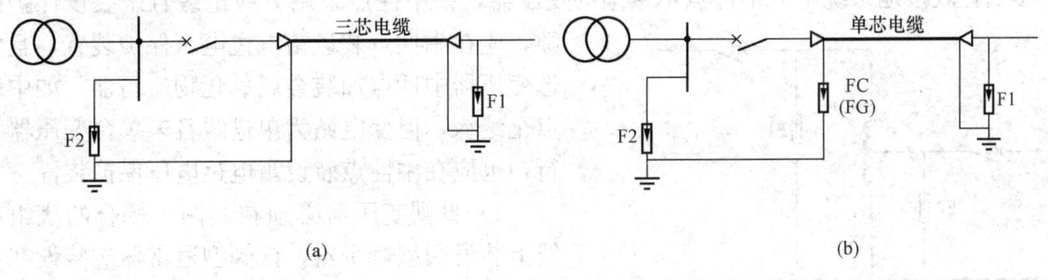

图11-8　具有35kV及以上电缆段的变电站进线保护接线

（a）三芯电缆段；（b）单芯电缆段

1）每组母线上应装设阀型避雷器。阀型避雷器与主变压器及其他被保护设备的电气距离超过表 11-1 所列值时，可在主变压器附近增设一组阀型避雷器。变电站内所有阀型避雷器应以最短的接线与设备的主接地网连接，同时应在其附近装设集中接地装置。

2）35kV 及以上装有标准绝缘水平的设备和标准特性的阀型避雷器且高压设备采用单母线、双母线或分段的电气主接线时，普通阀型避雷器与主变压器间的最大电气距离可参照表 11-1 确定，对其他电器的最大距离可相应增加 5%。

表 11-1　普通阀型避雷器与主变压器的最大电气距离　m

系统标称电压（kV）	进线长度（km）	进线路数			
		1	2	3	≥4
35	1	25	40	50	55
	1.5	40	55	65	75
	3	50	75	90	105
110	1	45	70	80	90
	1.5	70	95	115	130
	2	100	135	160	180
220	2	105	165	195	220

注　1. 全线有避雷线的进线长度取 2km，进线长度在 1～2km 时的距离按补差法确定。
2. 35kV 所列数据也适用于有串联间隙金属氧化物避雷器的情况。

金属氧化物避雷器与主变压器的最大电气距离可参照表 11-2 确定，对其他电器的最大距离可相应增加 35%。

表 11-2　金属氧化物避雷器与主变压器的最大电气距离　m

系统标称电压（kV）	进线长度（km）	进线路数			
		1	2	3	≥4
110	1	55	85	105	115
	1.5	90	120	145	165
	2	125	170	205	230
220	2	125 (90)	195 (140)	235 (170)	265 (190)

注　本表也适用于变电站 SiC 磁吹避雷器。

3）有效接地系统中的中性点不接地的变压器，如中性点采用分级绝缘且未装设保护间隙，应在中性点装设雷电过电压保护装置，且宜选变压器中性点加装金属氧化物避雷器。如中性点全绝缘，但变电站为单进线且未单台变压器运行，也应在中性点装设雷电过电压保护装置。

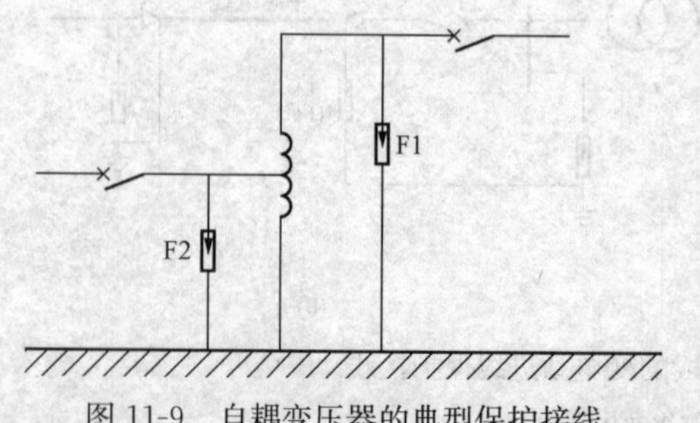

图 11-9　自耦变压器的典型保护接线

4）自耦变压器必须在其两个耦合的绕组出线上装设阀型避雷器，该阀型避雷器应装设在自耦变压器和断路器之间，并采用图 11-9 所示的保护接线。

5）与架空线路连接的三绕组变压器、自耦变压器的低压绕组有开路运行的可能时，应在变压器低压绕组出线上装设阀型避雷器，以防止来自高压绕组的雷电波感应电压危及低压绕组绝缘。但如果该绕组有 25m 及以上金属外皮电缆段，则可不必装设避雷器。

6）变电站 3～10kV 配电装置（包括电力变压器）应在每组母线和架空进线上装设阀型避雷器，并采用图 11-10 所列的保护接线。母线上阀型避雷器与主变压器的电气距离不宜大于表 11-1 所列数值。

二、SF_6 全封闭组合电器（GIS）设备变电站的雷电侵入波过电压保护

（1）66kV 及以上进线无电缆段的 GIS 变电站，在 GIS 管道与架空线路的连接处应装设金属氧化物避雷器，其接地端应与管道金属外壳连接，如图 11-11 所示。

如变压器或 GIS 一次回路的任何电气部分至 FMO1 的最大电气距离不超过参考值（66kV 标准 50m；110kV 及 220kV 标准 130m），或虽超过但经校验装一组避雷器即能符合保护要求，可只装设 FMO1。

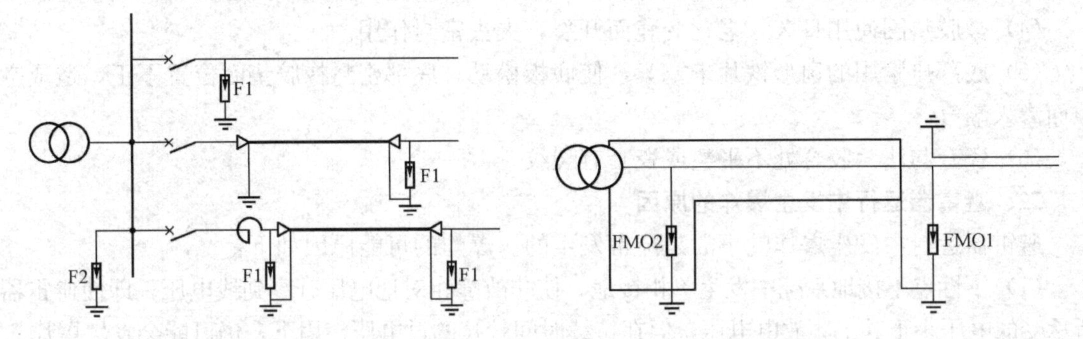

图11-10　3～10kV 配电装置雷电侵入波的保护接线　　图 11-11　无电缆段进线的 GIS 变电站保护接线

（2）66kV 及以上进线有电缆段的 GIS 变电站，在电缆段与架空线路的连接处应装设金属氧化物避雷器（FMO1），其接地端应与电缆金属外皮连接。对于三芯电缆，末端的金属外皮应与 GIS 管道金属外壳连接后接地，如图 11-12（a）所示；对于单芯电缆，应经金属氧化物电缆护层保护器（FC）接地，如图 11-12（b）所示。

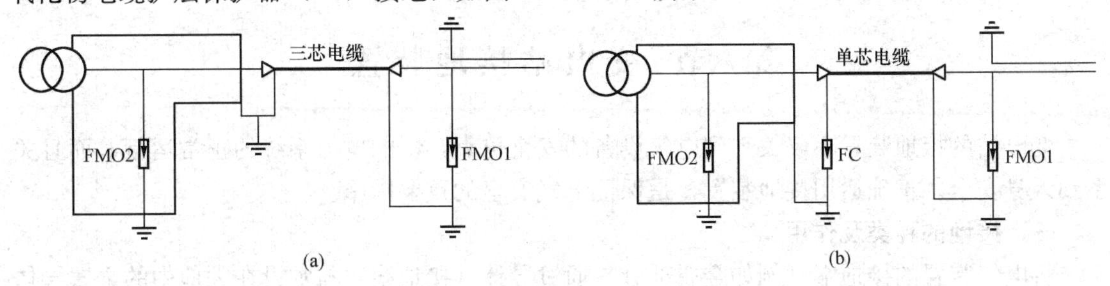

图 11-12　有电缆段进线的 GIS 变电站保护接线
（a）三芯电缆段；（b）单芯电缆段

电缆末端至变压器或 GIS 一次回路的任何电气部分间的电气距离不得超过 66kV 标准 50m，110kV 及 220kV 标准 130m 的参考值，或虽超过但经校验装一组避雷器即能符合保护要求，可不装设 FMO2。

（3）进线全长为电缆的GIS变电站内是否装设金属氧化物避雷器，应视电缆另一端有无雷电过电压波侵入的可能，经校验确定。

第五节　避雷器运行中的异常及事故

一、避雷器内部受潮

避雷器内部受潮的征象是绝缘电阻低于2500MΩ，工频放电电压下降，泄漏电流监测数值明显升高。避雷器内部受潮的可能原因如下：

（1）顶部的紧固螺母松动引起漏水；瓷套顶部密封用螺栓的垫圈未焊死，在密封垫圈老化开裂后，潮气和水分沿螺栓缝渗入内腔。

（2）底部密封试验的小孔未焊牢、堵死。

（3）瓷套破裂、有砂眼、裙边胶合处有裂缝等，易于进入潮气及水分。

（4）橡胶垫圈使用日久，老化变脆而开裂，失去密封作用。

（5）底部压紧用的扇形铁片未塞紧，使底板松动；底部密封橡胶垫圈位置不正，造成空隙而渗入潮气。

（6）瓷套与法兰胶合处不平整或瓷套有裂纹。

二、避雷器运行中发生爆炸的原因

避雷器运行中发生爆炸的事故是经常发生的。爆炸的可能原因如下：

（1）中性点不接地系统中发生单相接地，使非故障相对地电压升高到线电压，即使避雷器所承受的电压小于其工频放电电压，但在持续时间较长的过电压作用下，仍可能会发生爆炸。

（2）电力系统发生铁磁谐振过电压，使避雷器放电，从而烧坏其内部元件而引起爆炸。

（3）线路受雷击时避雷器正常动作，由于本身火花间隙灭弧性能差，当间隙承受不住恢复电压而击穿时，使电弧重燃，工频续流将再度出现，重燃阀片、烧坏电阻，引起避雷器爆炸；或由于避雷器阀片电阻不合格，残压虽然降低，但续流却增大，间隙不能灭弧而引起爆炸。

（4）避雷器密封垫圈与水泥接合处松动或有裂纹，密封不良而引起爆炸。

第六节　变电站接地装置

变电站的接地装置不仅关系到电气设备的安全可靠，影响电力系统的正常运行，而且关系到人身安全。正确运用接地装置，是保证电气安全的重要措施。

一、接地的种类及作用

将电气装置的接地端（例如金属部分）通过导体（接地线）与敷设在大地中的金属导体（接地体）相连接，并与大地做可靠的电气连接，称为电气装置的接地。

电气装置的接地按用途可分为工作接地、保护接地、雷电保护接地及防静电保护接地。

（1）工作接地。为保证电气设备在正常和故障情况排除故障后都能可靠地工作而设置的接地，称为工作接地。例如，在中性点直接接地系统中，变压器的中性点接地、电压互感器和小电抗的接地端接地；非直接接地系统中，经其他装置接地等。

（2）保护接地。电气设备的金属外壳、配电装置的架构和线路杆塔等，由于绝缘损坏有

可能带电，为防止其危及人身和设备的安全而设置的接地。

(3) 雷电保护接地。为雷电保护装置（避雷针、避雷线和避雷器等）向大地泄放雷电流而设置的接地。

(4) 防静电保护接地为防止静电对易燃油、天然气贮藏和管道等的危险作用而设的接地。

二、“地”与接地装置的基本概念

1. 电气设备中“地”的含义

当运行中的电气设备发生接地故障、雷击过电压时，接地电流通过接地体，以半球面形状向大地流散。这一接地电流称为流散电流，流散电流在土壤中遇到的全部电阻称为流散电阻。在距离接地体越近的地方半球面越小，则流散电阻越大，故接地电流通过此处的电压降也较大，所以电位就越高。反之，在远离接地体的地方，由于半球面大，流散电阻就小，所以电位就低。大地中电流和对地电压分布如图 11-13 所示。

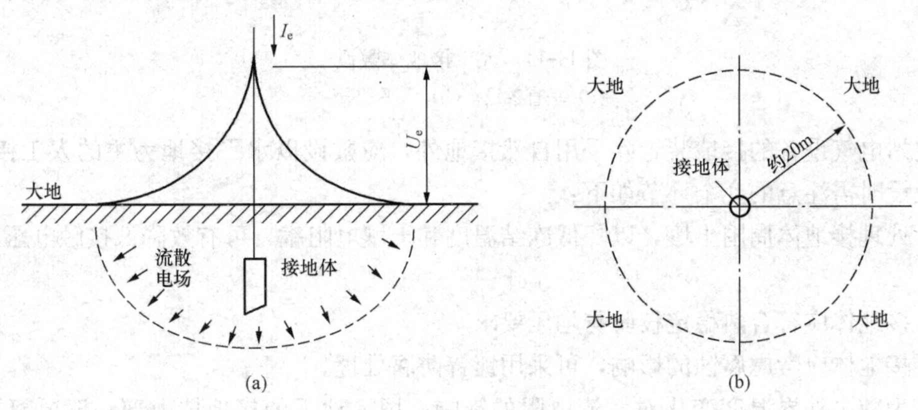

图 11-13　大地中电流和对地电压分布

(a) 侧视图；(b) 俯视图

试验证明：在离开单根接地体或接地点 20m 以外的地方，球面就相当大了，实际上已没有什么电阻存在，故该处的电位已接近于零。这个电位等于零的地方，称为电气上的“地”。所谓电气设备对地电压，即电气设备的接地部分（如接地外壳、接地线、接地体等）与电位为零的大地之间的电位差。

2. 接地装置

接地装置主要由接地体（又称接地极）、接地线（又称接地引下线）组成。

(1) 接地体。埋入地中并与大地直接接触的金属导体。在大地中的若干接地体由导体相互连接形成的整体称为接地网。

(2) 接地线。电气设备接地端与接地体相连接的金属部分（接地端有电气设备金属外壳、变压器中性点接地端、避雷器接地端等）。

三、接地体

1. 接地体及接地网概述

接地体指埋入地中并与大地直接接触的金属导体。接地体可分为自然接地体和人工接地体。自然接地体指利用大地中已有的金属构件、管道及建筑物钢筋混凝土而构成的接地体；

人工接地体指专门为接地而人为装设的接地体。

人工接地体有垂直敷设和水平敷设两种基本结构，如图 11-14 所示。水平接地体可采用圆钢、扁钢，其长度一般以 5～20m 为宜；垂直接地体采用角钢、圆钢等，其长度一般以 2.5m 为宜。

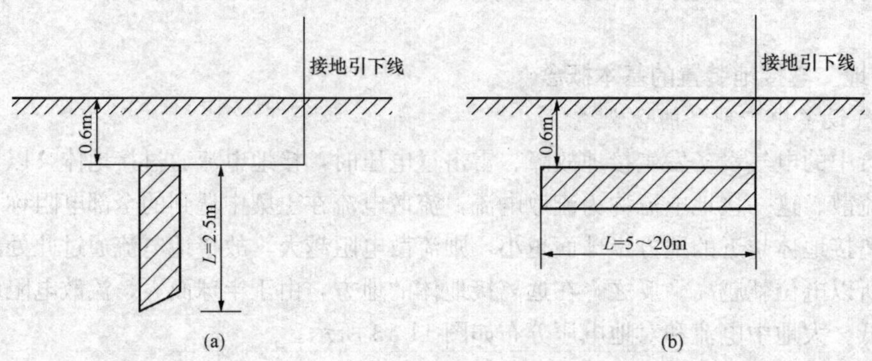

图 11-14　人工接地体敷设

(a) 垂直敷设；(b) 水平敷设

变电站电气设备的接地装置除采用自然接地外，应敷设以水平接地为主的人工接地网。接地体敷设时需注意的几个环节如下：

(1) 处理接地体周围土壤，以降低冻结温度和土壤电阻率，可有效降低接触电压和跨步电压值。

(2) 接地体应符合热稳定校验与均压要求。

(3) 接地体应考虑腐蚀的影响，可采用镀锌防腐处理。

(4) 为减少外界温度变化对散流电阻的影响，埋入地下的接地体上部一般要离开地面 0.8m 左右。

(5) 当多根接地体相互靠拢时，入地电流的流散相互受到排挤，影响各接地体的电流向大地呈半球形状散开，使得接地装置的利用率下降，这种现象称为接地体的屏蔽效应。因此，垂直接地体的间距一般不宜小于接地体长度的 2 倍，水平接地体的间距一般不宜小于 5m。

环形接地网应有不少于两根干线，接地干线应至少在两点与地网连接。人工接地网的外缘应闭合，外缘各角应做成圆弧形，圆弧的半径不宜小于均压带间距的 1/2。接地网内应敷设水平均压带，埋设深度不宜小于 0.6m。

接地网均压带可采用等间距或不等间距布置。35kV 及以上变电站接地网边缘经常有人出入的走道处应铺设砾石、沥青路面或在地下装设两条与接地网相连的均压带，可有效降低跨步电压值。

2. 接地电阻

接地电阻是指接地装置的电阻与接地体的流散电阻的总和。接地装置的电阻包括接地体和接地线的电阻，因接地装置的电阻本身较小，一般可以忽略不计，因此接地电阻主要指流散电阻，其数值等于接地装置对地电压与接地电流之比。表 11-3 列出了变电站电气设备保护接地的接地电阻值。

表 11-3　　变电站电气设备保护接地的接地电阻值

类　型	符合公式	常规情况数值范围
有效接地和低电阻接地系统	$R<2000/I$	不得大于 5Ω
不接地、消弧线圈接地系统（高压电气装置）	$R\leqslant 250/I$	不宜大于 10Ω
不接地、消弧线圈接地系统（低压电气装置）	$R\leqslant 120/I$	不应大于 4Ω
独立避雷针接地电阻	—	不应大于 10Ω

注　I 为计算用的接地短路电流，A。

通过接地体流入地中的电流是工频交流电流时，求得的电阻称为工频接地电阻。当有冲击电流经接地体流入地中时，土壤即被电离，此时呈现的接地电阻称为冲击接地电阻。一般情况下，任一接地体接地电阻比工频接地电阻小。这是因为雷电冲击电流通过接地装置时，由于电流密度很大，使土壤中的气隙产生局部火花放电，相当于增大了接地体的尺寸，从而降低了接地电阻。

接地电阻的大小与接地体的结构、组成和土壤的性质等因素有关。如果接地电阻过大，则会发生以下情况：

（1）发生接地故障时，使中性点电压偏移增大，可能使健全相和中性点电压过高，超过绝缘要求的水平而造成设备损坏，还可能超出人所能承受的跨步电压及接触电压值，对人身造成危害。

（2）在雷电波袭击时，由于电流很大，会产生很高的残压，使附近的设备遭受到反击的威胁，并降低接地网本身保护设备带电导体的耐雷水平，使其达不到设计的要求而损坏设备。

四、接地线

接地线指电气设备接地端与接地体相连接的导体。明敷的接地线应标志清晰，涂 15～100mm 宽度相等的绿黄相间的条纹；暗敷接地线入口处应设接地标示。接地线应采取防止发生机械损伤和化学腐蚀的措施，如采用涂防锈漆或镀锌等防腐措施。另外，接地线截面应符合热稳定校验。

1. 接地线的热稳定校验

在有效接地系统及低电阻接地系统中，变电站电气设备接地线的截面应按接地短路电流进行热稳定校验。钢接地线的短时温度不应超过 400℃，铜接地线不应超过 450℃，铝接地线不应超过 300℃。

校验不接地、消弧线圈、高电阻接地系统中电气设备接地线的热稳定时，敷设在地面上的接地线长时间温度不应大于 150℃，敷设在地下的接地线长时间温度不应大于 100℃。

2. 电气设备中应采用专门敷设的接地线接地的情况

（1）110kV 及以上钢筋混凝土构件支座上电气设备的外壳。

（2）箱式变电站的金属箱体。

（3）直接接地的变压器中性点接地端。

（4）变压器、接地变压器或高压并联电抗器中性点经消弧线圈、电阻器接地的接地端。

（5）GIS 组合电器的接地端子。

(6) 避雷针、避雷线、避雷器的接地端子。

(7) 电压互感器的接地端子，电压互感器和电流互感器的二次绕组接地端子。

当不要求采用专门敷设的接地线接地时，电气设备的接地线宜利用金属构件、普通钢筋混凝土构件的钢筋、穿线的钢管和电缆的铅、铝外皮等，但不得使用蛇皮管、保温管的金属网或外皮以及低压照明网络的导线铅皮作接地线。利用上述设施作接地线时，应保证其全长为完好的电气通道，并且当利用串联的金属构件作为接地线时，金属构件之间应以截面不小于 $100mm^2$ 的钢材焊接。

3. 电气设备接地线敷设要求

变电站电气装置中电气设备接地线敷设应符合下列要求：

(1) 接地线应采用焊接连接。当采用搭接焊接时，其搭接长度应为扁钢宽度的 2 倍或圆钢直径的 6 倍。

(2) 当利用钢管作为接地线时，钢管连接处应保证可靠地电气连接。当利用穿线的钢管作接地线时，引向电气设备的钢管与电气设备之间应有可靠的电气连接。

(3) 接地线与管道等伸长接地极的连接处宜焊接。连接点应选在近处，并且在管道可能因检修而断开时，接地装置的接地电阻仍能符合规定的要求。管道上表计和阀门等处均应设置跨接线。

(4) 接地线与接地极的连接宜用焊接；接地线与电气设备的连接可用螺栓连接或焊接，用螺栓连接时应设防松螺帽或防松垫片。

(5) 电气设备每个接地部分应以单独的接地线与接地母线相连接，严禁在一个接地线中串联几个需要接地的部分。

4. GIS 组合电器的接地线敷设要求

变电站 GIS 组合电器的接地线敷设应符合下列要求：

(1) 三相共箱式或分相式的 GIS 设备，其基座上的每一接地母线应采用以分设在其两端的接地线与变电站的接地网连接。接地线应和 GIS 室内环形接地母线连接。接地母线较长时，其中部另加接地线，并联接至接地网。接地线与 GIS 接地母线应采用螺栓连接方式，并应采取防锈蚀措施。

(2) 接地线截面积的热稳定校验符合标准。

(3) 当 GIS 设备露天布置或装设在屋内与土壤直接接触的地面上时，其接地开关、金属氧化物避雷器的专用接地端子与 GIS 接地母线的连接处，宜装设集中接地装置。

(4) GIS 室应敷设环形接地母线，室内各种设备需接地的部位应以最短路径与环形接地母线连接。GIS 设备布置于室内楼板上时，其基座下的钢筋混凝土地板中的钢筋应焊接成网，并和环形接地母线相连接。

此外，变电站重要的电气设备及设备构架等宜有两根与主地网不同干线连接的接地引下线，且每根接地引下线均应符合热稳定的要求，例如变压器中性点、避雷器、电压互感器等电气设备。

五、接地装置运行注意事项

在运行过程中，接地线由于有时遭受外力破坏或化学腐蚀等影响，往往会有损失或断裂的现象发生。接地体周围的土壤也会由于干旱、冰冻的影响，而使接地电阻发生变化。因

此，必须对接地装置进行定期的检查和试验。

接地装置外露部分的检查，必须与设备的大修或小修同时进行。这样，如遇有接地线有损伤或断裂现象，可立即予以修复。而对那些不致马上形成事故的缺陷，如清除铁锈、涂漆以及调换截面积不合乎要求的接地线等，可以按预定的检修计划进行处理。

接地装置试验期限的长短，视接地装置的不同作用而定。一般来说，防雷接地装置的试验期限较长，工作接地和保护接地的试验期限较短。

第十二章 220kV 出线间隔二次回路综述

第一节　出线间隔模型以及二次设备简介

本章以一个 220kV 枢纽变电站的 220kV 出线间隔为例，介绍一个出线间隔相关的全部二次设备之间是如何配合的。在变电站综合自动化系统中，针对 220kV 出线间隔配置的二次设备主要包括微机线路保护装置、断路器辅助保护装置、操作箱、电压切换装置、微机测控装置、断路器机构箱控制回路等。

习惯上将变电站内所有的微机型二次设备统称为“微机保护”，实际上这个叫法是很不确切的。从功能上讲，可以将变电站自动化系统中的微机型二次设备分为微机保护、微机测控、操作箱、电压并列与切换装置、自动装置、远动设备等。按照这种划分，可以将二次回路的分析更加细化，易于理解。在本书中，对设备的称呼将一直参照这种分类方法。

微机保护将电流量、电压量及相关状态量采集进来，按照不同的算法实现对电力设备的继电保护，并且根据计算结果作出判断并发出相应指令。

操作箱用于执行各种针对断路器的操作指令，这类指令分为合闸、分闸和闭锁三种，可能来自多个方面，例如本间隔微机保护、微机测控、强电手动操作装置、外部微机保护、自动装置等。

测控装置的功能主要是测量与控制，取代的是常规变电站中的测量仪表（电流表、电压表、功率表）、就地及远传信号系统和控制回路。

自动装置与微机保护的区别在于，自动装置虽然也采集电流、电压，但是只进行简单的数值比较或者有无判断，然后按照相对简单的固定逻辑动作。这个过程相对于微机保护而言是非常简单的。

本章中举例的典型 220kV 枢纽变电站的 220kV 出线间隔为双母线，所采用的设备见表 12-1。

表 12-1　　典型 220kV 出线间隔设备列表

设备	保护 A 屏	保护 B 屏	保护 C 屏	测控屏	220kV 断路器
型号	CSC-103B 纵联差动保护、JFZ-30QA 电压切换箱	RCS-931 纵联差动保护、CJX-11 电压切换箱	RCS-923C 数字式断路器辅助保护装置、CZX-12R2 分相操作箱	DF1725A 型测控装置	ZF6A-252/Y-CB 型 GIS 断路器

第二节　直 流 电 源 回 路

根据国家电网公司安全规程规定，控制电源与保护电源应该分开。而且220kV出线一般采用两套不同厂家的主保护，两套保护一般均采用不同的保护电源和控制电源。图12-1直观地展示了220kV出线间隔的测控屏、保护A屏、保护B屏、辅助保护屏以及汇控柜的相关设备的保护电源和控制电源连接情况。表12-2对各个二次装置的直流电源连接情况做了一个总结。

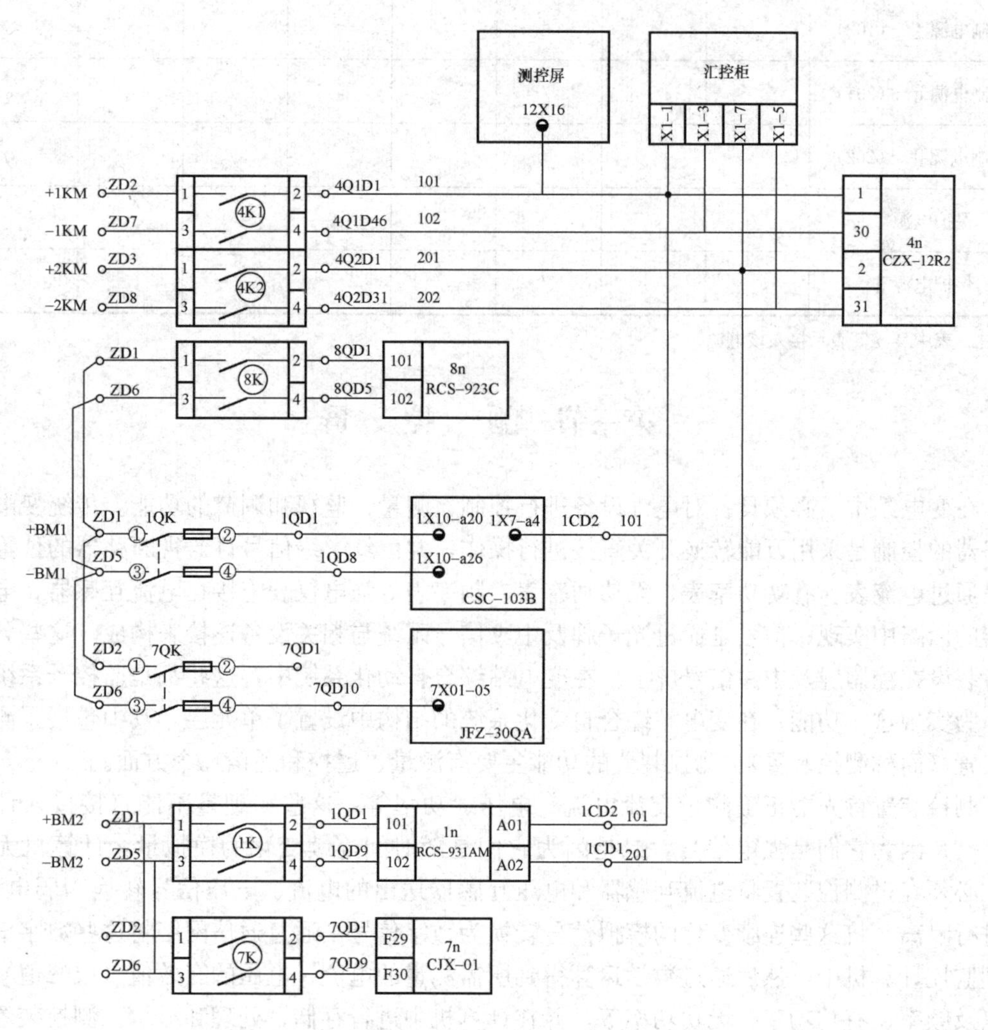

图12-1　220kV出线间隔直流电源

可以很明显地看出，保护电源的使用情况较为简单，保护A屏的保护及电压切换箱使用保护电源Ⅰ，保护B屏的保护及电压切换箱使用保护电源Ⅱ，辅助保护屏的辅助保护装置使用保护电源Ⅰ并从A屏处引入。

控制电源的引入相对较为复杂。CSC-103B仅接入了控制电源Ⅰ正极101，不接入控制电源Ⅰ负极102；RCS-931则接入了两组控制电源的正极101、201；测控屏仅接入了控制电源Ⅰ正极 101；操作箱与汇控柜则是两组控制电源的正负极全部接入。这样接入都是出于控制回路的需要，在断路器控制回路部分将对这些问题进行详细的说明。

表 12-2　　220kV 出线间隔设备直流电源

设备名称 / 电源名称	保护 A 屏		保护 B 屏		辅助保护屏		测控屏	汇控柜
	CSC-103B	JFZ-30QA	RCS-931	CJX-11	RCS-923C	CZX-12R2		
控制电源Ⅰ＋(101)	√		√			√	√	√
控制电源Ⅰ－(102)						√		√
控制电源Ⅱ＋(201)			√			√		√
控制电源Ⅱ－(202)						√		√
保护电源Ⅰ	√	√			√			
保护电源Ⅱ			√	√				

注　表中“√”表示接入该电源。

第三节　测　控　屏

在变电站中，必须具备对电气设备进行控制、测量、监视和调节的功能。传统变电站对断路器的控制是采用万能转换开关直接进行操作，并由红、绿信号灯监视断路器的位置；测量是通过电流表、有功功率表、无功功率表、频率表等强电仪表连接在电流互感器、电压互感器的回路中实现；信号是通过光子牌及中央信号系统与相关设备连接来构成。这些分散的设备装设在控制屏及中央信号屏上。在变电站综合自动化系统中，这些都是监控子系统的功能。为实现这一功能，在变电站综合自动化系统的结构中设置了单元层，其中包括了测量监控装置（简称测控装置）。测控装置的功能主要有测量、遥控和遥信三个方面。

测控装置首先能正确测量交流电流、电压、功率等。这些物理量不能直接接入计算机中，一是因为它们是强电信号，二是因为它们是随时间连续变化的模拟量，计算机无法识别。必须经过测控装置将电流互感器和电压互感器送出的电流、电压信号转换为弱电信号，并进行隔离，将这些连续变化的模拟信号转换为数字信号。通过通信网络将这些数字信号传送到监控计算机中，然后通过数学运算得到所需测量的电流、电压的有效值（或峰值）和相位以及频率、有功功率、无功功率等，并在计算机中进行存储、处理和显示。测控装置是模拟信号源和计算机系统之间联系的桥梁。图 12-2 所示为 220kV 出线间隔的测控屏测量部分示意图，线路的电流和电压经电流互感器二次绕组和电压互感器二次小母线送到 DF1725A 测控装置。

(1) 测控装置具有对电气设备控制的功能，如控断路器、隔离开关的分合及变压器有载调压开关的升降等。这些控制命令一般也只是两种状态，当需要对电气设备进行控制时，从监控计算机发出指令。这些指令按照规定的编码标准，组合为若干二进制的数，经过通信网

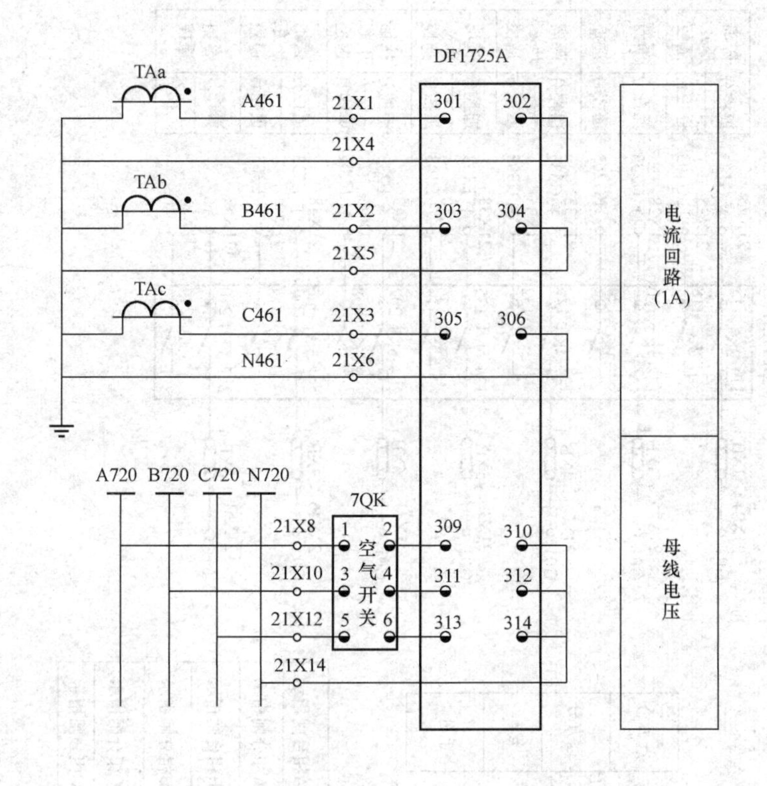

图 12-2　220kV 出线间隔的测控屏测量部分示意图

络的传递送入测控装置。在测控装置中将这些数字量还原为命令，通过开关量输出接口电路去驱动继电器，再由继电器触点接通跳、合闸回路或者变压器有载调压分接开关的控制回路。

图 12-3 所示为测控屏中的断路器与隔离开关控制回路图。其中 QK 为远方/就地切换手把、SA 为手合/手分手把。当 QK 处于远方位置时，测控屏接受来自监控系统的控制信号，1KT 或者 1KC 合上启动对应的跳合闸回路。当 QK 处于就地位置时，开关的分合闸由 KK 手把控制，就地状态时开关的控制还要通过“五防”锁。测控装置输出的跳合闸回路分别编号为 133 和 103。测控屏中还通过红绿灯指示断路器三相的分合闸状态。在隔离开关的控制回路中，出线间隔的每一个隔离开关和接地开关在 DF1725A 中都对应有两个动合触点，分别控制分闸与合闸。

（2）测控装置的遥信功能。在变电站中，断路器、隔离开关分合闸状态，还有从汇控柜、保护屏、TYD 电压回路、计量电压回路中送来的一些报警信号，这些量也要通过测控装置经过通信网络送到监控计算机中。这些要传送的信息的两种工作状态可以用 0、1 来表示。因此，它们的工作状态可以表示为数字量的输入，这些数字量按照一定的编码标准（如二进制的格式或 ASCII 码标准）输入计算机，每若干位（一般为 8 位、16 位或 32 位）组合为一个数字或者符号，这些不同的数字或者符号表示了不同开关量的不同状态。在典型 220kV 出线间隔中，出线测控屏共有 31 个遥信输入信号（见图 12-4），这些信号连接到测控装置的光耦输入端子，经过光电隔离后输送到监控系统。

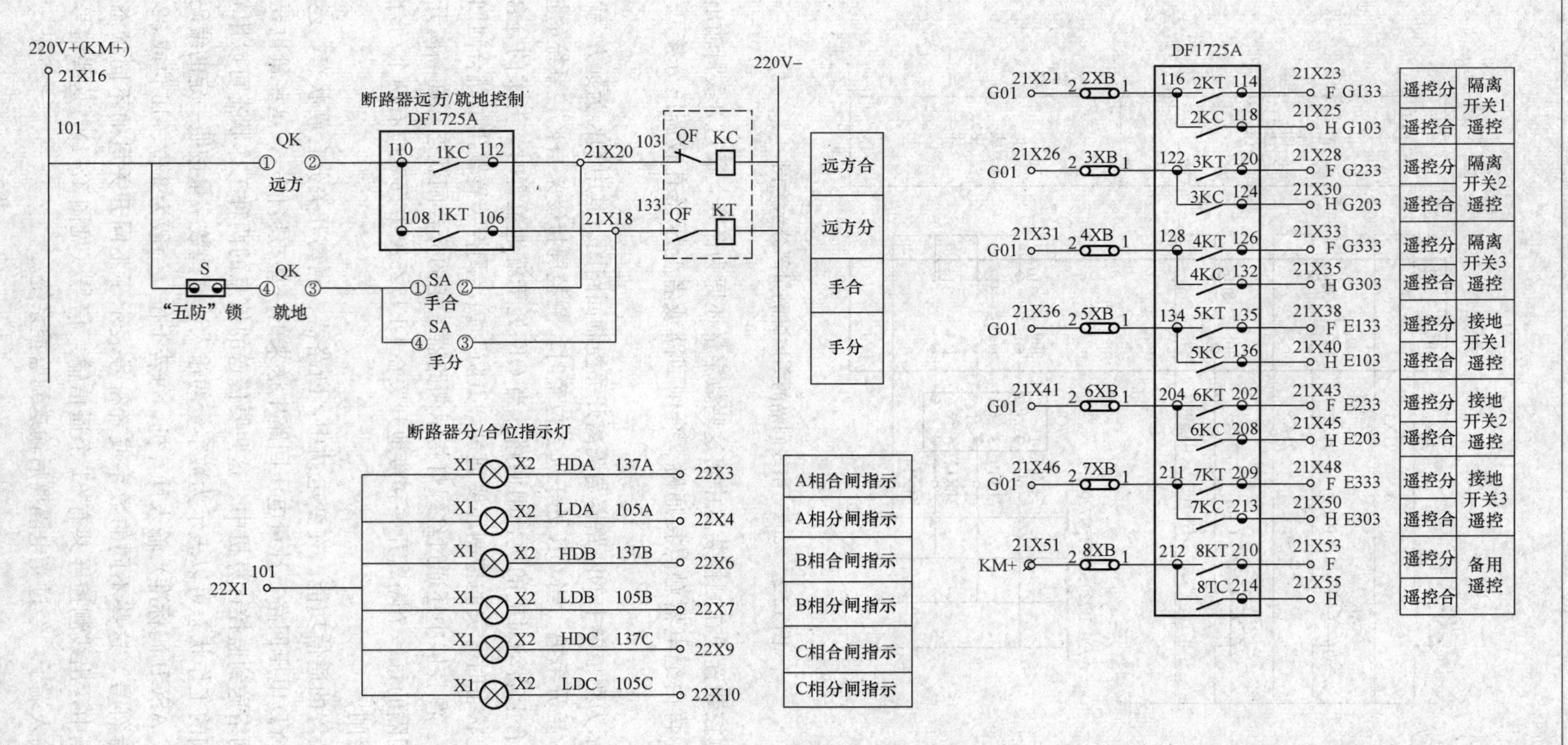

图 12-3 测控屏中的断路器与隔离开关控制回路图

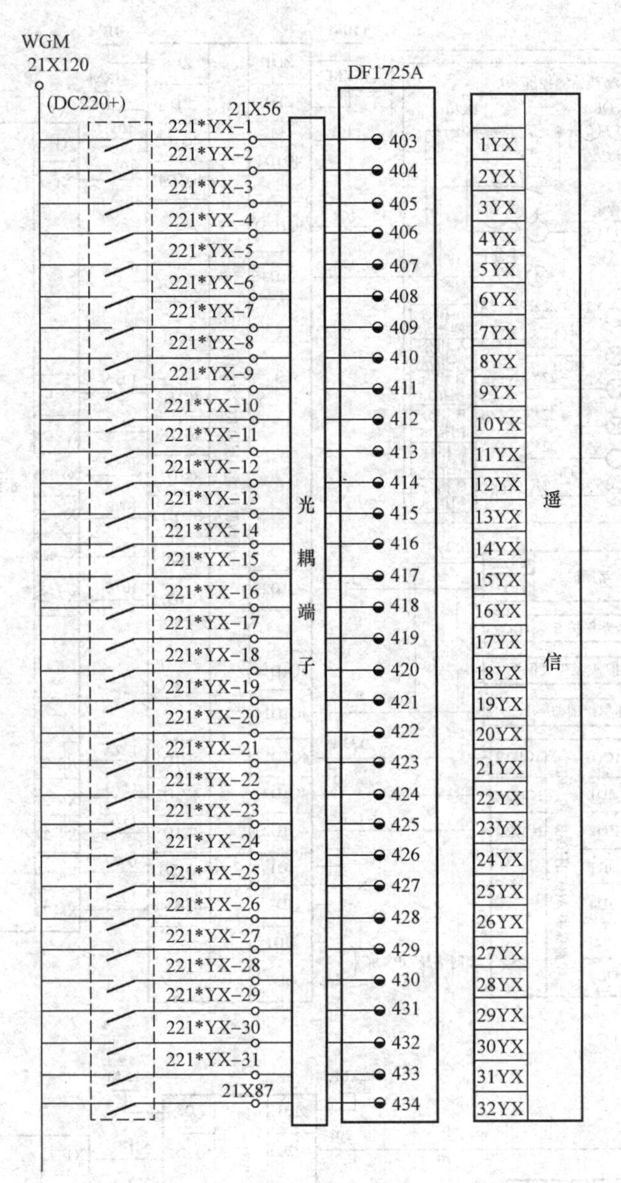

图 12-4　220kV 出线间隔的测控屏信号部分示意图

第四节　断路器控制回路

由于 220kV 出线间隔有两套主保护，所以断路器也有对应的两个控制回路。如图 12-5 所示，在控制回路一中，输入辅助保护屏操作箱的跳合闸信号有：由线路保护 A 屏 CSC-103B 保护发出的分相跳闸信号 133A、133B 和 133C；由线路保护 A 屏 CSC-103B 保护、母线保护 A（失灵保护）和线路保护辅助屏 RCS-923C 发出的不启动重合闸但是启动失灵的三相跳闸信号 R133；两套主保护发出的重合闸信号 121。所有这些分合闸信号经过辅助操作箱后，汇总为分相跳闸回路 137A、137B、137C 和分相合闸回路 107A、107B、107C 输出到汇控柜，控制断路器的分合闸。在分相合闸回路中还有分相跳位监视回路 105A、105B 和

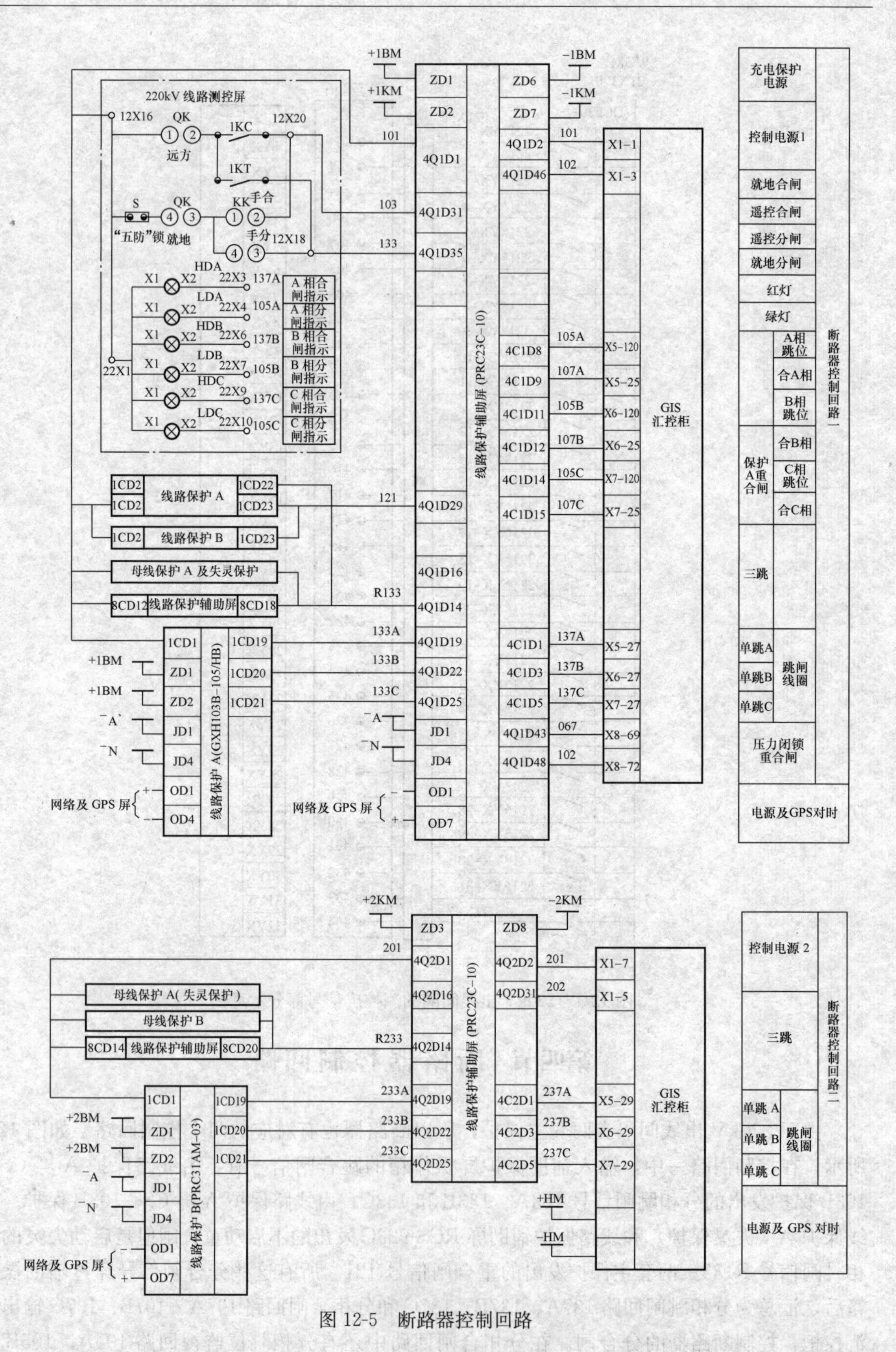

图 12-5 断路器控制回路

105C。汇控柜还可以将压力低闭锁重合闸信号输入到操作箱中以闭锁重合闸。

在控制回路二中，输入辅助保护屏操作箱的没有重合闸信号，只有跳闸信号：由线路保护 B 屏 RCS-931 保护发出的分相跳闸信号 233A、233B 和 233C；母线保护 A（失灵保护）、母线保护 B 和线路保护辅助屏 RCS-923C 发出的不启动重合闸但是启动失灵的三相跳闸信号 R233。所有这些跳闸信号经过辅助操作箱后，汇总为分相跳闸回路 237A、237B、237C 输出到汇控柜，控制断路器的分闸。

从断路器的控制回路图中，还可以学习出线间隔相关设备控制电源的引入问题。要构成一个完成的控制回路，必然是从控制电源正极出发，经过一系列的手把、继电器、触点等回到控制电源负极。下面详细说明一下相关设备的控制电源：

（1）测控屏。测控屏负责手合、手跳、遥合、遥跳。构成一个完成的控制回路是 101→测控屏→操作箱→汇控柜→102，所以测控屏只需要引入控制电源Ⅰ的正极 101 即可。

（2）线路保护 A。线路保护 A 负责发出重合闸、三相跳闸、分相跳闸信号，只需要引入控制电源Ⅰ的正极 101。

（3）线路保护 B。线路保护 B 的三相跳闸、分相跳闸控制回路都是从 201 开始，而重合闸则是从 101 开始，所以线路保护 B 需要同时引入控制电源Ⅰ和控制电源Ⅱ的正极。

（4）操作箱。因为从直流分电屏过来的控制电源Ⅰ和控制电源Ⅱ先接入线路保护辅助屏的 ZD 端子排，再引入操作箱，其他装置的控灼电源都是从操作箱端子排再引入控制电源，所以操作箱需要同时引入控制电源Ⅰ和控制电源Ⅱ正负极。

（5）汇控柜。在远方控制的情况下，无论控制回路是自保护开始还是自测控屏开始，最终都是在汇控柜结束，这时只需要两组控制电源负极就可以了。但是在就地控制的情况下，控制回路是自汇控柜开始到汇控柜结束，这时就需要引入控制电源的正极了。所以汇控柜需要同时引入两组控制电源的正负极。

第五节　操作箱的构成与原理

操作箱各回路的构成与原理如下：

一、重合闸及手动合闸回路

该回路的构成如图 12-16 所示，其工作原理如下所述（为与实际接线图相符，本节图中文字符号采用旧标准）：

1. 重合闸回路

当重合闸装置送来的合闸触点闭合时，合闸正电源经触点送至 n33，此时 ZHJ、ZXJ 继电器动作。ZHJ 为重合闸重动继电器，动作后有三对动合触点闭合并被分别送到 A、B、C 三个分相合闸回路，启动断路器的合闸线圈。ZXJ 为磁保持信号继电器，动作后一方面启动一个发光二极管，表示重合闸回路启动；另一方面去启动有关信号回路。当按下复归按钮时，磁保持继电器复归线圈励磁，合闸信号复归。

2. 手动合闸和远方合闸回路

当进行手动合闸或远方合闸时，KK 把手或远方送来的合闸触点处于闭合位置，正电源送到 n34、n35，此时 1SHJ、21SHJ、22SHJ、23SHJ 动作，同时 KKJ 第一组线圈励磁且自

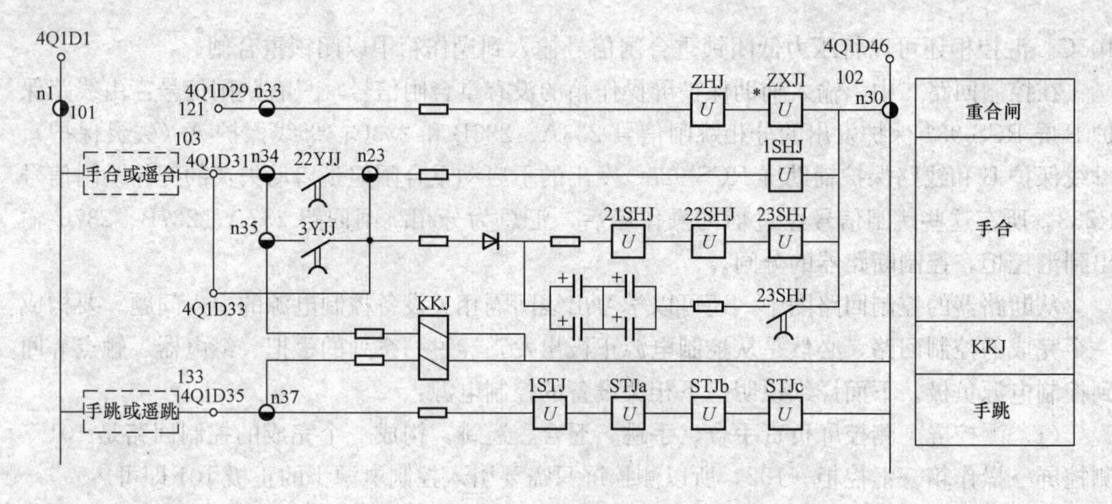

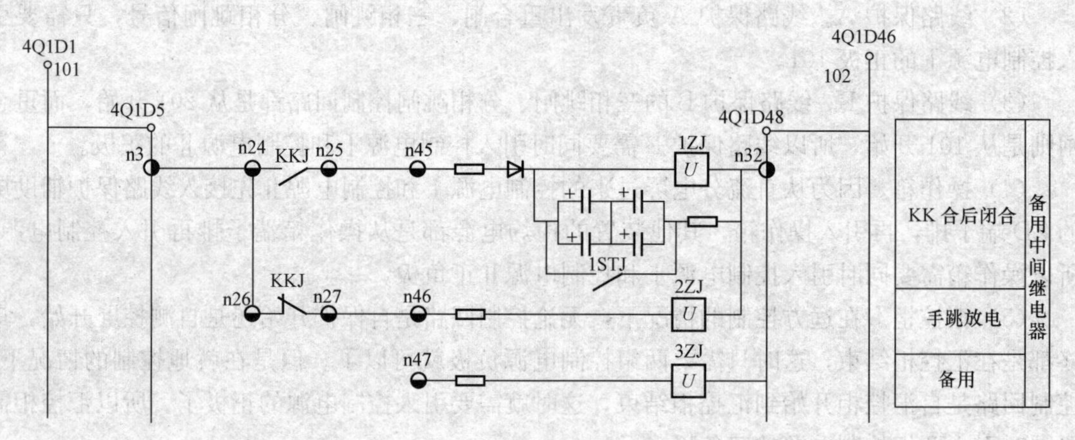

图 12-6　重合闸及手动合闸回路图

保持。1SHJ 动作后，其三对动合触点分别去启动 A、B、C 三个分相合闸回路。21SHJ、22SHJ、23SHJ 动作后，其触点分别送给保护及重合闸，作为“手合加速”、“手合放电”等用途。KKJ 动作后通过中间继电器 1ZJ 给出 KK 合后闭合触点。图 12-6 中电阻与电容构成手动合闸脉冲展宽回路，即当手动或远方合闸时，电容充电。当手合 KK 触点返回后，电容器向 21SHJ、22SHJ、23SHJ 和 1ZJ 放电使其继续动作一段时间，该时间大于 400ms，以保证当手合或远方合到故障线路上时保护可加速跳闸。手动合闸回路受开关压力降低回路控制，若压力降低禁止合闸时，3YJJ 和 22YJJ 触点断开，此时禁止手动和远方合闸。在图 12-6 中通过将 4Q1D31 与 4Q1D33 短接取消了手动分合闸的开关压力降低回路控制，该功能在汇控柜中实现。

二、三相跳闸回路

三相跳闸回路图如图 12-7 所示，其工作原理如下所述：

1. 三跳启动重合闸

三跳启动重合闸触点分别通过该回路的 n36 端子（启动第一组跳圈）和 n39 端子（启动第二组跳圈）去启动 11TJQ、12TJQ、13TJQ 以及 21TJQ、22TJQ、23TJQ。11TJQ、12TJQ、13TJQ 动作后去启动第一组分相跳闸回路，21TJQ、22TJQ、23TJQ 动作后去启

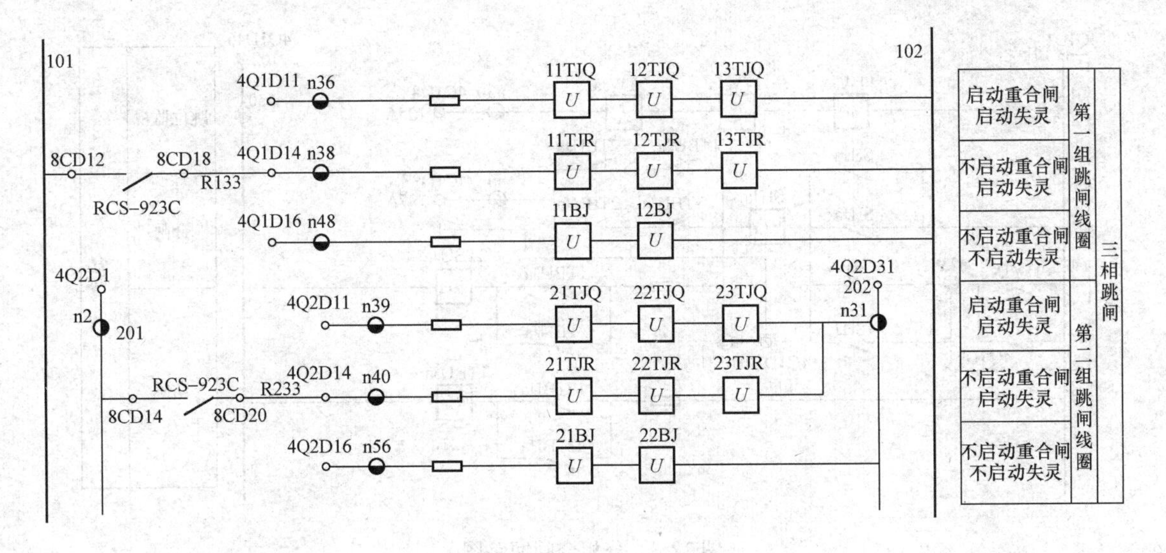

图 12-7　三相跳闸回路图

动第二组分相跳闸回路。

2. 三跳不启动重合闸

三跳不起动重合闸触点分别通过 n38（启动第一组跳圈）端子和 n40 端子（启动第二组跳闸线圈）启动 11TJR、12TJR、13TJR 以及 21TJR、22TJR、23TJR。11TJR、12TJR、13TJR 动作后去启动第一组分相跳闸回路，21TJR、22TJR、23TJR 动作后去启动第二组分相跳闸回路。该回路启动后，其有关触点还送给重合闸，去给重合闸放电，禁止重合。

3. 手动及远方跳闸回路

手跳或远方跳闸触点通过 n37 去启动 1STJ、STJA、STJB、STJC 以及 KKJ 的第二组线圈，其中 STJA、STJB、STJC 分别去启动两组跳闸回路，KKJ 通过中间继电器 2ZJ 给出 KK 分后闭合触点闭锁重合闸。

4. 备用继电器三跳

本装置设有保护三跳备用继电器（用于变压器非电量保护跳闸等）。三跳时分别通过 n48（第一组）n56（第二组）启动 11BJ、12BJ 以及 21BJ、22BJ ，它们分别接在两组直流电源上，11BJ、12BJ 去启动第一组分相跳闸回路，21BJ、22BJ 去启动第二组分相跳闸回路。该备用继电器设定动作时间为 0.3s 定时方波，防止在非电量等跳闸信号不能及时返回的情况下 BJ 回路长期动作。

三、分相合闸回路

分相合闸回路图如图 12-8 所示，其工作原理叙述如下：

1. 跳位监视

当断路器处于跳位时，断路器动断辅助触点闭合，1TWJ～3TWJ 动作，送出相应的触点给保护和信号回路。

2. 合闸回路

当断路器处于分闸位置，一旦手合或自动重合时，SHJa、SHJb、SHJc 动作并通过自身触点自保持，直到断路器合上，其辅助触点断开。

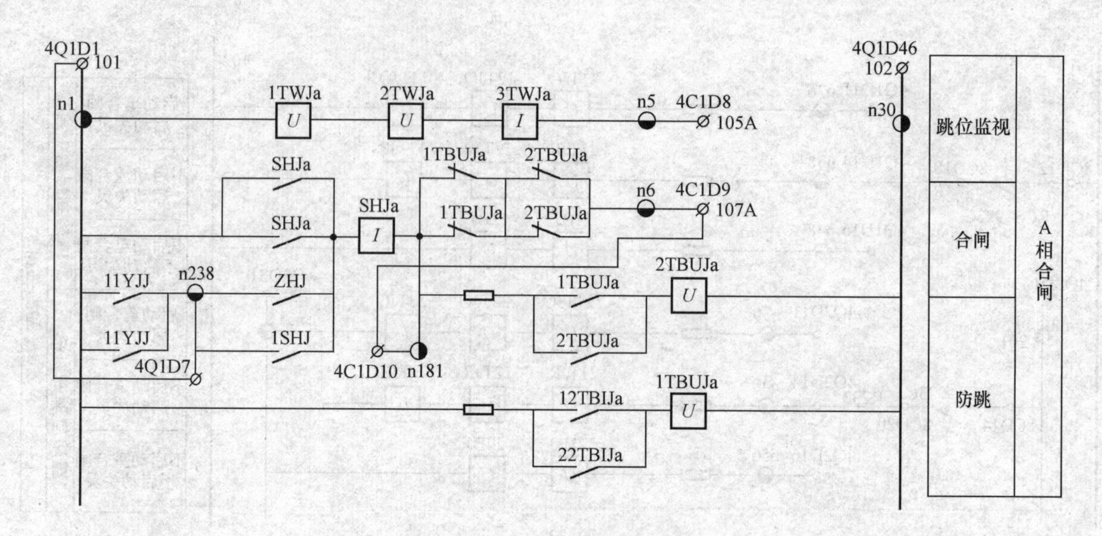

图 12-8　分相合闸回路图

3. 防跳回路

当断路器手合或重合到故障上而且合闸脉冲又较长时，为防止断路器跳开后又多次合闸，故设有防跳回路。当手合或重合到故障上断路器跳闸时，跳闸回路的跳闸保持继电器TBIJ 触点闭合，启动 1TBUJ，1TBUJ 动作后启动 2TBUJ，2TBUJ 通过其自身触点在合闸脉冲存在情况下自保持，于是这两组串入合闸回路的继电器的动断触点断开，避免断路器多次跳合。为防止在极端情况下断路器压力触点出现抖动，从而造成防跳回路失效，2TBUJ 的一对触点与 11YJJ 并联，以确保在这种情况下断路器也不会多次合闸。在本 220kV 出线间隔中不使用本装置防跳防回路，而使用汇控柜中的断路器本身的防跳回路，所以分别短接 n181～n6、n182～n8、n183～n10。

四、分相跳闸回路

分相跳闸回路如图 12-9 所示，只选取第一组跳闸线圈的 A 相跳闸回路作为示例，其余跳闸回路与此类似。工作原理叙述如下：

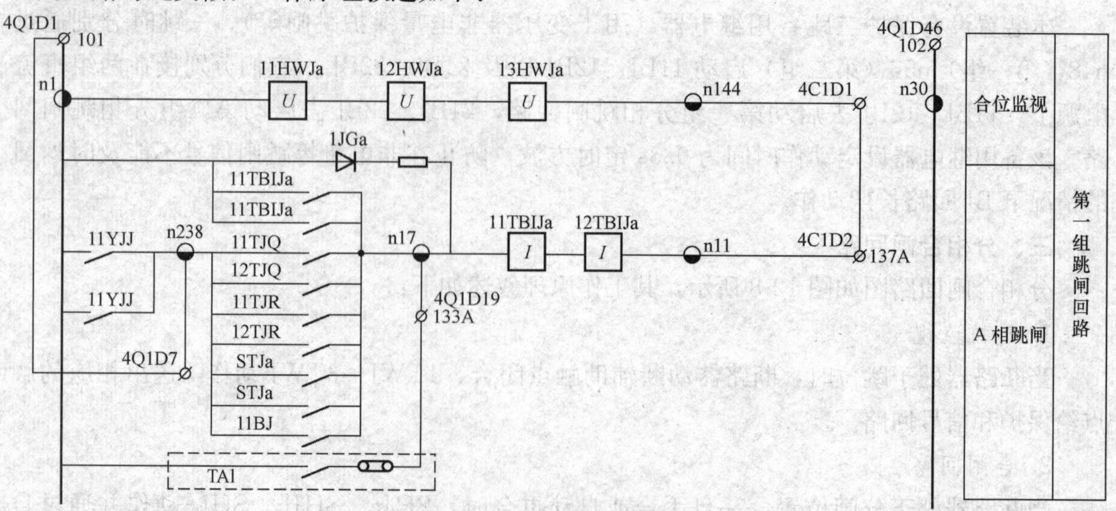

图 12-9　分相跳闸回路图

1. 合位监视

当断路器处于合闸位置时，断路器动断辅助触点闭合，1HWJ、2HWJ、3HWJ 动作，输出触点到保护及有关信号回路。

2. 跳闸回路

断路器处于合闸位置时，断路器动断辅助触点闭合，一旦保护分相跳闸触点动作，跳闸回路接通，跳闸保持继电器 1TBIJ、2TBIJ 动作并由 1TBIJ、2TBIJ 触点实现自保持，直到断路器跳开，辅助触点断开。本装置共有原理相同的两组跳闸回路，分别使用两组直流操作电源，并去启动断路器的两组跳闸线圈。

五、跳合闸信号回路

该回路如图 12-10 所示，其工作原理如下所述。

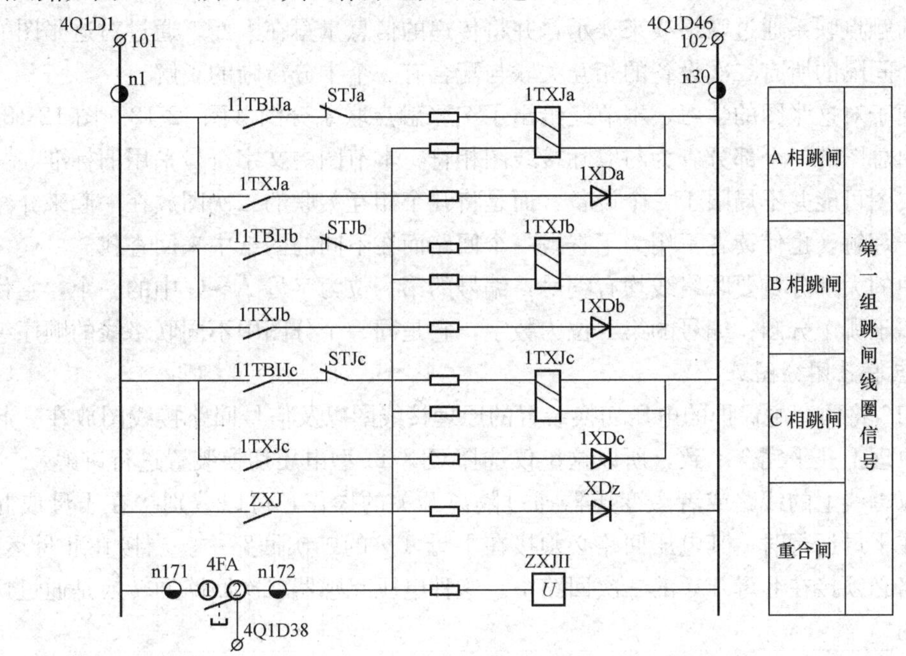

图 12-10　跳合闸信号回路图

1. 重合闸信号

当自动重合闸时，磁保持继电器 ZXJ 的动作线圈励磁，继电器动作且自保持，其一对动断触点闭合去启动重合闸信号灯，当按下复归按钮 4FA 时，磁保持继电器复归线圈励磁，重合闸信号复归。

2. 跳闸信号

当保护跳闸时，串入跳闸回路中的 TBIJ 动作，其触点去启动磁保持继电器 TXJ 的动作线圈。该继电器动作且自保持，一方面去启动信号灯回路，另一方面送出跳闸信号。当按下复归按钮 4FA 时，磁保持继电器 TXJ 的复归线圈励磁，跳闸信号返回。当手动跳闸时，串入继电器 TXJ 回路的 STJ 动断触点断开，故手跳时不给出跳闸信号。

六、其他回路

操作箱中还有一些回路，例如直流电源监视回路、直流电源切换回路、压力监视回路和两套主保护以及辅助保护的配合回路等。直流电源切换回路、压力监视回路在本220kV出线中未使用，不做介绍。和两套主保护以及辅助保护的配合回路将在本章第六节中介绍。

第六节　触点联系图

本节主要介绍一个220kV出线间隔的所有二次设备是如何相互配合的，其核心是图12-11所示220kV出线间隔二次设备触点联系总图。该图给出了典型220kV出线间隔模型的两面保护装置、电压切换装置、辅助保护装置、操作箱、出线测控屏、汇控柜相互之间，以及它们与电压转接屏、电压切换屏、母线保护屏Ⅰ（失灵保护）、母线保护屏Ⅱ、故障录波屏、TYD端子箱、网络及GPS屏、相邻保护屏之间的所有触点联系和信息量的传递。所有装置之间的触点联系通过联络线来表示，并将传递的信息量写在上面。通过对这张图的学习可以对整个间隔的所有二次设备的相互关联与配合有一个十分清晰的了解。

为了便于对这张图的学习，本节还给出了7张触点联系分图（图12-12～图12-18），每张分图介绍总图的一个部分。为与实际接线图相符，本节图中文字符号采用旧标准。一张分图上的二次图可能并不局限于一个设备，而是将几个相互关联的二次图放在一起来介绍，这样既有助于理解，也使读者不用为了查找一个回路而在不同的图纸中来回查找。

总图中的大部分重要联络线均有编号：编号的第一位为字母A～G中的一个，它代表了该联络线属于哪个分图；编号的第二位为数字，它是同一个分图中不同联络线的顺序编号。

1. 触点联系图分图A

图12-12将两套主保护的电压切换装置的原理接线图以及信号回路接线图放在一起。因为二者在原理上几乎完全一致，所以这里仅选择CJX-11型电压切换装置进行讲解。

接在双母线上的线路或者主变压器通过隔离开关的操作，可以分别接在Ⅰ母或Ⅱ母运行。当接在Ⅰ母运行时，其电压回路必须接在Ⅰ母TV的二次回路中。当接在Ⅱ母运行时，其电压回路必须接在Ⅱ母TV的二次回路中。这种电压互感器二次回路的转换是通过切换装置来实现的。

在图12-12（b）中，当线路接在Ⅰ母运行时，Ⅰ母隔离开关动合触点闭合，第一组继电器1YQJ1～1YQJ5动作。1YQJ4动合触点闭合后，点亮发光二极管L1，在装置面板上显示在Ⅰ母运行。1YQJ2、1YQJ3动合触点闭合，将Ⅰ母电压接入电压输出回路。当线路接在Ⅱ母运行时，原理与此相同，不再赘述。

在切换装置的信号回路中可以看到，当线路的Ⅰ母与Ⅱ母隔离开关同时合上时，将“切换继电器同时动作”信号送到测控装置。切换继电器的直流电源消失时，两组继电器均无电返回，1YQJ1、2YQJ1动断触点闭合，将“切换继电器电源消失信号”送到测控装置。

另外说明，这里的两套电压切换装置均为不带保持的电压切换，所有继电器均不是保持继电器，当隔离开关的动合触点闭合时动作，断开时立即返回。有的电压切换装置采用的是带磁保持的继电器。这样的切换装置每一组继电器需要一个隔离开关辅助动合触点和一个动断触点。当隔离开关合上，动合触点动作时继电器动作，只有当隔离开关断开，动断触点闭合时继电器才返回。即使直流电源消失，继电器仍然能够保持在启动状态，确保交流电压回路正常。

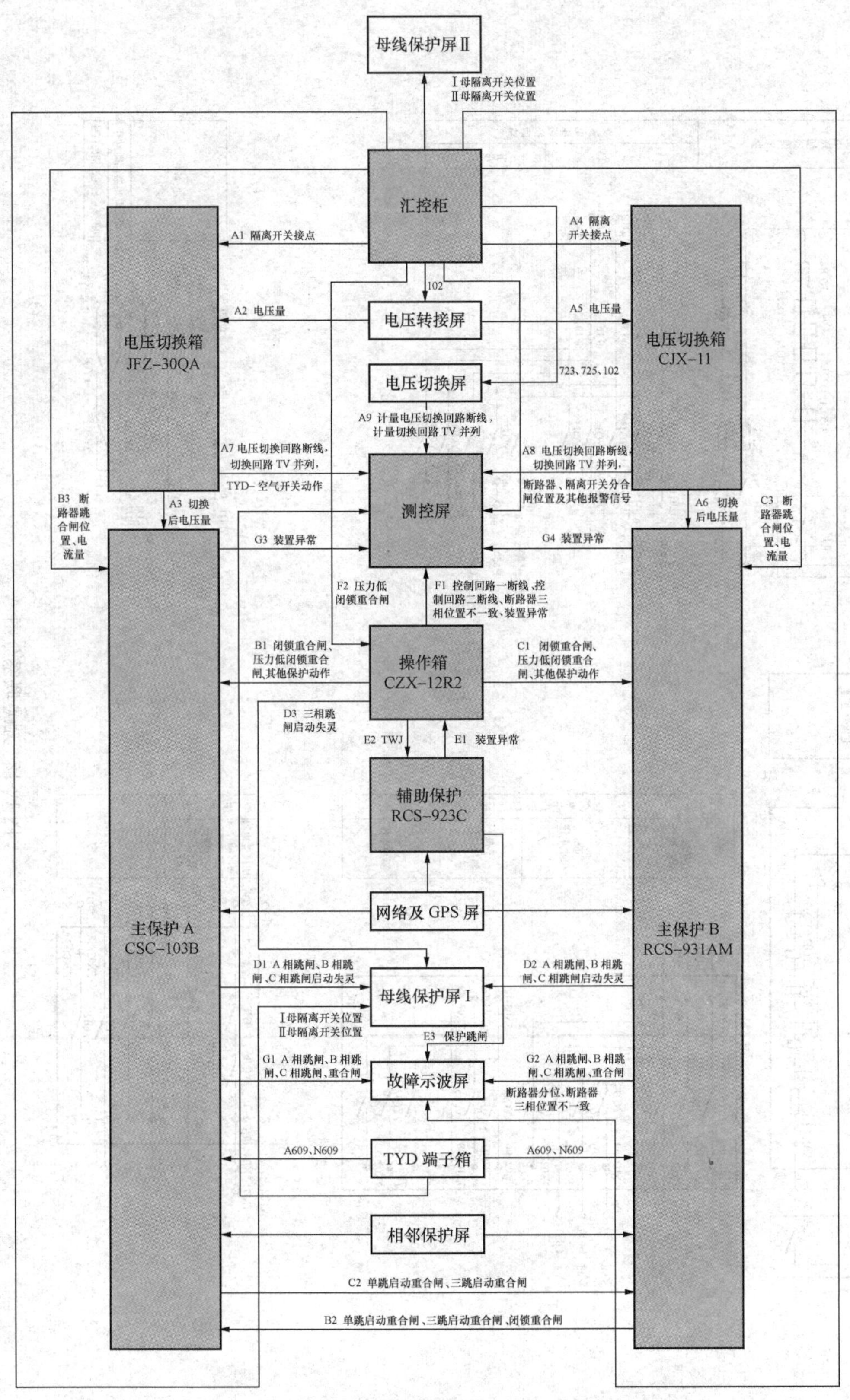

图 12-11　220kV 出线间隔二次设备触点联系总图

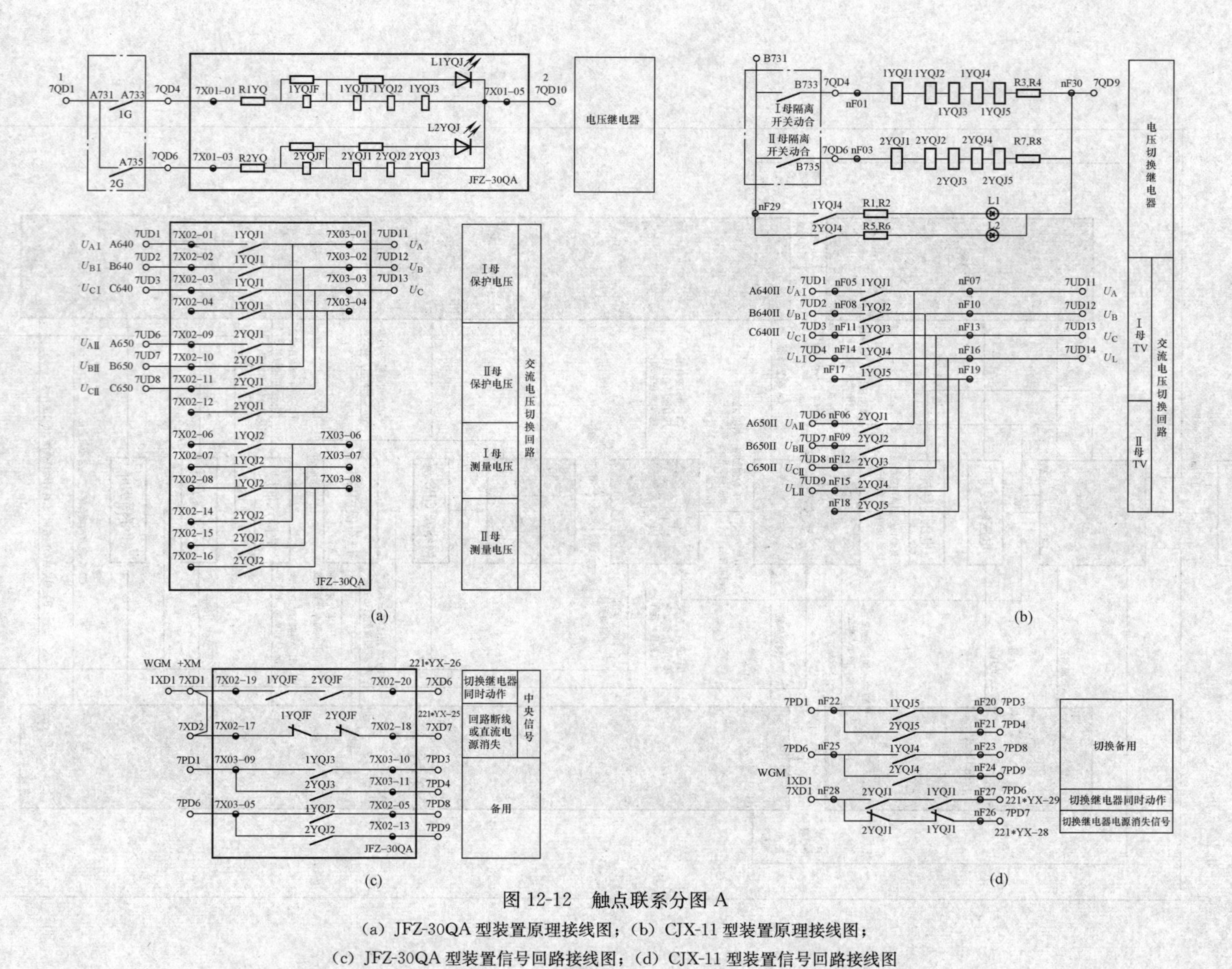

图 12-12 触点联系分图 A

（a）JFZ-30QA 型装置原理接线图；（b）CJX-11 型装置原理接线图；

（c）JFZ-30QA 型装置信号回路接线图；（d）CJX-11 型装置信号回路接线图

2. 触点联系分图 B

从图 12-11 中可以看出，图 12-13 所示触点联系分图 B 主要是介绍 CSC-103B 的开入信号。为了便于看图，将操作箱、RCS-931 的对应开出回路与 CSC-103B 的信号开入回路放在一起，这样更加直观和易于了解，读者也不必因为查找一条回路而翻阅多张图纸。

可以先看图 12-13（c）CSC-103B 的开入回路接线图。图中 1RD1 为公共端正极（+24V)，装置的内部端子经过光耦隔离单元接公共端负极（－24V)。内部端子与 1RD1 之间连接的各种触点、导线、手把、连接片、按钮等，即代表了相应的各种输入信号。

例如，1KLP1 连接片的投退分别代表了“纵联差动投入”输入回路的接通与断开。连接片投入时回路接通，电流信号经光电隔离后输入装置内部，即完成了“纵联差动投入”信号的输入。其他如各种后备保护、重合闸手把、重合闸长延时投入、检修状态投入、信号复归等都是同样的道理。

“A023 其他保护动作”、“A031 闭锁重合闸”、“A033 低气压闭锁重合闸”、“A027 单跳启动重合闸”、“A029 三跳启动重合闸”、“跳位 A”、“跳位 B”、“跳位 C”等都属于从外部装置输入的信号。要完成这些信号的输入，同样需要构成一个完成的输入回路。例如，跳位 A 输入回路的继电器触点 1ZJ 是从汇控柜引入，它代表了断路器 A 相的分合状态。将这个触点一端接上公共端正极 1RD1，另一端通过装置内部端子、光耦隔离单元接入负极，就可以实现开关分合状态的输入了。“A023 其他保护动作”、“A031 闭锁重合闸”、“A033 低气压闭锁重合闸”为从操作箱输出的信号，同样的道理，需要将这三个信号的公共端 4P1D1 经电缆 A021 接入 CSC-103B 输入回路公共端正极 1RD1，三个信号的输出端分别接至 CSC-103B 输入回路的对应输入端子。“A027 单跳启动重合闸”、“A029 三跳启动重合闸”为从保护 B 屏 RCS-931 输出的信号，它的连接原理完全类似，不再赘述。

下面重点介绍从辅助保护屏输出的“A023 其他保护动作”、“A031 闭锁重合闸”、“A033 低气压闭锁重合闸”信号是如何产生的。这一部分应该是操作箱回路的内容，放在这里是因为这些信号都是输出到主保护并与主保护配合的。

首先来看“A023 其他保护动作”。在图 12-13 所示电路中要发出“A023 其他保护动作”，需要 13TJR 或者 23TJR 的动合触点闭合。从图 12-13 所示电路中可以看出继电器 13TJR 接的 R133 跳闸回路，继电器 23TJR 接的 R233 跳闸回路。根据断路器的控制回路图可知：R133 代表的是线路保护 A 的三跳、母线保护 A 及失灵保护、线路辅助保护动作；R233 代表的是失灵保护、母线保护 B 以及辅助保护动作。因此只要这些保护动作，13TJR 或者 23TJR 动合触点闭合，接通“A023 其他保护动作”信号输出回路。

再来看“A031 闭锁重合闸”回路。从图 12-13 所示电路中可以看出 21SHJ、11TJR、21TJR、12BJ、22BJ、2ZJ 任意一个的动合触点闭合即发出“A031 闭锁重合闸”信号。从操作相的三相跳闸回路图可以看到，三相跳闸所有不启动重合闸的回路有第一组跳闸线圈不启动重合闸启动失灵（11TJR～13TJR)、不启动重合闸不启动失灵（11BJ、12BJ）和第二组跳闸线圈不启动重合闸启动失灵（21TJR～23TJR)、不启动重合闸不启动失灵（21BJ、22BJ)。所以当这些回路启动时 11TJR、21TJR、12BJ、22BJ 动合触点闭合启动闭锁重合闸回路，使重合闸不启动。

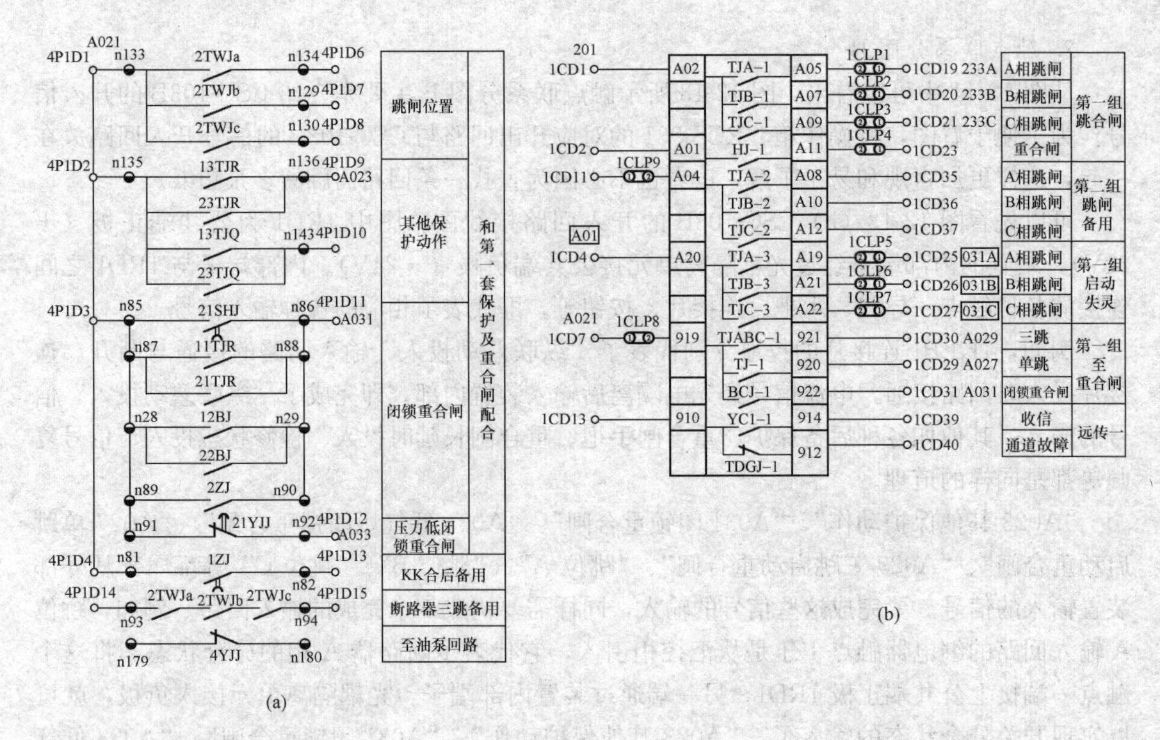

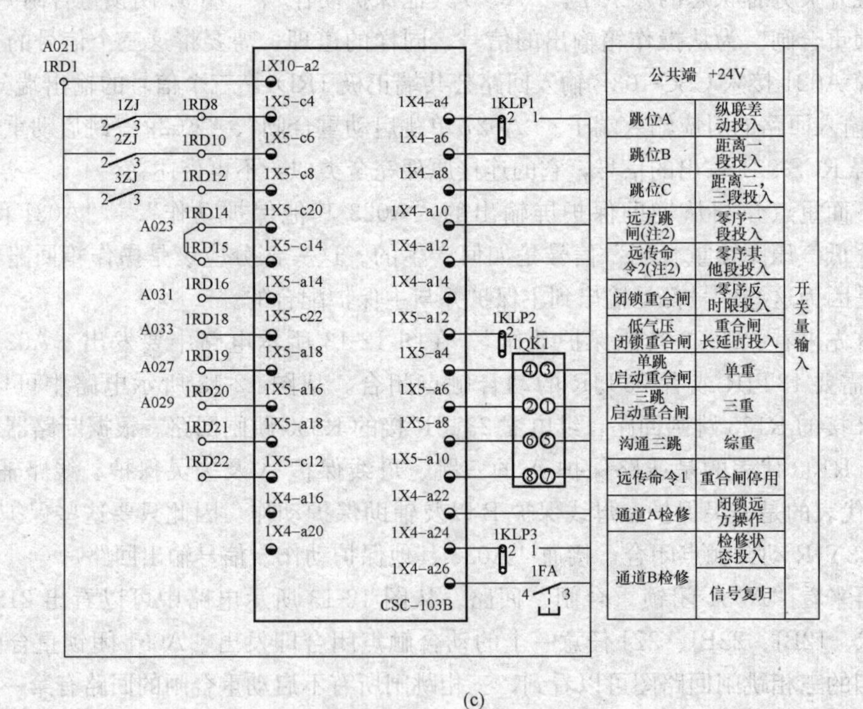

图 12-13 触点联系分图 B

(a) 辅助屏操作箱与第一套保护配合触点联系图；(b) RCS-931 开出回路接线图；(c) CSC-103B 开入回路接线图

对重合闸的一个重要要求是，正常运行时重合闸应投入运行，当运行人员进行远方或者就地跳闸操作时，重合闸不应动作。从操作相的三相跳闸回路图可以看到，手跳或远方跳闸

启动 KKJ 的第二组线圈，KKJ 通过中间继电器 2ZJ 给出 KK 分后闭合触点闭锁重合闸。对重合闸的另一个基本要求是，当运行人员进行远方或者就地手动合闸合到故障线路上，继电保护动作将线路跳开时，重合闸不应动作。对电磁型重合闸装置采用了电容器充电原理来满足这一要求，电容器必须充电满 15～20s 后，才允许重合闸装置动作，而充电必须在断路器合闸之后开始进行。微机型保护的重合闸也采用了这一原理，只是大部分通过软件程序来实现。从操作相的三相跳闸回路图可以看出，手动或远方合闸时 21SHJ 动作后，其触点送给重合闸，作为“手合放电”用途。操作箱中的电阻与电容构成手动合闸脉冲展宽回路，即当手动或远方合闸时，电容充电。当手合 KK 触点返回后，电容器向 21SHJ、22SHJ、23SHJ 和 1ZJ 放电使其继续动作一段时间，该时间大于 400ms，以保证当手合或远方合到故障线路上时保护可加速跳闸。

“A033 低气压闭锁重合闸”从触点联系总图中就可以和直观地看到，该信号是由汇控柜传入操作箱再由操作箱转接到两个主保护，用于在 SF_6 气体压力低时闭锁重合闸。

3. 触点联系分图 C

从图 12-11 中可以看出，图 12-14 所示触点联系分图 C 主要是介绍 RCS-931 的开入信号。为了便于看图，将操作箱、CSC-103B 的对应开出回路与 RCS-931 的信号开入回路放在一起。该图基本接线原理与触点联系分图 B 类似，不再赘述。

4. 触点联系分图 D

图 12-15 所示接点联系分图 D 用于讲解启动失灵回路。图 12-15（a）所示的失灵启动接线图是总的接线图。从图中可以看到两面主保护屏以及失灵保护屏均有失灵启动信号输出到母线保护屏 A（失灵保护）。图 12-15（b）所示为辅助保护屏操作箱的失灵启动回路详细接线图。两个主保护的失灵启动回路在触点联系分图 B、C 中可以找到。

从图 12-15 中可以看出，两个主保护输出的均为单相跳闸启动失灵，辅助保护输出的为三相跳闸启动失灵。

5. 触点联系分图 E

图 12-16 所示接点联系分图 E 为辅助保护 RCS-923 的接点联系图。从图 12-16 中可以看出 RCS-923 有 R133 和 R233 两个跳闸输出回路，有输出至测控装置的“装置异常”信号和输出至故障录波屏的“保护跳闸信号”。此外 RCS-923 还将跳闸位置作为开入量引入了开入回路。

6. 触点联系分图 F

图 12-17 所示触点联系分图 F 为操作箱的部分触点联系图。图 12-17 分为三个部分，图 12-17（a）所示为压力监视回路。压力监视回路可以接入的信号有压力降低禁止跳闸、压力降低禁止重合闸、压力降低禁止合闸和压力降低禁止操作。实际上在本出线间隔中使用的只有压力降低禁止重合闸，该信号通过回路 067 从汇控柜引入。

图 12-17（b）所示为断路器三相位置不一致和三相跳闸启动失灵回路，其中三相跳闸启动失灵在触点联系分图 D 中已经讲解，不再赘述。在断路器三相位置不一致回路中，合闸回路的三相跳闸位置继电器的动合触点并接，两组跳闸回路的合闸位置继电器也分别并接。当断路器三相位置一致时，要么是三相跳闸位置继电器触点断开，要么是三相合闸位置继电器断开，回路不能接通。当发生三相位置不一致时，回路接通，将信号送入到测控装置。

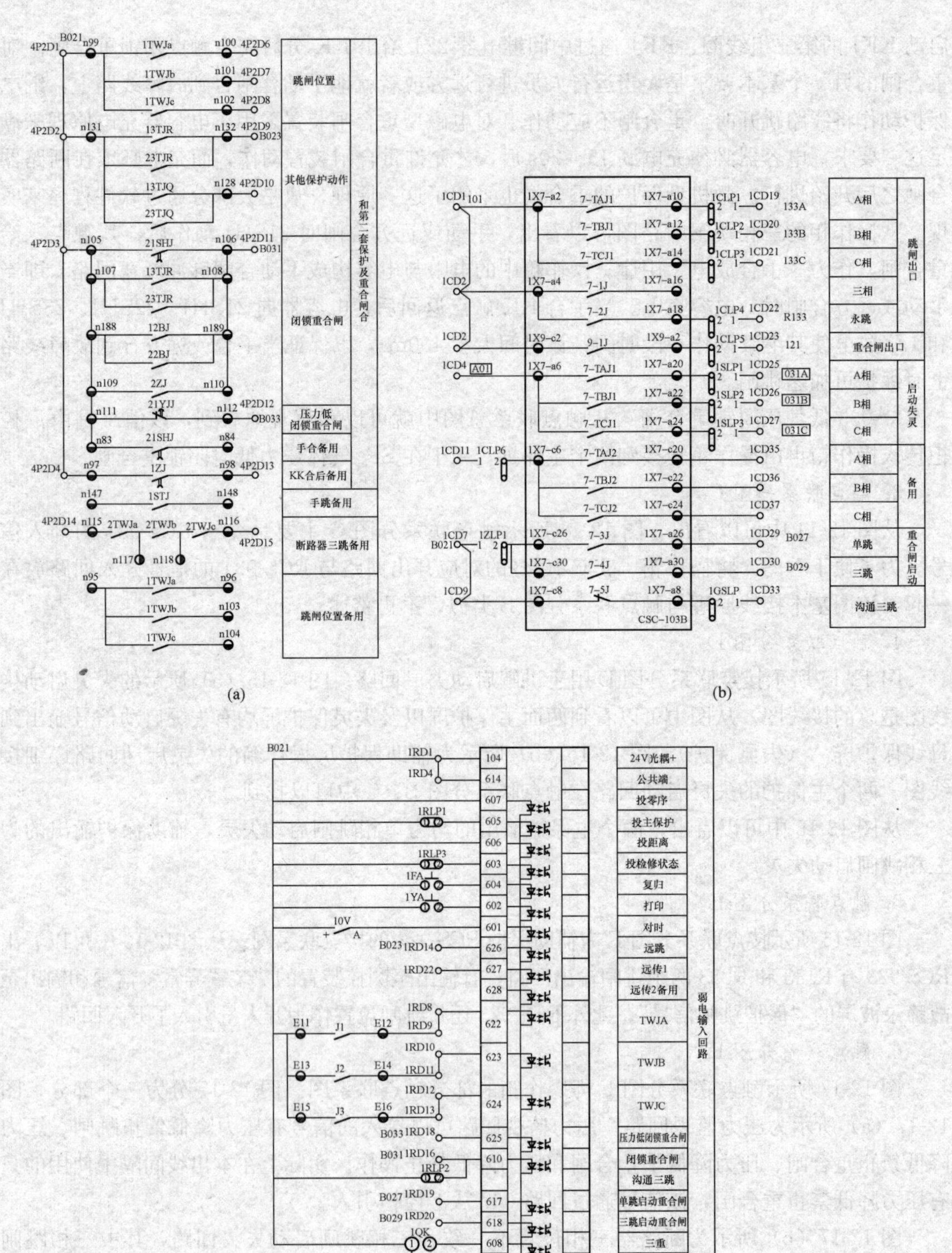

图 12-14　触点联系分图 C

(a) 辅助屏操作箱与第二组保护配合触点联系图；(b) CSC-103B 开出回路接线图；(c) RCS-931 信号开入回路接线图

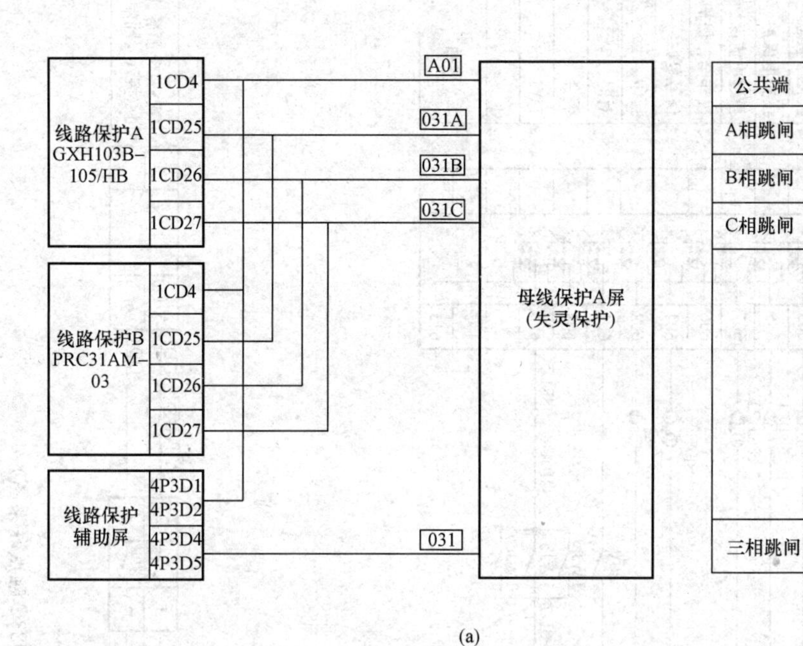

(a)

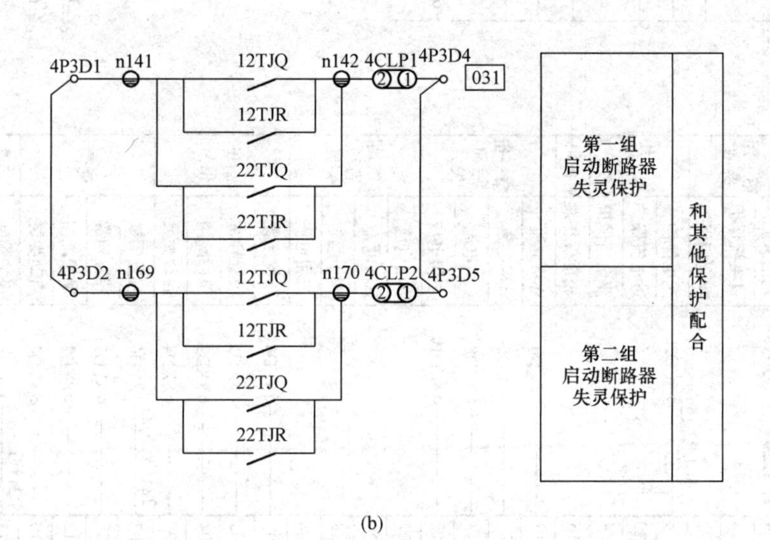

(b)

图 12-15　触点联系分图 D

(a) 失灵启动接线图；(b) 操作箱失灵启动接线图

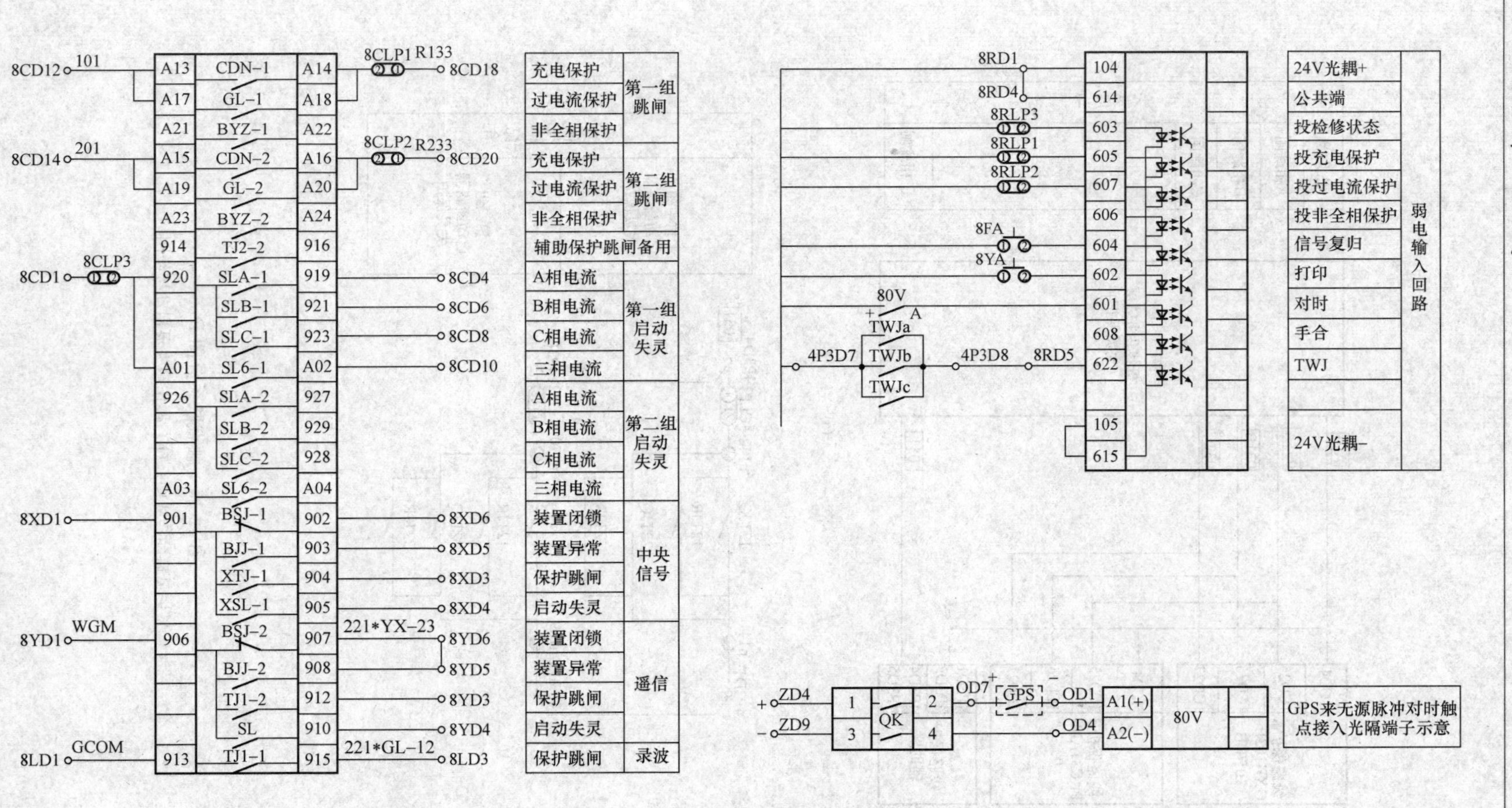

图 12-16 触点联系分图 E（RCS-923C 触点联系图）

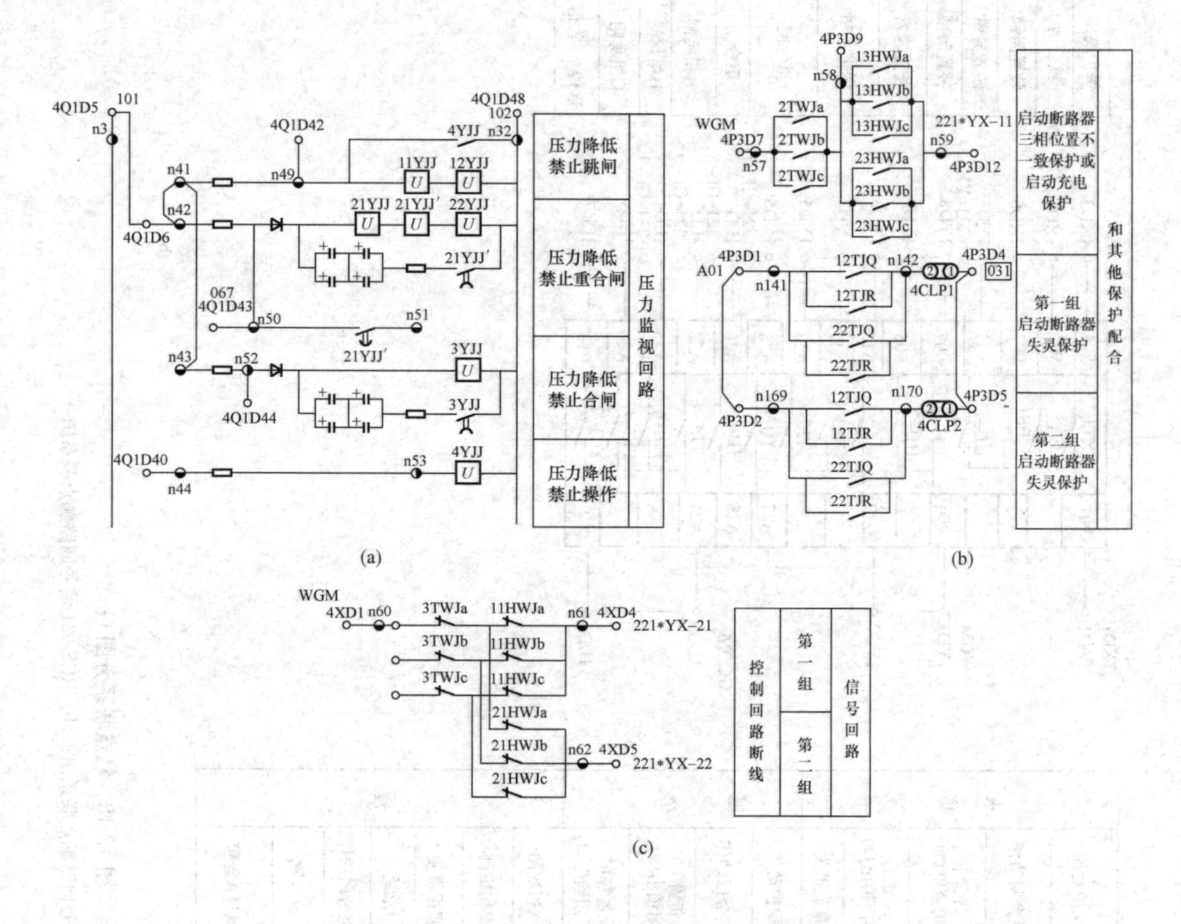

图 12-17　触点联系分图 F（操作箱原理图）

(a) 压力监视回路；(b) 断路器三相位置不一致和三相跳闸启动失灵回路；(c) 控制回路断线回路

在控制回路断线回路[见图 12-17(c)]中，每一相的跳闸位置继电器动断触点和合闸位置继电器的动断触点串接在一起。在正常情况下跳闸位置继电器与合闸位置继电器总有一个动作，使动断触点断开，控制回路不接通。当发生控制回路断线时，跳闸位置继电器与合闸位置继电器均返回，二者的动断触点闭合，回路接通，将信号送至测控屏。

7. 接点联系分图 G

图 12-18 所示接点联系分图 G 为主保护的信号回路图。从图 12-11 和图 12-18 中都可以清晰地看到两套主保护都将装置异常信号送到测控装置。CSC-103B 将 A 相跳闸、B 相跳闸、C 相跳闸、永跳、重合闸信号送到故障录波屏。RCS-931 将 A 相跳闸、B 相跳闸、C 相跳闸、重合闸信号送到故障录波屏。

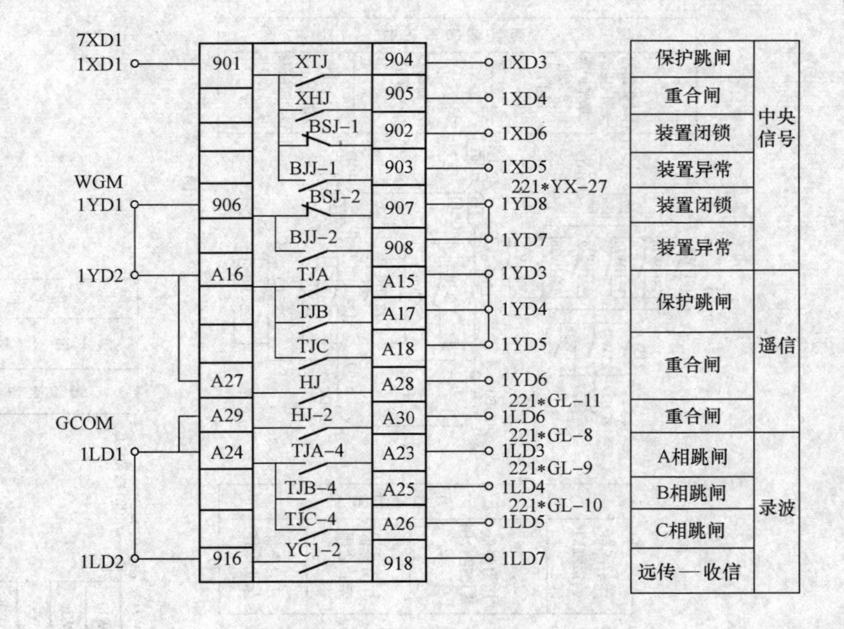

图 12-18 触点联系分图 G

(a) CSC-103B 信号回路触点联系图；(b) RCS-931 信号回路触点联系图

第一节　变电站直流系统概述

一、变电站直流系统的组成

变电站直流系统一般由蓄电池、充电装置、直流回路和直流负载四个部分组成，四者之间相辅相成，组成一个不可分割的有机体。变电站直流系统的工作电压通常为220、110V或者48V（通信）。

1. 蓄电池

蓄电池是一种化学电源，它能把电能转化为化学能并存储起来。使用时，再把化学能转化为电能供给用电设备，变换的过程是可逆的。当蓄电池完全放电或者部分放电后，两极表面形成了新的化合物，这时如果用电源以适当的反向电流通入蓄电池，可以使已经形成的新化合物还原为原来的活性物质，又可供下次放电使用。这种利用电源将反向电流通入蓄电池使之存储电能的做法，叫做充电；蓄电池提供电流给外电路使用，叫做放电。放电就是将化学能转变为电能；充电则是将电能转变为化学能。

2. 充电装置

目前变电站内广泛使用的充电装置有两种，即相控充电电源和高频开关电源。相控充电电源在电力系统中已经应用了三四十年，此种装置以技术成熟、运行可靠而著称。微机模块化高频开关电源以其先进的设计思想、可靠的性能和简易的维护手段，在电力系统中得到了广泛的认可，正以极快的速度在各个电压等级的变电站中普及。

3. 直流回路

变电站的直流回路是由直流母线引出，供给各直流负荷的中间环节，它是一个庞大的多分支闭环网络。直流网络可以根据负荷的类型和供电的路径，分为若干独立的分支供电网络，例如控制、保护、信号供电网络，断路器合闸线圈供电网络以及事故照明供电网络。为了防止某一网络出线故障时影响一大片负荷的供电，也为了便于检修和故障排除，不同用途的负荷由单独网络供电。

对于重要负荷的供电，在一段直流母线或电源故障时应不间断供电，保证供电的可靠性宜采用辐射形供电方式或者环形供电方式。

对于不重要负荷一般采用单回路供电。

各分支网络由直流母线，经直流空气开关（新建220kV及以上变电站）或经隔离开关和熔断器引出。

4. 直流负荷

直流负荷按照功能可以分为控制负荷和动力负荷两大类。

(1) 控制负荷是指控制、信号、测量和继电保护、自动装置等负荷。

(2) 动力负荷是指各类直流电动机、断路器电磁操动的合闸机构、交流不停电电源装置、远动/通信装置的电源和事故照明等负荷。

直流负荷按性质可以分为经常性负荷、事故负荷和冲击负荷。

(1) 经常性负荷是要求直流系统在正常和事故工况下均应可靠供电的负荷，包括：经常带电的直流继电器、信号灯、位置指示器和经常点亮的直流照明灯；由直流供电的交流不停电电源，如计算机、通信设备、重要仪表和自动调节装置用的逆变电源装置；由直流供电的用于弱电控制的弱电电源变换装置。

(2) 事故负荷是要求直流系统在交流电源系统事故停电时间内可靠供电的负荷，包括事故照明和通信备用电源等。

(3) 冲击负荷是在短时间内施加的较大负荷电流。冲击负荷出现在事故初期（1min），称初期冲击负荷；出现在事故末期或事故过程中称随机负荷（5s）。如断路器合闸、直流油泵等。

二、直流系统在变电站中的重要作用

变电站内的直流系统是独立的操作电源，直流系统为变电站内的控制系统、继电保护、信号装置、自动装置提供电源，同时作为独立的电源，在站用变压器失电压后直流电源还可以作为应急备用电源，即使在全站停电的情况下，仍应能保证继电保护装置、自动装置、控制及信号装置和断路器的可靠工作，同时也能供给事故照明用电。由于直流系统的负荷极为重要，所以直流电源应具有高度的可靠性和稳定性。因此确保直流系统的正常运行，是保证变电站安全运行的决定性条件之一。

三、保证直流系统可靠运行的管理措施

(1) 变电站应有符合现场实际的直流系统图，控制、保护馈电系统图和直流保安供电网络图。这些图应有专人负责，设备变更时即时修改，保证图纸与实际接线一致。

(2) 变电站系统中的直流断路器、直流隔离开关应有运行编号。采用运行编号便于管理，有利于防止误操作。同样，每组蓄电池也应该有编号。

(3) 站内运行人员应能很方便地查到每个直流熔断器、直流断路器、直流隔离开关的主要运行参数，如额定电压、额定电流、短路脱扣电流、额定极限短路电流等。

第二节 直流设备简介

一、蓄电池

目前，变电站中广泛使用的是铅酸蓄电池，尤其以 GCF 型防酸隔爆式铅酸蓄电池和 GFM 型阀控式密封铅酸蓄电池两种类型最为普遍。

蓄电池室内应通风良好，室温宜保持在 5～30℃，最高不应超过 35℃，避免日光照射，照明应使用防爆灯，不应安装正常工作时可能产生电火花的电器。

蓄电池应有编号，编号标识应在支架上，序号由正极开始排列，正负极连接应正确并有明显标志；变电站具有多组蓄电池时，应有组别标识。蓄电池连接引线无松动、无腐蚀，蓄

电池的外壳、固定支架和绝缘物表面应清洁。蓄电池壳体无破裂、无漏液，极柱无腐蚀。防酸蓄电池极板无弯曲、无变形，活性物质无脱落、无硫化，极板颜色应正常。防酸蓄电池外壳上部应标有液面最高、最低监视线。

测量电池电压时应使用四位半数字万用表；测量防酸蓄电池比重时应使用吸式比重计。蓄电池组每月普测一次单体蓄电池的电压、比重（防酸蓄电池测量）；允许使用检测合格的自动监测装置测量蓄电池单体电压，并作为检测的依据。

二、充电装置

当采用相控充电设备时，一组蓄电池应装两台充电装置，一台做浮充，另一台做备用。两组蓄电池应装三台充电装置，正常时一台做备用，另两台分别各带一组蓄电池及直流母线运行。当采用高频开关电源时，一组蓄电池应装一台充电机，充电机具备冗余模块；两组蓄电池应装两台充电机，每台充电机具备冗余模块。

高频开关电源模块在运行过程中出现问题时，可单只退出运行，不影响系统运行，模块数量是按 $N+1$ 进行设计的，即充电模块运行在冗余状态。如发生此类情况，应上报。

稳压精度、稳流精度、纹波系数这三个指标对于充电机是很重要的。在平时的工作中要注意充电机和蓄电池的相应电压表和电流表示数应该是比较稳定的一个数值，不能经常性地摆动，发现问题立即上报。

三、绝缘监测装置

1. 绝缘监察继电器

绝缘监察继电器的基本原理是平衡电桥检测法。平衡电桥法在绝缘监测仪主机内部设置 2 个阻值相同的对地分压电阻 R_1、R_2，通过它们测得母线对地电压 U_1、U_2。平衡电桥检测原理如图 13-1 所示。

当 $R_+=R_-=\infty$ 时，系统无接地。$U_1=110\text{V}$、$U_2=-110\text{V}$。

当系统单端接地时，可得

$$\frac{U_1}{R_1 /\!/ R_+}=\frac{U_2}{R_2} \tag{13-1}$$

通过此方程式可求得单端接地电阻 R_+ 或 R_-。

当系统出现双端接地时，可得

$$\frac{U_1}{R_1 /\!/ R_+}=\frac{U_2}{R_2 /\!/ R_-} \tag{13-2}$$

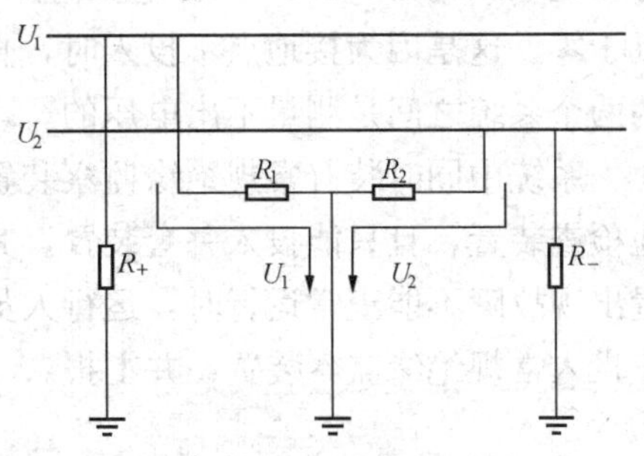

图 13-1　平衡电桥检测原理

此时，不能直接求解，处理方法是将 R_+、R_- 中较大的一个视为无穷大，按单端接地的情况求解，所求得的接地电阻值大于实际值。R_+、R_- 的实际值越接近，则测量误差越大，达到 $R_+=R_-$ 时，测量误差为∞。

2. 微机直流接地检测装置

这里以浙江省星炬科技有限公司生产的 WZJD-6A 型微机直流系统接地检测仪为示例进行介绍。该仪器具有监视直流母线电压、正负母线对地电压、正负母线对地绝缘电阻值以及巡检支路电阻等实时状态的功能。

（1）母线监测原理。在直流系统中，直流母线的对地绝缘电阻分为母线正极对地绝缘电阻（R_+）和母线负极对地绝缘电阻（R_-）。按照电路基本原理分析，要求取 R_+ 与 R_- 两个未知数，必须建立两组独立的电压回路方程式，再将其联立求解，方可求得R_+与R_-的电阻值。因此，本仪器设计了两个不平衡电桥电路。当S1闭合，S2断开时，则电桥1工作，电桥2不工作，此时可以列出电桥1的电压回路方程式；当S2闭合，S1断开时，则电桥2工作，电桥1不工作，此时可以列出电桥2的电压回路方程式。将上述两个电压回路方程式联立求解，可求得R_+与R_-的电阻值。图13-2中，U_+为母线正极对地电压，U_-为母线负极对地电压，U_1为电桥1中点电压，U_2为电桥2中点电压。

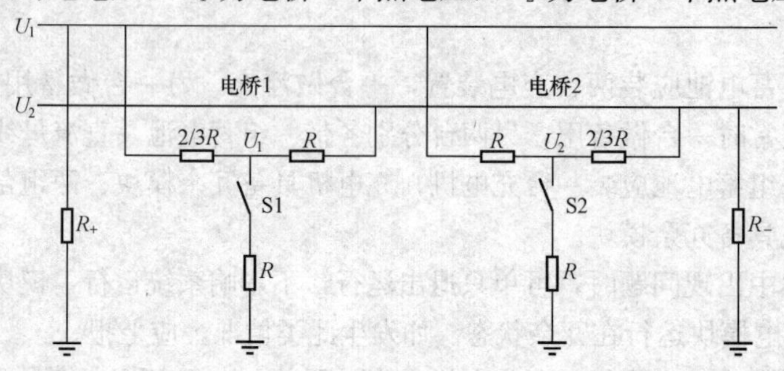

图13-2　WZJD-6A型微机直流系统接地检测仪不平衡电桥原理图

（2）支路检测原理。主机中装有超低频信号源，该信号源将4Hz的超低频信号由母线对地注入直流系统。传感器安装在母线的每个支路回路上，如果支路回路上有电阻接地，则装在该支路上的传感器产生感应电流，感应电流的大小与支路接地电阻的阻值成反比。根据这一原理，装置不仅能够检测出是否发生直流接地，还能检测出发生接地的支路。

3. 绝缘监测装置的运行说明

当某极绝缘下降时，另外一极的对地电压应升高；如达到定值时，绝缘检查装置将发出“直流接地”信号，此时应立即查找原因并及时处理。

当直流系统绝缘良好时，若绝缘监测装置接地点投入，则正母对地电压约为110V，负母对地电压约为－110V。若绝缘监测装置接地点不投入，则正、负母对地电压都很低，接近于零。这是因为接地点不投入时，直流系统与大地之间没有电气的联系，而没有电气联系的两个系统之间是测量不出电压的。

系统中同时装有常规绝缘监察装置及微机直流接地检查装置，正常时宜投入微机直流接地检查装置，且只能投入一套装置，其接地点应能随装置进行切换。当微机直流接地检查装置出现故障不能正常运行时，运行人员应将其退出运行，配备常规绝缘监察装置的变电站，应投入常规绝缘监察装置，并上报。

第三节　变电站直流供电回路

本节以一个典型220kV枢纽变电站为例介绍变电站的直流供电回路。220kV枢纽变电站的直流系统与110kV及以下变电站的直流系统相比最突出的特点是，220kV枢纽变电站的直流系统考虑了双重化问题。在220kV枢纽变电站中，为了谋求更高的可靠性，线路和变压器的保护都采用了双重化原则配置，这就要求直流电源也必须是双重化的。所以，在220kV枢纽变电站中每个直流电压等级都装设两组蓄电池，并且直流母线的接线方式以及直流馈线网络的结构也相应按照双重化的原则考虑。

图13-3所示为一个典型220kV枢纽变电站的直流系统图。直流母线采用单母分段方式，

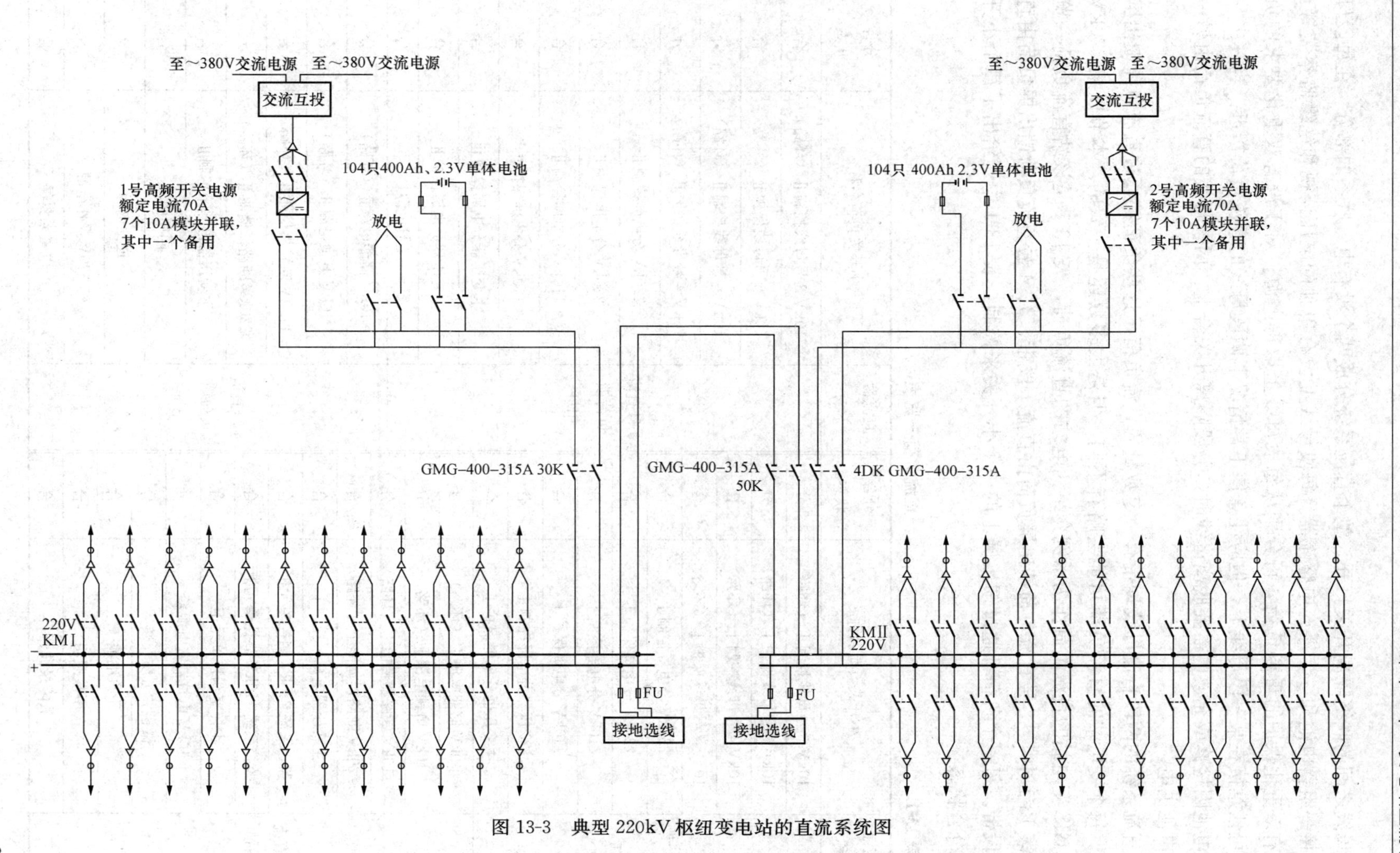

图 13-3　典型 220kV 枢纽变电站的直流系统图

两段母线之间的联络隔离开关打开，整个直流系统分成两个没有电气联系的部分。在每段母线上接一组蓄电池和一台浮充电整流器。每段母线上设有单独的电压监视和绝缘监察装置。对配有双重化保护的重要负荷，可分别从每段母线上取得电源；对于没有双重化要求的负荷，可任意接在某一段母线上，但应注意使正常情况下两段母线的直流负荷接近。当其中一组蓄电池因检修或充放电需要脱离母线时，分段隔离开关合上，两段母线的直流负荷由另一组蓄电池供电。

直流系统的两段直流母线均带有一定数量的直流负荷，这些负荷都通过直流负荷馈出屏接出。每个变电站的直流负荷可能会略有不同，但是大多数还是一致的。本节以某220kV枢纽GIS变电站的直流负荷作为示例介绍变电站的直流负荷，表13-1是该站直流负荷一览表。表13-1中1、2号直流负荷馈出屏负荷由直流Ⅰ段带，3、4号直流负荷馈出屏负荷由直流Ⅱ段带。每一个负荷都通过馈出屏上的一个小开关来控制，表13-1中还给出了每个小开关的分合状态。

表13-1　　直流负荷一览表

直流盘名称	小开关负荷名称	分合状态
1号直流负荷馈出屏	10kV 3号母线控制Ⅰ（环路）	分
	10kV 3号母线保护Ⅰ（环路）	分
	10kV 4号母线控制Ⅰ（环路）	合
	10kV 4号母线保护Ⅰ（环路）	合
	220kV分电屏控制Ⅰ	合
	220kV分电屏保护Ⅰ	合
	110kV分电屏控制Ⅰ	合
	110kV分电屏保护Ⅰ	合
	主变压器分电屏控制Ⅰ	合
	主变压器分电屏保护Ⅰ	合
2号直流负荷馈出屏	10kV储能电源Ⅰ（环路）	合
	10kV电锁电源Ⅰ（环路）	分
	110kV断路器储能Ⅰ（环路）	分
	220kV断路器储能Ⅰ（环路）	合
	主变压器电源箱控制Ⅰ	合
	监控系统220kV测控单元柜	合
	监控系统110kV测控单元柜	合
	主控室测控单元柜	合
	10kV电抗器室电源箱	分
	微机“五防”装置	分
	工具电池	合
	事故照明	合
	故障录波器	合

直流盘名称	小开关负荷名称	分合状态
3号直流负荷馈出屏	10kV 3号母线控制Ⅱ（环路）	合
	10kV 3号母线保护Ⅱ（环路）	合
	10kV 4号母线控制Ⅱ（环路）	分
	10kV 4号母线保护Ⅱ（环路）	分
	220kV分电屏控制Ⅱ	合
	220kV分电屏保护Ⅱ	合
	110kV分电屏控制Ⅱ	合
	110kV分电屏保护Ⅱ	合
	主变压器分电屏控制Ⅱ	合
	主变压器分电屏保护Ⅱ	合
	工具电源	分
4号直流负荷馈出屏	10kV储能电源Ⅱ（环路）	分
	10kV电锁电源Ⅱ（环路）	合
	110kV断路器储能Ⅱ（环路）	合
	220kV断路器储能Ⅱ（环路）	分
	主变压器电源箱控制Ⅱ	合
	同期屏	合
	逆变电源	分
	380V操作电源	合
	电量采集屏	合

本章第一节中对直流负荷按照其功能或者性质进行了分类，本节主要关注直流的供电回路，又可以按照其供电方式分为环形供电负荷和辐射供电负荷。辐射供电负荷又可以分为直接由直流负荷馈出屏供电的负荷，和经由分电屏供电的负荷。

1. 环形供电负荷

从表 13-1 中可以看出，环形供电负荷主要有 10kV 的控制、保护、储能、电锁电源，110、220kV 的开关储能电源。图 13-4 所示为一个直流环路示意图，简明起见，图中只画出了 110、220kV 的开关储能电源环路，10kV 的控制、保护、储能、电锁电源环路未画出。

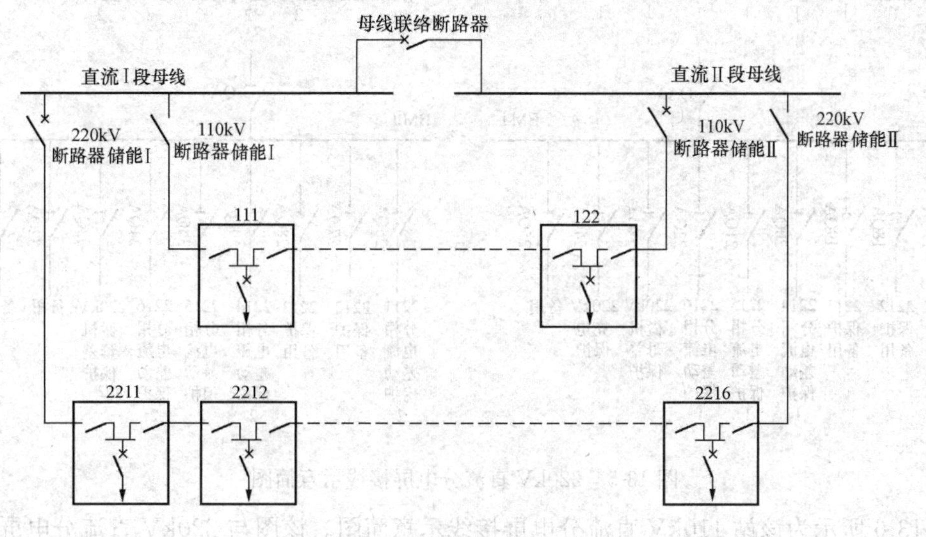

图 13-4　直流环路示意图

以 220kV 的开关储能电源回路为例，各路的直流储能电源串接在一起，两端分别通过空气开关接在 2 号与 4 号直流负荷馈出屏上，两个空气开关只能有一个合上，确保环路断开。每个间隔的汇控柜内都有两个直流环路闸和一个储能空气开关。

2. 经由分电屏供电的辐射供电负荷

从表 13-1 中可以看出，经由分电屏供电的辐射供电负荷有 220kV 控制、保护，110kV 控制、保护，主变压器控制、保护。

图 13-5 所示为该站 220kV 直流分电屏接线示意简图。从图 13-5 中可以看出 1 号直流负荷馈出屏经空气开关 ZK1、ZK3 分别带 220kV 直流分电屏 KMⅠ与 BMⅠ，2 号直流负荷馈出屏经空气开关 ZK2、ZK4 分别带 220kV 直流分电屏 KMⅡ与 BMⅡ。以 2211 出线间隔为例，可以看到 2211 间隔共从 220kV 直流分电屏引出 4 路负荷，分别为 2211 控制 1、2211 控制 2、2211 保护 1、2211 保护 2，其中控制 1 与保护 1 来自 1 号直流负荷馈出屏 KMⅠ，控制 2 与保护 2 来自 2 号直流负荷馈出屏 KM2。

2211 控制 1、2211 控制 2、2211 保护 1、2211 保护 2 这 4 路直流电源从 220kV 直流分电屏引出后为 2211 出线间隔的两套主保护、一套辅助保护、电压切换装置、断路器操作箱、测控装置以及断路器汇控柜提供直流电源。其具体接线方式可以参阅 220kV 出线间隔二次回路。将二者结合起来看就会对一个 220kV 出线间隔二次装置的直流电源的来龙去脉有一个非常清晰的了解。

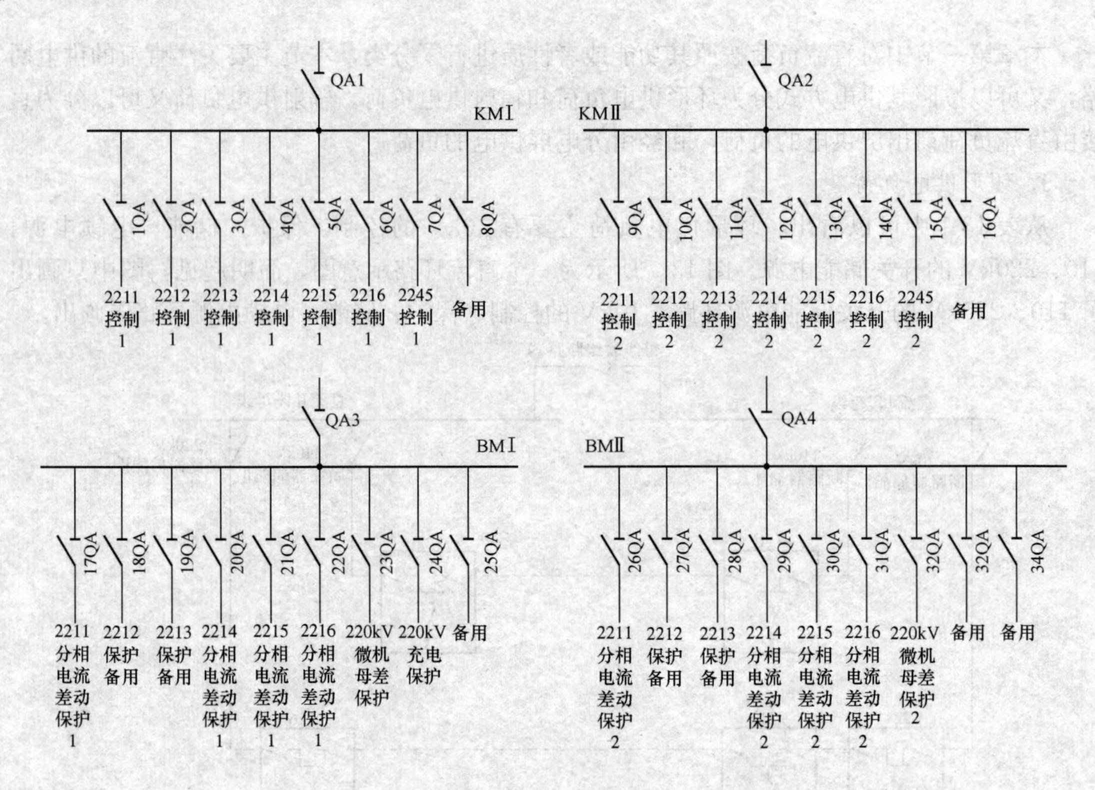

图 13-5　220kV 直流分电屏接线示意简图

图 13-6 所示为该站 110kV 直流分电屏接线示意简图。该图与 220kV 直流分电屏接线示意简图结构基本一致，不同的地方在于 110kV 没有保护、控制的双重化，因此分电屏的 KMⅠ、KMⅡ带的是不同线路的控制电源，而不是像 220kV 分电屏一样，同一出线会从两条母线各取一路控制电源，实现控制电源双重化。保护电源也是同理。

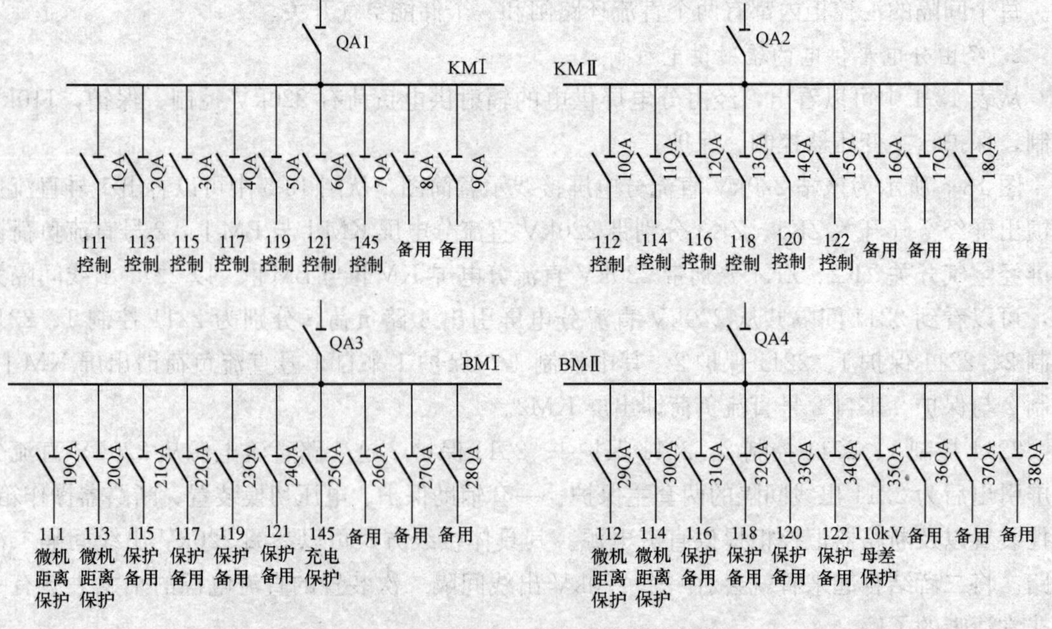

图 13-6　110kV 直流分电屏接线示意简图

图 13-7 所示为该站主变压器直流分电屏接线示意简图。从图中可以看出主变压器只有 220kV 等级的控制与保护电源实现了双重化，110kV 以及 10kV 电压等级均未实现双重化。

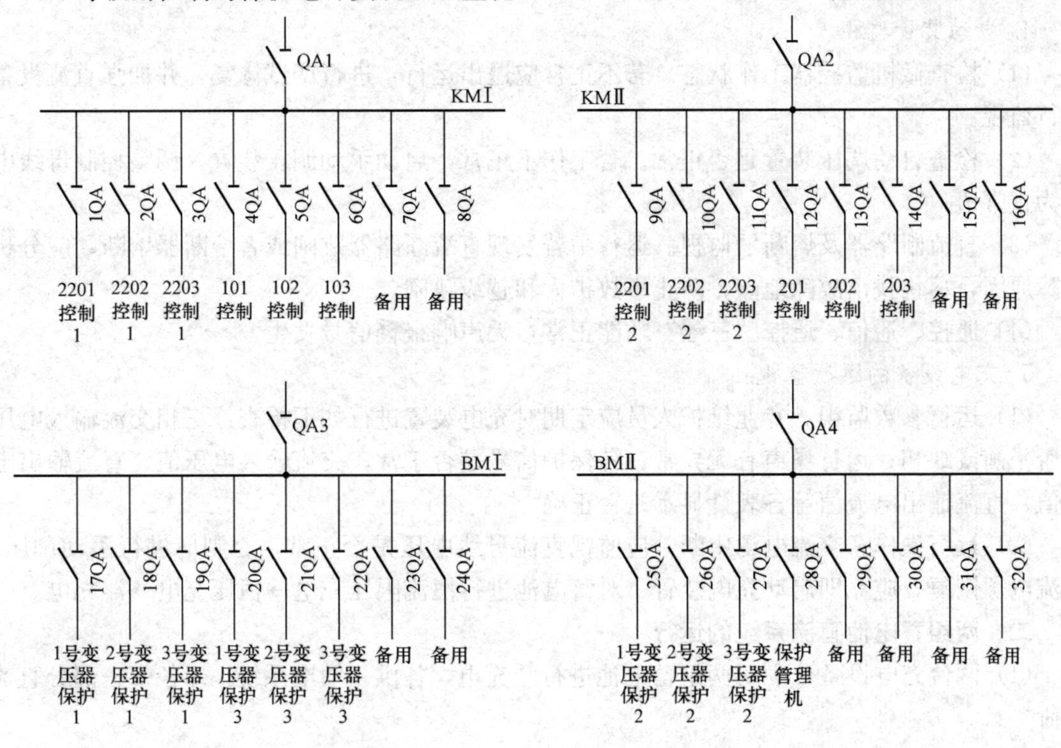

图 13-7　主变压器直流分电屏接线示意简图

3. 直接由直流负荷馈出屏辐射供电负荷

从表 13-1 中可以看出，直接由直流负荷馈出屏辐射供电的负荷有主变压器电源箱控制Ⅰ、主变压器电源箱控制Ⅱ、监控系统 220kV 测控单元柜、监控系统 110kV 测控单元柜、主控室测控单元柜、10kV 电抗器室电源箱、微机五防装置、工具电池、事故照明、故障录波器、同期屏、逆变电源、380V 操作电源、电量采集屏等。

第四节　直流系统运行规定

一、直流系统的运行监视

1. 绝缘监视

运行人员每天应通过微机绝缘监察装置或用万用表检查正母线、负母线对地情况，若有接地应立即处理。

2. 电压及电流监视

主要监视交流输入电压值，充电装置输出电压、电流值，蓄电池电压值，直流母线电压值，浮充电电流值及负荷电流值。

3. 信号报警监视

运行人员应对直流电源装置上各种信号灯、声响报警装置进行检查，发现异常及时处理。

4. 自动装置监视

(1) 检查微机监控器工作状态。若不正常应退出运行，进行调试修复，并加强直流设备运行监视。

(2) 检查自动调压装置是否正常。若工作不正常，启动手动调压装置，调整控制母线电压为正常值。

(3) 直流断路器及熔断器监视。运行中若发现直流断路器跳闸或者熔断器熔断，应分析故障原因，尽快找出故障地点，防止事故扩大和越级跳闸。

(4) 遥控、遥信、遥控“三遥”功能正常，无声响报警信号发生。

5. 充电设备的运行监视

(1) 运行参数监视。专业维护人员应定期对充电装置进行如下检查：三相交流输入电压是否平衡或缺相；运行噪声有无异常；各保护信号是否正常；交流输入电压值、直流输出电压值、直流输出电流值等各表计显示是否正确。

(2) 运行操作。交流电源中断，应监视直流母线电压是否正常，否则应进行手动调压。交流电源恢复，应立即启动充电装置，对蓄电池进行恒流限压充电→恒压充电→浮充电。

二、两组蓄电池直流系统的运行

(1) 两台充电设备分别对两组蓄电池进行浮充电，各供一馈电系统，即各带一部分直流负荷。

(2) 严禁两组蓄电池长期并列运行，即禁止母线联络断路器合上。

(3) 控制电源、合闸电源、保护电源等馈电为环网接线的，只能合上一路电源开关。

(4) 在Ⅰ、Ⅱ段直流母线运行中，如因直流系统工作需要转移负荷时，允许用Ⅰ、Ⅱ段母线联络隔离开关进行短时间并列。但必须注意的是两段电压应一致，且绝缘良好，无接地现象。工作完毕后应及时恢复，以免降低直流系统的可靠性。

(5) 直流退出一组蓄电池的操作方法（假设退出第2组蓄电池）。

1) 拉开第2组充电机输出开关。

2) 拉开2号直流充电屏的交流输入开关。

3) 拉开2号直流负荷屏后的第2组绝缘监察仪接地开关。

4) 合上直流母联联络断路器。

5) 拉开第2组蓄电池输出开关。

(6) 直流系统两段母线各使用自己的一套接地定位装置，经高电阻接地。运行中，应避免将两套接地装置并列使用。若两条母线并列运行时，必须停用一套接地定位装置，并且断开该绝缘监察仪接地开关。两条母线并列运行使用一套接地定位装置时，只能反映本母线的接地支路号，不能反映另一条母线的接地支路号。

(7) 直流系统正常运行方式下，Ⅰ、Ⅱ段直流母线不允许通过负荷回路并列，以免因合环电流过大而熔断负荷回路熔丝，造成负荷回路断电而引起异常或者事故。

(8) 直流系统允许的特殊运行方式如下：

1) 一组蓄电池组、一组浮充机带Ⅰ、Ⅱ段直流母线并列运行。

2）一组浮充机带两组蓄电池组，Ⅰ、Ⅱ段直流母线并列运行。

3）任一组直流母线因故退出，另一段直流母线除带本母线负荷外，还带停役母线所有可倒换的负荷运行，但必须做好隔离安全措施。

第五节　直　流　接　地

一、直流接地的危害

变电站的直流系统比较复杂，而且通过电缆与室外配电装置的端子箱、操动机构等相连接，发生接地的机会较多。直流系统发生一点接地时，由于没有短路电流流过，熔断器不会熔断，但是潜在危险性很大，必须及时排除。否则，当发生另一点接地时，就有可能使信号、保护和控制回路误动作或拒动作，并且有使熔断器熔断、继电器触点烧坏的可能性，以致损坏设备，造成大面积停电、系统瓦解的严重后果。两点接地有时可造成断路器误跳闸、断路器拒绝跳闸、断路器熔断，如图 13-8 所示。

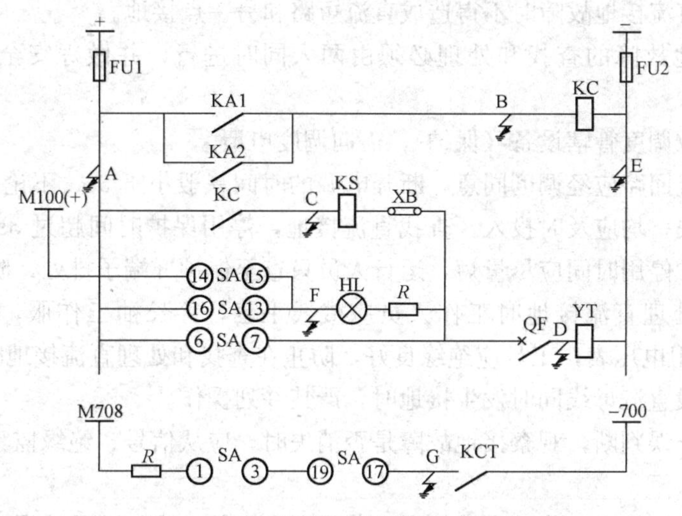

图 13-8　直流系统两点接地分析示意图

1. 断路器误跳闸

当直流接地发生在 A、B 点时，将电流继电器 KA1、KA2 触点短接，而将 KC 启动，KC 触点闭合而断路器跳闸。A、C 两点接地时短接 KC 触点而断路器跳闸。在 A、D 两点或 D、F 两点接地同样都能造成断路器误跳闸。

2. 断路器拒动

接地发生在 B、E 点或 D、E 点或 C、E 点，可能造成断路器拒动。

3. 引起熔断器熔断

接地点发生在 A、E 点，引起熔断器熔断。当接地点发生在 B、E 或 C、E 或 D、E 点，保护动作时不但断路器拒跳，而且熔断器熔断，同时还有烧坏继电器触点的可能。

4. 两点接地可造成误发信号

断路器正常运行时，控制开关 SA 触点 1、3 和 19、17 是接通的，而断路器的跳闸位置继电器 KCT 动合触点是断开的，中央事故信号回路不通，不发信号。当发生 E、G 点接地，断路器动合触点被短接，启动中央事故信号回路误发事故信号。

二、直流系统接地故障分类

直流系统接地故障按故障性质分可分为金属性接地和绝缘下降接地。金属性接地一般是直流系统中某个元件绝缘损坏，造成带电部分与接地金属相连。进行绝缘检查时，其中一极对地电压为零，另一极对地电压为母线电压。绝缘下降接地一般是直流系统中某处工作环境发生了变化，部分元件积灰受潮，对地绝缘显著降低。进行绝缘检查时，正、负极对地电压都明显存在，电压之和接近母线电压。

直流系统接地故障按直流系统接地信号是否持续分为稳定接地和瞬时接地。稳定接地是指直流系统中长期存在接地，直到接地故障排除为止。瞬时接地是不用处理能自动消失的接地。

三、处理注意事项

（1）当直流系统发生接地时，应停止站内一切工作，尤其禁止在二次回路上进行任何工作。

（2）在处理直流接地故障时不得造成直流短路和另一点接地。

（3）直流接地故障的查找和处理必须由两人同时进行，并做好安全监护，防止人身触电。

（4）如需试拉调度管辖设备（保护），需向调度申请。

（5）试拉直流回路应经调度同意，断开电源的时间一般小于3s，不论回路中有无故障、接地信号是否消失，均应及时投入。查找直流接地，停用保护时间超过3s时，应征得调度同意后进行，保护停用时间应尽量短，运行人员只查至保护屏端子排处，防止保护误动。

（6）查找和处理直流接地时工作人员应戴线手套，穿长袖工作服，应使用内阻大于2000Ω/V的高内阻电压表，工具应绝缘良好，防止在查找和处理直流接地时造成新的接地。

（7）Ⅰ、Ⅱ段直流母线同时发生接地时，严禁并列操作。

（8）为了防止误判断，观察接地故障是否消失时，应从信号、绝缘监察装置、表计指示情况等综合判断。

（9）为了防止保护误动作，在试拉保护装置电源之前，应解除可能误动的保护，恢复电源后再投入保护。

四、直流系统接地的处理原则

（1）绝缘监测装置能选出支路的处理方法。现在的变电站都装有微机直流系统绝缘在线监测装置。每组蓄电池配备一套绝缘监测仪，可以帮助查找直流接地。直流系统接地后，绝缘监测装置发“直流接地”信号，并进行支路选择，在接地处接触良好的情况下，装置能够选出相应的支路。在征得调度同意后，运行人员可以试拉监测装置提示的支路，观察接地现象是否消失。如现象消失，则说明故障就在该支路，则可汇报调度及上级，安排停电及异常处理。

（2）绝缘监测装置未能选出支路的处理方法。直流系统关系到整个变电站及电力系统的安全运行，所以绝缘装置未能选出支路时也要及时处理。按当天的运行方式、操作情况、气候影响、施工范围等进行判断，找出可能会造成接地的因素，最后按现场实际情况确定查找方法。遵循以下原则：先拉不重要的电源，后拉重要的电源；先室外部分，后室内部分；先

对有缺陷的分路，后一般分路；先对新投运设备，后对投运已久的设备；先找有工作的回路和近期工作过的回路，后找其他回路；先找事故照明回路、信号回路、充电机回路，后找其他回路；先找主合闸回路，后找保护回路；先找 10、35kV 回路，后找 110、220、500kV 回路；先找简单保护回路，后找复杂回路。具体方法有排除公共回路法、瞬时停电法和转移负荷法。

1）排除公共支路法。如绝缘监测装置未能选出支路，则应怀疑是否在充电机、蓄电池等回路中，当然也不能排除绝缘监测装置本身故障，导致直流“误接地”。对于充电机及蓄电池回路可以用两段母线串联后，一一切除进行试验。

2）瞬时停电法。瞬时停电法的原则为：先停有缺陷的支路，后停无明显缺陷的支路；先停有疑问的、潮湿的、污秽比较严重的；先停户外的，后停室内的；先停不重要的，后停重要的；先停备用设备，后停运行设备；先停新投运设备，后停已运行多年的设备。对直流母线上不太重要的馈电支路，依次短时断开这些支路，若断开某一支路时信号消失，测量正负极对地电压恢复正常，则接地故障点就在该支路范围内。

3）转移负荷法。对直流母线上较重要的支路，可将故障母线上较重要的支路依次转移切换到另一段直流母线上，监视“直流母线接地”信号是否消失，查出接地点在哪个支路。

在查找出接地支路后，可以在该回路上逐段试发，直至查到接地点（若保护盘内接地，运行人员只可查到保护盘端子排处）。如果接地线路为环网，可采取 1/2 分网法，确定接地间隔。

下面介绍利用一种便携式直流系统接地故障探测仪查找确定接地点具体位置。直流系统出现接地故障后，便携式直流系统接地故障探测仪在故障母线与地之间注入一低频信号，低频电流从信号发生器流出，经过直流系统从接地点返回，如图 13-9 所示，然后用钳型电流表探头逐点检测，对低频电流走向进行寻迹。首先找到接地支路，然后沿着该支路寻找接地点，根据接地点前后低频电流出现的差别这一判据来确定接地点所在位置。

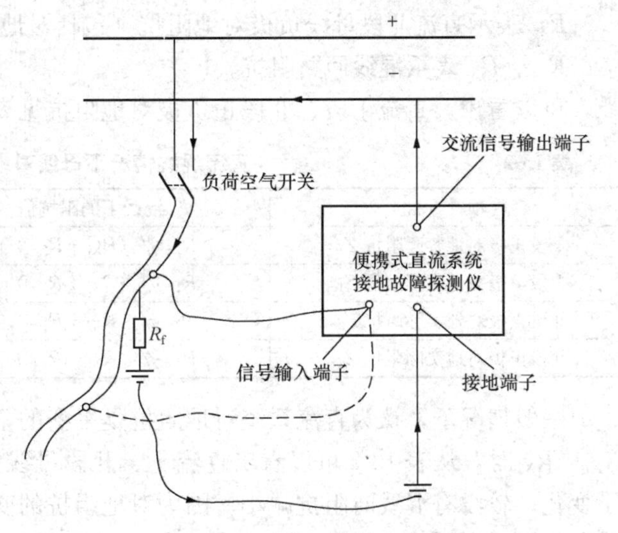

图 13-9　便携式直流系统接地故障探测仪原理

便携式直流系统接地故障探测仪可以准确判断接地故障地点，可精确到电缆、端子和元器件等；不必对测试回路拉路停电，不必拆头，对安全运行不会造成附加风险；查找接地过程中能发现电源混用现象。但其检测的正确性及灵敏度受系统分布电容的影响很大。直流系统正负母线及馈线对地存在分布电容，支路电容最大时可达数微法，整个电站总电容达数十微法。当探头在某一点测量时，由于有电容电流流过，将使得操作人员难以确定是电容电流还是接地电阻电流。

第六节 直 流 混 线

一、直流混线的基本分析

正常情况下，单母分段式直流系统的两段直流母线是相互独立的，如果由于接线错误或者其他原因引起两段母线在某些情况下发生不正常的连接，就称为直流混线。图 13-10 所示为直流混线示意图。

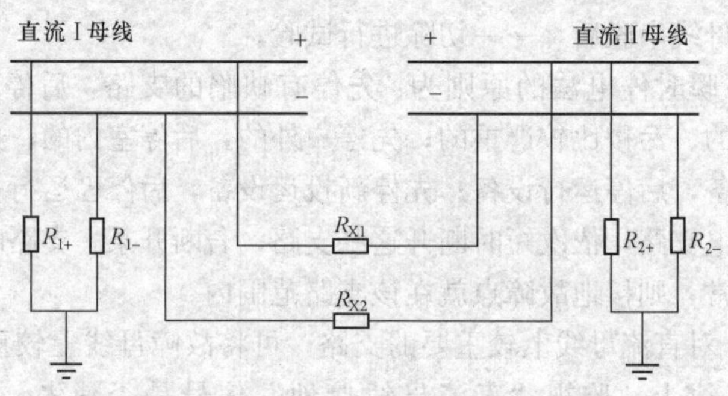

图 13-10 直流混线示意图

R_{1+}表示直流一段母线正极对地阻抗（包括对地绝缘电阻、平衡电阻及对地电容）。

R_{1-}表示直流Ⅰ段母线负极对地阻抗（包括对地绝缘电阻、平衡电阻及对地电容）。

R_{2+}表示直流Ⅱ段母线正极对地阻抗（包括对地绝缘电阻、平衡电阻及对地电容）。

R_{2-}表示直流Ⅱ段母线负极对地阻抗（包括对地绝缘电阻、平衡电阻及对地电容）。

R_{X1}、R_{X2}表示混线回路阻抗。

可以看出，直流Ⅰ段、Ⅱ段正负极对地阻抗见表 13-2。

表 13-2 直流混线情况下母线对地阻抗变化

项 目	混线下的阻抗值	没有混线时的阻抗值
Ⅰ段正极对地实际阻抗 Z_{1+}	R_{1+} // （$R_{X1}+R_{2-}$）↓	R_{1+}
Ⅰ段负极对地实际阻抗 Z_{1-}	R_{1-} // （$R_{X2}+R_{2+}$）↓	R_{1-}
Ⅱ段正极对地实际阻抗 Z_{2+}	R_{2+} // （$R_{X2}+R_{1-}$）↓	R_{2+}
Ⅱ段正极对地实际阻抗 Z_{2-}	R_{2-} // （$R_{X1}+R_{1+}$）↓	R_{2-}

一般情况下，认为直流系统对地阻抗是平衡的，即R_{1+}、R_{1-}、R_{2+}、R_{2-}近似相等。当$R_{X1} \neq R_{X2}$时，从表 13-2 可以看出直流Ⅰ、Ⅱ段母线正负对地的总阻抗因混线的存在均发生了变化，较没有混线时阻抗减小。因为对地阻抗的变化，不可避免地导致直流系统平衡桥失衡，引起母线对地电位的漂移。当$Z_{1+} > Z_{1-}$时，直流Ⅰ段母线正极电压上升，负极电压下降；当$Z_{1+} < Z_{1-}$时，直流Ⅰ段母线正极电压下降，负极电压上升。同时，当直流母线对地阻抗减小到直流接地报警定值时，将会发出直流接地信号。

直流混线的判断依据：①退出任意一段直流接地点，测量该段直流母线正负对地电压衰减不到接近零；②退出任意一段直流接地点，测量直流正负对地电压，出现某极电压异常，为 330V 甚至 440V；③在任意一段直流系统模拟直流接地，另一段直流系统对地电压受其影响。

正常情况下，退出任意一段直流接地点，测量该段直流母线对地电压应会衰减到零。这

是因为断开接地点后，该段直流系统与大地不再构成回路，而两个系统之间不存在回路时是量不出电压的。而当直流系统存在混线时，即使该段母线接地点断开，仍然可以通过混线回路连接到另一段母线，从而通过另一段母线的接地点与大地构成回路，因而可以测到电压。

二、定位混线部位的方法

1. 方法一

伴随着混线现象，直流系统必然存在漏电流，利用这种特性，可以借用直流微机绝缘检查装置的支路巡检功能，适当改变巡检定值，在不拉路的条件下测出漏电流流经的负荷空气开关。定位混线电源后，再采用核查二次线的方法进行排查，一般情况下可以对混线点进行定位。

2. 方法二

（1）将Ⅱ段直流母线腾空，断开其绝缘监察接地点，所有直流负荷全部倒在Ⅰ段直流母线运行，且Ⅰ段绝缘监察接地点投入。

（2）测量Ⅰ段直流母线对地电压，正对地＋110V，负对地－110V。测量Ⅱ段直流母线对地电压，正对地＋0V，负对地－0V。

（3）将直流负荷逐个依次由Ⅰ段直流母线倒至Ⅱ段直流母线，同时监测Ⅱ段直流母线对地电压。如果正对地或负对地有稳定不衰减的电压指示，表明该负荷与Ⅰ段直流母线之间有混线的地方。

（4）延着第（3）步查出的直流负荷向下查找，即由干线向支线、向具体负荷查找，可采用瞬断熔断器的方法来确定混线的具体负荷或定位混线的部位。

三、直流混线实例

某站 2215-5 隔离开关机构箱内辅助触点二次线 L12 与 L6 线头标号对调，导致 L12 与 L6 实际接线接反，即 L12 线芯套 L6 标号接 L6 位置，L6 线芯套 L12 标号接 L12 位置，造成 2215-5 在合闸位置时，RCS 纵差保护 1 与 BP-2B 母差保护 2 电压切换触点混用，RCS 纵差保护 1 电源 BM1 与 BP-2B 母差保护 2 电源 BM2 混电源。错误接线如图 13-11 所示。正确接线应如图 13-12 所示。

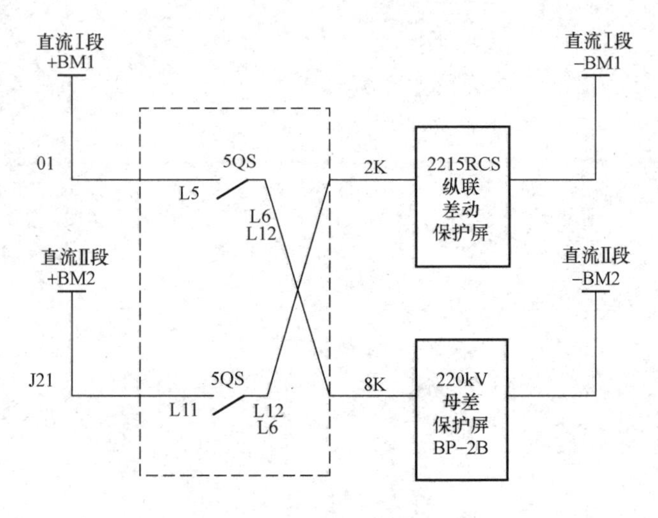

图 13-11　直流混线错误接线图

因图 13-11 所示混线的存在，破坏了直流平衡桥的平衡，导致直流Ⅰ段、Ⅱ段系统对地

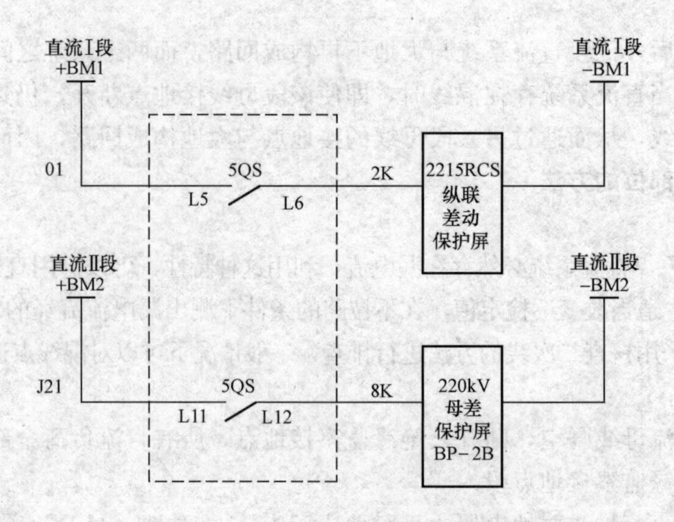

图 13-12 直流混线正确接线图

电位漂移。在正常运行状态下，直流Ⅰ段正极对地 173V，负极对地－58V；直流Ⅱ段正极对地 58V，负极对地－173V。可以看出两段直流电位漂移出现“跷跷板”现象，极为对称。当一段发生直流接地时，两段母线绝缘装置均发直流接地信号。

第十四章 变电站交流系统

变电站的站用电系统是保证变电站安全可靠地输送电能的一个必不可少的环节，主要由站用变压器、0.4kV交流电源屏、馈线及用电元件等组成。站用电主要为变电站内的一、二次设备提供电源。由站用电系统提供电源的主要有大型变压器的强迫油循环冷却器系统，交流操作电源，直流系统用交流电源，设备用加热、驱潮、照明等交流电源，UPS、SF_6气体监测装置交流电源，正常及事故用排风扇电源，照明等生活电源。如果站用电失去，将严重影响变电站设备的正常运行，甚至引起系统停电和设备损坏事故。因此，运行人员必须十分重视站用电交流系统的安全运行，熟悉站用电系统及其运行方式。

第一节 站用变压器简介

站用变压器包括油浸绝缘和树脂浇注绝缘两种型式，油浸式站用变压器的通用要求参照油浸式主变压器的有关规定执行。

油浸式站用变压器为三相一体式，一般为自然油循环冷却。容量较大的装设在专用的站用变压器室内；容量较小的直接装设在高压室的馈线间隔内。油浸式站用变压器一般分为有载调压和无载调压两种。有载调压站用变压器的挡位调整一般由运行人员进行；无载调压站用变压器的挡位调节由变电检修人员或运行人员进行。

树脂绝缘干式变压器应安装在室内，并避免阳光直接照射，室内应保证通风良好；无外壳的变压器应设置固定安全遮栏，使人员与其保持安全距离。树脂绝缘干式变压器分为自然冷却和安装冷却风机加强冷却两种。干式站用变压器的挡位调节均为无载调节式。

站用变压器应安装固定良好，引线应接触良好，不应过松或过紧。油浸式变压器的箱体或干式变压器的外壳均应接地。

站用变压器应选用Dyn接线的变压器或Z型变压器。站用变压器低压侧出口应使用空气开关，三相供电负荷应使用空气开关。站用变压器低压引线截面及出线电缆截面应满足动、热稳定要求。空气开关脱扣器的动作电流或熔断器的熔断电流应保证在线路末端短路时可靠动作。

应根据所接电源的电压调整站用变压器分接开关或调整分接端子；改动无励磁分接开关时，应断开电源进行，改动后应做导通试验。

主变压器强迫冷却系统、地下站通风系统应有来自不同站用电系统低压母线的电源并加装自动投入装置。变电站主控室的照明应由不同站用电系统低压母线分别供电。

变压器巡视检查一般包括以下内容：变压器的温度、油位应正常，油浸式变压器顶层油温最高不得超过95℃；树脂绝缘变压器绕组温度最高不得超过140℃（F级绝缘）；变压器应无放电声；引线接头、电缆、母线应无发热迹象；变压器室的通风正常。

当树脂绝缘变压器的绕组温度达到130℃时，温控器触点发出过热报警信号，此时应检查变压器的负荷情况及散热情况并采取相应的措施。

第二节　变电站交流系统的接线方式

保证安全可靠而不间断地供电，是站用电系统安全运行的首要任务。当一个电源失去时，应有一个备用电源能立即替代其工作，因此变电站的站用电应至少取用自两个不同的电源系统，配备两台站用变压器。

在220kV变电站里，通常这两台站用变压器的电源应分别取自由两台不同主变压器低压侧分别供电的母线。当某一台主变压器或由此主变压器供电的母线及站用变压器本身发生故障时，另一台站用变压器就能立即替代其带全站站用电运行。

在正常方式下，低压母线分段运行且采用低压快速断路器联络，带有备用电源自动投入装置，一般情况下有以下两种情况：

（1）低压母线Ⅰ、Ⅱ段分段运行，联络断路器自投装置投入。即当一台站用电源因故障跳闸时，可通过自投装置将负荷转移到正常工作母线上来，然后停用故障段母线，进行分段检查和处理。

（2）低压母线分段运行，联络断路器自投装置退出。当其中一台断路器因故障跳闸时，运行人员应迅速将故障段负荷转移至正常工作母线上来，然后检查跳闸母线电压是否恢复正常，检查保护装置的动作情况并复归跳闸断路器的把手，判断故障原因，并进行处理。

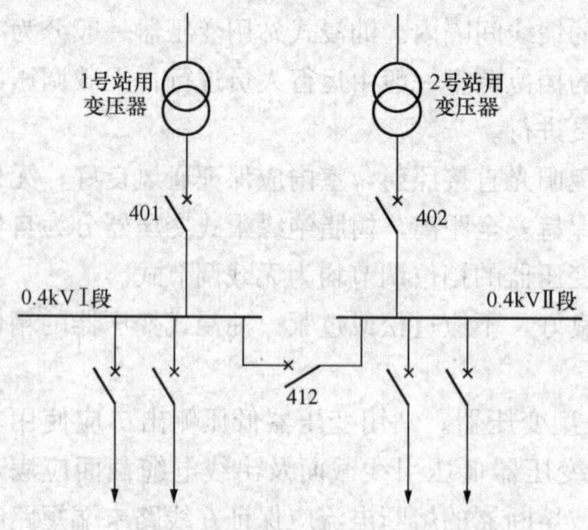

图14-1　典型220kV变电站的站用系统接线图

站用电屏进线断路器和母联断路器必须有防止站用变压器并列的操作闭锁接线，即：两个进线断路器在合闸位置时母联断路器不应合入；任一进线断路器和母联断路器在合闸位置时另一进线断路器不应合入。

图14-1所示为一个典型220kV变电站的站用系统接线图。1号站用变压器与2号站用变压器分别经401、402断路器接至0.4kVⅠ段与Ⅱ段母线，母联412断路器拉着。401、402、412电动操作控制回路中有联锁关系，不能同时合上。当有两个断路器合上时，为了防止低压并列，第三个断路器电动合不上。手动操作回路无联锁关系，特殊情况下，手动操作时应注意防止低压并列。

500kV变电站由于其在电网中的重要性，站用变压器一般应有三台以上。由于从500kV变压器第三绕组低压侧引接站用电源具有可靠性高、投资省的优点，因此一般站用

变压器均接用本站500kV变压器的低压侧。为了在事故时保证安全可靠供电，第三台站用变压器电源应从站外10～35kV低压网络中引接。供第三台站用变压器的供电线路应为专用线且电源可靠，以保证即使在站内发生重大事故时，该电源也不受波及且能持续供电。

图14-2所示为一个典型500kV变电站的站用系统接线图，以该站为例介绍500kV变电站的交流系统接线。

专用备用变压器的两低压断路器正常时处于分闸位置。当站内站用变压器的任一低压母线失电压后，接于该母线的专用备用变压器的低压断路器自动投入，以保证站内有两台站用变同时运行。站用变压器低压侧应有防止两台站内变压器并列的措施。

1. 站用0.4kV断路器闭锁关系

母联断路器（412、421）“自投选择”手把在自动位置时：①当站用变压器失电后，站用变压器0.4kV主断路器延时跳开，同母线上的分段断路器在满足所在母线无电压及0号母线有电压情况下自投；②站用0.4kV母线故障或0号母线无电压时，均闭锁母联断路器自投；③0.4kV主断路器401（402）合位时，闭锁母联断路器自投。

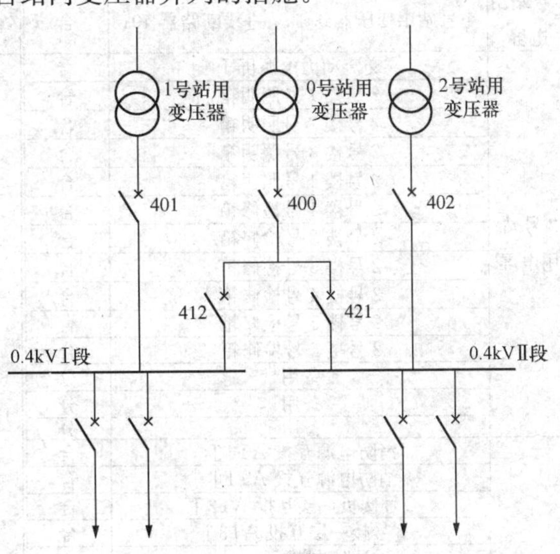

图14-2　典型500kV变电站的站用系统接线图

站内安装三台站用变压器，0号为备用站用变压器，备用站用变压器自投运行；当备用站用变压器投入运行后，应将其自投断路器自投停用（将412及421“自投选择”手把放手动位置）。母联断路器（412、421）“自投选择”手把在手动位置时，无论任何情况，母联断路器均不自投。

2. 站用低压运行注意事项

正常运行时，412、421屏上的“自投选择”工作方式选择手把放“自动”位置。

当1号或2号站用变压器退出运行时，412及421自投均应停用，此时412及421上的工作方式选择手把应放“手动”位置。

第三节　变电站交流系统的负荷与供电网络

一、变电站交流系统的负荷

0.4kV交流系统馈出主要由以下三类负荷组成：

（1）第一类。包括：直流系统用交流电源；交流操作电源（包括电动隔离开关操作用交流电源等，GIS设备除外）；主变压器强迫油循环风冷系统用交流电源；UPS逆变电源用交流电源。

（2）第二类。包括：主变压器有载调压装置用交流电源；设备加热、驱潮、照明用交流电源；检修电源箱、试验电源屏用交流电源。

（3）第三类。包括：SF_6 监测装置用交流电源；配电室正常及事故排风扇电源；生活、照明等交流电源。

变电站的交流系统各类负荷均从站用电屏引出。下面以某 220kV 变电站为例介绍变电站交流系统的供电网络。该站站用电室共有 8 面站用电屏，各屏所带负荷见表 14-1。

表 14-1　　某站站用电屏负荷一览表

所在站用盘号	电源开关名称	正常方式
1号站用电屏	1号站用变压器0.4kV进线断路器401	合
2号站用电屏	交流动力电源屏Ⅰ	合
	2号楼1号照明箱	合
	2号楼2号照明箱	合
	2号楼3号照明箱	合
	2号楼4号照明箱	合
	2号楼1号检修箱	合
	2号楼2号检修箱	合
	2号楼3号检修箱	合
	2号楼4号检修箱	合
	2号楼5号检修箱	合
	2号楼6号检修箱	合
	备用	分
	备用	分
	备用	分
3号站用电屏	消防电源互投AT4Ⅰ	合
	消防电源互投AT1Ⅰ	合
	2号楼负一层互投AT2Ⅰ	合
	2号楼一层互投AT3Ⅰ	合
	通信电源Ⅰ－1	合
	2号楼一层风机控制25	合
	2号楼一层风机控制23	合
	2号楼一层风机控制26	合
	2号楼一层风机控制27	合
	1号主变压器检修箱	合
	2号主变压器检修箱	合
	3号主变压器检修箱	分
	备用	分
	备用	分
4号站用电屏	1号变压器1号风冷电源开关	合
	2号变压器1号风冷电源开关	合
	3号变压器1号风冷电源开关	分
	备用	分
	备用	分
	10kV开关电源Ⅰ（环路）	合
	备用	分
	110kV GIS交流电源Ⅰ（环路）	合
	220kV GIS交流电源Ⅰ（环路）	分
	直流充电机电源Ⅰ	合
	逆变电源	合
	备用	分
	主变电源箱Ⅰ（环路）	合
	备用	分
	备用	分

所在站用盘号	电源开关名称	正常方式
5号站用电屏	0.4kV母联断路器412	分
6号站用电屏	1号变压器2号风冷电源开关	合
	2号变压器2号风冷电源开关	合
	3号变压器2号风冷电源开关	分
	备用	分
	备用	分
	10kV开关电源Ⅱ（环路）	分
	备用	分
	110kV GIS交流电源Ⅱ（环路）	分
	220kV GIS交流电源Ⅱ（环路）	合
	直流充电机电源Ⅱ	合
	保护室交流电源	合
	备用	分
	主变压器电源箱Ⅱ（环路）	分
	备用	分
	备用	分
	备用	分
7号站用电屏	消防电源互投AT4Ⅱ	合
	消防电源互投AT1Ⅱ	合
	2号楼负一层互投AT2Ⅱ	合
	2号楼一层互投AT3Ⅱ	合
	通信电源Ⅰ－2	合
	交流动力电源屏Ⅱ	合
	接地变压器室有载开关电源	合
	负一层电伴热	合
	2号楼二层AD－3	合
	电动大门电源	合
	生活用水泵	合
	负一层排污泵	合
	备用	分
	备用	分
8号站用电屏	2号站用变压器0.4kV进线断路器402	合

从表 14-1 中可以看出：1 号站用电屏为 1 号站用变压器 0.4kV 进线断路器 401；8 号站

用电屏为 2 号站用变压器 0.4kV 进线断路器 402；5 号站用电屏为 0.4kV 母联断路器 412；2～4 号站用电屏为 0.4kVⅠ段母线所带负荷，6、7 号站用电屏为 0.4kVⅡ段母线所带负荷。

二、变电站交流系统的供电网络

变电站的交流系统供电方式与直流系统类似，也可以分为辐射式供电、有自投自复功能的双回路供电以及环网供电三种方式。

大部分负荷都采用辐射式供电方式，负荷直接从站用电屏出线断路器处取得 380V 电源，如照明配电、事故照明，检修电源、主控楼以外的其他建筑电源、UPS 电源和保护屏试验电源。

对重要负荷宜采用双电源供电方式，每路电源分别取自两台站用变压器，设自投或互投切换方式，如充电机电源，强油风（气、水）冷和油浸风冷变压器的电源，水喷雾水泵电源，通信电源，地下站通风系统电源。

强油风冷变压器的风冷箱有两个，两个箱的电源分别接于站用电系统的两段母线。两箱之间有备用的联络断路器，能够实现自投自复功能，这种接线的变压器冷却系统正常运行时应均衡使用各组冷却器。在 220kV 变压器开始使用油浸风冷变压器时，其冷却系统乃沿用了强油风冷变压器双箱双电源带联络断路器具有自投自复功能的设计，近期逐渐变为一个箱子从站用电母线取电源。

对短时可间断的负荷宜采用环路供电方式，每路电源分别取自两台站用变压器，环路隔离开关不设任何保护，宜采用具有明显断开点的刀开关，如各电压等级的环路（220kV 带隔离开关操作电源、断路器电热电源、空气压缩机电源、110kV 带断路器电热电源、10kV 带开关柜电热及柜内照明电源）和主控楼电源等。环路供电负荷在两个站用电屏上的断路器一分一合，由一台站用变压器带该环路全部负荷，防止出现低压侧并列。环路供电负荷可以方便地从一条母线切换至另一条母线。图 14-3 所示为交流环路供电示意图，图中仅画出了 220kV 与 110kV 的 GIS 交流电源环路。

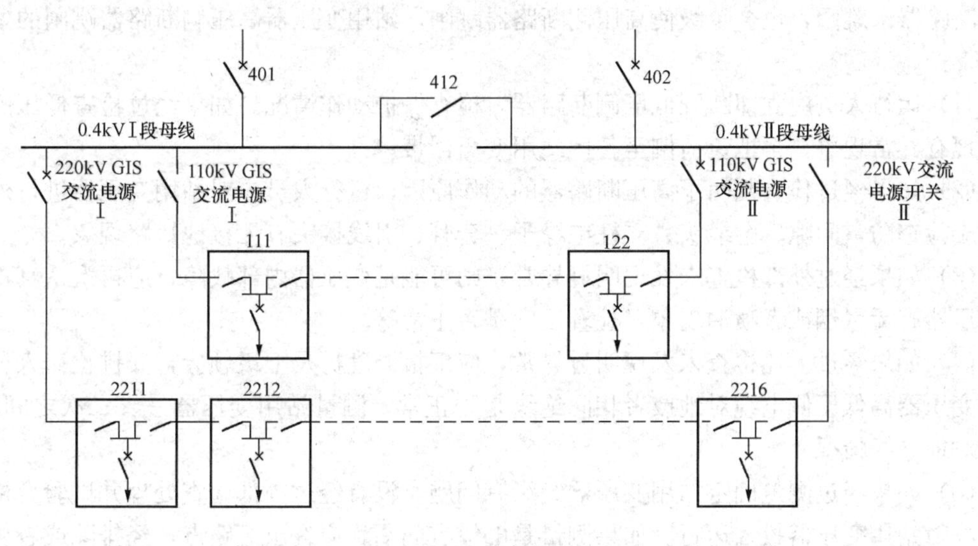

图 14-3　交流环路供电示意图

第四节 变电站交流系统异常与事故处理

一、站用变压器低压断路器跳闸的处理方法

因为站用变压器平时负荷不大，所以一旦发生了低压断路器跳闸或者熔断器熔断，一般是二次发生了短路。出现这种情况的基本处理方法如下：

（1）先将重要的负荷转移，倒至备用站用变压器供电。现场运行人员应根据负荷的重要性，先转移重要负荷，如主变压器风冷电源，蓄电池充电设备，110、220kV 断路器机构储能电源等。对于主变压器风冷电源、蓄电池充电设备等采用双电源供电的负荷一般安装有自动切换装置，只需要检查是否正确切换即可。还应该注意的是，在倒换过程中，运行人员应注意有无异常现象，如果有大的电流冲击、电压下降等情况，应立即将其拉开（说明短路故障可能在该分路，应立即处理）。

（2）拉开失电压母线上的全部分路，并检查该段母线上有无异常。

（3）如果经检查发现母线上有故障现象（如有小动物），应立即排除或进行隔离（拉开隔离开关或拆除接线）。

（4）如果经检查没有发现母线上有故障，试送母线成功后，再逐个分路进行检查，无异常后，逐个试送（先试送重要负荷，后试送一般负荷）一次，以便查出故障点。对于经过检查发现有异常的分路，不能再投入运行。

（5）恢复正常运行方式。

（6）对于有故障的分路应查明原因，进行处理。分析分路的熔断器或者断路器没有动作的原因。

二、站用变压器高压断路器跳闸的处理方法

目前大多数变电站的站用变压器高压侧都采用断路器与 10kV（或 35kV）母线连接的方式。站用变压器高压断路器主要用于反应站用变压器内部故障；低压侧母线上的短路，低压侧断路器未跳闸，也会越级使高压侧断路器跳闸。站用变压器高压侧断路器跳闸的处理方法如下：

（1）运行人员应立即断开低压侧断路器，检查保护动作情况。如果经过检查低压侧母线未发现有异常现象，再把负荷倒至备用站用变压器带。

（2）如果经过检查判明了高压断路器的动作原因，运行人员应对站用变压器进行外部检查，应检查防雷间隙、电缆头、支柱绝缘子、套管、引线接头有无接地短路现象。

（3）如果经过外部检查未发现明显异常，则可能是变压器内部故障，应再次认真检查站用变压器有无冒烟或者喷油现象，检查温度是否正常等。

（4）如果经过上述检查未发现明显异常，应汇报调度员及上级领导，安排检修人员测试站用变压器高低压侧电缆对地或者相间绝缘是否正常，测量站用变压器一、二次之间和一、二次对地绝缘情况。

（5）如果经过测量确定站用变压器绝缘有问题，没有经过内部检查处理并试验合格，不得将故障站用变压器投入运行。如果测量是电缆有问题，应查出短路点，经排除或者更换后方能投入运行。

第十五章 变电站设备巡视及验收

第一节　变电站设备巡视及验收概述

一、变电站设备巡视

变电站运行人员应定期对设备进行巡视检查，随时掌握设备运行、变化及异常情况，确保设备持续可靠运行，可借助监控系统、人的感官、测温仪、超声波设备或其他途径进行巡视。

变电站设备巡视分为日常巡视、定期巡视和特殊巡视三类。日常巡视应每天进行，并填写设备巡视记录，例如交接班巡视、高峰负荷巡视、夜间闭灯巡视。定期巡视是一周或一月对整体设备缺陷的综合巡视分析，并应做好巡视检查报告。特殊巡视是在特殊供电方式、重大保电活动、新投运设备、有严重缺陷设备、特殊天气气候等情形下进行的巡视，一般具有针对性地跟踪巡视某些设备。由于设备可靠性的提高和变电站向集控一体化的发展要求，对于无人变电站设备的巡视，往往借助监控系统的日常巡视、定期巡视及特殊巡视相结合。

巡视设备时运行人员应注意以下事项：

（1）巡视设备应按照指定线路进行，一般首先进行主控室监控系统、模拟图版的巡视检查，保护室的保护、测量、计量装置的巡视检查，再进行现场一次设备的巡视检查。

（2）巡视高压设备时一般应由两人进行，经批准允许单独巡视高压设备的人员可单独巡视，不准进行其他工作。巡视设备时，人体与带电体的安全距离不得小于安全工作规程的规定值，严禁触碰或接近带电设备。雷雨天气需要巡视室外高压设备时，应穿绝缘靴，且不准靠近避雷针和避雷器（大于5m以上）；遇冰雹、雨雪等恶劣天气，应制定必要的安全措施再进行巡视，巡视设备时在设备区严禁打伞。

（3）巡视设备需手持长杆或其他金属物品时应水平手持，不准高举，防止触碰带电设备发生触电事故。进入保护室严禁拨打手机或使用带有电磁信号的设备，防止造成电磁保护误动。

（4）进入高压室内巡视时应随手关好门，以防止小动物进入室内。进入 SF_6 设备室（含地下电缆沟道）应提前通风15min，并确保 SF_6 检测仪显示无 SF_6 泄漏、氧气含量不低于18%后方可进入巡视。

（5）所有充油设备应无渗漏油现象，油面合适；设备带瓷质部分应清洁完整，无裂纹及放电痕迹；充 SF_6 气体设备气体压力值应符合设备额定运行值要求。所有设备引线接头红外测温无发热问题，单相引线接头温度不超过 80℃，相间温度均衡，温差不超过 10℃；设备运行温度满足不超过最高温度限值。所有设备机构箱及控制箱应清洁、干燥，驱潮电热设备投入应符合规定。

（6）巡视过程中发现异常应按照上报流程进行上报，通知相关检修班组前来处理缺陷，巡视完毕应填写巡视记录。

二、变电站设备验收

凡是新建、扩建、改建、大小修、预试和校验的一、二次设备，必须进行验收，验收合格并且签字确认后，方可投入运行。

一般设备验收包括资料验收、质量验收、传动验收；其中资料验收指设备说明书、安装及试验报告合格性的验收；质量验收指设备安装质量准确性、可靠性的验收；传动验收指设备的远方操作控制回路与就地实际操作传动验收及相关机构信号及保护回路试验传动的验收。

设备验收运行人员应注意以下事项：

（1）对于新投运设备应进行资料移交，一般包括产品说明书、试验合格报告、安装图纸、设备变更设计的证明文件、备品备件清单等，进口设备应有中文标识。运行人员应仔细查看相关试验报告确已合格，再进行现场设备的验收环节。

（2）一、二次设备铭牌齐全、调度号正确清晰，相关安全标示牌悬挂正确完整。设备相位漆与其连接相关设备相位对应一致，需要核相时应进行核相工作。

（3）设备安装基础及架构牢固，设备的工作接地部位与外壳、架构等保护接地部位应符合规定，设备引线垂度、摆度符合安全距离要求，引线的连接接触牢固，无散股、断股、过松过紧现象。

（4）含瓷质部分的设备，应检查瓷质部分清洁完整，无裂纹及放电痕迹；注油设备应检查油位是否适当、油色是否透明，外观应无渗油现象；充气设备、气压机构、液压机构压力值应在额定值运行范围内；干式设备外部无流胶现象。

（5）设备机构箱及控制箱内各部件功能检查无问题，远方/就地遥控手把位置符合规定，驱潮电热设备已按规定投入或退出。端子排二次接线正确整齐，二次电缆标识牌符合规范，防火、防小动物封堵措施符合规范，机构箱及控制箱密封条、密封垫完整，密封无问题。

（6）设备进行远方/就地操作传动灵活准确，监控系统分合闸指示与机械电气位置指示一致。对连接设备及端子箱的电气机构回路，自动控制回路，保护、测控、计量、监控装置及其二次回路等检修工作，应进行传动验收无问题。

（7）对设备及其附属结构的铭牌进行统计记录，收集设备箱门钥匙及操作设备手把等工具。

（8）验收最后检查设备上应无遗留物件，应特别注意施工遗留的接地线、短路线是否拆除。检修人员设备检修试验结束后，应填写完整的检修试验报告，运行人员确认无问题，验收合格，设备方可投入运行。

设备验收基本项目见表 15-1。

表 15-1　　设备验收基本项目

序号	基本项目
1	工作结束，设备的状态应与工作前一致
2	无工作人员所挂、接临时一、二次接地线、短路线
3	设备调度号牌标识齐全正确、醒目
4	二次电缆应有编号牌，编号牌应包括与图纸对应的编号名称及电缆走向等
5	电缆封堵、防小动物措施完善
6	设备外壳与接地网有可靠连接，接地标志符合规定
7	各控制箱和二次端子箱内设备标志正确、字迹清晰
8	各控制箱和二次端子箱内二次端子牢固
9	各控制箱和二次端子箱密封关严，无受潮，端子无锈蚀
10	相位漆齐全正确、醒目
11	检查安全设施齐全完好
12	工作现场已清理完毕

第二节　电力变压器巡视及验收

一、电力变压器巡视

电力变压器巡视时运行人员应进行如下检查：

1. 监控保护装置巡视

（1）检查监控系统是否存着变压器过热、过负荷、油位过高或过低、压力释放阀动作、轻瓦斯动作、冷却器故障等异常信号。

（2）检查保护装置运行指示灯正常，装置无异常信号报文、保护连接片投退正确。

（3）检查有载调压遥控手把远方/就地监控指示与当地一致，有载调压分接头位置指示监控与当地指示一致。

2. 电力变压器本体巡视

（1）听变压器运行声音是否为有规律的嗡嗡声，不存在间断或嘈杂的嗡嗡声。

（2）变压器套管连接引线垂度、摆度符合安全距离要求，本体及其引线周围应不存在异物，防止短路事故的发生。

（3）油浸式变压器检查本体及附件无渗漏油现象；SF_6 气体变压器应检查本体仓、电缆仓、有载开关仓气体压力值符合设备额定运行值规定。

3. 电力变压器附件巡视

（1）检查变压器温度计指示油温应与监控系统指示一致，且不超过变压器运行允许最高温度限值，见表 15-2。

表 15-2　　油浸式变压器顶层油温允许限值　　℃

冷却方式	冷却介质最高温度	最高顶层油温	顶层油温报警温度
自然循环自冷、风冷	40	95	85
强迫油循环风冷	40	85	80

（2）油浸式变压器储油柜的油位应与变压器铭牌的温度曲线值相对应，且未出现假

油位。

(3) SF_6 气体变压器应检查各气室压力密度表压力值符合气体压力—温度曲线，防止某气室压力低造成变压器各侧断路器跳闸。

(4) 套管瓷质部分应清洁，无裂纹及放电痕迹，套管油位指示正常，应在满刻度的1/2～2/3处。

(5) 检查压力释放装置（或安全气道防爆膜）无喷油，有机械动作位置指示的应检查其在未动作位置。

(6) 呼吸器呼吸通畅，完好无裂纹，内部填充干燥剂硅胶变色不超过1/2，呼吸器油杯油位适宜。

(7) 气体继电器内部充满油，未出现气体。

(8) 有载调压分接开关调压动作次数未超过规定值，有载调压分接头位置当地与远方位置指示一致。

(9) 冷却装置所配备的风扇、潜油泵、水泵或气泵运转正常，油流或气流继电器工作正常。对于水冷却系统装置，检查油压应大于水压。

(10) 中性点接地开关引下线接地可靠，无烧灼现象。

(11) 检查变压器控制箱及端子箱门应关严，密封良好，防火、防小动物封堵无问题，内部应保持干燥、清洁，驱潮电热装置按规定投入或退出。

4. 电力变压器测温巡视

变压器引线接头红外测温无发热问题，单相引线接头温度不超过80℃，相间温度均衡，温差不超过10℃。本体油温应正常，不超过报警值；各散热器油温应均衡，防止散热器上下连接管路蝶阀未开启，影响变压器散热性能。

二、电力变压器验收

电力变压器验收时运行人员应进行如下检查：

1. 本体就位验收

(1) 变压器相关资料的移交，主要包括变更设计的证明文件、产品说明书、试验记录、合格证件及安装图纸等技术文件，安装技术记录，调整试验记录，备品、备件及专用工具清单等资料。

(2) 变压器调度号、铭牌及安全标识牌安装正确。变压器联结组别符合并列运行要求。变压器本体及附件周围无遗留工具、短路线等异物存在。

(3) 变压器基础的轨道应水平，轨道与轮距应配合，固定变压器的压抓应固定牢靠。装有气体继电器的变压器，应使其顶盖沿气体继电器气流方向有1%～1.5%的升高坡度。当变压器与封闭母线连接时，其套管中心线应与封闭母线中心线相符。

(4) 所有法兰连接处应用耐油密封垫密封，密封垫必须无扭曲、变形、裂纹和毛刺，密封垫应与法兰面的尺寸相配合，无渗漏油出现。变压器及其散热器、风扇及油泵均应编号，标志清楚。

(5) 变压器接地引下线及其主接地网的连接应符合设计要求，接地可靠。本体箱壳应有两处可靠接地；夹件及铁芯有且仅有一点可靠接地。

(6) 变压器事故排油设施完好，消防设施齐全。

变压器本体主要验收项目见表15-3。

表15-3　变压器本体主要验收项目

序号	验　收　项　目
1	新品变压器技术资料、试验报告等记录齐全
2	变压器安装符合技术规范和安装要求
3	变压器本体及其附属结构无渗漏油现象
4	固定变压器的压抓应固定牢靠
5	变压器投入运行前应检查变压器箱体、铁芯和夹件的引出套管、电容式套管的末屏端子、接地运行的中性点可靠接地
6	变压器调度号、铭牌及安全标识牌安装正确
7	变压器联结组别符合并列运行要求
8	新品或变动过内外连接线的变压器，并列运行前应核定相位
9	变压器事故排油设施完好，消防设施齐全

2. 有载调压切换装置验收

（1）有载调压切换开关及选择器动作顺序正确，在极限位置时，其机械联锁与极限开关的电气联锁动作应正确。切换装置手动操作、远方就地电动操作应动作正确一致，一般在最高和最低间操作几个循环，整体传动无问题。

（2）有载切换开关油室与有载气体继电器及有载储油柜管路连接正确，管路连接蝶阀已开启。

（3）切换装置控制箱内各部件功能检查无问题，切换装置传动机构中的操动机构、电动机、传动齿轮和杠杆应固定牢靠，连接位置正确，且操作灵活，无卡阻现象。分接头位置指示器应动作正常，远方/就地位置指示一致。有载调压分接开关计数器动作正确。远方/就地控制手把位置符合规定。驱潮电热装置已按规定投入或退出。控制箱门开启照明回路无问题。

（4）切换装置控制箱内端子排二次接线正确整齐，二次电缆标识牌符合规范，防火、防小动物封堵措施符合规范，端子箱密封无问题。

有载调压装置验收项目见表15-4。

表15-4　有载调压装置验收项目

序号	验　收　项　目
1	对有载调压装置，应进行每个分接头的升降操作传动和极限位置闭锁的传动，远方操作和就地操作均应正确一致
2	有载分接开关的分接头位置及电源指示正常。分相变压器的三相位置一致，且与工作前或调度命令位置相符
3	手动调压、闭锁电动回路实际传动正确
4	调压装置紧急停止回路正确，实际传动正确

3. 冷却装置（散热器）验收

（1）冷却装置与变压器本体管路连接上下蝶阀投运时应处于开启位置，蝶阀及法兰连接处密封良好。冷却装置应注满油，外部无渗漏油出现。

（2）冷却装置所配备的风扇、油泵、水泵或气泵运转正常，油流或气流继电器工作正常。风扇电动机及叶片应安装牢固，并应转动灵活，无卡阻；试转时应无振动、发热，叶片应无扭曲变形或与风筒碰擦等情况，转向应正确。油泵、水泵或气泵转向应正确，转动时应无异常噪声、振动或发热现象，其密封应良好，无渗漏油或进气现象。

（3）水冷却装置停用时，应将水放尽。

（4）冷却装置控制箱内部端子排二次回路接线正确无问题，二次电缆标识牌符合规范。对于冷却系统全停变压器，应检查其保护及二次回路的正确性。防火、防小动物封堵措施符合规范，端子箱密封无问题。

冷却装置验收项目见表15-5。

表15-5　冷却装置验收项目

序号	验收项目
1	强油风冷变压器的冷却装置投入运行前应检查、传动合格
2	强油风冷电源双路配置，各级负荷开关容量应配合，接触良好，电源的互投情况正常
3	强油风冷自启回路正确，传动良好
4	强油风冷信号传动正确
5	强油风冷进行整组冷却器的“启动”、“停止”试验，油泵和风扇转动方向正确
6	强油风冷进行每组冷却器的“工作”、“备用”、“辅助”、“停止”位置的传动试验正确
7	强油风冷全停，达到跳闸条件，装置动作正确
8	变压器及其散热器、风扇及油泵均应编号，标志清楚、明显；可分组的应按组进行编号，不分组的应分别编号
9	风冷控制箱密封良好

4．储油柜验收

（1）胶囊式储油柜中的胶囊或隔膜式储油柜中的隔膜应完整无破损，与呼吸器连接应正确。储油柜通向胶囊内部及储油柜内部（胶囊外部）的连通管路蝶阀运行时应处于关闭位置。

（2）储油柜上油位表动作灵活，油位表或油标管的指示必须与储油柜的真实油位相符，未出现假油位。变压器油温和温度计指示应与监控系统一致，储油柜的油位应与温度曲线值相对应，并不能过高或过低。

（3）油位表油位过高、过低信号触点二次回路接线传动无问题，二次接线绝缘良好。

5．套管（升高座内）TA验收

（1）套管TA试验合格，出线端子板应绝缘良好、密封良好，无渗漏油。

（2）升高座的放气塞应位于升高座最高处，投运前确定充分排除其内部气体。

（3）套管TA二次端子未使用时应短接并接地。

套管TA验收项目见表15-6。

表 15-6　　**套管 TA 验收项目**

序号	验 收 项 目
1	套管 TA 密封面无渗漏油现象
2	套管 TA 二次接线正确、内部紧固无问题
3	套管 TA 二次端子未使用时应短接并接地

6. 套管验收

（1）套管检修工作应试验合格。

（2）套管相位漆各相应完整正确，且与其他设备连接对应一致。

（3）套管瓷质部分无破损、污秽、放电痕迹及其他异常现象。

（4）充油套管无渗漏油现象，油位指示正常，应在满刻度的 1/2～2/3 处。

（5）套管接线端子安装合格，接头接触良好。连接套管引线牢固并满足相间及对外壳的安全距离，引线跨度适宜不会造成摇摆现象。

（6）电容型套管末屏应接地可靠无问题。

套管验收项目见表 15-7。

表 15-7　　**套管验收项目**

序号	套 管 验 收 项 目
1	套管相位漆应完整正确
2	套管油位指示正常，应在满刻度的 1/2～2/3 处
3	充油套管外部无渗漏油现象
4	电容式套管末屏应可靠接地
5	套管瓷质部分无破损、污秽、放电痕迹及其他异常现象
6	套管接线端子安装合格，接头接触良好，绝缘距离满足要求
7	套管更换需提交试验合格报告

7. 气体继电器验收

（1）气体继电器应经校验合格。

（2）气体继电器应水平安装，其顶盖上标志的箭头应指向储油柜，密封良好，无渗漏油现象。

（3）气体继电器与油枕间连接蝶阀应在“打开”位置，观察窗口挡板应在“打开”位置。

（4）气体继电器内部充满油，无气体（放气堵处放气）。

（5）气体继电器与保护装置连接二次回路传动无问题。

（6）气体继电器挡板复位，在正常运行位置，监控系统未发气体继电器信号。

气体继电器验收项目见表 15-8。

8. 压力释放装置验收

（1）压力释放装置安装方向应正确，阀盖和升高座内部应清洁、密封良好、无渗漏油现象。

（2）压力释放装置二次接线无问题，绝缘良好，有机械动作位置指示的应复位。投运前监控系统未发压力释放器信号。

表 15-8　　气体继电器验收项目

序号	验收项目
1	气体继电器两侧蝶阀应在“打开”位置
2	气体继电器箭头方向指向储油柜方向
3	气体继电器安装应水平
4	气体继电器内部充满油、无气体（放气堵处放气）
5	气体继电器投运前应在复位（未动作）位置，监控系统未发瓦斯继电器信号
6	气体继电器观察窗口挡板应打开
7	室外气体继电器应加装防雨罩，牢固完好
8	气体继电器无渗漏油现象
9	气体继电器更换应提交试验合格报告
10	气体继电器二次接线正确、保护传动无问题

压力释放器（防爆管）验收项目见表 15-9。

表 15-9　　压力释放器（防爆管）验收项目

序号	验收项目
1	压力释放器的呼吸孔应畅通，防爆隔膜完整
2	压力释放阀的信号触点和动作指示杆复位
3	压力释放器（防爆管）及防爆膜完好无损
4	压力释放器无渗漏油现象
5	压力释放器二次接线正确，信号传动无问题

9. 呼吸器验收

呼吸器与储油柜间的连接管密封应良好，管道应呼吸畅通，呼吸器硅胶颜色正常，内部填充干燥剂硅胶变色不超过 1/2，油杯油位位置应适宜。

呼吸器验收项目见表 15-10。

表 15-10　　呼吸器验收项目

序号	验收项目
1	呼吸器安装正确，呼吸通畅
2	呼吸器硅胶颗粒大小均匀，数量及颜色满足要求，无潮解现象
3	呼吸器油封内油面应正确

10. 测温装置验收

（1）温度计校验合格，测温系统测温应正确，远方/就地显示一致无问题。

（2）温度计连接报警表计及风扇启动表计正确，信号触点应动作正确，导通良好，传动无问题。

测温装置验收项目见表 15-11。

表 15-11　　　　　　　　　测温装置验收项目

序号	验 收 项 目
1	本体温度指示与远方测温装置指示一致
2	变压器的测温装置启动风机的二次回路正确，传动无问题
3	测温计更换需提交试验合格报告

11. 机构箱、控制箱验收

机构箱及控制箱内部干燥、清洁，所有部件及二次回路接线连接良好，箱体密封良好，各种辅助切换开关位置正确，标志齐全，机构箱内的电热装置按规定投入或退出。二次回路改造后应进行相关试验合格后方能将保护投入运行，例如，差动保护带负荷测相量无误后方可投入保护。

第三节　互感器巡视及验收

一、互感器巡视

互感器巡视时运行人员应进行如下检查：

1. 监控保护装置巡视

检查电流互感器通往保护、测量、计量、自动装置的二次电流回路无开路现象存在；电压互感器通往电压转接屏及保护、测量、计量、自动装置的二次电压回路无短路现象存在。

2. 互感器本体巡视

(1) 听互感器内部声响应正常、无放电声及剧烈振动声，防止电流互感器二次回路开路或电压互感器二次回路短路引起异常音响导致发生衍生事故。

(2) 互感器连接引线接头牢固，无散股和断股、过松、过紧现象，互感器及其引线周围不存在异物。

(3) 互感器外壳及二次应可靠接地；电磁型电压互感器的“X”端子、电容型电流互感器的末屏端子应可靠接地。

(4) 检查互感器瓷质部分应清洁完整，无裂纹、放电痕迹及电晕声响。充油互感器油位正常，油色透明不发黑，无渗漏油现象；干式互感器无流胶现象；充 SF_6 气体互感器 SF_6 气体压力合格，无漏气现象。

(5) 互感器膨胀器安装正确，无异常。

(6) 检查互感器控制箱及机构箱门应关严，密封良好，防火、防小动物封堵无问题；二次绕组接地端子牢固良好，内部应保持干燥、清洁，驱潮电热装置按规定投入或退出。

3. 互感器测温巡视

互感器引线接头红外测温无发热问题，单相引线接头温度不超过 80℃，相间温度均衡，温差不超过 10℃。

二、互感器验收

互感器验收时运行人员应进行如下检查：

(1) 互感器相关资料的移交，主要包括互感器厂家说明书、互感器试验合格报告等资料。互感器应满足仪表、保护装置对容量、饱和倍数和准确级的要求，电压互感器不许过负荷（应考虑带全部负荷），电流互感器二次负荷不得超过铭牌规定值。电流互感器的动、热稳定电流不小于安装地点的最大短路电流。电容式电压互感器的保护间隙及阻尼器应投入。

（2）互感器调度号、铭牌及安全标识牌安装正确，相位漆各相应完整正确，且与其他设备连接对应一致。互感器连接引线垂度、摆度符合安全距离要求，引线接头牢固，无散股和断股、过松、过紧现象。互感器及其引线周围无遗留工具、短路线等异物存在。

（3）互感器应固定牢靠，安装面应水平，极性方向应正确且一致。膨胀器运输用卡具投运前应拆除，膨胀器外罩等电位连接可靠，防止出现电位悬浮。

（4）互感器瓷质部分应清洁完整，无裂纹、放电痕迹及电晕声响。充油互感器油位正常，油色透明不发黑，无渗漏油现象，油面在合适位置；干式互感器无流胶现象；充 SF_6 气体互感器 SF_6 气体压力合格，无漏气现象。

（5）电压互感器二次不得短路，电流互感器二次不得开路。

（6）零序电流互感器铁芯与其他导磁体间不构成闭合磁路。

（7）互感器接地部位的检查：①电磁式电压互感器高压绕组的接地端接地，电容型电压互感器电容分压器部分的低压端子的接地及互感器底座的接地；②电容型绝缘的电流互感器，其一次绕组末屏的引出端子接地；③互感器外壳及架构应可靠接地；④备用的电流互感器的二次绕组端子应先短路后再可靠接地；⑤倒装式电流互感器二次绕组的金属导管应接地；⑥互感器的二次端子有且仅有一点接地。

（8）互感器及二次回路变更时，与保护、测量、计量等有关的二次回路应试验传动无误后方可投入运行。

（9）控制箱、机构箱内部清洁，所有部件及二次线连接良好，有防止引线扭动的措施，箱体密封良好，各种辅助切换开关位置正确、标志齐全，机构箱内的电热装置按规定投入或退出。

互感器主要验收项目见表 15-12。

表 15-12　　互感器主要验收项目

序号	验 收 项 目
1	新投电压互感器、电流互感器必须按试验规程试验，试验结果应合格
2	新投电压互感器、电流互感器技术资料齐全（包括变更设计的证明文件，造厂提供的产品说明书、试验记录、合格证件及安装图纸等技术文件，安装技术记录，备品、备件及专用工具清单）
3	电容式电压互感器的保护间隙及阻尼器必须投入；分压电容末端（δ或 J）必须接地（用于载波装置的可经结合滤波器接地）
4	互感器外壳及二次必须可靠接地；电磁型电压互感器的“X”端子、电容型电流互感器的末屏端子也必须可靠接地
5	电压互感器二次不得短路，电流互感器二次不得开路
6	500kV 电压互感器二次绕组的中性点在端子箱内安装放电间隙或氧化锌阀片接地
7	6～35kV 电压互感器一次必须安装合格的熔断器，二次必须安装熔断器或空气开关
8	油面或 SF_6 气体压力合格
9	呼吸器应畅通，吸潮剂不潮解

续表

序号	验　收　项　目
10	套管清洁，无裂纹及放电痕迹，法兰完整
11	引线不过松、过紧，接头接触良好
12	无渗漏油或漏气现象
13	电压互感器在控制室一点接地；现场无接地点，严禁两点接地

第四节　断路器巡视及验收

一、断路器巡视

断路器巡视时运行人员应进行如下检查：

1. 监控保护装置巡视

（1）检查监控系统、模拟图版的隔离开关分合闸位置指示是否正确，远方/就地遥控手把应在远方位置；监控系统是否有断路器变位、SF_6 断路器压力低报警、SF_6 断路器压力低闭锁分合闸等异常信号。

（2）检查保护装置运行指示灯正常，装置无异常报文，保护连接片投退正确。

2. 设备本体巡视

（1）断路器的实际位置指示应正确，电气指示与机械指示应一致。

（2）检查绝缘套、瓷柱无损伤、裂纹、放电痕迹和脏污现象。室外断路器引线接头牢固，无发热现象。

（3）检查油断路器无放电声及其他异常声响，瓷质部分完好，无破损及放电痕迹。检查断路器油位正常，外部无渗漏油现象，放油堵截门关紧。

（4）检查 SF_6 断路器气体压力值应正常，在额定值范围内。一般压力值在 0.4～0.6MPa（20℃）。

（5）液压机构油箱的油位应正常，无渗漏油现象。气动机构的气体压力应正常。油泵打压次数不应太频繁；储能机构弹簧合闸后应储能完好无问题。检查控制信号、信号电源应正常，远方/就地选择手把应在远方位置，机构箱内的电热装置按规定投入或退出。

（6）断路器机构箱及控制箱内部干燥、清洁、密封良好。机构箱内所有部件及二次线连接良好，无电弧烧灼现象。机构箱内的电热装置按规定投入或退出。

3. 测温巡视

断路器引线接头红外测温无发热问题，单相引线接头温度不超过 80℃，相间温度均衡，温差不超过 10℃。

二、断路器验收

断路器验收时运行人员应进行如下检查：

（1）断路器相关资料的移交，主要包括断路器厂家说明书、断路器试验合格报告等资料。断路器的开断电流不小于安装地点最大运行方式下的母线电流。断路器合闸三相同期符合试验合格要求。SF_6 断路器气体泄漏率和含水量应符合规定。

（2）断路器调度号、铭牌及安全标识牌安装正确，相位漆各相应完整正确，且与其他设备连接对应一致。断路器连接引线垂度、摆度符合安全距离要求，引线接头牢固，无散股和断股、过松、过紧现象，断路器及其引线周围无遗留工具、短路线等异物存在。

（3）断路器应固定牢靠，瓷套部分清洁完整，无裂纹及放电痕迹，RTV 涂层不应有破损、起皮、龟裂。

（4）油断路器应无渗油现象，油位正常；SF_6 断路器必须充有额定压力的 SF_6 气体，无气体泄漏，用于监测 SF_6 气体的密度继电器的报警、闭锁定值应符合规定，压力降低时闭锁功能及信号传动无问题；真空断路器灭弧室的真空度应符合产品的技术规定，并联电阻、电容值应符合产品的技术规定。

（5）断路器与操动机构的联动应正常，无卡阻现象，分合闸指示正确，压力开关、辅助开关及电气闭锁装置应动作正确可靠。

（6）操动机构应固定牢靠，外表清洁完整，电气连接应可靠且接触良好。液压系统应无渗油，油位正常；空气系统应无漏气，安全阀、减压阀等应动作可靠；压力表应指示正确。气动机构的空气压缩机连续运行时间与最高运行温度不得超过产品的技术规定。液压机构补充氮气及其预充压力应符合设备技术规定，联动闭锁压力值应符合设备技术规定。弹簧机构在合闸储能完毕后，辅助开关应立即将电动机电源切除，合闸完毕辅助开关应将电动机电源接通。分合闸闭锁装置灵活，复位应准确而迅速，并应扣合可靠。

（7）控制箱及机构箱等清洁，所有部件及二次线连接良好，箱体密封良好，各种辅助切换开关位置正确、标志齐全，机构箱内的电热装置按规定投入或退出。

断路器主要验收项目见表 15-13。

表 15-13　断路器主要验收项目

序号	验　收　项　目
1	新投及大修断路器运行前应按规程的规定进行电气和机械特性试验，试验结果应合格
2	新投断路器技术资料齐全（包括变更设计的证明文件，造厂提供的产品说明书、试验记录、合格证件及安装图纸等技术文件，安装技术记录，调整试验记录，备品、备件及专用工具清单）
3	本体外壳、支架及机械传动部件无锈蚀、损伤、变形，设备基础无下沉变位，外壳接地部分良好
4	各部分销子齐全完备
5	各类管路及阀门无损伤、锈蚀；各个管道截门应按要求打开或关闭
6	断路器本体及机构应无渗漏油现象
7	瓷质部分应清洁完整，无裂纹及破损
8	断路器引线不得过紧或过松，各接头接触良好
9	套管等瓷质部分无损伤及裂纹
10	断路器本体漆皮完整
11	断路器的分合闸指示正确、标志醒目，监控机指示、信号灯指示正确，无异常信号
12	断路器本体信号传动正确，能够实现远方（计算机、控制屏）、就地操作功能
13	手动脱扣装置完好
14	断路器机构、各控制箱及二次端子箱加温电热装置和驱潮电热装置正常

续表

序号	验　收　项　目
15	弹簧机构断路器机构箱内有手动储能摇把；气动、液压机构断路器机构箱内有防慢分卡具
16	油压或空气压力值应合格
17	SF_6 气体压力值应符合 SF_6 曲线
18	SF_6 气体压力及油压、空压值各闭锁关系传动正确
19	液压机构或空气压缩机油箱的油位、油色正常
20	断路器验收后，试拉合三次
21	分合闸计数器动作正常
22	空气压缩机风扇叶片和电动机、皮带轮等所有附件应清洁并安装牢靠，运转方向与指示一致
23	新投断路器气动开关阀门的操作手柄应标以开、闭方向；连接阀门的管子上应标以正常工作时的气流方向；空气管道应按其不同压力涂以不同的颜色
24	弹簧储能机构应储能正常

第五节　隔离开关巡视及验收

一、隔离开关巡视

隔离开关巡视时运行人员应进行如下检查：

1. 监控保护装置巡视

（1）检查监控系统、模拟图版的隔离开关分合闸位置指示是否正确，隔离开关防误闭锁装置应投入，且运行正常。

（2）检查母差保护及其他保护电压切换装置、电压切换屏等（涉及隔离开关辅助触点）装置的隔离开关位置触点指示是否正确。其远方/就地遥控手把监控显示与当地实际位置一致。

2. 隔离开关本体巡视

（1）隔离开关的实际分合闸位置与其监控系统、模拟图版、母差保护及其他保护电压切换装置、电压切换屏等装置的隔离开关位置触点指示一致。

（2）隔离开关处于合闸位置时，动静触头之间接触紧密，两侧接触压力应均匀，触头无融化现象。带有接地开关的隔离开关，合闸位置三相接触良好，分闸位置应在同一平面。

（3）隔离开关连接引线无散股、断股、过松、过紧等现象，隔离开关、触头及其引线周围不存在异物。

（4）隔离开关的支柱绝缘子应清洁完好，无破损及放电痕迹。

（5）隔离开关本体、连杆、轴承、拐臂等传动部分无变形，各连接部分连接可靠，销子无脱落现象。隔离开关扭力弹簧或拉伸弹簧无损坏。

（6）隔离开关机构箱、控制箱内部干燥、清洁、密封良好。机构箱内所有部件及二次线连接良好，无电弧烧灼现象；机械齿轮咬合准确，无卡涩、断裂等现象。机构箱内的电热装置按规定投入或退出。

3. 隔离开关测温巡视

隔离开关引线接头红外测温无发热问题，单相引线接头温度不超过 80℃，相间温度均衡，温差不超过 10℃。

二、隔离开关验收

隔离开关验收时运行人员应进行下列检查：

（1）隔离开关相关资料的移交，主要包括隔离开关厂家说明书、隔离开关试验及调试合格报告等资料。隔离开关的动、热稳定电流及额定电流满足运行要求。隔离开关满足本地区污秽等级要求。三相联动的隔离开关拉合操作，触头接触时应确保三相同期，其三相隔离开关不同期允许差值见表 15-14。

表 15-14　三相隔离开关不同期允许差值

电压（kV）	相差值（mm）
10～35	5
63～110	10
220～330	20

（2）隔离开关调度号、铭牌及安全标识牌安装正确，相位漆各相应完整正确，且与其他设备连接对应一致。

（3）隔离开关带均压环和屏蔽环的应安装牢固、平整，无划痕及碰撞产生的毛刺，寒冷地区均压环应有滴水孔。

（4）隔离开关接线端子及载流部分应清洁且接触良好，触头镀银层无脱落，触头表面应平整、清洁，载流部分表面应无严重凹陷或锈蚀，载流部分的可绕连接不得有折损。隔离开关连接引线垂度、摆度符合安全距离要求，引线接头牢固，无散股和断股、过松、过紧现象。隔离开关及其引线周围无遗留工具、短路线等异物存在。

（5）隔离开关支柱绝缘子表面应清洁、完整，无破损及裂纹。支柱绝缘子应垂直于底座平面（V 型隔离开关除外）且连接牢固；同一绝缘子串的各绝缘子中心线应在同一垂直线上；同相各绝缘子柱的中心线应在同一垂直平面内。

（6）操动机构固定连接部件应紧固，转动部位应涂以适合气候的润滑脂，底座传动部分应灵活。隔离开关本体、连杆、轴承、拐臂等传动部分无变形，各连接部分连接可靠，销子无脱落现象。

（7）电动传动操作前应多次手动分、合闸，机构应轻便、无卡涩、动作正常，其辅助触点变位正确，电动机转向正确，机构的分、合闸指示与设备的实际分、合闸位置一致，并与监控系统及相应保护装置变位信号对应一致。

（8）当拉杆式手动操动机构的手柄位于上部或左端的极限位置，或蜗轮蜗杆式机构的手柄位于顺时针方向旋转的极限位置时，应是隔离开关的合闸位置；反之，应是分闸位置。隔离开关处于合闸位置时，动静触头之间接触紧密，两侧接触压力应均匀，触头无融化现象。带有接地开关的隔离开关，合闸位置三相接触良好，分闸位置应在同一平面。

（9）具有引弧触头的隔离开关由分到合时，在主动触头接触前，引弧触头应先接触；由合到分时，触头的断开顺序应相反。

（10）隔离开关的闭锁装置应动作灵活、准确可靠。带有接地开关的隔离开关，其接地开关与隔离开关之间的机械或电气闭锁应可靠。

（11）分、合闸限位装置应正确可靠，到达规定分、合闸极限位置时，应能可靠地切断控制电源。

（12）隔离开关机构箱、控制箱内端子排二次接线回路正确，二次电缆标识牌符合规范。机械齿轮咬合准确，无卡涩、断裂等现象。防火、防小动物封堵措施符合规范，端子箱内部清洁、干燥、密封无问题，机构箱内的电热装置按规定投入或退出。

（13）隔离开关电气机构回路，自动控制回路，保护、测控、计量、监控装置及其二次回路等检修工作，应经传动验收无问题。

隔离开关主要验收项目见表15-15。

表15-15　隔离开关主要验收项目

序号	验收项目
1	新投隔离开关技术资料齐全（包括变更设计的证明文件，造厂提供的产品说明书、试验记录、合格证件及安装图纸等技术文件，安装技术记录，调整试验记录，备品、备件及专用工具清单）
2	支柱绝缘子清洁、完整，无破损、裂纹
3	接头线卡牢固，接触紧密
4	隔离开关主触头接触应良好，弹簧片压力应足够，刀片吃度合格，各部分螺栓、销子应齐全紧固
5	操动机构及联锁装置应完整、无锈蚀，销子或锁扣应牢固、灵活，电动操作箱门应严密并开闭自如，门锁齐全完好
6	隔离开关与接地开关机械闭锁有效
7	隔离开关屏蔽环安装牢固，屏蔽环下端有放水孔
8	隔离开关转换开关接点接触良好，防水罩完好无脱落
9	隔离开关架构底座应无变形、倾斜，接地良好
10	隔离开关传动时操作灵活，无卡涩现象，三相同期良好
11	隔离开关电动机热耦定值符合要求
12	隔离开关远方、就地操作位置信号一致
13	操动机构齿轮润滑应良好
14	隔离开关机构箱内有手动摇把
15	手摇操作应闭锁电动操作回路，实际传动正确
16	电动机的转向应正确，机构的分、合闸指示与设备的实际分、合闸位置一致
17	限位装置应可靠动作
18	拉合传动三次

第六节　SF_6封闭式组合电器巡视及验收

一、SF_6封闭式组合电器巡视

SF_6封闭式组合电器巡视时运行人员应进行如下检查：

1．监控保护装置巡视

检查监控系统是否有异常信号，检查保护装置运行指示灯正常，装置无异常报文、保护连接片投退正确。

2．设备本体巡视

（1）听SF_6封闭式组合电器内部有无异常音响，如放电声、励磁声等。检查机构外形

是否有变形，油漆是否有脱离。检查设备各气室的 SF_6 气体压力值是否在额定值范围内，密度继电器管路有无变形，截门开闭位置是否正确。

（2）检查 SF_6 封闭式组合电器各设备电气分、合闸位置指示灯与监控系统指示是否一致，远方/就地遥控手把是否一致。有机械分、合闸位置指示的应检查机械指示与电气指示的一致性。

（3）检查 SF_6 封闭式组合电器带电显示装置显示正常；检查各设备动作计数器指示状态是否正常。

（4）检查压缩空气系统和油压系统中储存气（油）罐、控制阀、管路系统密封是否完好，有无漏气、油痕迹，油压和气体是否正常。

（5）SF_6 封闭式组合电器机构箱、控制箱内部干燥、清洁、密封良好。机构箱内所有部件及二次线连接良好，无电弧烧灼现象。机构箱内的电热装置按规定投入或退出。

3. 测温巡视

对 SF_6 封闭式组合电器引线接头红外测温无发热问题（相间温度均衡）。

二、SF_6 封闭式组合电器验收

SF_6 封闭式组合电器验收时运行人员应进行下列检查：

（1）SF_6 封闭式组合电器相关资料的移交，主要包括 GIS 封闭式组合电器厂家说明书、试验合格报告等资料，主要有 SF_6 封闭式组合电器气隔图、闭锁回路等图纸。SF_6 气体压力、泄漏率和含水量应符合规定。

（2）SF_6 封闭式组合电器调度号、铭牌及安全标识牌安装正确；母线相位、电缆仓相位、地线引出端的标示正确。

（3）SF_6 封闭式组合电器应固定牢靠，外表面清洁完整；动作性能符合规定，电气连接应可靠且接触良好。SF_6 封闭式组合电器气隔应有明显标志。

（4）SF_6 封闭式组合电器带电显示装置显示正常。密度继电器应朝向巡视侧，报警、闭锁定值应符合设备额定运行范围，其截门开闭位置正确，二次电气回路接线正确，传动无问题。

（5）SF_6 封闭式组合电器及其操动机构的联动应正常，无卡阻现象；分、合闸指示正确；辅助开关动作正确可靠。

（6）SF_6 封闭式组合电器各设备实际位置与机械指示器及分、合闸指示应相符。机构箱及控制箱内分闸状态时，绿灯应亮，合闸时红灯应亮。分、合闸指示与远方监控系统一致。

（7）SF_6 封闭式组合电器机构箱、控制箱内端子排二次回路接线正确，二次电缆标识牌符合规范。防火、防小动物封堵措施符合规范，端子箱内部清洁、干燥、密封无问题，机构箱内的电热装置按规定投入或退出。

（8）SF_6 封闭式组合电器电气机构回路，自动控制回路，保护、测控、计量、监控装置及二次回路等检修工作，应经传动验收无问题。

第七节　电力电容器组巡视及验收

一、电力电容器组巡视

电力电容器组巡视时运行人员应进行如下检查：

1. 监控保护装置巡视

（1）检查监控系统是否有异常信号，电容器组断路器分、合闸指示与机械电气指示一致，无功调节 VQC 装置是否闭锁电容器投入。

（2）检查保护装置运行指示灯正常，装置无异常报文，保护连接片投退正确。控制信号、信号电源应正常，远方/就地遥控手把应在远方位置。

2. 设备本体巡视

（1）电容器的实际分、合闸位置与其监控系统、模拟图版指示一致。电容器远方/就地选择手把应在远方位置。

（2）检查电容器组内部是否有异物存在。

（3）检查电容器外壳无鼓肚、渗漏油等现象，电容器瓷套无损伤及放电痕迹，放电线圈无渗漏油现象，瓷套无损伤及放电痕迹。

（4）外熔丝电容器熔丝无熔断或发热现象。

3. 测温巡视

对电容器引线接头红外测温无发热问题（相间温度均衡）、熔丝是无发热现象。

二、电力电容器组验收

电力电容器组验收时运行人员应进行下列检查：

（1）电力电容器组相关资料的移交，主要包括电容器组各元件厂家说明书、各元件安装记录、电容器试验合格报告、放电线圈试验合格报告、电抗器试验合格报告、避雷器试验合格报告、备品备件等资料。三相电容器容量误差应符合规定，一般要求不应超过三相平均电容值的 5%。引出端子连接牢固，垫圈、螺母齐全，电容器及其导线间符合绝缘距离要求，见表 15-16。

表 15-16　　电容器安装绝缘距离要求　　mm

名　称	电容器		电容器底部距离地面	框（台）架顶部至顶棚净距
	间　距	排间距离	屋　内	
最小尺寸	100	200	200	1000

（2）电容器组调度号、铭牌及安全标识牌安装正确，电容器组的布置与接线应正确，相位漆各相应完整正确，且与其他设备连接对应一致。电容器组连接引线垂度、摆度符合安全距离要求，引线接头牢固，无散股和断股、过松、过紧现象。电容器组及其引线周围无遗留工具、短路线等异物存在。

（3）电容器外壳无鼓肚、渗漏油等现象，电容器瓷套无损伤及放电痕迹，相色正确，接线牢固。放电线圈无渗漏油现象，瓷套无损伤及放电痕迹，相色正确，接线牢固。

（4）凡不与地绝缘的每个电容器的外壳及电容器的架构均应接地；凡与地绝缘的电容器的外壳均应接到固定的电位上。

（5）电容器的配置应使其铭牌面向通道一侧，并有顺序编号。电力电容器室内的通风装置应良好，对通风装置设置为自动启动的应检查启动的准确性。

（6）电容器组的保护回路应完整，熔断器熔体的额定电流应符合设计规定。放电回路应完整、接线正确且操作灵活。

(7) 对电容器组保护回路、控制回路的改造检修工作，应进行保护传动验收。

电容器组主要验收项目见表 15-17。

表 15-17 电容器组主要验收项目

序号	验收项目
1	电容器组及附属设备投入运行前应按试验规程进行试验且合格
2	电容器套管相互之间和电容器套管至母线或熔断器的连接线，应采用软连接，有一定的松弛度
3	新投室外电容器组，应加装耐火简易棚或全封闭防护网，应保证安全距离
4	瓷质部分应完整、清洁，无裂纹
5	外壳应无鼓肚及渗漏油现象
6	放电线圈、隔离变压器无渗漏，瓷质部分清洁完整
7	熔断器安装角度正确，弹簧弹性良好，无锈蚀现象
8	所安装电容器及熔断器与整组型号、容量、电容器值一致
9	单台电容器应有明显编号

第八节　干式电抗器巡视及验收

由于油浸式电抗器结构同变压器，故其巡视及验收按照对变压器的规定进行，本节主要讲解干式或混凝土式电抗器的巡视及验收。

一、干式电抗器巡视

干式电抗器巡视时运行人员应进行如下检查：

1. 监控保护装置巡视

(1) 检查监控系统是否有异常信号，电容器组断路器分、合闸指示与机械电气指示一致，无功调节 VQC 装置是否闭锁并联电抗器投入。

(2) 检查保护装置运行指示灯正常，装置无异常报文，保护连接片投退正确。控制信号、信号电源应正常，远方/就地遥控手把应在远方位置。

2. 设备本体巡视

(1) 听干式电抗器有无异常音响，振动声是否正常，有无螺栓松动现象。

(2) 干式电抗器的实际分、合闸位置与其监控系统、模拟图版指示一致。电抗器远方/就地选择手把应在远方位置。

(3) 干式电抗器间隔内清洁，无动物巢穴等异物堵塞通风道。

(4) 干式电抗器线圈以及支柱绝缘子表面应无爬电和闪络痕迹。

3. 测温巡视

对干式电抗器引线接头及周边金属物进行红外测温无发热问题，单相引线接头温度不超过 80℃，相间温度均衡，温差不超过 10℃。

二、干式电抗器验收

干式电抗器验收运行人员应进行下列检查：

(1) 干式电抗器相关资料的移交，主要包括电抗器厂家说明书、电抗器试验合格报告等

资料。

（2）干式电抗器调度号、铭牌及安全标识牌安装正确，相位漆各相应完整正确，且与其他设备连接对应一致。干式电抗器连接引线垂度、摆度符合安全距离要求，引线接头牢固，无散股和断股、过松、过紧现象。干式电抗器及其引线周围无遗留工具、短路线等异物存在。

（3）干式电抗器线圈无变形、擦伤、异物和碰撞痕迹，固定在基础上及横梁上的支柱绝缘子应接地良好，支柱绝缘子应牢固、完整、无裂纹。混凝土支柱的螺栓应拧紧，风道应清洁无杂物。

（4）空心或半芯电抗器的上方架构和四周围栏应避免出现闭合环路，防止出现环路发热。在距离电抗器中心2倍直径的周边及垂直位置内，不得有金属闭环存在。电抗器中心与周围围栏、其他导电体及钢质支架的最小距离不得小于电抗器外径的1.1倍。单相水平安装的电抗器间的最小中心距离应不小于电抗器外径的1.7倍。

（5）电抗器安装排列应符合下列要求：①三相垂直排列时，中间一相线圈的绕向应与上、下两相相反，各相中心线应一致，且三相电抗器无倾斜；②两相重叠一相并列时，重叠的两相绕向应相反，另一相与上面的一相绕向相同；③三相水平排列时，三相绕向应相同。

（6）电抗器主线圈支柱绝缘子的接地，应符合下列要求：①上下重叠安装时，底层的所有支柱绝缘子均应接地，其余的支柱绝缘子不接地；②每相单独安装时，每相支柱绝缘子均应接地；③支柱绝缘子的接地线不应形成闭合环路。

电抗器主要验收项目见表15-18。

表15-18　　电抗器主要验收项目

序号	验收项目
1	新投电抗器必须按试验规程试验，试验结果应合格
2	新投电抗器技术资料齐全（包括变更设计的证明文件，造厂提供的产品说明书、试验记录、合格证件及安装图纸等技术文件，安装技术记录，调整试验记录，备品、备件及专用工具清单）
3	室内安装的电抗器应保证通风良好
4	电抗器投入运行前应按试验规程进行试验并合格
5	线圈防潮绝缘层完好，无起泡及放电痕迹，无擦伤和碰撞痕迹，无变形
6	垂直布置的电抗器应无倾斜
7	固定在基础上及横梁上的支柱绝缘子应接地良好，支柱绝缘子应牢固、完整、无裂纹，螺栓应紧固
8	电抗器的风道应清洁、无杂物
9	新投空心电抗器的上方架构和四周的围栏有明显断开点
10	接头接触良好

第九节　避雷器巡视及验收

一、避雷器巡视

避雷器巡视时运行人员应进行如下检查：

1. 监控保护装置巡视

检查监控系统是否有异常信号，雷雨天气应加强监控系统监测，雷雨后监测避雷器计数器是否有动作。

2. 设备本体巡视

（1）听避雷器是否有异音或放电声。

（2）检查避雷器外观是否异常，瓷质部分无裂纹、放电痕迹等现象，硅橡胶复合绝缘外套伞群无破损或变形。

（3）检查避雷器监视器（电流表）的电导或泄漏电流在符合规定的范围内（1～20mA），用于判断设备是否受潮。

（4）检查避雷器放电计数器动作次数是否增加，放电计数器应可靠接地。

3. 测温巡视

对避雷器引线接头进行红外测温无发热问题，单相引线接头温度不超过80℃，相间温度均衡，温差不超过10℃。

二、避雷器验收

避雷器验收主要针对普通阀式、磁吹式避雷器和金属氧化物避雷器。避雷器验收时运行人员应进行下列检查：

（1）避雷器相关资料的移交，主要包括避雷器厂家说明书、避雷器试验合格报告等资料。

（2）避雷器调度号、铭牌及安全标识牌安装正确，相位漆各相应完整正确，且与其他设备连接对应一致。避雷器连接引线垂度、摆度符合安全距离要求，引线接头牢固，无散股和断股、过松、过紧现象。避雷器及其引线周围无遗留工具、短路线等异物存在。

（3）避雷器安装垂直，其垂直度应符合要求。基础底座绝缘应良好，设备外壳和架构应接地良好。

（4）避雷器外部应完整无缺损，封口处密封良好。避雷器均压环应水平，不得歪斜。

（5）避雷器瓷件应无裂纹、破损。瓷套与法兰间的粘合应牢固，法兰泄水孔应通畅。硅橡胶复合绝缘外套伞群不应破损或变形。

（6）35kV及以上避雷器应分相安装放电计数器。放电计数器安装位置应一致且便于观察。放电计数器密封良好、动作可靠、接地可靠，安装前放电计数器宜恢复至零位。

（7）磁吹阀式避雷器的防爆片应无损坏和裂纹；金属氧化物的防爆片及安全装置应完整无损。

（8）阀式避雷器拉紧绝缘子应紧固可靠，受力均匀；金属氧化物避雷器的排气通道应畅通。

避雷器主要验收项目见表15-19。

表15-19　避雷器主要验收项目

序号	验收项目
1	避雷器和变电站地网必须按试验规程进行试验并合格
2	避雷器外绝缘瓷套完好，无裂纹及放电痕迹

续表

序号	验收项目
3	避雷器引线连接螺栓及结合处紧密无裂纹
4	引线不应过松或过紧，接头应紧固良好
5	避雷器接地线与地网可靠连接
6	检查并记录放电计数器的指示
7	金属氧化物避雷器的排气通道应畅通；导弧罩不得指向其他设备

第十节　母线巡视及验收

一、母线巡视

母线巡视时运行人员应进行如下检查：

1. 监控保护装置巡视

检查监控系统是否有异常信号，检查母线保护装置运行是否正常、保护连接片投退是否正确。

2. 设备本体巡视

检查母线支柱绝缘子瓷质部分无裂纹、无放电痕迹等现象。母线两端相位漆正确，母线及连接引线周围无异物，无电晕现象。

3. 测温巡视

对母线引线接头进行红外测温无发热问题（相间温度均衡）。

二、母线验收

母线验收时运行人员应进行下列检查：

（1）母线相关资料的移交，主要包括安装检验、评定记录、握力试验报告、合格证件及安装施工图纸等技术资料。

（2）母线调度号、铭牌及安全标识牌安装正确，母线两端相位漆完好正确，与各路出线连接相位一致。

（3）对于硬母线连接考虑热胀冷缩，一定距离应加装软连接。母线连接引线垂度、摆度符合安全距离要求，引线接头牢固，无散股和断股、过松、过紧现象。母线及其引线周围无遗留工具、短路线等异物存在。

（4）支柱绝缘子瓷质部分应完整、清洁，无裂纹及放电痕迹。当线夹或引流线接头拆开后再重新恢复时，应用力矩扳手再次安装牢固。

（5）母线配置及安装架应符合设计规定且连接正确，螺栓紧固，接触可靠，相间及对地电气距离符合要求。

（6）金属构件加工、配置，螺栓连接、焊接等应符合国家现行标准的有关规定。螺栓、垫圈、锁紧销、弹簧垫圈、锁紧螺母等应齐全和可靠。

母线主要验收项目见表15-20。

表 15-20　　母线主要验收项目

序号	验收项目
1	软母线不应有背扣、断股、松股及明显损伤；矩形母线弯曲处不应有裂纹，应光洁平整；管形母线不应有变形、扭曲或明显的弯曲；母线引下线不得绑接或使用并钩线夹，铜铝接头无严重腐蚀现象
2	母线伸缩接头不得有裂纹、断股和折皱现象
3	导线、母线金具及支柱绝缘子法兰应完好、不变形，无裂纹、锈蚀现象；金具连接处销子应齐全、牢固；绝缘子应清洁，无破损、裂纹和放电痕迹
4	母线应有相位标志及组号，标志醒目
5	架构应牢固不倾斜，铁架构无严重锈蚀，水泥架构无脱灰（不应裸露钢筋）及严重裂纹
6	铜铝连接必须使用铜铝过渡的方法；室外铜与铜的连接必须在压接的两面镀银或镀锡；室内铜接头接触面至少有一面镀银或镀锡
7	母线及引线不得过紧或过松
8	三相导线弛度应一致，垂度应合格
9	支柱绝缘子涂 RTV 的薄膜无破裂、起皱、鼓泡、脱落等现象
10	母线终端应有防晕装置，其表面应光滑，无毛刺或凹凸不平
11	母线接头处或母线与其他电器的电气连接处不应刷漆，以免增大接触面的接触电阻，引起连接处过热